普通高等教育电机与电器创新型系列教材

电器设备状态检测

荣命哲　王小华　杨爱军　编著

机 械 工 业 出 版 社

本书涉及电气工程、传感技术、信息技术、通信技术和人工智能等多学科技术，针对电器设备状态检测新技术，从设备劣化机理、状态感知、信号处理及通信、检测系统设计、故障诊断和电寿命评估等方面进行了探讨。全书分四大部分，共 11 章。第一部分讲述电器设备状态检测的国内外研究现状，以及电器设备劣化规律，由第 1~2 章组成；第二部分为电器设备状态特征量信号的提取、信号处理方法、信号传输与通信，由第 3~6 章组成；第三部分为电器设备状态检测系统的设计，由第 7~10 章组成；第四部分为触头电接触性能测试系统设计，为本书的第 11 章。

本书既可以作为高等院校本科生和研究生教学科研用书，也可以为科研人员开展相关方面研究工作提供参考和借鉴。

图书在版编目（CIP）数据

电器设备状态检测/荣命哲，王小华，杨爱军编著. —北京：机械工业出版社，2019.12（2024.8 重印）

普通高等教育电机与电器创新型系列教材

ISBN 978-7-111-64228-2

Ⅰ.①电… Ⅱ.①荣… ②王… ③杨… Ⅲ.①电气设备-检测-高等学校-教材 Ⅳ.①TM92

中国版本图书馆 CIP 数据核字（2019）第 269580 号

机械工业出版社（北京市百万庄大街 22 号 邮政编码 100037）
策划编辑：王雅新 责任编辑：王雅新 王小东
责任校对：王 延 封面设计：张 静
责任印制：常天培
固安县铭成印刷有限公司印刷
2024 年 8 月第 1 版第 2 次印刷
184mm×260mm · 17.75 印张 · 480 千字
标准书号：ISBN 978-7-111-64228-2
定价：49.00 元

电话服务	网络服务
客服电话：010-88361066	机 工 官 网：www.cmpbook.com
010-88379833	机 工 官 博：weibo.com/cmp1952
010-68326294	金 书 网：www.golden-book.com
封底无防伪标均为盗版	机工教育服务网：www.cmpedu.com

前言

电器设备是电力系统中最重要的控制和保护设备，其主要作用是接通、承载及分断正常条件下的电流，也能在规定的非正常电路条件（例如短路）下接通、承载一定时间并分断电流。电器设备的工作性能对于提高电力系统运行的可靠性和经济性至关重要。

自20世纪80年代我国开展电器设备状态检测技术研究以来，状态检测技术得到了长足发展。从2009年开始，我国大力推行智能电网建设，状态检测技术作为智能电器中的关键技术，其重要性进一步提高。同时，随着设备智能运行维护受到的关注度越来越高，新的检测技术不断涌现，故障诊断和寿命评估等技术也逐步在电器设备的状态检测中得到了推广和应用。概括来说，电器设备状态检测技术的发展呈现出如下几个特点：一是相关技术的成熟度和可靠性越来越高；二是设备基本上采用IEC61850通信协议，使得不同厂家的相同功能设备互换成为现实；三是非侵入式状态检测技术（如基于振动信号的机械故障诊断、基于红外原理的过热故障诊断等技术）得到了快速发展与应用；四是人工智能技术得到了较大的发展和应用。

笔者2007年编写出版了《电器设备状态检测》一书，该书以介绍中、低压电器设备状态检测技术为主。岁月如梭，一晃已经过去了12年。这12年来，高、中、低压电器设备的状态检测技术均得到了长足发展，尤其是在国家智能电网建设背景下，高压电器设备的状态检测技术发展迅猛，笔者和团队成员也研发了大量新技术并付之实际应用，故这次以高压电器设备的状态检测技术为主，再次整理编写成书，以飨读者。

全书共分11章，第一部分讲述电器设备状态检测的国内外研究现状，以及电器设备劣化规律，由第1~2章组成。在第1章综述电器设备状态检测的必要性及国内外研究现状的基础上，第2章研究电器设备温升特性、机械特性、绝缘特性和环境因素的劣化规律，对局部放电特高频信号随绝缘特性的变化、温度对绝缘电缆绝缘特性的劣化、SF_6气体放电对气体分解产物的影响，以及机械特性劣化规律的多体动力学仿真分析进行了重点介绍。

第二部分为电器设备状态特征量信号的提取、信号处理方法、信号传输与通信，由第3~6章组成。电器设备的运行状态可以通过各种特征量来反映，例如母线连接处的温升可以反映母线的连接性能、局部放电特高频信号可以反映设备绝缘性能、振动信号可以表征设备的机械性能、SF_6气体分解产物可以反映设备的电寿命等。电器设备状态检测的核心内容之一就是如何将特征量信号在比较恶劣的电磁环境下准确地提取出来。信号提取一般包括信号捕获、信号调理和信号传输。其中，信号捕获是信号提取最核心的技术，所使用的传感器技术对信号提取的可靠性和准确性起着决定性作用。同时，电器设备运行于高电压、强电流的环境下，信号的现场提取所使用的传感器、调理电路和传输介质等都必须具有良好的电磁兼容性能。本部分介绍了电器设备的环氧绝缘套管泄漏电流信号、母线温升信号、机械特征信号、局部放电特高频信号等信号的提取方法，特别从时域、频域、时频域以及Chromatic法出发，探讨了几种实用的非平稳振动信号和局部放电高频信号的分析方法，并简要介绍了其他一些状态特征量的提取方法。在本部分中，针对电器设备状态检测中信号传输的常用方法，介绍了红外传输技术、射频传输技术。同时，根据最新技术发展，介绍了基于IEC-61850的信号通信系统设计，包括硬件模块、软件模块的设计及其调试。

第三部分为电器设备状态检测系统的设计，由第7~10章组成。其中，第7章针对电器设备故障诊断与寿命预测的需求，从系统的组成、推理机制、系统构建等方面讨论了电器设备状态检测系统中的专家系统，并给出了多种人工智能算法的应用实例。第 8 章针对电器设备的电寿命评估方法，着重介绍了基于弧触头单独接触行程评估电器设备电寿命的方法。第 9 章论述了检测系统设计中软件、硬件和装置外壳方面应采取的抗干扰措施，介绍了基于 Ansoft 的电磁兼容性能仿真分析方法，分别从电路板级、传感器外壳和机箱外壳三个方面给出了实例分析。第 10 章介绍了电器设备状态检测系统中常用的一些软硬件设计技术，包括典型的特征信号前处理（隔离、滤波、放大、V/F 转换等技术），人机交互界面，常用的微控制器（MCU）及其最小系统。

第四部分为触头电接触性能测试系统设计，为本书第 11 章。这部分内容从影响触头电寿命的关键因素、电触头在电弧作用下的失效机理，以及电弧电压和电弧电流等参数的信号提取方法、电触头接触电阻的测量方法、电触头熔焊力的测量方法等方面，全面论述了触头电接触性能的测试，并给出了电接触性能测试装置的软硬件结构。

本书第 1~4 章、第 7 章和第 11 章由荣命哲编著，第 5 章和第 8、9 章由王小华编著，第 6 章和第 10 章由杨爱军编著。本书内容绝大部分为编著者和编著者指导的博士研究生和硕士研究生学位论文的研究成果，在编写过程中也引用了他们的成果，在此表示感谢。

由于水平有限，书中不当之处甚至错误在所难免，敬请读者指正。

编著者

目 录

第1章 绪论

电器设备是电力系统中的关键主设备，如果在运行过程中发生了故障又得不到及时处理，则可能给电网运行带来严重危害。因此，电器设备运行的可靠性直接关系到电力系统的安全可靠运行。加强对电器设备各种故障的检测、提前发现潜在故障，对降低电力系统的运行成本、提高电力系统的安全性和可靠性具有非常重大的意义。

1.1 电器设备状态检测研究的必要性

随着我国经济建设的发展，电力系统的容量日益增长，覆盖范围越来越广，电力系统的安全可靠运行越来越显著地影响国民经济的发展和社会的安定团结。截至2018年底，我国发电机装机容量达到19亿kW，为世界上最大规模的联合电力系统。据统计，2016年我国高压开关行业工业总产值与2015年相比增长10%，达到2138亿元。

以高压开关设备为例，近10年的统计数据表明，每次高压开关设备事故平均损失电量达数百万千瓦时，它所导致的损失为其本身价格的数千倍甚至数万倍。因此，从运行上来说，电力系统要求安全第一。

电器设备的检修经过了三个发展历程：第一阶段，运行中的设备出现了故障时才退出运行，进行维修。这是一种坏了才修、不坏不修的检修方式，人们称之为“事故检修”（Breakdown Maintenance）。这种检修方式纯粹是为了使发生故障的电器设备能够再次投入运行而实施，不能改善电力系统运行的安全性和可靠性。第二阶段，发展为“定期检修”（Time-based Maintenance），就是为了减少设备损坏，预防设备故障，事先拟出定期检修计划，到了计划规定的检修周期，必须对设备进行检修。这种方法可以通过定期检修发现电器设备存在的潜伏故障，有助于提高电器设备运行的可靠性。在我国的电力行业中，目前电器设备的维护基本上采取定期检修制度，这种制度在保证电器设备正常工作中确实起到了预防或延迟故障的作用。但是定期检修存在较大的缺陷：一是当电器设备还未达到规定的检修周期就发生了故障，造成不足维修；二是当定期检修周期到时，电器设备仍处于稳定工作状态，此时对其进行维修，不仅造成不必要的停电损失和人力、物力、财力的浪费，而且由于维修人员的素质参差不齐，反而会降低电器设备的运行可靠性。第三阶段，即20世纪50年代美国GE公司提出的所谓“预知检修”（Predictive Maintenance）的思想，它强调以设备状态为基准进行检修，后来这种思想被称为“状态检修”（Condition-based Maintenance）。它是在电器设备运行过程中或在基本不拆卸的情况下，采用各种测量、分析和判断方法，结合电器设备的历史状况和运行条件，诊断电器设备当前运行状态，然后根据诊断的结果有针对性地进行检修。目前，我国电力系统部分运行单位已经开始实施电器设备的状态检修，并开始致力于变定期检修为状态检修，不再以投运年限为标准来判断电器设备的寿命情况，而是以电器设备的实际运行数据为维修依据，对电器设备进行在线状态检测的研究为实现由定期检修到状态检修创造了非常有利的条件。相对于定期检修，状态检修方式具有如下优点：

1）避免电力系统不必要的停电。

2）减少设备因维修造成的损害。

3）减少因设备维修不当所造成的事故。

4）减少因设备维修所需的人力、物力和财力。

对电器设备采用在线检测技术，对设备的运行状态进行实时检测，从而能够根据设备的实际运行状态及时进行维修，有效地扩大维修周期，节省维修费用。

由于具有上述显著优点，状态检修对于节省人力、物力，避免设备故障及事故的发生和发展，有效提高电器设备运行的可靠性，确保电力系统稳定性都有很重要的意义。例如美国Consolidated Electronics 公司研制的 SM_6 系列断路器（电器设备的元件）在线检测系统和瑞士ABB 公司研制的 GIS 在线检测系统，都已经应用并取得良好的经济效益。在我国，在线检测技术越来越广泛地得到了各科研单位和电力运行部门的关注。

1.2 电器设备状态检测的研究现状

1. 国外的研究工作

国际大电网会议（CIGRE）第 13.06 工作组共进行了两次高压开关设备的可靠性调查：

第一次调查是 1971~1985 年，主要针对高压开关设备的可靠性。

第二次调查从 1988 年 1 月起至 1991 年 12 月 31 日止，主要针对高压 SF_6 断路器。

调查高压开关设备的可靠性同时，还研究了诊断技术。他们认为：

1）操动机构引起的高压开关设备故障比率最高，如下令后拒分、闭锁等。在这方面使用诊断技术以提高高压开关设备的可靠性是最重要的。

2）电气击穿故障也较严重，应当鼓励在电气绝缘领域开发和使用诊断技术。

3）关合和开断电流方面的故障很少发生，似乎无理由去开发和使用诊断技术。

2001 年，美国电气电子工程师学会开关设备委员会出台了 C37.10.1 标准——断路器检测指导原则。该标准指出，断路器检测方法应分为 5 个步骤：

1）故障类型和故障影响分析。

2）确定正确的检测对象来发现最可能发生的故障。

3）对设备可能发生的故障进行风险分析。

4）采用成本-利益分析来明确是采用在线检测还是周期检测。

5）制定决策。

该标准指出，SF_6 断路器的检测包括以下三个方面：①工作电压下的各组件的检测，包括 SF_6 气体密度和压力、触头温度的红外检测、触头磨损的检测；②控制电路和辅助电路的检测，包括分、合闸线圈电流的检测以及辅助触头状态的检测；③操动机构的检测，包括储能电机电流、机构运动情况、机构温度的检测。

该标准指出，油断路器的检测包括以下三个方面：①工作电压下的各组件的检测，包括绝缘套管的检测、油状况的周期性检测、套管温度的红外检测、触头磨损的检测；②控制电路和辅助电路的检测，包括分、合闸线圈电流的检测以及辅助触头状态的检测；③操动机构的检测，包括压缩机电流、机构运动情况、油压状况的检测。

近年来，国外许多公司、大学和研究机构对高压开关设备的机械特性状态、绝缘和灭弧介质特性、振动信号、电寿命等方面进行了研究。

（1）机械特性状态在线检测

德国 ESKOM 公司的 Martin H B 结合公司服役断路器遇到的具体问题，认为断路器故障主要是由操动机构的故障引起的，并对断路器分、合闸线圈电流，动触头行程曲线以及操作过

程中触头动态电阻进行了测量。美国 Texas A&M 大学提出了自动检测和分析断路器操作情况的方法：用便携式的示波器记录断路器控制电路（分、合闸线圈）电流波形，采用小波变换对波形去噪处理，然后使用专家系统对断路器操作情况进行诊断；并开发了离线和在线状态下的应用软件。巴西 Sao Paulo 大学 Silva M S，Jardini J A 使用数字示波器采集三相相电流，并用小波变换对三相相电流进行分析，结合分、合闸线圈电流计算出断路器操作时间。英国 Bath 大学的 Philip J Moore 利用断路器动作时，电弧辐射出高频电磁波的特点，使用天线接收电弧产生的脉冲射频信号，并对该信号进行分析，从而得到断路器分、合闸时间。英国利物浦大学 Cosgrave J 等人采用多通道光纤传感技术对油断路器进行检测。通过对断路器动作时灭弧室不同位置的光强进行检测，计算出燃弧时间、触头行程，并可观测出油的扰动和溅射情况。

（2）绝缘和灭弧介质特性的在线检测

Alstom 公司最新开发的 CBWatch-2 型断路器在线检测与诊断装置，应用于 245kV SF_6 断路器，可以在线计算 SF_6 气体密度、SF_6 气体泄漏率、弹簧操作机构的分合闸操作时间及触头电寿命，并采用 RS485、MODBUS、MODEM 等多种方式进行通信。德国 Ppilzecker 提出采用光谱分析技术对 GIS（气体绝缘开关设备）隔离室内的气体进行光谱分析，得出气体组成成分及其含量，从而达到对绝缘故障检测的目的。

（3）振动信号检测与分析

澳大利亚 Msonash 大学 Dennis S S 等人综合运用小波包技术和神经网络技术对断路器合闸振动信号进行分析，从而对断路器进行故障诊断。这种方法首先对正常振动信号和故障振动信号分别进行小波包分解，然后将对断路器状态敏感的分解系数输入神经网络进行故障诊断。意大利罗马大学 Giuseppe Fazio 等人应用连续小波变换对断路器操作时的振动信号进行处理，得到正常状态和故障状态时振动信号的频率特性，并结合统计学方法对断路器进行故障诊断和状态识别。

（4）高压开关设备电寿命在线检测

英国 Basler 电气公司 Gerald Dalke 根据断路器分断电流和电弧能量的大小来评估断路器触头的磨损状况，并提出计算断路器分断额定电流和短路电流时触头磨损的计算公式。澳大利亚 Queensland University of Technology 通过测量断路器负载侧电流互感器的电流和电压，在线检测分合闸时刻、燃弧时间、电弧电压、电弧能量及触头电寿命。

2. 国内的研究工作

我国的电器设备状态在线检测技术起始于 20 世纪 80 年代，在短短的几十年时间里得到了迅猛发展。各单位相继研制出不同类型的检测装置，主要有各省电力部门研制的电容性设备的检测装置（主要检测介质损耗、电容值、三相不平衡电流）；电力系统的一些研究所则除电容性设备的检测外还研制了各种类型的局部放电检测系统。同时，国内一些高校则开始了绝缘诊断技术的研究。国家先后将“断路器运行中局部放电数字化检测装置和相应的微机系统”“大型气轮发电机故障在线检测系统”等项目列入国家攻关项目。随后，原机械部、原电力部也先后将“大电机绝缘在线检测技术的研究”“在线局部放电抗干扰”等列入重大科技项目，标志着我国的电器设备状态检测技术进入全速发展阶段。近年来，电器设备状态在线检测技术得到了长足发展，许多高校和研究机构针对各种电器设备的状态在线检测进行了研究，并开发出一系列产品。研究的重点主要集中在电器设备机械特性状态在线检测、温度状态在线检测、真空度状态在线检测、SF_6 气体特征量状态在线检测、电寿命状态在线检测、振动信号检测与分析几个方面。

（1）机械特性状态在线检测

由于操动机构引起的电器设备故障比率最高，因此机械特性的状态检测成为各高校与研究机构关注的热点问题。许多高校和研究机构在这方面做了大量的工作。西安交通大学开发出基于双 CPU 的中压开关设备在线检测系统，可以在线检测中压开关设备分、合闸线圈电流，储能电机电流，动触头行程，平均分、合闸速度，刚分速度，三相不同期时间；并开发出用于开关设备在线检测系统级专用集成电路。清华大学提出了以线圈电流、振动事件起始时间、位移、速度、加速度和振动信号能量为特征量的高压断路器机械状态的检测方法，对高压断路器行程特性，操动机构的碰撞过程，操作电磁铁动态特性进行了分析，并开发出了基于嵌入式系统的高压开关柜测控装置。华中科技大学研制了分布式结构的高压开关机械特性在线检测系统，以及基于虚拟仪器技术的断路器在线检测系统。北京交通大学开发了高压断路器机械状态在线检测的智能装置，可以长期在线检测断路器储能电机的电压和电流，分合闸线圈电压，三相断口开关量，行程信号，分合闸线圈电流等。

(2) 温度状态在线检测

温度状态检测是防止由温升故障造成断路器损坏的重要手段。目前，一些高校和研究机构在温度状态在线检测方面也做了大量的工作。西安交通大学开发出基于红外测温技术的高压断路器温度在线检测传感器，以及用于成套开关设备温度在线检测的接触式传感器。浙江大学研制出了高压开关触点和母线温度在线检测与监视系统。北京科技大学根据相对温差法开发出了断路器故障红外诊断的软件。

(3) 真空度状态在线检测

真空灭弧室的内部气体压力是确保真空灭弧室可靠运行的重要指标之一，对运行中真空灭弧室的内部气体压力进行实时检测是十分必要的。上海交通大学研制了一种新型的“两半组合式”磁场线圈，不用拆卸灭弧室，就可以使用磁控放电法测量灭弧室真空度；并提出了一种通过测量屏蔽罩的直流电位，即屏蔽罩上积聚的静电荷数量，来检测灭弧室真空度的方法。武汉大学提出了一种真空灭弧室内部气体压力在线检测的新方法——放电声发射检测法。大连理工大学采用耦合电容法，研制出了基于 DSP 的真空断路器真空度在线检测装置。淄博供电公司根据电光变换法原理研制了真空断路器灭弧室真空度在线检测装置，并投入实际运行。

(4) SF_6 气体特征量在线检测

六氟化硫（SF_6）气体是迄今为止最理想的绝缘和灭弧介质，广泛应用于高压断路器等电器设备中。在 SF_6 气体特征量（湿度、温度、压力、密度等）在线检测方面，许多高校、公司做了大量工作。重庆大学采用高分子电容式相对湿度传感器，结合温度测量和压力测量对 SF_6 气体中微水含量进行了在线检测。上海交通大学应用高分子电容式湿度传感器和压阻应变式压力传感器，研制了一种 SF_6 气体智能化微水、密度在线检测仪。江苏省电力公司南京供电公司开发出了数字式 SF_6 气体密度在线检测装置。西安交通大学对 330kV 罐式断路器中 SF_6 气体湿度的测量做了研究工作。

(5) 电寿命在线检测

目前，国内一些高校和研究机构针对各种断路器提出了表征其电寿命的判断依据，并开发了电寿命在线检测装置。原电力部电力科学研究院提出了表征真空断路器电寿命的若干判据：燃弧时间、首开相在三相中的分布状况、开断时间、开断电流。华中电力集团公司使用触头相对电磨损与相对电寿命方法，研制出断路器触头电寿命在线检测装置。华中科技大学提出了对高压断路器触头电寿命进行诊断的一种新方法——采用触头累积磨损量作为判断电寿命依据。中国电力科学研究院通过对比国内外的试验方法和分析电寿命试验对断路器生产和用户的意义，提出了对我国国家标准和电力行业标准中 E2 级断路器试验方法的修改建议。

(6) 振动信号检测与分析

断路器操作振动信号分析是一种非侵入式的检测手段，它的优点是不涉及电气参量的测

量，传感器安装于断路器的接地部分，对断路器的正常运行无任何影响。因此，近年来，针对振动信号检测与分析方面的研究也越来越多。西安交通大学将短时能量法应用于断路器操作振动信号分析，准确提取不同振动事件的起始时刻；并采用小波包频带能量分解方法对断路器进行状态识别和故障诊断。哈尔滨工业大学提出了基于小波奇异性检测的高压断路器故障诊断方法，以及基于径向基函数网络理论的高压断路器故障诊断方法。清华大学通过实验研究得出利用振动信号来区分不同振动事件的方法，并提出了使用振动信号相频特性描述振动波传播过程的方法。华中科技大学使用电流与振动双传感器对断路器实时检测，运用 D-S 证据理论、Dempster 合成法则，对断路器故障进行了诊断。北京交通大学提出了基于分形理论的处理高压断路器机械振动信号的新方法。

1.3　电器设备状态检测领域中的关键技术

1. 传感技术

传感技术作为电器设备状态检测的关键技术之一，为后续处理和控制提供信息来源，是保证电器设备状态检测系统正确运行的基础。随着现代计算机技术、通信技术与智能化电器的结合，促进了智能化电器向小型化、集成化、智能化和网络化的发展，同时也对传感技术提出了更高的要求。因此，大力发展智能化传感技术的研究已经成为电器设备状态检测技术进步的当务之急，新型传感技术的开发与应用是电器设备状态检测领域的重要挑战与机遇。目前广泛应用的电磁式互感器是按照过去的继电控制设备的应用条件而设计的，存在种种弊端。例如，由于线性范围的限制，需要使用两套电流互感器，一套用于测量，另一套用于保护，造成资源浪费。随着传感技术的进步，各种新型传感器（如：非接触式测温传感器，光纤电压、电流传感器，振动加速度传感器，阵列式磁传感器等）正在不断地应用到电器设备状态检测领域中。

2. 微处理器技术

微处理器是电器设备状态检测系统的核心，它的性能高低直接决定了产品性能的好坏，反过来讲，产品性能要求的不断提高也对选用什么样的微处理器提出了挑战。十几年来，电器设备状态检测系统在微处理器的选用上发生了很大的变化。从最初的单一 8 位 MCU 结构的智能装置问世，很快发展为 16 位单片机为主流的产品，近几年在高端产品中又发展为以 32 位单片机和以工业控制计算机，以及以 DSP 技术、多 MCU 为主导的产品。之所以其硬件的发展如此之快，一方面是由于电器设备状态检测领域新理论的不断出现对测控器硬件的速度和性能提出了越来越高的要求，另一方面得益于近几年集成电路技术的不断发展，其性能越来越高，价格越来越便宜。

技术的进步加速了电器智能化产品的更新换代，在市场竞争越来越激烈的环境下，寻求一种新的产品开发方式，进一步加快新产品的开发速度、降低开发成本、提高产品的性能价格比将具有更重要的意义。

3. 总线技术

采用总线技术，可以使安装在被测电力设备上的智能化电子设备与计算机之间实现双向的数字通信，从而组成开放的、数字的、多点的底层测控网络。对于电器设备状态检测系统，有多种总线技术可以选择，目前以 RS485、CAN、Lonworks 应用最为广泛。

4. 专用集成电路技术

目前的电器设备状态检测系统硬件基本上是以微处理器（MPU）或 DSP 为核心，因此，微处理器性能的好坏直接影响系统的功能。由于微处理器的一些固有不足，如效率低、升级困难、程序指针易受干扰、开发周期长等，影响了其在电器智能化领域的进一步应用。20 世纪90年代迅速兴起的可编程ASIC技术可以从根本上解决微处理器所面临的问题。利用ASIC器件，既保证了灵活性，又兼顾了ASIC的价格低和并行处理的快速性。采用专用集成电路可降低产品成本、提高产品可靠性、减少体积；还可以以硬代软，提高处理速度；软件可固化于专用芯片内部，使其标准化、模块化。专用集成电路技术是当前研究与应用的热点。

5. 数字信号处理技术

近年来，随着数字处理技术的发展，各种数字信号处理方法不断应用于电器设备状态检测领域，特别是电器设备的状态识别和故障诊断中。通过使用各种非平稳信号分析方法（如：联合时频分析方法、ARMA模型参数估计法、神经网络、小波变换、分形几何等）对电器设备振动信号进行处理和分析，从而对设备进行状态识别和故障诊断已经成为近年来研究的热点问题。同时，数字信号处理器件（DSP）的出现，也使各种复杂数字信号处理方法的硬件实现成为了可能。

6. 虚拟样机技术

虚拟样机技术是指在产品设计开发阶段，将分散的零部件设计和分析技术（指在某单一系统中零部件的CAD和FEA技术）糅合在一起，在计算机上建造出产品的整体模型，并针对该产品在投入使用后的各种工作情况进行仿真分析，预测产品的整体性能，进而改进产品设计，提高产品性能的一种新技术。虚拟样机技术集信息技术、仿真技术、计算机技术于一体，是对传统设计方法的一次历史性的革命。以其为基础的现代设计方法，改变了以物理样机为基础的传统设计方法，大大减少昂贵而费时的物理样机制造及试验过程，使用户可以直接在计算机上建立样机模型，对模型进行各种动态性能分析，快速分析比较多种设计方案，然后改进样机设计方案，进行优化设计。在设计的早期就及时发现潜在的问题，这是提高产品质量、缩短产品开发周期、降低产品开发成本最有效的途径。由于开关电器设备操动机构的分合闸运动过程实质上就是机构的动力学运动过程，所以在开关电器设备机构动态特性的研究中，使用虚拟样机技术能更加直观地分析样机模型的动作情况，以及各个参数对动态特性的影响情况。这有利于新产品的研发、优化设计及故障模拟实验，进而缩短研发周期，降低研发成本，并且为产品安全运行做准备。

参考文献

[1] 荣命哲，贾申利，王小华. 电器设备状态检测［M］. 北京：机械工业出版社，2007.

[2] 周鹤良. 我国电力工业发展机遇和应用电力电子技术的思考［C］. 深圳：第八届全国智能化电器及应用学术年会，2005：1-4.

[3] 李建基. 高压开关发展评述［J］. 电气时代，2005（11）：26-30.

[4] MENG Y P，JIA S L，RONG M Z. Mechanical condition monitoring of vacuum circuit breakers using artificial neural network［J］. IEICE Trans. on Electronics，2005（8）：1652-1658.

[5] KEZUNOVI M，REN Z F，etal. Automated monitoring and analysis of circuit breaker operation［J］. IEEE Transaction on Power Delivery，2005，20（3）：1910-1918.

[6] MOORE P J. Radiometric measurement of circuit breaker interpole switching times［J］. IEEE Transaction on Power Delivery，2004，19（3）：987-992.

[7] LE D S S，LITHGO B J，MORRISON R E. New fault diagnosis of circuit breakers［J］. IEEE Transaction on Power Delivery，2003，18（2）：454-459.

[8] DALKE G，HORAK J. Application of numeric protective relay circuit breaker duty monitoring［J］. IAS，2004：2437-2444.

[9] 戴怀志. 基于双MCU的中压开关设备在线监测系统研制［D］. 西安：西安交通大学，2004.

[10] 戴怀志，吕一航，贾申利，等. 断路器综合在线监测系统研制［J］. 高压电器，2004，40（2）：

104-106.
[11] 邹加勇，荣命哲，王小华，等．基于CAN总线的高压开关柜状态监测单元通信模块的设计［J］．高压电器，2004，40（3）：210-212.
[12] 马强，李琨，荣命哲，等．开关设备在线监测系统级专用芯片的设计［J］．电力系统自动化，2005，25（3）：73-76.
[13] 马强，荣命哲，李琨，等．现场可编程门阵列在开关设备在线监测中的应用［J］．高压电器，2005，41（2）：107-112.
[14] 杨武，王小华，荣命哲，等．基于红外测温技术的高压电力设备温度在线监测传感器的研究［J］．中国电机工程学报，2002，22（9）：113-117.
[15] 郑义，王小华，许玉玉，等．成套开关设备温度在线检测用接触式传感器的研制［J］．高压电器，2004，40（1）：20-22.
[16] 孟永鹏，贾申利，荣命哲．短时能量分析法在断路器机械状态监测中的应用［J］．西安交通大学学报，2004，38（2）：1301-1305.
[17] 马强，荣命哲，贾申利．基于振动信号小波包提取和短时能量分析的高压断路器合闸同期性的研究［J］．中国电机工程学报，2005，25（13）：149-154.
[18] 孟永鹏，贾申利，荣命哲．小波包频带能量分解在断路器机械状态监测中的应用［J］．西安交通大学学报，2004，38（10）：1013-1017.
[19] 姚建实，黄瑜珑，曾嵘，等．基于嵌入式系统的高压开关柜测控装置的开发［J］．高压电器，2004，40（4）：286-289.
[20] 郝爽，仲林林，王小华，等．基于支持向量机的高压断路器机械状态预测算法研究［J］．高压电器，2015，51（7）：155-159.
[21] 李东妍，荣命哲，王婷，等．超高压GIS剩余寿命评估方法综述［J］．高压电器，2011，47（10）：87-92.
[22] 李美，王小华，苏海博，等．中压开关柜状态在线监测装置电磁兼容性能研究［J］．高压电器，2011，47（4）：69-74.
[23] 荣命哲，王小华．智能开关电器设计方法探讨［J］．高压电器，2010，46（9）：1-2.
[24] 荣命哲，王小华，王建华．智能开关电器内涵的新发展探讨［J］．高压电器，2010，46（5）：1-3.
[25] 王小华，苏彪，荣命哲，等．中压开关柜在线监测装置的研制［J］．高压电器，2009，45（3）：52-55.
[26] 唐喜，叶志祥，任雁铭，等．一种新型的高压开关综合在线监测IED设计与研制［J］．高压电器，2019，55（2）：97-103.
[27] 王建华，张国钢，宋政湘，等．物联网+大数据+智能电器——电力设备发展的未来［J］．高压电器，2018，54（7）：1-9.
[28] 李毅，蒋浩，龚付高，等．智能断路器在线监测系统研究［J］．高压电器，2017，53（6）：67-71.
[29] 张猛，申春红，张库娃，等．智能化GIS的研究［J］．高压电器，2011，47（3）：6-11.
[30] 王园园，张希捷，雷蓓，等．高压隔离开关位置在线监测［J］．电气制造，2014（11）：82-85.
[31] 叶伯颖，丁浩杰．智能配电网中智能中压开关柜关键技术设计研究［J］．电气应用，2014，33（13）：60-65.
[32] KAYANO P S D, SILVA M S, MAGRINI L C, etal. Distribution substation transformer and circuit breaker diagnoses with the assistance of real-time monitoring. IEEE/PES Transmission & Distribution Conference & Exposition［C］. Latin America，2004：185-189.
[33] 杨元威，关永刚，陈士刚，等．基于声音信号的高压断路器机械故障诊断方法［J］．中国电机工程学报，2018，38（22）：6730-6737.
[34] 杨景刚，吴越，赵科，等．基于最优特征向量分类的高压断路器机械状态识别方法［J］．高压电器，2018，54（6）：60-66.
[35] 赵书涛，张佩，申路，等．高压断路器振声联合故障诊断方法［J］．电工技术学报，2014，29（7）：216-221.

[36] 梅飞，梅军，郑建勇，等. 粒子群优化的 KFCM 及 SVM 诊断模型在断路器故障诊断中的应用 [J]. 中国电机工程学报，2013，33 (36)：134-141.
[37] 张永奎，赵智忠，冯旭，等. 基于分合闸线圈电流信号的高压断路器机械故障诊断 [J]. 高压电器，2013，49 (2)：37-42.
[38] 常广，张振乾，王毅. 高压断路器机械故障振动诊断综述 [J]. 高压电器，2011，47 (8)：85-90.
[39] 黄建，胡晓光，巩玉楠. 基于经验模态分解的高压断路器机械故障诊断方法 [J]. 中国电机工程学报，2011，31 (12)：108-113.
[40] 臧春艳，胡李栋. 智能型开关电器的研发现状与分析 [J]. 高压电器，2011，47 (3)：1-5.

第2章 电器设备状态劣化规律研究

本章介绍电器设备电连接状态、绝缘状态和机械状态的劣化规律。通过对电器设备机构动力学特性进行仿真分析，重点介绍机械系统行为及故障发生、发展机理的新方法。其中包括多体动力学以及多体动力学仿真软件包 ADAMS 的功能特点描述、利用 ADAMS 软件包建立的断路器机构动力学模型、在所建立模型的基础上对断路器短路开断和关合过程的模拟以及断路器操动机构主要机械故障的仿真分析，最后是短路电流所产生的电动力对断路器机械特性的影响。

2.1 电器设备的劣化类型

电器设备或它的部件因受热、电的作用及机械的应变或环境的影响，发生化学或者物理的性质变化，导致电器设备的性能降低即电器设备劣化。

2.1.1 电连接状态劣化

在电器设备中，高压部分的导电连接一般可分为固定接触、滑动及滚动接触和可分合接触三种类型，这些导电连接的部位就称为电连接处。电连接处的劣化有三种表现形式：接触电阻过大、触头材料侵蚀与转移、电连接处熔焊。

(1) 接触电阻过大

电器设备高压部分的电连接处一般需要承载很大的工作电流，尤其是在电力系统短路故障情况下，电流可能达到数千安培，甚至更高。但是，电连接处往往会由于接触面劣化、连接螺栓松动、安装不到位等原因导致接触电阻过大，从而使电连接处温升过高，最终造成电器设备故障。

(2) 触头材料的侵蚀与转移

触头材料的侵蚀是指电极表面受电、热、机械力等因素作用使得触头材料以蒸发或液体喷溅或固态脱落等形式脱离触头本体的过程。脱离触头本体的材料如果转移到另一个电极表面，则是触头材料的转移。可分合接触在切断或闭合电路过程中，触头间往往会产生电弧。电弧温度很高，大大超过一般金属材料的熔点或沸点，会使触头表面熔化和汽化；同时，切断或闭合电路过程中的电磁力、机械力作用，也可能导致触头材料表面熔池的喷溅。这些过程最终造成触头材料的侵蚀与转移。

滑动及滚动接触的接触面会由于外力的作用发生碰撞，进而发生弹跳使得接触点分离并产生电弧，同样会造成接触点材料的侵蚀和转移。

(3) 电连接处熔焊

电连接处熔焊是指电连接处金属接触区域靠金属熔化而结合在一起的现象，根据形成原因，电连接处熔焊可分为静熔焊和动熔焊。

静熔焊指由接触电阻产生的焦耳热使两触头接触部分熔化、结合而不能断开的现象。固定接触的电连接处发生熔焊的主要形式是静熔焊。

动熔焊是指可分合接触在分断与接通电路过程中，或者滑动及滚动接触在接触面弹跳过程中，接触点之间产生电弧，由于电弧热流使接触点熔化而发生的熔焊现象。

2.1.2 绝缘特性劣化

绝缘特性劣化是由于电场集中及放电所引起的材料劣化现象。一般都用绝缘物的加压寿命（V-t）特性表示。

长期加压的绝缘物，其材料的绝缘特性是随着时间而降低的，当它的降低尚处在较小的区间内，对实际使用是无影响的，若进展到一定程度就容易导致绝缘击穿，危害电器设备及电网的安全。在绝缘物内如存在异物或空隙，加压后容易在此处产生局部放电。局部放电从形态来说可分为由绝缘物内部空隙产生的内部放电，在绝缘物表面产生的表面放电以及在电极尖端产生的电晕放电等三种。

表征电器设备绝缘状态的参量有局部放电、泄漏电流、介质损耗角正切等。局部放电可以释放出超高频信号、超声波信号，并导致电器设备的地电位短暂升高，这使得可以对局部放电进行在线监测。泄漏电流可以通过引流环进行采集，从而实现在线监测。但是，介质损耗角正切需要将绝缘材料放置到精密的检测仪器中测量，很难用于在线监测。

（1）局部放电

局部放电是指当外加电压在电器设备中产生的场强足以使绝缘部分区域发生放电，但在放电区域内未形成固定放电通道的一种放电现象。每一次局部放电对绝缘介质都会有一些影响，轻微的局部放电对电器设备绝缘的影响较小，绝缘强度的下降较慢；而强烈的局部放电会使绝缘强度很快下降。因此，电器设备的绝缘设计要考虑在长期工作电压的作用下，不允许绝缘结构发生较强烈的局部放电。局部放电既是导致绝缘劣化的原因之一，也是绝缘劣化的一种表现形式。对电器设备的局部放电进行在线监测，可以对绝缘劣化水平进行实时的评估，提前发现故障隐患，提高电器设备的安全水平。

（2）泄漏电流

泄漏电流是电器设备在正常工作情况下，由外施供电电压和运行过程中产生的杂散电势通过绝缘结构的阻抗、人体阻抗与大地构成回路形成的电流。它是衡量电器绝缘特性好坏的重要标志之一。泄漏电流贯穿于电器设备运行过程始终，它伴随着绝缘子表面积污（覆冰也可以看成一种特殊的污秽）受潮的全过程，能综合反映绝缘子表面状况（污闪时的污秽度、冰闪时的水膜电导率等）、气候状况和施加电压状况。

（3）介质损耗角正切

介质损耗角是在交变电场下，电介质内流过的电流向量和电压向量之间的夹角（即功率向量角φ）的余角δ，简称介损角。$\tan\delta$是介质损耗角正切，表征电介质材料在施加电场后介质损耗大小。电介质的等效电路如图 2-1a 所示。介质损耗角δ如图 2-1b 所示。介质损耗角公式如下：

$$\tan\delta=\frac{I_R}{I_C}=\frac{U/R}{U\omega C}=\frac{1}{\omega RC} \qquad (2\text{-}1)$$

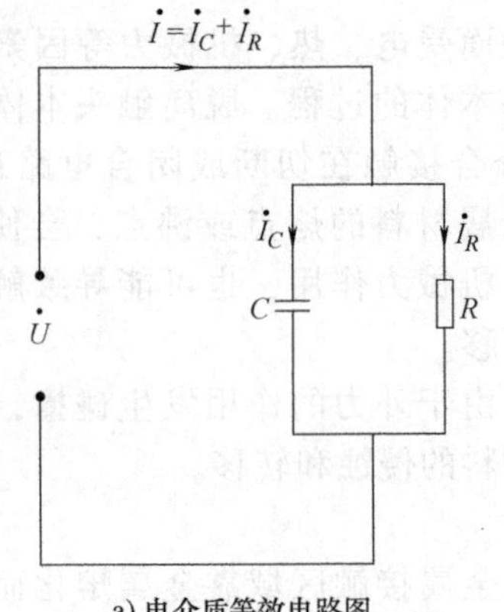

a) 电介质等效电路图

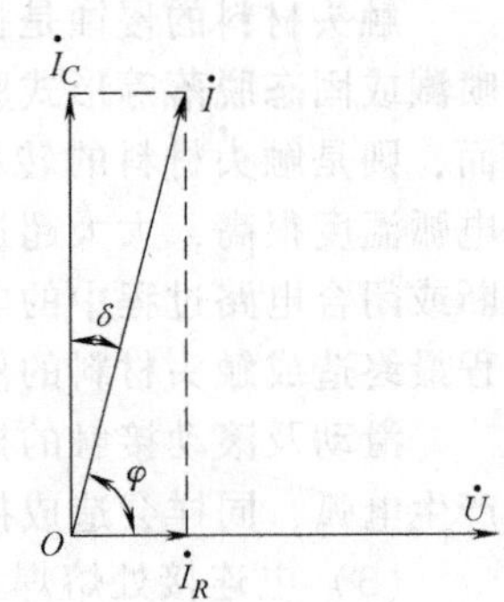

b) 介质损耗角 δ

图 2-1 介质损耗角正切

2.1.3　机械特性劣化

机械特性劣化从材料状态来看有蠕变和疲劳两种形态。从部件与部件的相互作用来看，凡是摩擦面上的磨损或者螺钉的松弛等也可看成机械特性劣化。

(1) 蠕变

所谓蠕变是物体受力时随时间流逝而变形的现象。大部分密封垫的劣化属于蠕变。密封垫的密封效果是以垫的压缩复原力来维持的。由于压缩不当，密封垫永久变形率超过了某一定值时则失去了压缩复原力，密封垫就会失去原有的密封效果。

(2) 疲劳破坏

断路器部件的疲劳破坏主要是由冲击负荷造成的。对金属材料来说，冲击疲劳强度劣化的倾斜趋势比一般的低循环疲劳强度劣化倾斜趋势要大，随着寿命向长寿命方向发展，两者疲劳强度之差缩小，会出现逆转倾向。

(3) 润滑特性的劣化

1) 因长期静止，起动摩擦增加。滑动面的摩擦因受润滑状态的影响，在长时间静止状态之后，它的起动摩擦力相当大。特别是在滑动盘根部分，因密封作用，经常受到盘根与滑动面之间的密封压力，这种倾向更为显著。

2) 大气与摩耗。随着断路器滑动面的摩擦，滑动的表面逐渐发生减量，这叫作摩耗（摩擦损耗）。程度严重时表面形状及尺寸发生变化，滑动功能即润滑特性降低。

金属的粘合摩耗形态，在大气中和在真空中大不相同。这是因为在大气中摩耗表面粒子由于周围气体分子的作用，构成微细的摩耗粉尘向体系以外脱落，而相对来说，在真空中因缺乏周围气体分子，粒子不容易向体系以外脱落，而且还会“生长”，这就造成了表面严重芜杂，甚至形成金属性的大颗粒存在于滑动的表面之间，增大了摩擦系数。因而对于在真空中有滑动部件的断路器需要充分考虑上述现象。

3) 接触压力及摩擦速度与摩耗。在润滑状态下，滑动表面呈现良好滑动，若中断润滑，在干燥状态下的摩耗就会成为问题。

2.1.4　环境劣化

电器设备受温度、湿度、盐雾、大气污染物等自然环境因素的影响导致其性能劣化，或者某些环境下部件因受导线过载、设备内部分解产物、溶解和膨胀等原因使其性质降低，称为环境劣化。

1. 自然环境因素导致的劣化

1) 由于温度、湿度导致的电器设备性能的劣化。由环境引起的电力设备绝缘系统老化的因素主要包括高温、水分、氧气等。在这些因素的作用下，绝缘表面将发生腐蚀，加上强电场的作用，沿面放电会产生高温，加速绝缘系统老化过程。根据实际情况，环境对绝缘系统造成的劣化主要是受潮，受潮后的介质损耗将增大，从而有可能引起热击穿。如果受潮不均匀，将引起电场分布的变化，从而降低其耐电强度。热老化通常在热和氧的长期协同作用下发生，初期会出现过氧化物，进而分解产生自由基，然后引发一系列氧化和断链化学反应，使分子量下降，含氧基团浓度增加，并不断挥发出低分子产物，结晶度也随之改变。随着绝缘物质结构的变化，其机械性能逐渐劣化。

2) 由于盐雾导致的电器设备性能的劣化。自然界的盐雾是强电解质，其中 NaCl 占电解质的 77.8 %，电导很大，能加速电极反应而使阳极活化，加速腐蚀。盐雾腐蚀破坏过程中起主要作用的是氯离子，它具有很强的穿透本领，容易穿透金属氧化层进入金属内部，破坏金属的钝态。同时，氯离子具有很小的水合能，容易被吸附在金属表面，取代保护金属的氧化层中的氧，使金属受到破坏。除氯离子外，还受溶解于盐溶液里氧的影响。氧能够引起金属表面的去极化过程，加速阳极金属溶解。腐蚀产物的形成，使渗入金属缺陷里的盐溶液的体积膨胀，因此增加了金属的内部应力，引起了应力腐蚀，导致保护层鼓起。

3）由于大气污染物的劣化。电器的接点部件不仅是用在主回路上，更多是用在控制回路上，接点在断路器的功能上占着极为重要的位置。特别是分合弱电流的继电器等的接点部件，它的接触表面若有微小的变化也直接影响着可靠性。从这些部件的环境条件来看，在城市中受工厂煤烟和汽车排气中的硫化氢（H_2S）影响成为问题。贵金属接点材料银（Ag）、金（Au）、铂（Pt）、钯（Pd）放在大气中，每种材料表面上都附着腐蚀生成物，使接触电阻增高。

2. 导线过载导致电缆绝缘的劣化

电力系统中大多数的电缆为交联聚乙烯（XLPE）电缆，电缆中的负荷电流以及短路电流会使导体发热，电缆绝缘在长期高温下会发生热老化，导致交联聚乙烯绝缘发生复杂的物理化学变化，其中氧化老化是决定其热老化特性的主要因素。

3. 由于设备内部分解产物的劣化

SF_6 气体作为绝缘和灭弧介质被大量地应用于高压电器设备中。虽然纯净 SF_6 是一种无色、无嗅、无毒的惰性气体，但其放电分解产物一般具有较高的化学活性和腐蚀性，且通常具有较高的毒性，这对电力设备的安全运行以及维护人员的健康都会造成重大威胁。因此，从 20 世纪 50 年代开始，国内外学者就开展了 SF_6 气体放电及其分解产物的广泛研究，包括 SF_6 气体分解机制及过程、检测监测方法、典型分解气体及其影响因素、分解产物在设备故障诊断与状态评估中的应用等方面。

实际电器设备的劣化，是由多种因素共同导致的，例如在高温下绝缘物蠕变的加速是由热劣化与机械劣化构成的复合因素引起的，氧化反应的加速是由热劣化与环境劣化构成的复合因素引起的，因而有很多劣化未必是单一形态的劣化。

2.2 电连接状态劣化的规律研究

2.2.1 接触电阻过大

导致电连接处接触不良的原因很多，例如尘土沉积、空气污染和电磨损引起的接触表面劣化，机械操作和短路电动力引起的机械振动使得紧固螺栓松动，以及手车式电器设备中容易出现的安装不到位等。

尘土沉积是导致电连接处接触不良的一个主要原因。电连接处的尘土沉积总比非连接处严重，这是由于空气中的自然尘土微粒都带有一定量的静电荷，容易受到电连接处非均匀电场作用而沉积。尘土会在接触面分合、振动过程中嵌入，使正常接触面积减少，并且其中的水溶性成分具有电解作用而侵蚀接触面，这些都将导致接触电阻增加，引起接触面过热，并进一步加剧接触表面氧化等侵蚀作用，最终导致电连接状态严重劣化而引起电器设备故障。

电器设备的各种力作用也是导致电连接处温升劣化的一个主要原因。其中，分合闸操作往往具有上千牛顿的作用力，会导致设备剧烈振动，有可能引起螺栓松动甚至脱落。另外，系统短路故障情况下的电动力也不容忽视，在短路电流的作用下，母排将承担很大的弯矩和扭矩作用，也有可能导致其两端螺栓的变形和松动。因为各种力的作用导致电连接处螺栓松动、变形、甚至脱落，在电器设备运行过程中并不少见，其直接后果是电连接状态劣化，连接处温度升高，并有可能导致严重的故障。

另外，电器设备因为安装不到位导致电连接处温度过高，引起设备故障的现象也比较普

遍，其中尤以配电系统中手车柜隔离插头安装不到位的情况最为常见，所引起的故障往往也比较严重。

2.2.2　触头材料的侵蚀与转移

触头在多次开断和闭合以后，它的接触表面会逐步损坏（接触面变得凹凸不平，或出现深坑、凸起、变色、龟裂、材料转移或材料损失等），这些现象统称为触头磨损。

因受电弧影响产生的触头磨损量决定于开断电流、开断次数和电极材料等。在 SF_6 气体中的断路器电流与触头消耗量之间的关系可用下式表示：

$$V=\alpha I^{\beta}t \tag{2-2}$$

式中，V 为触头磨损量；I 为开断电流；t 为电弧时间；α、β 为由触头材料决定的常数。

2.2.3　电连接处熔焊

电连接处有固定接触、滚动及滑动接触、可分合接触三种形式。这三种形式的接触均会发生静熔焊。电器设备电连接处承载的电流很大，往往可以达到数千安培。如 2.2.1 节所述，电连接处由于各种原因，其接触电阻会增大，电连接处导电斑点区域的触头材料发热严重。当接触部位温度达到材料的软化温度时，由于接触部位应力集中，产生塑性变形，并且在接触部位由于软化和扩散而导致微弱的熔焊和粘着。如果电连接处通过的电流过大，电连接处导电斑点区域温度会达到电接触材料的熔化温度，此时，引起电连接处坚固的熔焊。

对于滑动及滚动接触和可分合接触，动熔焊的对接触点的影响更大。对于可分合接触，动熔焊发生于接通或分断电路的操作过程当中。接通或分断电路，均会产生电弧，触头间电弧使触头在弧根区域熔化，当触头闭合时，熔化的触头闭合在一起。如果分断力不能使触头分离，则发生熔焊。对于滑动及滚动接触，接触面往往会由于碰撞及外力的作用分离，此时，原本接触的部位会产生电弧，电弧使得材料表面熔化，当熔化的部位再次接触时，可能发生熔焊。

2.3　绝缘劣化的规律研究

2.3.1　绝缘特性的表征方法

表征绝缘特性有很多参量，比如介质损耗角正切、局部放电、泄漏电流等。在实施绝缘特性检测时需要根据不同的检测对象（电器设备）而选择不同的检测参量。

绝缘介质（电介质）在电场中都要消耗电能，通常称为介质损耗。如果介质损耗很大，会使电介质温度升高，促使材料发生老化，如果介质温度不断上升，甚至会把电介质熔化、烧焦，丧失绝缘能力，导致热击穿，因此，电介质损耗的大小是衡量绝缘介质电性能的一项重要指标。

不同设备由于运行电压、结构尺寸等不同，不能通过介质损耗的大小来衡量对比设备好坏。因此引入了介质损耗因数（Dielectric Dissipation Factor，介质损耗角正切值）的概念，便于不同设备之间进行比较。介质损耗因数只与材料特性有关，与材料的尺寸、体积无关。GB/T 5654—2007《液体绝缘材料　相对电容率、介质损耗因数和直流电阻率的测量》中的定义为：绝缘材料的介质损耗因数是损耗角的正切。当电容器的介质仅由一种绝缘材料组成时，损耗角是指外施电压与由此引起的电流之间的相位差偏离 π/2 的弧度。介质损耗角也可被定义为

$$介质损耗因数(\tan\delta)=\frac{被测试品的有功功率\ P}{被测试品的无功功率\ Q}\times 100\%=\frac{UI\cos\varphi}{UI\sin\varphi}=\frac{1}{\tan\varphi} \tag{2-3}$$

损耗角是电压电流相位差的余角。由定义式可得功率因数与介质损耗因数之间的关系为

$$\cos\varphi=\frac{\tan\delta}{\sqrt{1+(\tan\delta)^2}} \tag{2-4}$$

介质损耗因数能反映出绝缘的一系列缺陷，如绝缘受潮、油或浸渍物脏污或劣化变质，绝缘中有气隙发生放电等。这时流过绝缘的电流中有功分量 I_{RX} 增大了，$\tan\delta$ 也会增大。所以介质损耗因数试验是一项必不可少而且非常有效的试验，能较灵敏地反映出设备绝缘情况，发现设备缺陷。但是，如果绝缘缺陷不是分布性的而是集中性的，则用介质损耗角正切很难灵敏地反映出设备绝缘状态的变化。

GIS 中的局部放电是发生在绝缘介质中的一种放电现象。当 GIS 中存在绝缘缺陷时，电场会产生畸变，缺陷区域局部电场过于集中，产生极不均匀电场。在工频交变电场作用下，当场强集中处的电场强度超过介质临界击穿场强时，介质局部被击穿而形成局部放电。局部放电发生在介质中的局部区域，通常情况下不会立即引发绝缘贯穿性放电，但局部放电却在绝缘缺陷内部发生、存在、发展，可导致电介质特别是环氧材料等有机电介质的局部损坏，造成绝缘缺陷范围的进一步扩大，最终导致贯通性的绝缘破坏。

GIS 内部局部放电主要由以下几类绝缘缺陷导致：①GIS 高压导体或外壳上的金属凸出物；②导体间连接点接触不良引起的悬浮电位体；③GIS 腔体内的自由金属微粒；④绝缘子表面存在的异物；⑤绝缘子内部或表面的气隙、裂纹。不同缺陷类型的放电特征和机理并不相同。金属凸出物通常是加工不良、机械破坏或组装时的擦刮等因素造成的，从而形成绝缘气体中的高场强区。当局部电场强度达到 SF_6 气体的击穿场强时，就会发生近似尖板电极的电晕放电。在正常状态下，屏蔽罩与 GIS 高压导体或接地外壳间的接触良好，随着操作产生机械振动，以及随时间推移带来的热应力，使一些在最初安装时接触良好的屏蔽体接触不良，从而形成悬浮电位。屏蔽罩在外电场作用下，会释放出电子，在其表面积聚正电荷，当电荷积累越来越多，导致电极附近的电场集中，电场强度增大，直至发生局部放电。GIS 腔体中的自由金属微粒在电场作用下会释放电子，成为带有正电荷的金属粒子，反过来还会影响局部电场分布，引起电场畸变。当电场畸变到一定程度时，电子进一步从金属电极表面逸出，使 SF_6 气体发生碰撞电离、热电离以及光致电离，在两电极间（相间或相对地）形成间歇或连续的局部放电通道。带有正电荷的粒子在强电场环境中受到电场力的作用可能会产生运动，当运动到绝缘子上并附着在绝缘子表面时，则可能转变成绝缘子表面缺陷，引发沿面闪络。在盆式绝缘子制造过程中，由于工艺原因有时会形成很小的内部气隙。因为气体介质的介电常数远小于固体，当外加电压远远小于固体介质的击穿电压时，气隙中的气体可能会先产生局部放电。

暂态地电位是检测局部放电的常用方法。如图 2-2 所示，暂态地电位发生时，电子快速由带电体向接地的非带电体迁移，如柜体；放电点产生高频电流波，并向两个方向传播；受趋肤效应的影响，电流波仅集中在金属柜体内表面传播，而不会直接穿透；在金属断开或绝缘连接处，电流波转移至外表面，并以电磁波形

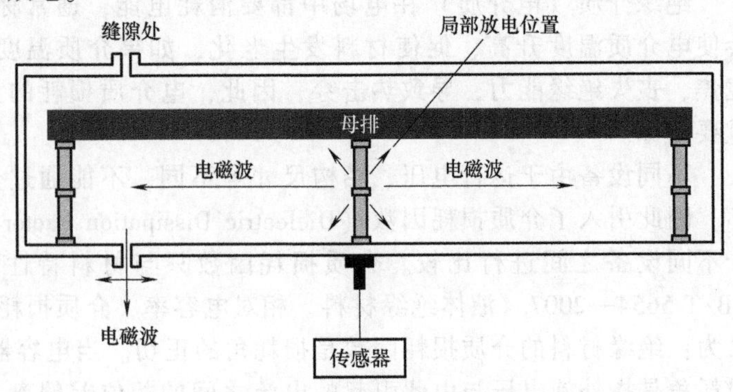

图 2-2 暂态地电位示意图

式进入自由空间；电磁波上升沿碰到金属外表面，产生暂态对地电压（Transient Earth Voltage，TEV）。

暂态对地电压可用 TEV 传感器进行测量；其幅值与放电量和传播途径的衰减程度有关；衰减量主要取决于放电点位置、设备的内部结构以及开口大小。利用装设在金属柜体外表面上的两个 TEV 传感器所测量的信号到达时差，可以实现粗略的局部放电定位。

泄漏电流可用来检测开关设备的绝缘状态。根据泄漏电流的定义：在没有故障施加电压的情况下，电器设备中相互绝缘的金属零件之间，或带电零件与接地零件之间，通过其周围介质或绝缘表面所形成的电流就称为泄漏电流。它是衡量电器产品绝缘性能好坏的重要标志之一，也是安全性能的主要标志。

2.3.2　泄漏电流随电气特性劣化的变化规律

电介质的电导大小一般用电导率 γ 或电阻率 ρ 表示。当固体电介质加上电压后，电流一部分从介质表面通过，称为表面电流；另一部分从介质体内流过，称为体积电流。

体积电阻的大小不仅由材料的本质决定，而且与试样的尺寸有关。即

$$G=\gamma\frac{d}{S} \tag{2-5}$$

式中，G 为试样电导；γ 为体积电导率；d 为试样厚度；S 为试样面积。

体积电导率是由材料本质决定的，与试样尺寸无关，在一定的测量条件下所测得的值为常数，它表征了电介质抵抗体积漏电的性能。表面电导率表征了绝缘材料抵抗沿表面漏电的性能。它和材料的表面状况以及周围环境之间的关系很大。潮湿的环境、污秽和电气特性劣化均会导致电导率增大，从而导致绝缘性能下降。

由于绝缘子制造技术水平的提高，所以体内击穿的发生概率较低。复合绝缘子在运行过程中，其化学结构的变化主要发生在表层。绝缘电流的增大主要是由表面电导的增大导致。

放电老化是电气特性劣化的主要形式，放电老化又因放电强度和环境因素差异而不同。放电强度与放电类型有关。电晕放电时，强度较低；电弧放电时强度最高；而火花放电时，强度介于两者之间。不同放电强度下的温度、老化机理及老化产物如表 2-1 所示。

表 2-1　放电类型与老化状况

放电类型	电晕放电	火花放电	电弧放电
放电强度/(kW/m²)	10^{-2}	10^{-1}	10^{2}
放电场强/(kV/m)	10^{2}	10^{3}	$>10^{3}$
放电电流/kA	10^{-6}	10^{-3}	$10^{-3}\sim1$
达到温度/℃	10^{2}	$>5\times10^{2}$	$>10^{3}$
老化因素	活化产物、辐射	—	热
老化产物	极性化合物	碳化等	碳化、有机导电物

绝缘材料在电场（电压）的作用下，即使没有放电也会因：①电流通过材料引起的热效应导致材料老化甚至热击穿；②流过材料表面的电流热效应使材料表面出现碳化通道；③直流电压通过电化学作用或空间电荷的作用使材料老化等。

如果在无氧的情况下进行外部电晕放电，则放电对材料的作用微乎其微。实际上，表面电晕放电老化主要是放电时产生的聚合物游离基和放电时产生的原子态氧及其他活性产物相互作用所致。

电弧放电老化因素主要是高温、燃烧，使材料分解、碳化。在电弧放电过程中，有的先生成不完全燃烧的中间产物或者有机半导体，然后进一步生成导电能力强的有机半导体；有的则直接石墨化或生成无定形碳；此外，产生的气态气体会离开母体材料。

电火花放电会产生电痕化老化。绝缘材料在户外或在其他有污秽的环境中工作时，在沿面电场和表面污秽的联合作用下，绝缘材料表面将逐渐形成导电痕迹，甚至失去绝缘能力，产生电痕的过程被称为电痕化。电痕化与电晕放电老化不同，其放电部位集中，能量高。老化主要由放电产生的高温和氧化作用导致，而不是放电产物或紫外辐射。电痕化与电弧放电相比，能量较低，温度也比较低。放电并不贯穿电极，而是在电极间某一随机出现的微小干区中放电，放电位置不随时间变化，在表面游动。

国内外实验研究表明，泄漏电流不仅能够全面地反映电压、气候条件、绝缘子表面污染程度，而且与临闪电流和闪络电压梯度有着十分确定的关系。其表达式为

$$E_c = AI_c^{-B} \tag{2-6}$$

式中，E_c 为闪络电压梯度；I_c 为临闪时的泄漏电流；A、B 为常数。

在实际运行中，报警电流的阈值应比临闪值要低，并按照实际运行环境设置。需要注意，如果绝缘子头部具有较大的裂缝、气隙或气隙通道，当气隙通道内未通过大电流时，在干燥情况下还具有较高的绝缘电阻，或者污秽、电痕分布不均匀时，泄漏电流无法定量准确地表征绝缘子的绝缘状态，需要实地检修或者利用其他方法判断绝缘子的绝缘状态。

2.3.3 局部放电超高频信号随绝缘劣化的变化规律

GIS 由断路器、隔离开关、接地开关、母线、电压/电流互感器、避雷器、套管以及电缆终端等组成，这些器件被封闭地成套组合在接地的金属外壳中，并在内部充有一定压力的 SF_6 气体作为绝缘介质。自 20 世纪 60 年代实用化以来，GIS 使高压电力设备发生了巨大的转变，并使变电站的结构发生了显著变化。与传统敞开式电气设备相比，GIS 设备具有占地面积小、结构紧凑、配置灵活、可靠性高、安装方便、维护工作量小等诸多优点，已经逐渐成为超、特高压电力系统建设中的主要设备。

尽管近些年来制造业水平的发展与加工工艺的进步使得各种电力设备的质量得到了提高，但是由于在制造、运输、现场装配、运行维护以及检修等多个环节都会难以避免地产生一些影响 GIS 绝缘性能的绝缘缺陷，GIS 设备的安全受到了严重威胁。

国际大电网会议（CIGRE）在报告中统计了 GIS 发生故障的主要原因，如图 2-3a 所示，其中绝缘缺陷占主要部分，如果实施充分、有效的局部放电检测，则近 60%的 GIS 缺陷能够得到预防。

中国电力科学研究院对 2006~2015 年之间十年内国家电网有限公司发生的 183 起 GIS 故障案例进行了统计，如图 2-3b 所示，其中外来异物导致的放电故障发生次数最多、故障影响最大，约占 34%，盆式绝缘子、绝缘拉杆和支撑绝缘子等绝缘件问题约占 26%。南方电网公司统计了 2009~2013 年间的 50 次 GIS 事故，其中有 26 起事故都是由绝缘缺陷引起的。宁夏电力科学研究院对宁夏电网 110kV 及以上 GIS 设备缺陷进行分析后发现，造成 GIS 发生故障的原因中，盆式绝缘子和支柱式绝缘子存在缺陷的情况较多，另外还有多起故障是由于现场安装调试时盆式绝缘子表面清洁度不够或表面划伤造成的。

外加电压在电气设备中产生的电场在 GIS 的绝缘缺陷区域会形成局部的高场强，当这些区域的场强高到足以使该区域的绝缘介质发生局部击穿时，就会出现局部区域的放电，而此时并未形成固定的放电通道，缺陷以外区域也仍具有良好的绝缘性能，这种情况被称为局部放电。局部放电不会立即导致绝缘整体的击穿，但其对绝缘介质的危害相当严重。局部放电若长期存在会使介质的绝缘性能下降，在一定条件下可产生沿面闪络甚至发展成为剧烈燃烧的电弧，最终导致整个绝缘系统的失效，引起严重的绝缘故障。所以，局部放电既是 GIS 设备绝缘劣化的征兆和表现形式，又是引起绝缘水平下降的主要诱因，是反映 GIS 绝缘性能的重要参数。

GIS 中的局部放电是发生在绝缘介质中的一种放电现象。当 GIS 中存在绝缘缺陷时，电场

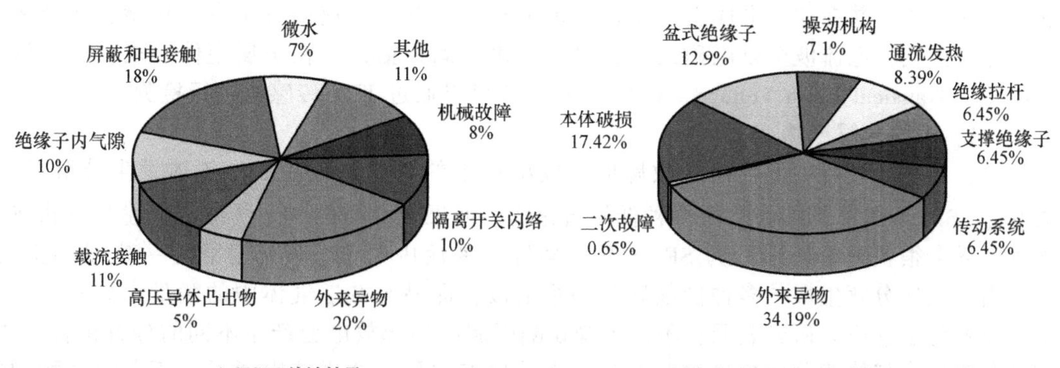

图 2-3　引起 GIS 故障的主要原因

会产生畸变，缺陷区域局部电场过于集中，产生极不均匀电场。在工频交变电场作用下，当场强集中处的电场强度超过介质临界击穿场强时，介质局部被击穿而形成局部放电。局部放电发生在介质中的局部区域，通常情况下不会立即引发绝缘贯穿性放电，但局部放电却在绝缘缺陷内部发生、存在、发展，可导致电介质特别是环氧材料等有机电介质的局部损坏，造成绝缘缺陷范围的进一步扩大，最终导致贯通性的绝缘破坏。

局部放电是一种脉冲放电，它会在电力设备内部和周围绝缘介质中产生一系列的电、声、光、热等物理现象，放电产生的高温电弧还会使 SF_6 气体发生分解反应，生成多种低氟硫化物。这些物理、化学效应所产生的超高频信号、超声波信号、暂态地电压信号和 SF_6 气体分解产物为电力设备内部绝缘状态检测提供了检测信号。

1. 超高频信号

在局部放电过程中，会产生上升时间短（ns 级）、频带宽的高频放电脉冲电流，在 GIS 腔体内会引起电谐振从而激发超高频带（300MHz~3GHz）的电磁波。GIS 的腔体结构类似于低损耗的同轴波导管，电磁波信号在其内部可有效地传播。超高频（Ultra High Frequency，UHF）法（也有中文文献中称作“特高频”法）的原理就是利用一个超高频天线来接收这种由局部放电陡脉冲所激发并传播的 UHF 信号从而获得局部放电的有关信息。自 UHF 法被提出以来，经过 30 年的发展，UHF 法具有灵敏度高、抗干扰能力强、易于实现局放定位等优点，现在已在世界范围内得到了广泛的应用。

2. 超声波信号

局部放电的过程还会使气体通道受热急速膨胀而压力骤增，当放电结束，膨胀的区域温度下降、体积恢复，介质密度的瞬间变化会产生超声波并引起腔体振动。GIS 发生局部放电时分子间剧烈碰撞并在宏观上瞬间形成一种压力，产生超声波脉冲，其中包含横波、纵波和表面波。在 SF_6 气体中只有纵波可以传播并且衰减很大，而在带电导体、绝缘子和金属壳体等固体中传播的除纵波外还有横波，横波在固体中衰减小。由于超声波的波长较短，因此它的方向性较强，从而它的能量较为集中。通过安置在外壳上的超声波传感器可以接收到这些声信号，再通过对声信号进行分析判断，可以诊断出是否发生了局部放电，并能对放电缺陷进行定位。其测量频率范围通常在 20~100kHz，在此频段可以很好地滤除干扰获得较好的信噪比。超声波传感器通常采用非侵入式结构，不需要预先安装到 GIS 本体中，检测时不会对 GIS 正常运行产生影响。但缺点是声信号在通过气体和绝缘子时衰减很严重，无法检测出某些缺陷（如绝缘子气泡）引起的局部放电。

3. 暂态地电压信号

当金属开关柜中发生局部放电现象时，带电粒子会快速地由带电体向接地的非带电体快速迁移，如柜体，并在非带电体上产生高频电流行波，并以光速向各个方向传播，在金属断开或绝缘连接处，电流波会以电磁波形式进入自由空间传播，并在金属柜体外表面产生暂态对地电压（Transient Earth Voltage，TEV），该电压可以通过 TEV 传感器进行检测。

4. SF_6 气体分解产物

另外，当 SF_6 设备中发生绝缘故障时，放电产生的高温电弧使 SF_6 气体发生分解反应，生成 SF_4、SF_3、SF_2、和 S_2F_{10} 等多种低氟硫化物。如果是纯净的 SF_6 气体，上述分解物将随着温度降低会很快复合，还原为 SF_6 气体。实际上使用中的 SF_6 气体总含有一定量的空气、水分，由于上述分解生成的多种低氟硫化物很活泼，即易与 SF_6 气体中的微量水分和氧气等发生一系列化学反应。研究表明：不同绝缘缺陷引起的局部放电会产生不同的分解化合气体，相应的分解化合气体成分、含量以及产生速率等也有差异。这样使得通过分析分解产物的组分来判断故障类型成为可能，并可以通过检测设备中 SF_6 气体分解的气体组分及化合产物，来判断绝缘缺陷类型、性质、程度及发展趋势。

GIS 内部局部放电主要由以下几类绝缘缺陷导致：①GIS 高压导体或外壳上的金属凸出物；②导体间连接点接触不良引起的悬浮电位体；③GIS 腔体内的自由金属微粒；④绝缘子表面存在的异物；⑤绝缘子内部或表面的气隙、裂纹。GIS 内常见的绝缘缺陷如图 2-4 所示。

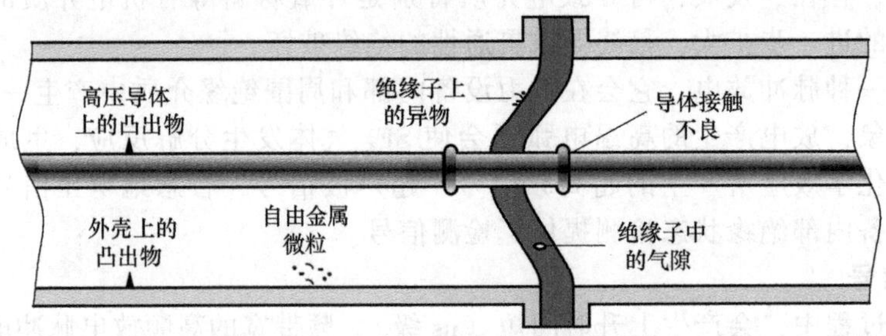

图 2-4　GIS 内常见的绝缘缺陷

不同缺陷类型的放电特征和机理并不相同。金属凸出物通常是加工不良、机械破坏或组装时的擦刮等因素造成的，从而形成绝缘气体中的高场强区。当电场强度达到 SF_6 气体的击穿场强，则发生近似针板电极的电晕放电。电晕放电在一定程度上改善了间隙中的电场分布，使电场的不均匀程度得到削弱，因此在稳定的电晕放电状态下，不易引发电极间的贯通性击穿。因而，在稳态工作条件下电极间一般不会引起击穿。但操作过电压、雷电过电压或快速暂态过电压（Very Fast Transient Overvoltage，VFTO）作用下，局部电场强度达到 SF_6 气体的击穿场强时，就会发生近似针板电极的电晕放电。金属突起在 GIS 内导体和外壳内壁均有可能出现，但由于 GIS 外壳的曲率半径比高压导体大，高压导体上的凸出物更容易引发局部放电。凸出物在高压导体上时，局部放电主要发生在工频电压的负半周峰值附近；凸出物在接地外壳上时，局部放电则主要发生在工频电压的正半周峰值附近。

在正常状态下，屏蔽罩与 GIS 高压导体或接地外壳间的接触良好，随着操作产生机械振动，以及随时间推移带来的热应力，使一些在最初安装时接触良好的屏蔽体接触不良，从而形成悬浮电位。屏蔽罩在外电场作用下，会释放出电子，在其表面积聚正电荷。当接触电阻较小时，悬浮电位体会从高压导体上捕获电子，使电场能得到释放；若接触电阻较大，电荷会积累越来越多，导致电极附近的电场集中，电场强度增大，直至发生局部放电；若接触电阻很大，则可能引起直接击穿。

GIS 腔体中的自由金属微粒在电场作用下会释放电子，成为带有正电荷的金属粒子，反过来还会影响局部电场分布，引起电场畸变。当电场畸变到一定程度时，电子进一步从金属电极表面逸出，使 SF_6 气体发生碰撞电离、热电离以及光致电离，在两电极间（相间或相对地）

形成间歇或连续的局部放电通道。带有正电荷的粒子在强电场环境中受到洛伦兹力、库仑力以及电场梯度力的作用而向负极性电极移动。如果电场足够强，自由金属微粒获得的能量足够大，就完全有可能越过外壳与高压导体之间的间隙或移动到有损绝缘的地方。

当金属微粒运动到绝缘子上，并在一定条件下被固定下来（如被油脂粘住），附着在绝缘子表面时，则可能转变成绝缘子表面缺陷，引发沿面闪络。绝缘子上的金属微粒放电，会引起绝缘子表面损伤，在工频电场下产生表面树痕，最终发生绝缘故障。

在盆式绝缘子制造过程中，由于工艺原因有时会形成很小的内部气隙。因为气体介质的介电常数远小于固体，当外加电压远远小于固体介质的击穿电压时，气隙中的气体可能会先产生局部放电。

由于不同类型的绝缘缺陷结构不同，因此激发局部放电UHF信号的机理也有所差别。一些学者从不同角度研究了这些典型缺陷产生的UHF信号的特征及变化规律。GIS母线腔体高压导杆表面金属尖刺缺陷、悬浮电位缺陷、绝缘子表面尖刺缺陷以及绝缘子表面污秽缺陷的局放信号有不同的特点，其局部放电相位分布（Phase Resolved Partial Discharge，PRPD）谱图、时域波形图、平均幅值及中心相位趋势图等都不尽相同。其中PRPD谱图表示的是一定时间内局放脉冲信息的叠加，没有时间信息，是一种局部放电统计特征，描述了该时间段内局部放电的工频相位φ（0°~360°）、放电幅值q和放电次数N之间的关系。不同类型缺陷放电信号具有如下特点：①导杆金属尖刺电晕放电幅值较小。整个放电过程中由于电晕放电稳定化作用，使得放电不易发展。其PRPD谱图轮廓为“兔耳”形状。②悬浮电位一旦发生放电，则放电信号幅值很大，其PRPD谱图呈现出“条形”状，且放电比较稳定，正、负半周基本对称。③绝缘子表面尖刺放电集中在放电源正负峰值附近，且均为负脉冲，放电脉冲幅值介于导杆尖刺和悬浮放电之间。④绝缘子表面污秽放电信号幅值总体较小，其PRPD谱图呈现出“山丘”状。

通过基于包络检波的UHF信号放大器获得UHF信号的包络信号，实验研究发现：①自由金属微粒缺陷UHF包络信号的上升沿较为平缓，频率分量主要分布在600~1100MHz。金属微粒在电场力的作用下发生移动，由强场强区逐渐向弱场强区运动，即从电场畸变状态向电场均匀状态过渡。②高压导体上的金属突出物缺陷UHF包络信号的上升沿较陡，频率分量主要分布在300~800MHz。该放电是典型的SF_6气体中正极性尖板放电，发生在工频电压的负半周，放电较为稳定，随着电压的升高，脉冲分布会更加密集，幅值变化不大。③环氧绝缘中的气泡放电与SF_6气体压力无关，属于典型的固体介质中的气泡放电，其放电电流上升沿并不是很陡。因此，它激发的UHF信号中500MHz以下的低频分量占主要成分，而且UHF包络信号的上升沿较为平缓。该放电在工频电压的正负半周都会发生，但负半周的UHF信号幅值略大。④绝缘子表面金属污秽放电在正负极性电压下均可能发生，但分布稀疏且不均匀，其频谱与盆式绝缘子中的气泡放电相似，但UHF包络信号上升沿较陡，而且存在振荡，与前者相差较大。⑤悬浮电位缺陷的放电形式与接触电阻有关，对于接触电阻较大的悬浮电位缺陷，导致悬浮电位上的电荷累积过多而得不到释放，当场强高达一定数值时，容易发生突发性绝缘击穿故障。

从局部放电UHF信号统计特征的角度分析，这5种典型缺陷局部放电PRPD谱图的发展存在以下规律：①对于金属尖端放电，放电起始时负半周放电较为剧烈，随着外加电压的升高，正半周也开始出现放电，且放电集中在工频峰值处，即90°和270°处，具有明显的相位特征。②对于金属微粒放电，放电分布在整个工频周期，且峰值处具有较大的放电信号，放电谱图基本不随外加电压的变化而变化，但放电幅值会随之而增加，其相位特征不明显。③对于沿面放电，沿面放电发生在工频的上升沿部分，且较为靠近峰值处，但与尖端放电不同，其并不是在峰值两边，而是靠近峰值一侧，具有明显的相位特征。此外，金属尖端放电具有明显的极性效应，放电总是先出现在负半周，而沿面放电则没有明显的极性效应，正负半周会同时出现放电脉冲。且随着电压的升高，其幅值会随之上升。④对于悬浮电位放电，具有放电幅值大，放电谱图呈现带状的特点，具有较为明显的相位特征，随着外加电压的增加，放电谱图变化不大，放电幅值也变化不大，但一旦开始放电，其就具有较为强烈的放电。⑤对于绝缘内部气隙放电，会出现典型的“兔耳”状谱图，具有明显的相位特征，其超高频法检测谱图在临近击穿时与悬浮电位放电较为相似。

2.4 机械特性劣化规律的仿真研究

对电器设备机构动力学特性进行仿真分析，有利于深入了解其机械系统行为及故障发生、发展的机理和过程，从而为电器设备的状态检测提供理论依据。本节首先简要介绍多体动力学以及多体动力学仿真软件包 ADAMS 的功能特点，然后利用 ADAMS 软件包建立 VS1 型真空断路器机构动力学模型，该模型对于研究断路器的瞬态特性具有重要的意义。之后通过试验对该模型的有效性进行验证。在所建立模型的基础上，对断路器短路开断和关合过程进行模拟，研究短路电流所产生的电动力对断路器机械特性的影响，并采用试验的方法对仿真进行部分验证。通过对断路器操动机构的主要机械故障进行仿真分析，研究不同故障状态下的主轴转角特性，为断路器的状态识别和机械特性劣化规律的研究奠定基础。

2.4.1 多体动力学概述

对于高压断路器这样复杂的机电一体化产品，很多机械部件的运动都是大位移和非线性的，在构造动力学仿真过程时，面临繁重的代数和微积分运算，由于方程的非线性和复杂性，很难求得准确的解析解。在经典的计算力学基础上发展起来的一个新的学科分支——多体动力学为解决这一问题提供了有力的工具。

多体动力学的研究对象是由多个刚体或弹性体用各种不同运动副连接组成的复杂机械系统，其主要任务是研究如何用计算机自动建立起系统的运动方程，以及如何快速准确地求解这些方程，以实现对机械系统的运动学和动力学仿真，构造出虚拟样机。

历经多年的研究，多体动力学的研究成果已发展成为各种类型的计算软件。美国 Chace 等人在深入研究多体动力学理论基础上，开发出了大型多体动力学仿真软件包——ADAMS，为多体动力学的应用提供了一种有力的工具。

2.4.2 ADAMS 软件包简介

ADAMS（Automatic Dynamic Analysis of Mechanical System）软件包是目前世界范围内广泛使用的多体系统仿真分析软件。在汽车制造、航空航天、铁道交通等领域有着广泛的应用。利用 ADAMS 软件包可以方便地建立参数化的实体模型，并采用多体动力学原理，通过建立多体系统的运动方程和动力学方程进行求解计算。由于方程组的建立和求解是 ADAMS 内部自动进行的，用户只需在其提供的可视化界面里建立跟原型一致的结构、连接关系和作用力等有关参数即可。跟传统的仿真方法相比，采用 ADAMS 进行仿真避免了繁琐的建立方程组和求解方程组的工作，使得用户能够将主要精力放在所关心的物理问题上，从而极大地提高了仿真效率。ADAMS 使用交互式图形环境和部件库、约束库、力库，用堆积木方式建立机械系统三维参数化模型。ADAMS 仿真可用于估计机械系统性能、运动范围、碰撞检测、峰值载荷以及计算有限元的载荷输入，它提供了多种可选模块，包括交互式图形环境模块 ADAMS/View、仿真求解器 ADAMS/Solver、有限元接口 ADAMS/FEA、高级动画显示模块 ADAMS/Animation、后处理模块 ADAMS/Postprocessor 等多达 20 多个模块，各个模块相对独立地实现特定功能。

其中基本模块 ADAMS/View 用于构建机械系统的模型，并对模型进行动态仿真。使用 ADAMS/View 来创建和测试模型，典型情况下需要遵循以下 7 个步骤：

1）创建一个包括运动件、运动副、柔性连接和作用力等参数在内的机械系统模型。

2）通过模拟仿真模型在实际操作过程中的动作来测试所建模型。

3）通过将模拟仿真结果与物理样机实验数据的对照比较来验证所设计的方案是否符合实际要求。

4）细化模型，使仿真测试数据符合物理样机实验数据。

5）深化设计，评估系统模型针对不同设计变量的灵敏度。

6）优化设计方案，找到能够获得最佳性能的最优化设计组合。

7）使各设计步骤自动化，以便迅速测试不同的设计可选方案。

ADAMS 软件包采用刚体 i 的质心笛卡儿坐标和反映刚体方位的欧拉角（或广义欧拉角）作为广义坐标，即

$$q_i=[x,y,z,\psi,\theta,\varphi]_i^{\mathrm{T}},q=[q_1^{\mathrm{T}},\cdots,q_n^{\mathrm{T}}]^{\mathrm{T}} \tag{2-7}$$

由于采用了不独立的广义坐标，系统动力学方程是最大数量但却高度耦合的微分代数方程，适于用稀疏矩阵的方法高效求解。

ADAMS 根据机械系统模型，自动建立系统的拉格朗日运动方程，对每个刚体，列出 6 个广义坐标带乘子的拉格朗日方程及相应的约束方程。

$$\begin{gathered}\frac{\mathrm{d}}{\mathrm{d}t}\left(\frac{\partial K}{\partial q_j}\right)-\frac{\partial K}{\partial q_j}+\sum_{i=1}^{n}\frac{\partial\psi_i}{\partial q_j}\lambda_i=F_j\\ \psi_i=0\qquad i=1,2,\cdots,m\end{gathered} \tag{2-8}$$

式中，K 为动能；q_j 为系统广义坐标列阵；ψ_i 为系统的约束方程；F_j 为在广义坐标方向的广义力；λ_i 为 $m\times1$ 的拉格朗日乘子列阵。

运动学、静力学分析需求解一系列的非线性代数方程，ADAMS 采用了修正的 Newton-Raphson 迭代算法迅速准确地求解。

对于动力学微分方程，根据机械系统特性，ADAMS 采用下列两种算法：

1）对于刚性系统，采用变系数的 BDF（Backwards Differentiation Formulation）刚性积分程序。它是自动变阶、变步长的预估校正法（Predict- Evaluate-Correct-Evaluate，PECE），在积分的每一步采用了修正的 Newton-Raphson 迭代算法。

2）对于高频系统，采用坐标分配法（Coordinate-Partitioned Equation）和 ABAM（Adams-Bashforth-Adams-Moulton）方法。

与之相对应，ADAMS/Solver 包括了 3 个功能强大的求解器：

1）ODE 求解器，用于求解微分方程，采用刚性积分法。

2）非线性求解器，用于求解代数方程，采用了 Newton-Raphson 迭代算法。

3）线性求解器，用于求解线性方程，采用稀疏矩阵技术以提高效率。

利用 ADAMS 多体动力学仿真软件建立仿真模型的仿真结果与实际物理样机的实验结果吻合程度可超过 95%，因此，利用 ADAMS 建立真空断路器仿真模型，并通过实验进行验证后，仿真分析得到的断路器在不同故障情况下的主轴角位移行程曲线的变化规律具有较高的可信度。

2.4.3　VS1 型真空断路器操动机构仿真分析

1. VS1 型真空断路器操动机构简介

VS1 型真空断路器采用平面布置的弹簧操动机构，该操动机构置于灭弧室前的机箱内，

机箱被四块中间隔板分成 5 个装配空间，其间分别装有操动部分、储能部分、传动部分、脱扣部分和缓冲部分。操动机构结构简图如图 2-5 所示。

VS1 型真空断路器装配调整后，其机械特性参数如表 2-2 所示，表中有关数据将作为建模的依据。

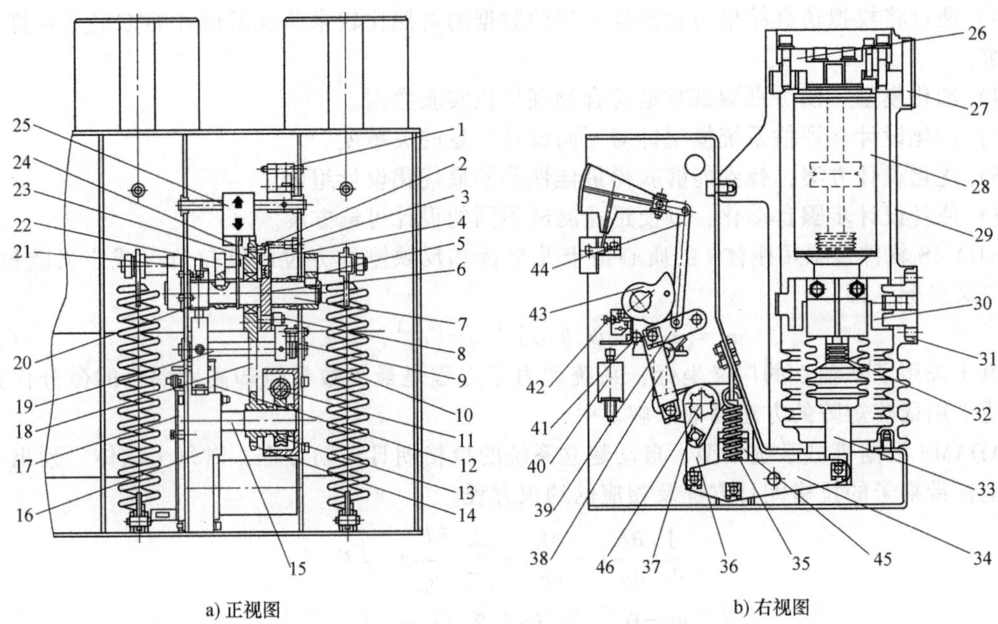

a) 正视图　　b) 右视图

图 2-5　VS1 型真空断路器操动机构结构简图

1—储能到位切换用微动开关　2—销　3—限位杆　4—滑块　5—拐臂　6—储能传动轮　7—储能轴　8—滚轮　9—储能保持掣子　10—合闸弹簧　11—手动储能蜗杆　12—合闸电磁铁　13—手动储能传动蜗轮　14—电机传动链轮　15—电机输出轴　16—储能电机　17—联锁传动弯板　18—传动链条　19—储能保持轴　20—闭锁电磁铁　21—拐臂　22—凸轮　23—储能传动链轮　24—边板　25—储能指示牌　26—上支架　27—上出线座　28—真空灭弧室　29—绝缘筒　30—下支架　31—下出线座　32—碟簧　33—绝缘拉杆　34—传动拐臂　35—分闸弹簧　36—传动连板　37—主轴传动拐臂　38—合闸保持掣子　39—连板　40—分闸电磁铁　41—分闸半轴　42—手动分闸顶杆　43—凸轮　44—分合指示牌连板　45—油缓冲器　46—主轴

表 2-2　VS1 型真空断路器机械特性参数表

序号	名称		单位	数据		
1	触头开距		mm	11±1		
2	超行程			3.5±0.5		
3	三相分合闸不同期性		ms	≤2		
4	合闸触头弹跳时间			≤2		
5	相间中心距		mm	210±0.5		
6	合闸触头接触压力		N	25kA 2400±200	31.5kA 3100±200	40kA 4750±250
7	平均分闸速度		m/s	0.9~1.2		
8	平均合闸速度			0.4~0.8		
9	分闸时间	最高电压	ms	≤50		
		额定电压		≤50		
		最低电压		≤80		
10	合闸时间		ms	≤100		

2. 操动机构仿真模型的建立

VS1 型真空断路器所配弹簧操动机构的结构比较复杂，有多达三十几个零部件。考虑到

所关心的问题和仿真的方便，对操动机构进行适当简化后，用 ADAMS 软件包建模。建模过程所用到的一些重要参数如表 2-3 所示。

表 2-3　建模过程中用到的部分参数

弹簧类型	变量/单位	数值	弹簧类型	变量/单位	数值
分闸弹簧	刚度系数/(N/mm)	16.67	触头弹簧	分闸位置压力/N	1800
	分闸位置拉力/N	400		分闸位置长度/mm	52
	分闸位置长度/mm	124		合闸位置压力/N	2800
	合闸位置拉力/N	600		合闸位置长度/mm	49
	合闸位置长度/mm	136			
合闸弹簧	刚度系数/(N/mm)	12.3	油缓冲器	自由状态时的高度/mm	120
	未储能时拉力/N	460		压缩状态时的高度/mm	104
	未储能时长度/mm	196		活塞直径/mm	25
	储能时拉力/N	1200		液面高/mm	28
	储能时长度/mm	256			

建模过程中的关键之处陈述如下：

（1）动力的合理施加

断路器分闸过程的驱动力来自于每相一个的分闸弹簧，其输出特性决定了分闸过程主要参数的值（如刚分速度、平均分闸速度、分闸时间等）。由于弹簧的输出力特性由刚度系数和预作用力以及预作用力下的长度决定，因此只要准确定义这三个参数即可。合闸过程相对要复杂一些，在这一过程中，不仅涉及分闸弹簧的反力，还涉及合闸弹簧以及凸轮与驱动拐臂的撞击。因此不仅要重新定义此时分闸弹簧的预作用力以及预作用力下的长度，还要定义分闸弹簧的相应参数和凸轮的形状以及凸轮与驱动拐臂之间的间隙等参数。

（2）反力的合理施加

决定断路器分合闸特性的不仅有驱动力的大小，还与机构中存在的众多的反力有关。这其中包括动触头重力、真空灭弧室的自闭力、波纹管的反力、油缓冲器反力、触头弹簧的反力以及各运动部件之间的摩擦力等。

（3）约束关系

操动机构中的约束关系包括固定约束（Fixed Joint）、转动约束（Revolute Joint）、平移约束（Translational Joint）以及碰撞（Contact）等。约束关系的添加要充分考虑实际操动机构中可能存在的约束，遗漏任何一个约束关系都会严重影响输出结果。

（4）仿真过程的控制

考虑到仿真过程的方便性以及仿真结果的直观性，结合操动机构运动特点，对断路器分合闸过程分别建模，分闸过程的起始时刻对应三相触头处于闭合状态，合闸过程的起始时刻对应三相触头分开状态以及合闸弹簧储能状态。在 ADAMS 中，为了实现对仿真过程的控制，需要添加传感器（Sensor），并用它来控制仿真过程的自动终止。

利用 ADAMS 建立的 VS1 型真空断路器机构动力学模型如图 2-6 所示，图中左上、右上、左下、右下分别为轴侧图、右视图、正视图和顶视图。图 2-7 示出了仿真模型的放大图形。

3. 仿真模型的试验验证

为了确定仿真模型是否符合实际情况，即模型跟被建对象——VS1 型真空断路器的物理特性是否一致。本节设计了一组试验，分别测试了断路器分合闸过程中的主轴角位移曲线和绝缘拉杆的直线位移曲线。试验中采用 WDD35-D4 型精密导电塑料角位移传感器测试角位移，采用 WDL100 型精密导电塑料直线位移传感器测试直线位移。角位移传感器安装在主轴的一端，直线位移传感器安装在中间相绝缘拉杆的底端。

同时，在 ADAMS 中通过添加测量（Measure）来测试仿真模型的参数，包括主轴角位移和绝缘拉杆底部的直线位移。合闸过程和分闸过程的仿真结果和实测结果对比分别如图 2-8 和图 2-9 所示。

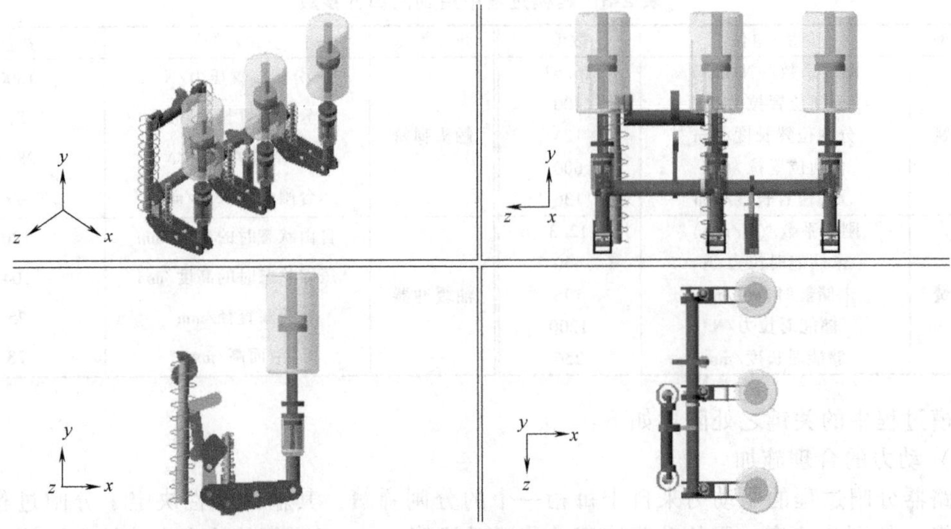

图 2-6　VS1 型真空断路器操动机构模型（合闸位置）

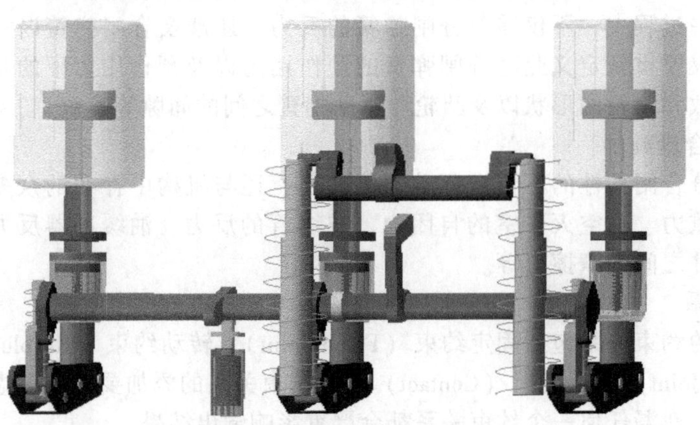
图 2-7　仿真模型的放大图形

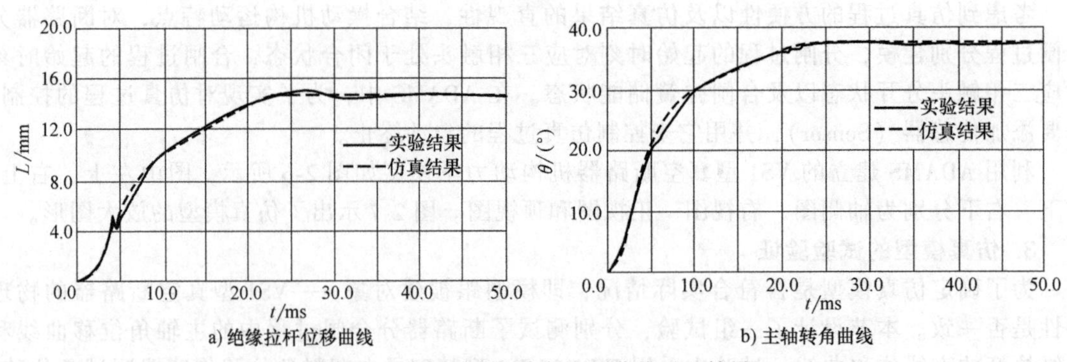

图 2-8　合闸过程仿真与实测曲线对比结果

从图 2-8 和图 2-9 中可以看出，仿真模型的输出曲线跟实际样机的输出曲线吻合得很好，证明了仿真模型的正确性。

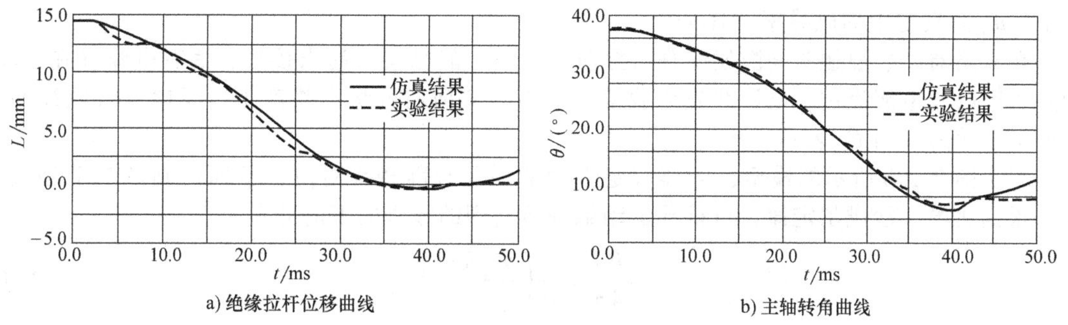

a) 绝缘拉杆位移曲线　　b) 主轴转角曲线

图 2-9　分闸过程仿真与实测曲线对比结果

2.4.4　真空断路器动触头所受短路电流电动力分析

1. 短路电流电动力模型的建立

当断路器关合/开断短路电流时，动触头所受到的电动力由两部分组成，一部分是由于电流在磁场作用下产生的电动吸力（Attractive Force）F_A，另一部分是由于触头接触处电流线收缩产生的电动斥力（Repulsive Force）F_R。

本章的仿真对象——VS1 型断路器所用触头具有杯状纵磁结构，如图 2-10a 所示。由于电动吸力和电动斥力的产生机理不尽相同，所以在计算时需要分别考虑，为了建立电动力计算模型，先做如下假设：

1）电流在导体表面中心位置沿无限细的路径流动，即忽略导体截面对电动力的影响。

2）动、静触头闭合时，其实际接触位置仅为中心处一小圆，假定半径为 b。

3）当燃弧现象发生时，电弧没有分支，即只有一个电弧弧根。

根据以上假设，结合图 2-10a 所示的触头结构和电流路径，动、静触头受到两个电动力的作用：一为环向电流产生的电动吸力，如图 2-10b 所示；二为电力线收缩产生的电动斥力。

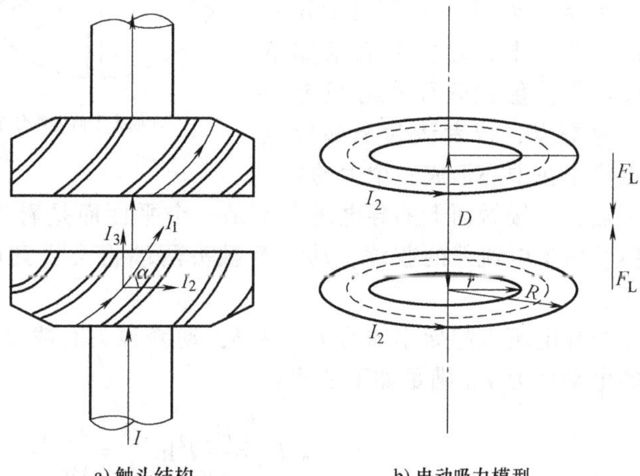

a) 触头结构　　b) 电动吸力模型

图 2-10　触头结构和电动吸力模型

在图 2-10a 中，电流 I_1 可以被分解为沿触头圆柱表面的切向分量 I_2 和轴向分量 I_3，其中 $I_1=I/6$（触头开有 6 个槽），在图 2-10b 中，两个环向电流的大小为 I_2，$I_2 = I_1\cos\alpha = I/(6\times\cos\alpha) = I/(6\times\cos27°) \approx 0.15I$。它们分别位于动、静触头沿厚度方向的中间位置，它们之间的距离 D 随着动、静触头间距离的改变而改变，触头闭合时，D 为动、静触头各一半厚度的和，即 $D_0=22\text{mm}$；电流环的外半径 R 为 35mm（与触头半径相等），小半径 r 为 30mm。

对于图 2-10b 所示的模型，假设图上方的圆环与静触头对应，下方的圆环与动触头对应，并假设电流均匀分布，则可以用电流环内外半径中间环（图 2-10b 中虚线环）来等效电流环受到的电动力。动触头所受到的由环向电流产生的竖直向上的电动力为

$$F_1=\mu_0 I_2^2\left(\frac{R+r}{2D}\right) \tag{2-9}$$

式中，μ_0 为真空中的磁导率（H/m）。

在断路器动、静触头间隙发生预击穿阶段，动、静触头虽尚未接触，因有电弧存在，动、静触头间已有电流流过，电流线发生收缩，从而在其横向分量上将产生由于电流线收缩而导致的电动斥力，用 F_2 表示。

对于图 2-10b 所示的模型，同样假定上面的圆环与静触头对应，下面的圆环与动触头对应，根据比奥—沙伐尔定律，可推导出动触头所受到的竖直向下的分布力为

$$f=\frac{\mu_0}{4\pi}I_4^2\frac{1}{d}\left(\frac{h}{r_1}+\frac{R-h}{r_2}\right) \tag{2-10}$$

为仿真方便，用一作用在 O 点的集中力 F_2 等效替代上式中分布力的作用，从而有

$$\begin{aligned}F_2&=\int_0^R f\mathrm{d}h=\frac{\mu_0 I_1^2}{4\pi d}\int_0^R\left(\frac{h}{r_1}+\frac{R-h}{r_2}\right)\mathrm{d}h\\&=\frac{\mu_0 I_1^2}{4\pi d}\int_0^R\left(\frac{h}{\sqrt{d^2+h^2}}+\frac{R-h}{\sqrt{d^2+(R-h)^2}}\right)\mathrm{d}h\\&=\frac{\mu_0 I_1^2}{12\pi d}(\sqrt{d^2+R^2}-d)\end{aligned} \tag{2-11}$$

在断路器动、静触头接触后，电流线发生收缩，从而将产生一个因电流线收缩而导致的电动斥力 F_H。断路器动、静触头间的电流走向如图 2-11a 所示，假设动、静触头接触处具有如图 2-11b 所示的电流—电位场，并满足如下假设：①接触内表面中心只有一个导电斑点，或者认为全部导电斑点集中在中心形成一个大的导电斑点；②接触面上的导电斑点不是一个平面而是看作一个超导小球，此超导小球为一个等位体。由于电流线的收缩，动、静触头两端将会受到电动斥力 F_H 的影响。下面对 F_H 进行分析。

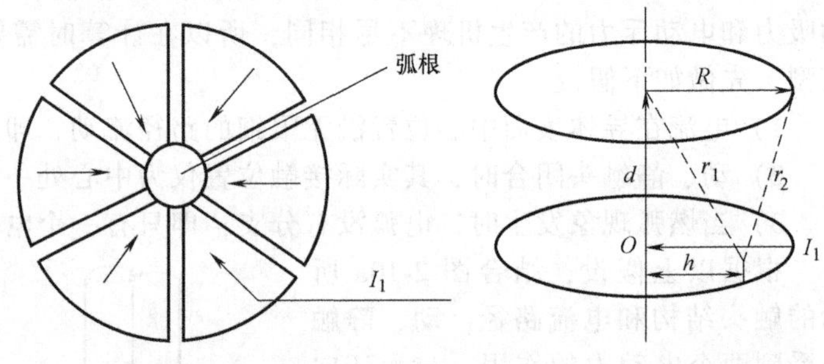

a) 触头表面电流分布　　b) 电动斥力计算模型

图 2-11　电动斥力模型

令导电斑点超导小球的半径为 b，动静触头的截面半径为 B，则触头间由于电力线收缩产生的电动斥力 F_H 满足如下公式：

$$F_H=\frac{\mu_0}{4\pi}I^2\ln\frac{B}{b}=\frac{\mu_0}{4\pi}I^2\ln\sqrt{\frac{\xi H\pi B^2}{F}} \tag{2-12}$$

式中，I 为流经收缩区导体的电流（A）；ξ 为跟接触面状况有关的系数，其范围在 0.3~1 之间；H 为材料的布氏硬度（N/mm^2）；F 为接触力（N）。

在关合短路电流的过程中，在触头超行程阶段，接触压力 F 将不断增加，因此，F_H 随着 I 和 F 在不断变化。一旦触头闭合过程结束，由于触头弹簧的预压力作用，F 趋于一固定值，其大小为触头弹簧的压力、因真空灭弧室内外气压差产生的压力以及波纹管产生的压力之和。相对于触头弹簧的压力，后两种压力要小得多。

真空断路器具有三极触头结构，为此需要分析其他两相电流产生的磁场对第三相所受电动力的影响。假设短路电流流过动静触头间是均匀分布的，则断路器 A 相受到 B 相短路电流产生磁场的影响如图 2-12 所示。由图 2-12 可以看出，B 相短路电流产生的磁场对 A 相触头在

左右两边所受电动力在 y 轴方向上的分量方向相反。

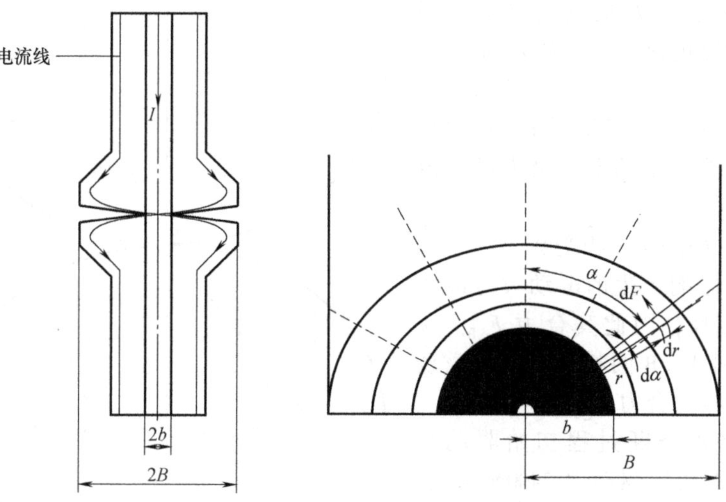

a) 动、静触头接触后的电流线流向图　　b) 触头电动斥力电流—电位场

图 2-12　触头接触后电流线流向及电动斥力的电流—电位场图

根据通有电流 I 的有限长导体外一点受到磁感应强度的计算公式，并考虑到 VS1 型真空断路器动静触头拉杆长度（310mm）远大于动静触头厚度之和（44mm），可得

$$B=\frac{\mu_0 I}{4\pi r}(\sin\varphi_1+\sin\varphi_2)=\frac{\mu_0 I}{2\pi r}\sin\varphi_1 \tag{2-13}$$

式中，r 为导体到导体外点的距离。

为方便分析，令触头左右两边的磁感应强度都归结为其与纸面垂直的平面上，可得 B 相电流在 A 相动、静触头 p_1 点产生的磁感应强度 B 的表达式：

$$B_{p1}=\frac{\mu_0 I_B}{4\pi R}\cdot\frac{L}{\sqrt{R^2+0.25L^2}} \tag{2-14}$$

式中，R 为点 p_1 到 B 相的距离；L 为 A、B、C 相动、静触头导电杆长度，310mm。

图 2-13 中 I_1 在 y 方向电动力 F_{1y} 的计算表达式：

$$F_{1y}=\frac{\pi\mu_0 I_A I_B L}{16R_1\sqrt{{R_1}^2+0.25L^2}}\cdot\left(B-\sqrt{\frac{F}{\xi H\pi}}\right) \tag{2-15}$$

式中，R_1 为触头左边点到 B 相的距离；ξ 为跟接触面状况有关的系数，其范围在 0.3~1 之间；H 为材料的布氏硬度（N/mm^2）；F 为接触力（N）。

同理，可得 F_{2y} 的表达式：

$$F_{2y}=\frac{\pi\mu_0 I_A I_B L}{16R_2\sqrt{{R_2}^2+0.25L^2}}\cdot\left(B-\sqrt{\frac{F}{\xi H\pi}}\right) \tag{2-16}$$

式中，R_2 为触头右边点到 B 相的距离。

因 F_{1y} 和 F_{2y} 方向相反，因此，由 B 相电流产生的磁场在 A 相引起的总电动斥力为

$$F_{A总}=\left(-\frac{1}{R_1\sqrt{{R_1}^2+0.25L^2}}+\frac{1}{R_2\sqrt{{R_2}^2+0.25L^2}}\right)\cdot\frac{\pi\mu_0 I_A I_B L}{16}\cdot\left(B-\sqrt{\frac{F}{\xi H\pi}}\right) \tag{2-17}$$

将 $L=310mm$，$R_1=257.5mm$，$R_2=292.5mm$，$B=35mm$，$F=2800N$，$\xi=1$，$H=90N/mm^2$ 代入式（2-17），并假设最大短路电流情况，令 $I_{Amax}=I_{Bmax}=80kA$，可得 B 相电流产生的磁场

在 A 相引起的总电动力最大值 $F_{ABmax}=-12.8N$，负号表示该力是电动吸力。同理，可得 C 相短路电流产生的磁场对 A 相在 y 方向的电动力合力 F_{AC} 的计算公式，$F_{ACmax}=-1.9N$。因此 A 相受到 B、C 两相电流产生磁场影响产生的电动吸力最大值 $F_{\_Amax}=14.7N$。

同理可得 B（中间）相受到 A、C 两相电流产生磁场影响产生的电动吸力最大值时两力方向相反，因此其合力 $F_{\_Bmax}<F_{\_Amax}$，C 相受到 A、B 两相电流产生磁场影响产生的电动吸力合力 $F_{\_Cmax}=14.7N$。

相对于断路器开断过程初始驱动力 1800N 和关合过程初始驱动力 2400N 来说，真空断路器其他两相短路电流产生的磁场在第三相在 y 方向的电动力合力可以忽略不计。

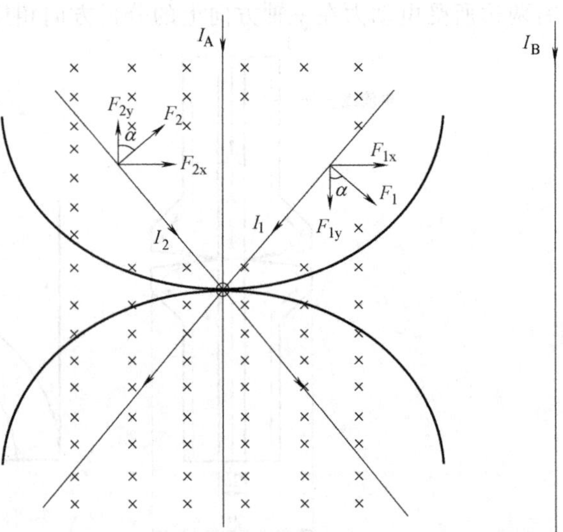

图 2-13　B 相短路电流产生的磁场对 A 相电动力的影响

综上所述，在关合短路电流的过程中，所产生的总电动力 F_T 是电动吸力 F_1 和电动斥力 F_2、F_H 的叠加。环向电流产生的电动吸力 F_1 在整个关合过程都存在，但电动斥力 F_2 和 F_H 是互补存在。假设 F_2 作用时间是 $[t_{e1},t_{e2}]$，并分别令

$$f(t)=\begin{cases}1 & t_{e1}\leqslant t\leqslant t_{e2}\\ 0 & t<t_{e1} \text{ 或 } t>t_{e2}\end{cases}\qquad g(t)=\begin{cases}1 & t_{e2}\leqslant t\\ 0 & t<t_{e2}\end{cases}\tag{2-18}$$

则

$$F_T=F_2f(t)+F_Hg(t)-F_1=$$
$$\frac{\mu_0 I^2}{12\pi(s+4)}\left(\sqrt{(s+4)^2+35^2}-(s+4)\right)f(t)+\frac{\mu_0 I^2}{4\pi}(6.38-\ln F)g(t)-0.0225\mu_0 I^2\frac{32.5}{s+22}\tag{2-19}$$

式中，I 为短路电流有效值分量（A）；s 为动静触头间的距离（mm）。

2. 真空断路器关合短路电流时短路电流分析

我国电力系统中的中压等级系统基本为中性点不接地系统，下面将考虑断路器关合三相不接地短路的情况，研究在不同的关合条件下，电动力对断路器机械特性的影响。

（1）真空断路器三相动、静触头同时发生预击穿情况

当电力系统发生三相不接地短路时，三相短路电流的瞬时值分别为

$$i_A=\sqrt{2}I_r\left[\sin(\omega t+\psi-\varphi)-\sin(\psi-\varphi)e^{-\frac{t}{T}}\right]$$
$$i_B=\sqrt{2}I_r\left[\sin\left(\omega t+\psi-\varphi-\frac{2}{3}\pi\right)-\sin\left(\psi-\varphi-\frac{2}{3}\pi\right)e^{-\frac{t}{T}}\right]$$
$$i_C=\sqrt{2}I_r\left[\sin\left(\omega t+\psi-\varphi-\frac{4}{3}\pi\right)-\sin\left(\psi-\varphi-\frac{4}{3}\pi\right)e^{-\frac{t}{T}}\right]\tag{2-20}$$

式中，I_r 为短路电流周期分量的有效值（A）；ψ 为短路瞬间电压的相位角（rad）；φ 为电流滞后于电压的相位角（rad）；T 为回路的时间常数（s）。

式（2-20）中未计及电弧电压对短路电流的影响，主要是因为纵向磁场作用下的真空电弧，由于磁场抑制了弧柱的运动，使得弧柱等离子体向外扩散的作用大为变慢，从而减低了径向离子和电子的损失，因而电弧电压大大降低，电弧电压跟额定电压相比数值较小，它对短路电流第一个半波的限流作用不显著。

发生预击穿之后，电流的变化跟预击穿瞬间电压的相位角有关。对于我们所研究的三相断路器，假设各相发生预击穿的时刻相同，则三相短路电流仍可用式（2-20）表示。若忽略回路电阻的影响，即令 $\varphi=\pi/2$。则式（2-20）可简化为

$$
\begin{aligned}
i_{\mathrm{A}}&=\sqrt{2}I_{\mathrm{r}}\left[\sin\left(\omega t+\psi-\frac{\pi}{2}\right)-\sin\left(\psi-\frac{\pi}{2}\right)\mathrm{e}^{-\frac{t}{T}}\right]\\
i_{\mathrm{B}}&=\sqrt{2}I_{\mathrm{r}}\left[\sin\left(\omega t+\psi-\frac{7}{6}\pi\right)-\sin\left(\psi-\frac{7}{6}\pi\right)\mathrm{e}^{-\frac{t}{T}}\right]\\
i_{\mathrm{C}}&=\sqrt{2}I_{\mathrm{r}}\left[\sin\left(\omega t+\psi-\frac{11}{6}\pi\right)-\sin\left(\psi-\frac{11}{6}\pi\right)\mathrm{e}^{-\frac{t}{T}}\right]
\end{aligned}
\tag{2-21}
$$

当 $I_{\mathrm{r}}=31.5\mathrm{kA}$ 时，假定 $T=45\mathrm{ms}$，按照式（2-21）计算得到的短路电流波形如图 2-14 所示。图中假定断路器三相动、静触头同时关合。

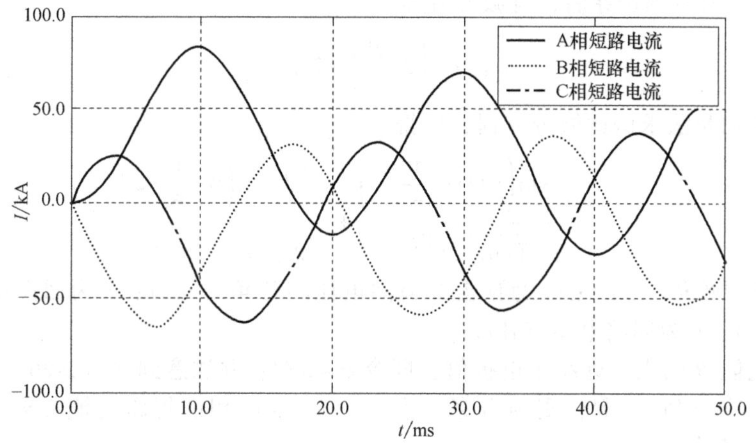

图 2-14　由式（2-21）计算得到的短路电流波形图

（2）真空断路器三相动、静触头不同时发生预击穿情况

在断路器的实际应用中，断路器的三对触头在关合电路的过程中并不是同时接触的，假定在机械上三相触头同时接触，由于电网电压的相位差为 120°，且因为 VS1 型断路器动、触头关合速度不会超过 2m/s，即不满足式（2-22）的条件，其预击穿瞬间电源电压的相位角大都小于 90°，所以三相基本不可能同时发生预击穿。

$$v\geqslant\omega l_{\mathrm{u}}U_{\mathrm{m}}\tag{2-22}$$

式中，ω 为电源电压的角频率（1/s）；l_{u} 为单位电压的预击穿距离（cm/kV）；U_{m} 为电源电压的幅值（kV）。

为了研究在不同的关合情况下短路电流电动力对断路器合闸过程的影响情况，需要对断路器三相触头不同期预击穿情况进行仿真分析。当断路器关合短路电流时，因我国中压电力系统为中性点不接地系统，当两相短路后才能产生较大的短路电流，所以无论三相触头预击穿时刻都不同（三相接地故障情况），还是其中两相与第三相预击穿时刻不同（三相不接地故障情况），都是必须两相动、静触头间隙发生预击穿后才有短路电流电动力存在。假设 A、B 两相先发生预击穿，C 相滞后发生预击穿，则 A、B 两相发生预击穿后，电路变为两相短路情况，如图 2-15 所示。A

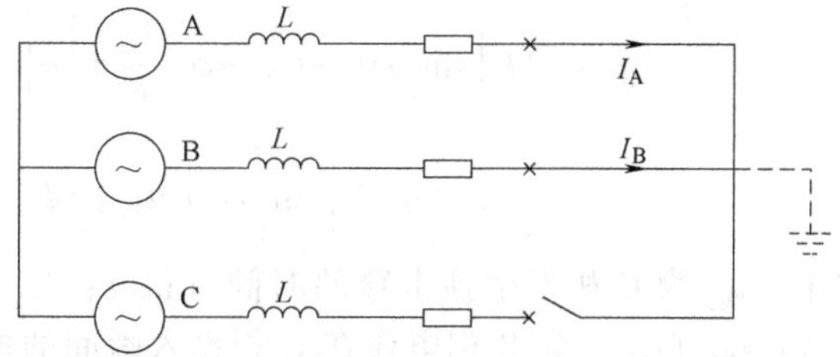

图 2-15　三相短路 A、B 相预击穿后电路示意图

相和 B 相上的电流将不再按照式（2-21）变化，下面将对此进行分析。

因三相电源电压为

$$
\begin{aligned}
u_A &= U_m \sin(\omega t+\psi) \\
u_B &= U_m \sin\left(\omega t+\psi-\frac{2}{3}\pi\right) \\
u_C &= U_m \sin\left(\omega t+\psi-\frac{4}{3}\pi\right)
\end{aligned} \tag{2-23}
$$

式中，U_m 为电源电压峰值（V）。

则 A、B 两相发生预击穿后的相间线电压瞬时值为

$$
u_{AB}=u_A-u_B=\sqrt{3}\,U_m \sin\left(\omega t+\psi+\frac{\pi}{6}\right) \tag{2-24}
$$

由 A、B 两相发生预击穿后，有微分方程

$$
u_{AB}=-\left(2L\frac{\mathrm{d}i_A}{\mathrm{d}t}+2i_A R\right) \tag{2-25}
$$

利用电路中向量法求解此微分方程，可得

$$
i_A=-\frac{\sqrt{3}\,U_m \sin\left(\omega t+\psi+\frac{\pi}{6}-\varphi\right)}{2\sqrt{(\omega L)^2+R^2}}+\frac{\sqrt{3}\,U_m \sin\left(\psi+\frac{\pi}{6}-\varphi\right)}{2\sqrt{(\omega L)^2+R^2}}\mathrm{e}^{\frac{-t}{T}} \tag{2-26}
$$

式中，φ 为功率因数角（rad）；ψ 为预击穿瞬间电压相位角（rad）；T 为回路的时间常数；R 为回路电阻（Ω）；L 为回路电感（H）。

假定回路电阻 R 的大小远小于电抗值，即令 $\varphi=\pi/2$；并注意到式（2-26）中 t 值是从 A、B 两相发生预击穿时刻 t_{k1} 起，则预击穿发生后，A、B 两相的短路电流如式（2-27）所示，此时 C 相短路电流为零。

$$
\begin{aligned}
i_{A1} &= -\frac{\sqrt{3}}{2}I_r \sin\left[\omega(t-t_{k1})+\psi-\frac{\pi}{3}\right]+\frac{\sqrt{3}I_r \sin\left(\psi-\frac{\pi}{3}\right)}{2}\mathrm{e}^{\frac{-(t-t_{k1})}{T}} \\
i_{B1} &= \frac{\sqrt{3}}{2}I_r \sin\left[\omega(t-t_{k1})+\psi-\frac{\pi}{3}\right]-\frac{\sqrt{3}I_r \sin\left(\psi-\frac{\pi}{3}\right)}{2}\mathrm{e}^{\frac{-(t-t_{k1})}{T}}
\end{aligned} \tag{2-27}
$$

式中，I_r 为短路电流周期分量有效值（A）。

假定回路电阻 R 的大小远小于电抗值，即令 $\varphi=\pi/2$；并注意到 t 值是从 C 相发生预击穿时刻 t_{k2} 起，当 C 相也发生预击穿后，短路电流恢复为三相短路电流，由式（2-21）可得三相短路电流为

$$
\begin{aligned}
i_{A2} &= \sqrt{2}I_r\left\{\sin\left[\omega(t-t_{k2})+\psi-\frac{7}{6}\pi\right]-\left[\sqrt{2}I_r \sin\left(\psi-\frac{7}{6}\pi\right)-i_{A1}(t_{k2})\right]\mathrm{e}^{-\frac{(t-t_{k2})}{T}}\right\} \\
i_{B2} &= \sqrt{2}I_r\left\{\sin\left[\omega(t-t_{k2})+\psi-\frac{11}{6}\pi\right]-\left[\sqrt{2}I_r \sin\left(\psi-\frac{11}{6}\pi\right)-i_{B1}(t_{k2})\right]\mathrm{e}^{-\frac{(t-t_{k2})}{T}}\right\} \\
i_{C2} &= \sqrt{2}I_r\left\{\sin\left[\omega(t-t_{k2})+\psi-\frac{3}{6}\pi\right]-\sin\left(\psi-\frac{3}{6}\pi\right)\mathrm{e}^{-\frac{(t-t_{k2})}{T}}\right\}
\end{aligned} \tag{2-28}
$$

式中，t_{k2} 为 C 相发生预击穿的时间（ms）；$i_{A1}(t_{k2})$ 为 A 相电流在 C 相投入瞬间的电流值（A）；$i_{B1}(t_{k2})$ 为 B 相电流在 C 相投入瞬间的电流值（A）。

图 2-16 所示为当系统发生峰值为 80kA 短路电流时由式（2-27）和式（2-28）计算出的短

路电流波形。从中可以看到 A、B 相发生预击穿到 C 相发生预击穿后短路电流变化趋势。在 A、B 相发生预击穿阶段，A、B 相的电流相位相差 180°，当 C 相也发生预击穿后，A、B、C 相的相位差变为 120°，且电流的大小也发生了变化。

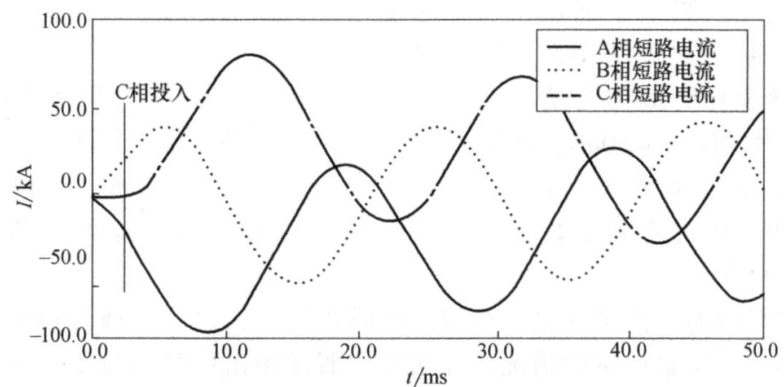

图 2-16 真空断路器三相不同期发生预击穿时短路电流波形图

3. 真空断路器关合短路电流时的电动力分析

将式（2-21）代入式（2-19）中（其中已经假定式（2-12）中的系数 ξ 取最大值 1，得到其他条件相同时的 F_H 最大值，若 ξ 取最小值 0.3，则相应的 F_H 为最小值），得到断路器三相触头同时发生预击穿时产生的最大短路电流电动力计算公式如下：

$$\begin{aligned}F_{Ta}=&2\times10^{-7}I_r^2\times\left[\sin\left(100\pi t+\psi-\frac{\pi}{2}\right)-\sin\left(\psi-\frac{\pi}{2}\right)e^{-\frac{t}{T}}\right]^2\\&\times\left(\frac{\sqrt{(s+4)^2+35^2}-(s+4)}{3(s+4)}\right)f(t)+2\times10^{-7}I_r^2\times\left[\sin\left(100\pi t+\psi-\frac{\pi}{2}\right)\right.\\&\left.-\sin\left(\psi-\frac{\pi}{2}\right)e^{-\frac{t}{T}}\right]^2\times(6.38-\ln\sqrt{F})g(t)\\&-\frac{9.18}{s+22}\times2\times10^{-7}I_r^2\times\left[\sin\left(100\pi t+\psi-\frac{\pi}{2}\right)-\sin\left(\psi-\frac{\pi}{2}\right)e^{-\frac{t}{T}}\right]^2\end{aligned}\tag{2-29}$$

$$\begin{aligned}F_{Tb}=&2\times10^{-7}I_r^2\times\left[\sin\left(100\pi t+\psi-\frac{7\pi}{6}\right)-\sin\left(\psi-\frac{7\pi}{6}\right)e^{-\frac{t}{T}}\right]^2\\&\times\left(\frac{\sqrt{(s+4)^2+35^2}-(s+4)}{3(s+4)}\right)f(t)+2\times10^{-7}I_r^2\times\left[\sin\left(100\pi t+\psi-\frac{7\pi}{6}\right)\right.\\&\left.-\sin\left(\psi-\frac{7\pi}{6}\right)e^{-\frac{t}{T}}\right]^2\times(6.38-\ln\sqrt{F})g(t)\\&-\frac{9.18}{s+22}\times2\times10^{-7}I_r^2\times\left[\sin\left(100\pi t+\psi-\frac{7\pi}{6}\right)-\sin\left(\psi-\frac{7\pi}{6}\right)e^{-\frac{t}{T}}\right]^2\end{aligned}\tag{2-30}$$

$$\begin{aligned}F_{Tc}=&2\times10^{-7}I_r^2\times\left[\sin\left(100\pi t+\psi-\frac{11\pi}{6}\right)-\sin\left(\psi-\frac{11\pi}{6}\right)e^{-\frac{t}{T}}\right]^2\\&\times\left(\frac{\sqrt{(s+4)^2+35^2}-(s+4)}{3(s+4)}\right)f(t)+2\times10^{-7}I_r^2\times\left[\sin\left(100\pi t+\psi-\frac{11\pi}{6}\right)\right.\\&\left.-\sin\left(\psi-\frac{11\pi}{6}\right)e^{-\frac{t}{T}}\right]^2\times(6.38-\ln\sqrt{F})g(t)\\&-\frac{9.18}{s+22}\times2\times10^{-7}I_r^2\times\left[\sin\left(100\pi t+\psi-\frac{11\pi}{6}\right)-\sin\left(\psi-\frac{11\pi}{6}\right)e^{-\frac{t}{T}}\right]^2\end{aligned}\tag{2-31}$$

式中，I_r 为短路电流周期分量有效值（A）；ψ 为预击穿瞬间电压相位角（rad）；F 为触头间的接触力（N）；s 为动、静触头之间的距离（mm）。

图 2-17 给出了关合短路电流过程中各事件发生时刻，该图用于确定仿真中的有关时间参数。在该图中，将断路器储能保持轴脱扣时刻作为仿真起点（$t_0=0$），仿真时间 $t_3=50$ms，在此之前，断路器已经合闸到位，并被合闸保持掣子锁扣。假定直到仿真终止时刻短路电流还存在。

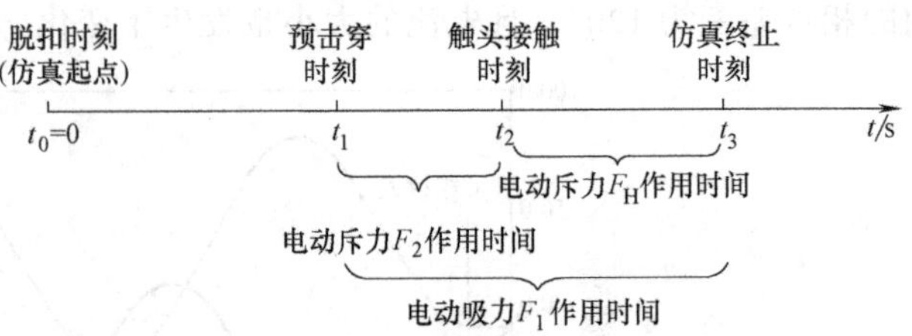

图 2-17　关合短路电流过程中各事件发生时刻

断路器关合过程中的预击穿现象具有很大的随机性，12kV 真空断路器的最大预击穿时间一般为 1.0~2.5ms，考虑最严重的情况，在仿真中假设预击穿时间为 2.5ms。考虑到预击穿取决于触头间隙而非时间，并且为了仿真方便，需将预击穿时间转化成相应的触头间隙。由于这里所研究的断路器在空载情况下的刚合速度（触头接触前 2mm 的平均速度）约为 0.65m/s，对应的触头间隙为 1.5mm。

在高压输电网中，三相短路时最大可能出现的时间常数为 45ms，故这里取时间常数 $T=45$ms 进行仿真。由于所仿真的断路器从脱扣时刻到动触头至满行程的时间约为 40ms（无电动力的情况），取一定裕量，将仿真时间定为 50ms，即 $t_3-t_0=50$ms。

根据图 2-17 容易得到式（2-18）中 $f(t)$ 的参数，即 $t_{e1}=t_1$。

根据以上分析，在 ADAMS 软件中，将上述电动力的表达式以力的方式加在断路器的仿真模型上（在仿真模型中，电动力直接施加于动触头中心位置），对断路器关合短路电流的运动过程进行仿真。图 2-18 所示为电动力波形图。

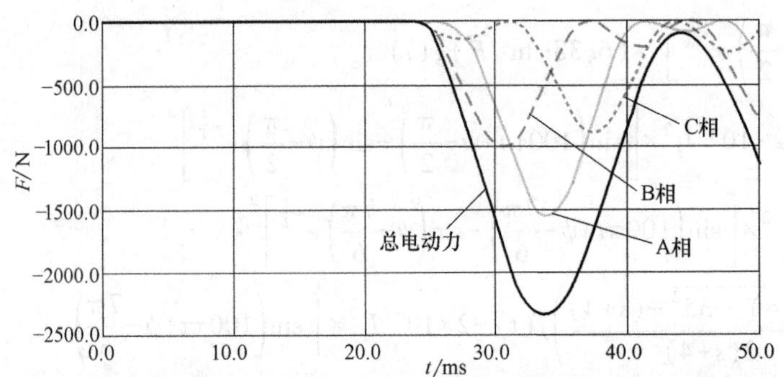

图 2-18　三极触头同时发生预击穿条件下三相电动力及总电动力波形

在断路器动、静触头间隙发生预击穿后，动触头受到短路电流电动力的影响，合闸速度降低，合闸过程延长。断路器受到短路电流电动力影响后与无短路电流电动力影响情况下的主轴角位移行程曲线对比图如图 2-19 所示。从图 2-19 中可以看出断路器合闸时间已经延长。

由前述可知，在断路器关合过程中，三相动、静触头因其制造上以及电路上的原因，各相发生预击穿的时刻不相同。按照前面的叙述，A、B 两相电动斥力 F_2 和 F_H 的作用时间表达式如式（2-32）所示，C 相电动斥力 F_2 和 F_H 的作用时间表达式如式（2-33）所示：

$$f_1(t)=\begin{cases}1 & t_1\leqslant t\leqslant t_3\\0 & t<t_1\end{cases}\qquad g_1(t)=\begin{cases}1 & t_3\leqslant t\\0 & t<t_3\end{cases}\tag{2-32}$$

$$f_2(t)=\begin{cases}1 & t_2\leqslant t\leqslant t_3\\0 & t<t_2\end{cases}\qquad g_2(t)=\begin{cases}1 & t_3\leqslant t\\0 & t<t_3\end{cases}\tag{2-33}$$

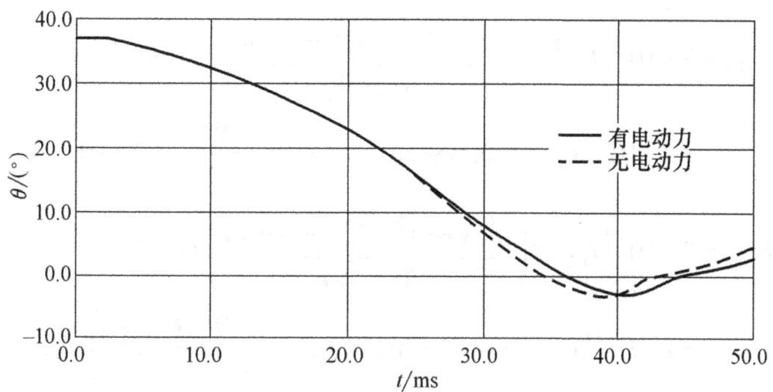

图 2-19　短路电流电动力对断路器动触头行程的影响图

当两相发生预击穿时用式（2-27）中的 i_A 和 i_B 去替换式（2-19）中的 I，可得短路电流电动力计算公式为

$$\begin{aligned}F_{Ta1}=&10^{-7}I_r^{\ 2}\times\left[-\frac{\sqrt{3}}{2}\sin\left[100\pi(t-t_{k1})+\psi-\frac{\pi}{3}\right]+\frac{\sqrt{3}\sin\left(\psi-\frac{\pi}{3}\right)}{2}e^{\frac{-(t-t_{k1})}{T}}\right]^2\\&\times\left(\frac{\sqrt{(s+4)^2+35^2}-(s+4)}{3(s+4)}\right)f_1(t)+10^{-7}I_r^{\ 2}\times\left[-\frac{\sqrt{3}}{2}\sin\left[100\pi(t-t_{k1})+\psi-\frac{\pi}{3}\right]\right.\\&\left.+\frac{\sqrt{3}\sin\left(\psi-\frac{\pi}{3}\right)}{2}e^{\frac{-(t-t_{k1})}{T}}\right]^2\times(6.38-\ln\sqrt{F})g_1(t)-\frac{9.18}{s+22}\times10^{-7}I_r^{\ 2}\\&\times\left[-\frac{\sqrt{3}}{2}\sin\left[100\pi(t-t_{k1})+\psi-\frac{\pi}{3}\right]+\frac{\sqrt{3}\sin\left(\psi-\frac{\pi}{3}\right)}{2}e^{\frac{-(t-t_{k1})}{T}}\right]^2\end{aligned}\tag{2-34}$$

$$\begin{aligned}F_{Tb1}=&10^{-7}I_r^{\ 2}\times\left[\frac{\sqrt{3}}{2}\sin\left[100\pi(t-t_{k1})+\psi-\frac{\pi}{3}\right]-\frac{\sqrt{3}\sin\left(\psi-\frac{\pi}{3}\right)}{2}e^{\frac{-(t-t_{k1})}{T}}\right]^2\\&\times\left(\frac{\sqrt{(s+4)^2+35^2}-(s+4)}{3(s+4)}\right)f_1(t)+10^{-7}I_r^{\ 2}\times\left[\frac{\sqrt{3}}{2}\sin\left[100\pi(t-t_{k1})+\psi-\frac{\pi}{3}\right]\right.\\&\left.-\frac{\sqrt{3}\sin\left(\psi-\frac{\pi}{3}\right)}{2}e^{\frac{-(t-t_{k1})}{T}}\right]^2\times(6.38-\ln\sqrt{F})g_1(t)-\frac{9.18}{s+22}\times10^{-7}I_r^{\ 2}\\&\times\left[\frac{\sqrt{3}}{2}\sin\left[100\pi(t-t_{k1})+\psi-\frac{\pi}{3}\right]-\frac{\sqrt{3}\sin\left(\psi-\frac{\pi}{3}\right)}{2}e^{\frac{-(t-t_{k1})}{T}}\right]^2\end{aligned}\tag{2-35}$$

$$F_{Tc1}=0\tag{2-36}$$

式中，I_r 为短路电流周期分量有效值（A）；ψ 为预击穿瞬间电压相位角（rad）；F 为触头间的接触力（N）；s 为动、静触头之间的距离（mm）。

当第三相也发生预击穿后，将式（2-27）中短路电流计算公式代入电动力计算公式（2-15），可得三相电动力为（假定 $\xi=1$）

$$\begin{aligned}F_{Ta2}=&2\times10^{-7}I_{A2}^{\ 2}\times\left(\frac{\sqrt{(s+4)^2+35^2}-(s+4)}{3(s+4)}\right)f_2(t)\\&+2\times10^{-7}I_{A2}^{\ 2}\times(6.38-\ln\sqrt{F})g_2(t)-\frac{9.18}{s+22}\times2\times10^{-7}I_{A2}^{\ 2}\end{aligned}\tag{2-37}$$

$$F_{Tb2}=2\times10^{-7}I_{B2}{}^2\times\left(\frac{\sqrt{(s+4)^2+35^2}-(s+4)}{3(s+4)}\right)f_2(t)$$
$$+2\times10^{-7}I_{B2}{}^2\times(6.38-\ln\sqrt{F})g_2(t)-\frac{9.18}{s+22}\times2\times10^{-7}I_{B2}{}^2 \tag{2-38}$$

$$F_{Tc2}=2\times10^{-7}I_{C2}{}^2\times\left(\frac{\sqrt{(s+4)^2+35^2}-(s+4)}{3(s+4)}\right)f_2(t)$$
$$+2\times10^{-7}I_{C2}{}^2\times(6.38-\ln\sqrt{F})g_2(t)-\frac{9.18}{s+22}\times2\times10^{-7}I_{C2}{}^2 \tag{2-39}$$

图 2-20 和图 2-21 给出了关合短路电流过程中各事件发生时刻，该图用于确定仿真中的有关时间参数。在该图中，将断路器储能保持轴脱扣时刻作为仿真起点（$t_0=0$），仿真时间 $t_3=50$ms，在此之前，断路器已经合闸到位，并被合闸保持掣子锁扣。假定直到仿真终止时刻短路电流还存在。

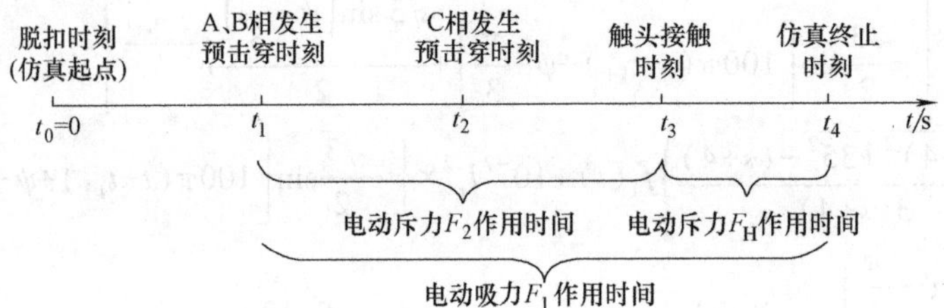

图 2-20　关合短路电流过程中 A、B 相各事件发生时刻

根据我国电力行业标准（DL/T 403—2017）规定，真空断路器三相不同期性不大于 2ms。针对三相不同期情况，因断路器预击穿持续时间很短，两相短路后尚未进入稳态时第三相就发生预击穿，即两相短路后的直流分量尚未显著衰减时第三相就已经投入。

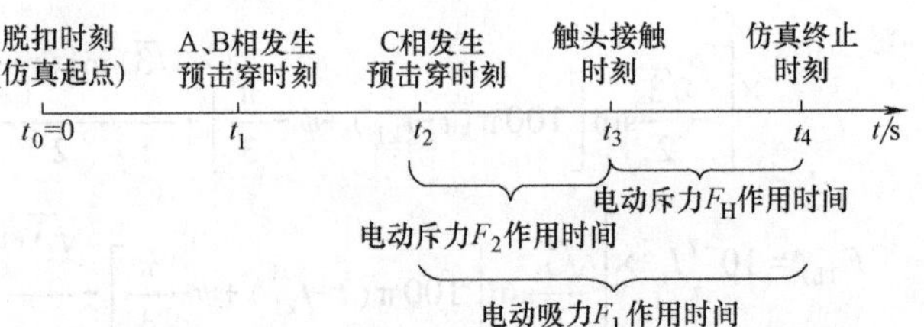

图 2-21　关合短路电流过程中 C 相各事件发生时刻

利用以上分析，在 ADAMS 软件中，将上述电动力的表达式以力的方式加在断路器的仿真模型上，对断路器开断短路电流的运动过程进行仿真，即可得到真空断路器关合短路电流时三相不同期性对短路电流电动力及用于描述主轴角位移行程曲线的 4 个特征量的定量分析结果。假设 A、B 两相先发生预击穿，2ms 后 C 相也发生预击穿，将上述电动力的表达式以力的方式加在断路器的仿真模型上，对断路器关合短路电流的运动过程进行仿真。图 2-22 所示为电动力波形图。

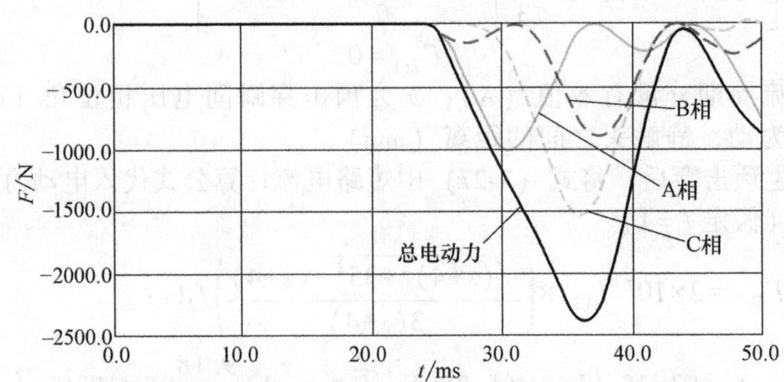

图 2-22　三相不同期预击穿时短路电流电动力波形图

4. **真空断路器分断短路电流时的电动力分析**

我国中压电力系统为中性点不接地系统，故存在首开极先熄灭电弧，后两相同时熄灭的现象。开断时的电流采用合闸过程短路电流相似的推理方法，可得到假设 A 相为首开相时，A 相熄弧后的两相短路电流的计算公式（令 $\varphi=\pi/2$）：

$$i_{\mathrm{B}}=-\frac{\sqrt{3}}{2}I_{\mathrm{r}}\sin\left[\omega(t-t_{\mathrm{k}})+\psi_{\mathrm{A}}-\frac{\pi}{3}\right]+\left(\frac{\sqrt{3}I_{\mathrm{r}}\sin\left(\psi_{\mathrm{A}}-\frac{\pi}{3}\right)}{2}+i_{\mathrm{B1}}(t_{\mathrm{k}})\right)\mathrm{e}^{\frac{-(t-t_{\mathrm{k}})}{T}}$$

$$i_{\mathrm{C}}=\frac{\sqrt{3}}{2}I_{\mathrm{r}}\sin\left[\omega(t-t_{\mathrm{k}})+\psi_{\mathrm{A}}-\frac{\pi}{3}\right]-\left(\frac{\sqrt{3}I_{\mathrm{r}}\sin\left(\psi_{\mathrm{A}}-\frac{\pi}{3}\right)}{2}+i_{\mathrm{C1}}(t_{\mathrm{k}})\right)\mathrm{e}^{\frac{-(t-t_{\mathrm{k}})}{T}} \tag{2-40}$$

式中，i_{B1} 为 B 相电流在 A 相熄弧瞬间的电流值（A）；i_{C1} 为 C 相电流在 A 相熄弧瞬间的电流值（A）；ψ_{A} 为 A 相开断瞬间电压相位角（rad）；t_{k} 为 A 相熄弧时间（s）。

综合式（2-40）计算得到在 A 相熄弧后的两相短路电流波形和式（2-20）得到的三相短路电流波形，获得短路电流波形图如图 2-23 所示（已假设三相动、静触头同时打开）。

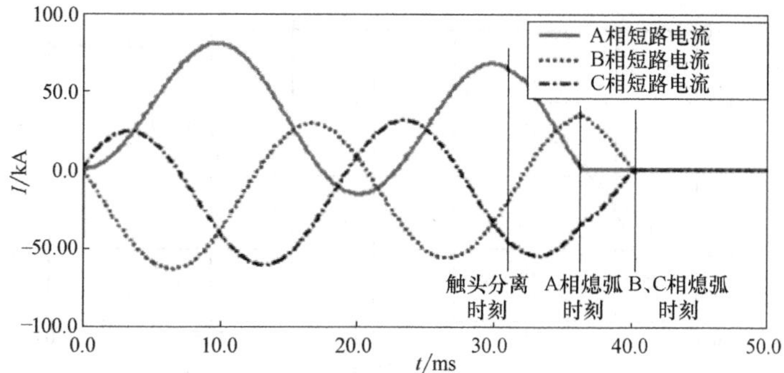

图 2-23　A 相为首开相时的短路电流波形

用式（2-20）中的 i_{A} 替换式（2-19）中的 I，并将有关数值代入方程得到断路器分断短路电流过程中 A 相动触头受到电动力的表达式：

$$F_{\mathrm{Ta}}=2\times10^{-7}I_{\mathrm{r}}^{2}\times\left[\sin\left(314t-\frac{\pi}{2}\right)+\mathrm{e}^{\frac{-t}{T}}\right]^{2}\times\left[\left(\frac{\sqrt{(s+4)^{2}+35^{2}}-(s+4)}{3(s+4)}\right)f(t)+\left(6.38-\ln\sqrt{F}\right)g(t)-\frac{9.18}{s+22}\right] \tag{2-41}$$

式中，I_{r} 为短路电流周期分量有效值（A）；$f(t)$ 为电动斥力 F_2 作用时间（s）；$g(t)$ 为电动斥力 F_{H} 作用时间（s）；s 为动、静触头之间的距离（mm）。

式（2-37）中已经假定式（2-12）中的系数 ξ 取最大值 1。

同时也容易得到 B、C 相在 A 相熄弧之前所受到电动力的计算公式。

A 相熄弧之前，三相短路电流按式（2-20）变化，当 A 相开断之后，B、C 两相短路电流按式（2-40）变化，此时，B、C 相所受到的最大短路电动力大小计算公式如下：

$$F_{\mathrm{Tb}}=1.5\times10^{-7}I_{\mathrm{r}}^{2}\times\left[\sin\left(314(t-t_{\mathrm{k}})-\frac{\pi}{2}\right)+\mathrm{e}^{\frac{-(t-t_{\mathrm{k}})}{T}}\right]^{2}\times\left[\left(\frac{\sqrt{(s+4)^{2}+35^{2}}-(s+4)}{3(s+4)}\right)f(t-t_{\mathrm{k}})+\left(6.38-\ln\sqrt{F}\right)g(t-t_{\mathrm{k}})-\frac{9.18}{s+22}\right] \tag{2-42}$$

$$F_{Tc}=1.5\times10^{-7}I_r^{\,2}\times\left[\sin\left(314(t-t_k)-\frac{\pi}{2}\right)-e^{\frac{-(t-t_k)}{T}}\right]^2 \times\left[\left(\frac{\sqrt{(s+4)^2+35^2}-(s+4)}{3(s+4)}\right)f(t-t_k)+(6.38-\ln\sqrt{F})g(t-t_k)-\frac{9.18}{s+22}\right] \tag{2-43}$$

式中，I_r 为短路电流周期分量有效值（A）；s 为动、静触头之间的距离（mm）。

将短路电流电动力计算公式导入断路器仿真模型，并进行仿真，可得短路电流电动力分相及总电动力结果，如图 2-24 所示。

图 2-25 为在短路电流电动力影响下，有短路电流电动力和无短路电流电动力时主轴角位移行程曲线的变化情况。从图中可以看出，短路电流电动力加快了断路器的分闸过程，使分闸时间缩短。

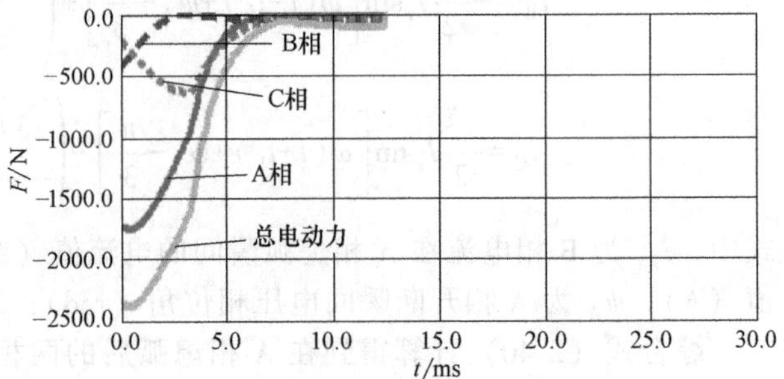

图 2-24 短路电流产生的分相及总电动力图

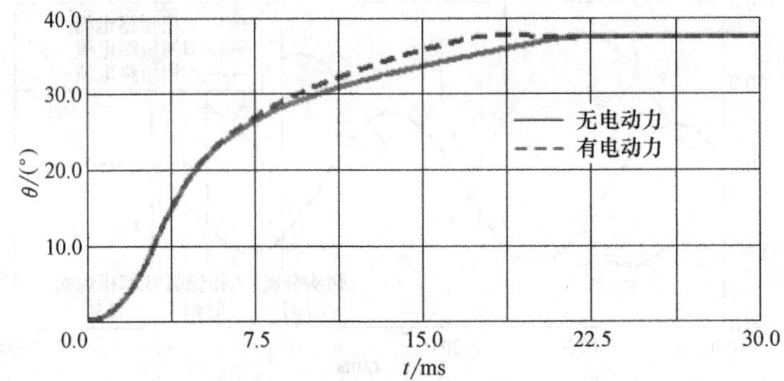

图 2-25 有无短路电流电动力作用的主轴角位移行程曲线

2.4.5 高压断路器操动机构故障状态仿真分析

高压断路器在长期的运行过程中，由于各种因素的影响，其操动机构常出现各种各样的缺陷或故障，如运动部件卡涩、轴销脱落、缓冲器失效等。由于机械部件之间的相互关联性，当某一部件发生故障时，其他部件的动作常常会受到影响。对于断路器的弹簧操动机构而言，主轴在分合闸过程中的动力传递中处于承上启下的关键位置，它的动作特性能够在相当程度上反映操动机构的状态。由于主轴转角是一个容易检测的参数，故将它作为操动机构状态参数。如果能够弄清状态参数跟机械状态之间的对应关系，那么对于断路器的状态检测是非常有意义的。

1. VS1 型真空断路器分闸仿真模型的建立与实验验证

VS1 型断路器动力学分闸仿真模型如图 2-26 所示。

真空断路器常见的机构故障类型有轴销脱落故障、绝缘拉杆断裂故障、弹簧失效故障、油缓冲器失效故障和摩擦阻力过大引起的机构卡涩等。为了获取真空断路器在不同分闸故障状态下的主轴角位移行程曲线变化规律，本节将对真空断路器分闸过程中操动机构部分常见的故障类型进行仿真分析。

(1) 一相分闸弹簧失效故障

当断路器的一相分闸弹簧发生失效故障后，因故障相分闸弹簧完全不起作用，断路器总的分闸力减小，因此分闸过程持续时间延长。一相分闸弹簧失效后的主轴角位移行程曲线的仿真结果如图 2-27 所示。

（2）外侧相轴销脱落故障

当断路器的外侧相轴销（图2-26中引线4）脱落后，该相与断路器基本分离，故该相的分闸弹簧及触头弹簧对断路器分闸过程都没有贡献，同时，作用在该相的摩擦阻力也消失。但因损失的驱动力比摩擦阻力大得多，因此分闸过程持续时间延长程度加重，由图2-28的仿真结果可以看出，分闸过程由正常情况下的23ms延长至将近38ms。

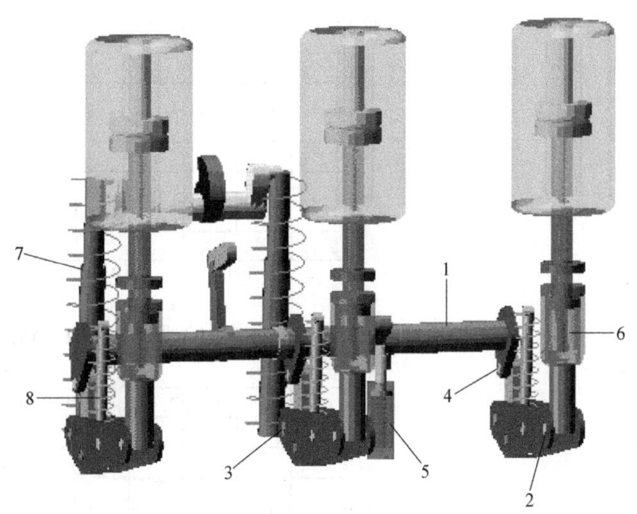

图2-26　VS1型断路器动力学分闸仿真模型

1—主轴　2—绝缘拉杆底部轴销　3—中间相轴销　4—外侧相轴销　5—油缓冲器　6—触头弹簧　7—合闸弹簧　8—分闸弹簧

（3）油缓冲器故障

断路器的油缓冲器发生漏油故障，使油缓冲器失效时，主轴角位移行程的仿真曲线如图2-29所示。从图中仿真曲线可以看出，因失去了油缓冲器的阻力作用，触头分闸速度很大，导致分闸回弹加大。

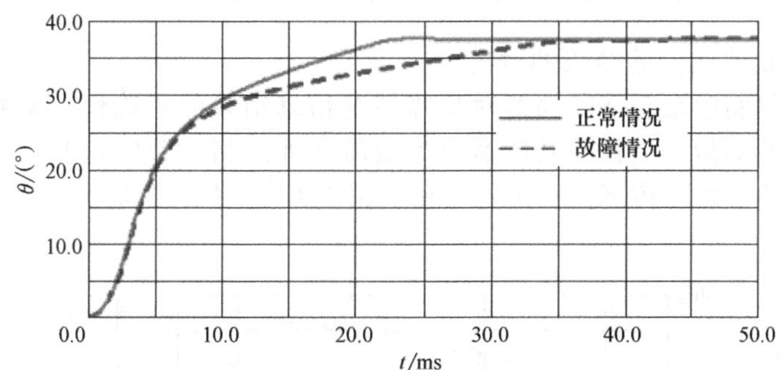

图2-27　一相分闸弹簧失效后的主轴角位移行程曲线

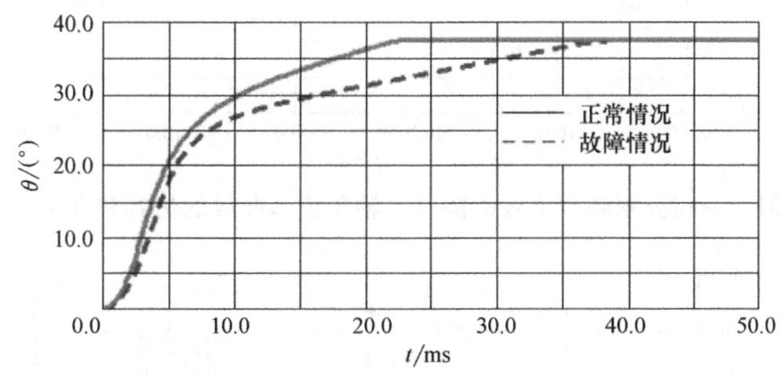

图2-28　一相分闸弹簧和触头弹簧同时失效后的主轴角位移行程曲线

（4）两相轴销脱落故障

当中间相和外侧相的拉杆轴销发生脱落故障时，中间相和外侧相分闸弹簧及触头弹簧对断路器分闸过程的驱动力无贡献，虽然两相的动触头拉杆上的滑动摩擦力因两相触头不动作而消失，但主轴摩擦力仍然存在，所以分闸过程持续时间大大延长，在设定的50ms仿真时间内，断路器未能完成分闸操作。主轴角位移的仿真曲线如图2-30所示。

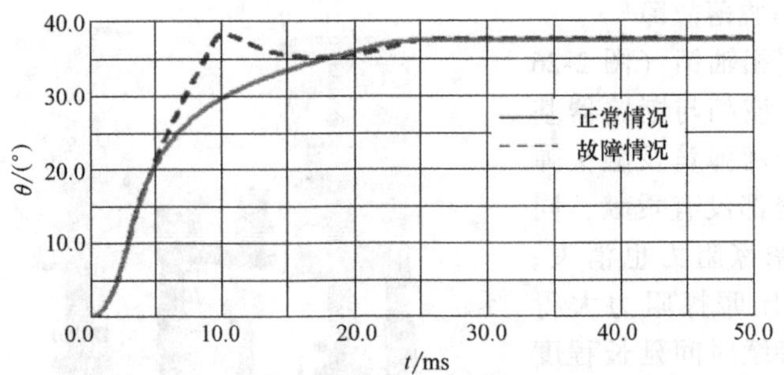

图 2-29　油缓冲器失效后的主轴角位移行程曲线

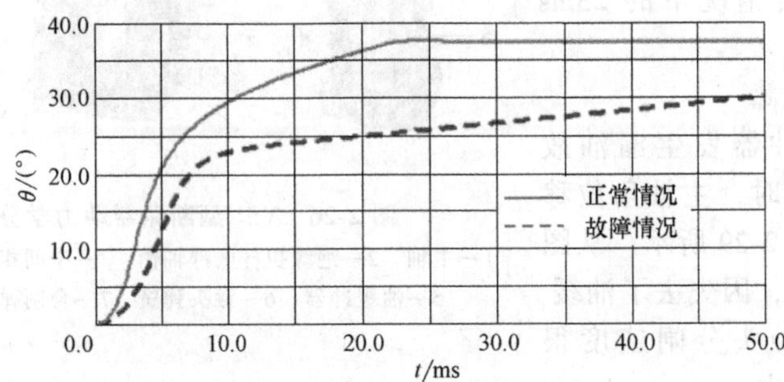

图 2-30　中间相和外侧相两相轴销脱落故障时的主轴角位移行程曲线

（5）故障情况仿真与实验结果的对比

本节设计了两组实验来验证断路器对故障情况仿真结果的正确性。实验用传感器及测量方法如前所述，实验测量了一相分闸弹簧发生故障和外侧相拐臂轴销脱落故障的主轴角位移行程曲线，并将实验数据与仿真数据进行对比，图 2-31 和图 2-32 是实验测量和仿真曲线的对比结果。

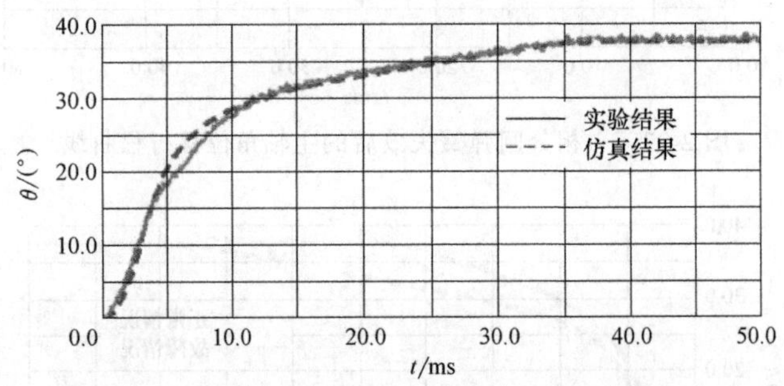

图 2-31　一相分闸弹簧失效故障时主轴角位移曲线的仿真和实验对比图

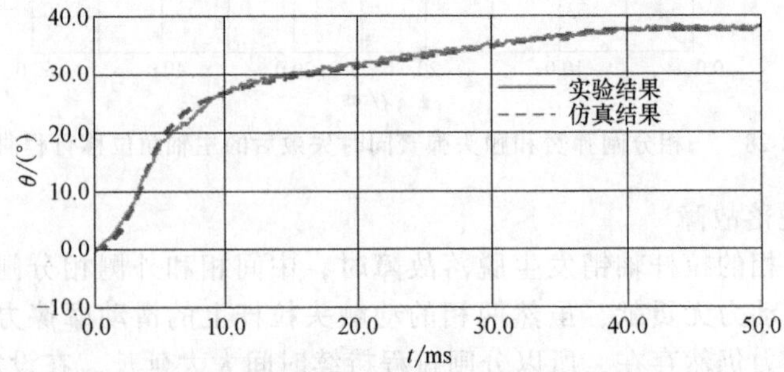

图 2-32　外侧相拐臂轴销脱落故障时主轴角位移曲线的仿真和实验对比图

从上面两组实验和仿真曲线的对比结果可以看出，故障情况下的仿真结果和实验结果吻合得较好。

2. VS1 型真空断路器合闸仿真模型的建立与实验验证

相对于分闸过程来说，断路器合闸过程由于联动的机构部件更多、更复杂，而且还涉及动、静触头闭合后的触头弹跳问题，仿真的难度更大。本节建立了 VS1 型断路器的合闸模型，并对触头发生合闸弹跳情况进行了仿真分析。图 2-33 所示为 VS1 型断路器合闸过程动力学仿真模型。

利用本节所建立的断路器合闸模型，对断路器正常合闸情况进行了仿真分析，并通过添加虚拟测量得到绝缘拉杆直线位移和主轴角位移行程位移曲线。图 2-34 和图 2-35 分别为断路器关合过程主轴角位移行程和绝缘拉杆直线位移行程曲线的实验和仿真结果对比图。

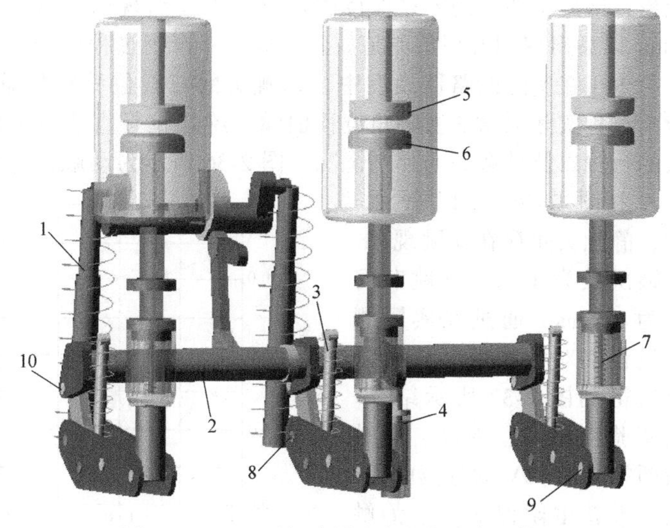

图 2-33　VS1 型断路器动力学仿真合闸模型
1—分闸弹簧　2—主轴　3—合闸弹簧　4—油缓冲器
5—静触头　6—动触头　7—触头弹簧　8—中间相轴销
9—绝缘拉杆底部轴销　10—外侧相轴销

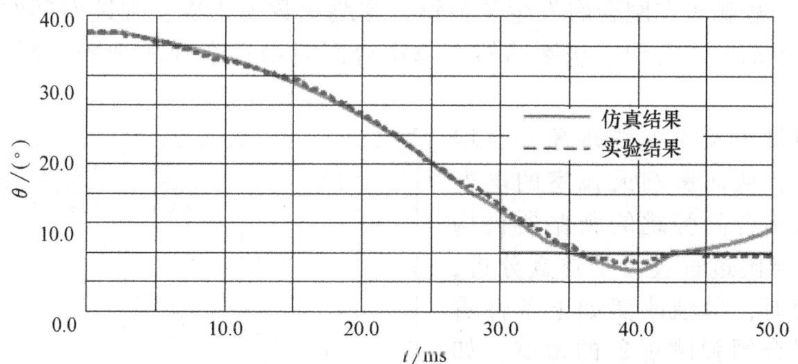

图 2-34　正常合闸过程主轴角位移行程曲线的实验与仿真对比结果

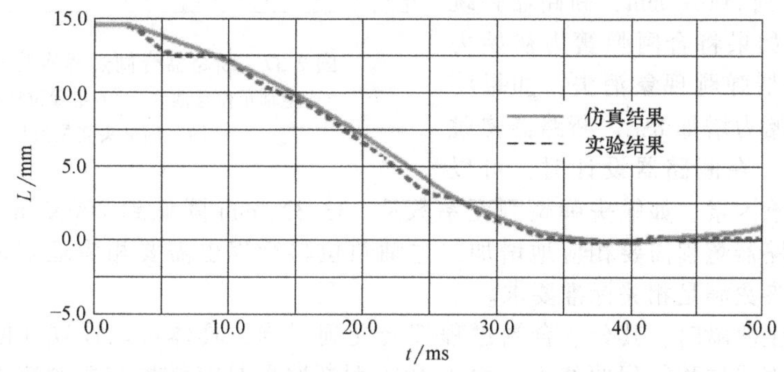

图 2-35　正常合闸过程绝缘拉杆直线位移仿真与实验结果对比图

从图 2-34 和图 2-35 可以看出，断路器合闸仿真模型主轴角位移行程曲线和绝缘拉杆直线位移行程曲线的仿真结果与实验结果吻合良好。仿真结果在末尾出现曲线回升的现象，这是

因为在仿真过程中，在主轴转角到达转动终点后（主轴角位移第二个过零点），仿真模型中未设合闸保持掣子，且由于分闸弹簧已经储能，所以机构开始了分闸操作过程而导致的。在实际断路器中，由于合闸过程结束后有合闸保持掣子将断路器保持在合闸状态，故不会出现该现象，即实验曲线的末尾保持固定值，不会出现回升现象。同理，在绝缘拉杆直线位移行程40ms以后出现回升现象亦是如此。此时，合闸过程已经结束，所以不会影响合闸仿真结果。

由于在实际断路器模型中，动触头的直线位移行程难以测量，但是可以通过断路器分、合闸过程实际测试的主轴角位移曲线、绝缘拉杆直线位移曲线以及触头变位信号来推断动触头的行程以及动触头的弹跳情况。图2-36所示为动触头行程仿真结果。

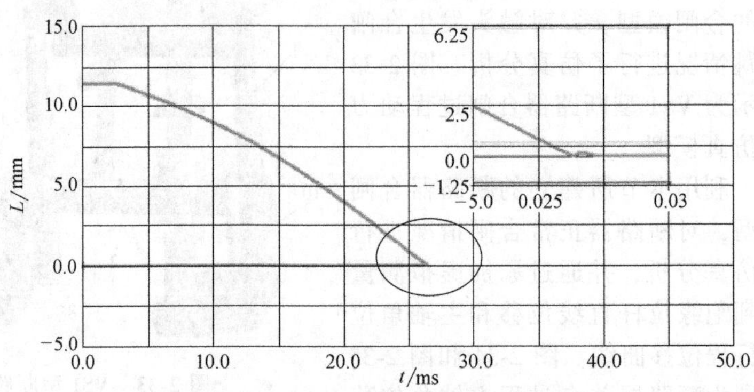

图2-36 动触头直线位移行程仿真结果图

由图2-36可以看出，动、静触头间存在弹跳现象，弹跳次数为1次，弹跳时间约为1.5ms。通过在实际测试过程中对该断路器进行的测试得到图2-37所示结果。在实验测试时，在动、静触头两端施加10V的直流电源，通过外接电阻测试动、静触头的分合状态。如果动、静触头分开，则测得的电位为0；若动、静触头闭合，测得的电位则为10V。由动触头变位信号（图2-37中信号3）可以很明显地看出，动、静触头在刚合时发生了弹跳，弹跳次数为1次，弹跳时间约为2ms。在110次合闸实验波形中都可以看到，该断路器在每次合闸时都存在弹跳现象，而且弹跳次数和弹跳时间基本一致。

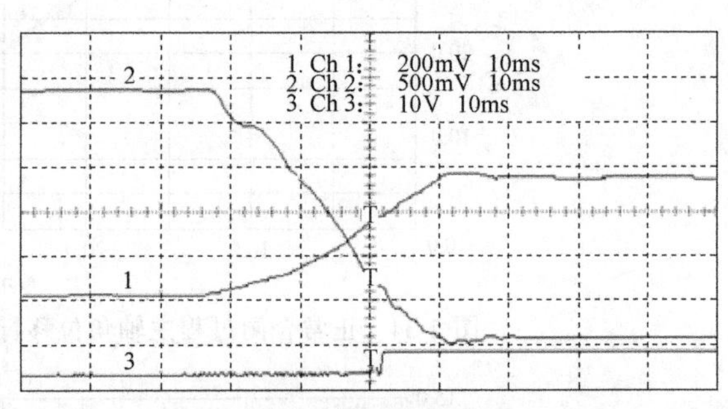

图2-37 断路器合闸过程实验测试曲线

1—主轴角位移曲线 2—绝缘拉杆直线位移 3—动、静触头变位信号

断路器合闸过程发生弹跳现象，会增加触头的电磨损，从而影响灭弧室的电寿命。为了研究影响合闸弹跳的断路器机构参数，对断路器合闸过程进行了仿真分析，在其他参数不变时，单独改变如下条件看各参数对断路器合闸弹跳现象的影响：如果将合闸时每相触头弹簧的刚度系数从333.3N/mm降低到200N/mm，断路器弹跳现象基本消失；如果将合闸弹簧力初始力减小10%，断路器弹跳现象消失；如果将每相分闸弹簧初始力增加8%，断路器弹跳现象消失。所以，在断路器设计时，可以综合考虑上述影响因素，如触头弹簧刚度系数从333.3N/mm降低到200N/mm后，为了保证触头预压力，断路器超程需要相应地增加，主轴角位移行程也需要相应地增加，且需要保证断路器其他机械参数满足相关标准要求。

当断路器发生故障时，其分、合闸过程都会受到影响，具体可以体现在断路器主轴角位移行程和动触头直线位移行程曲线上。由于VS1型断路器具有结构非常紧凑的特点，以及绝缘拉杆底部靠近高电位，通过安装直线位移传感器对其直线位移行程实施在线检测非常困难。而其主轴两端空间较大，可以很方便地安装角位移传感器进行测量。通过对断路器进行实际测试，发现断路器的主轴角位移和直线位移行程具有一固定对应关系，该固定关系可以通过

实验方法确定，所以可以通过主轴角位移行程来反映断路器的运行状态。

下面利用本节建立的断路器动力学仿真模型，选择几种常见故障类型，仿真分析不同故障状态下的断路器主轴角位移行程曲线的变化规律。

（1）一相绝缘拉杆底部轴销脱落

在这种故障情况下，由于绝缘拉杆轴销脱落，使得整个运动部分的质量有所减少，且故障相上的触头弹簧阻力以及摩擦力消失，该相分闸弹簧反力消失，而合闸弹簧的合闸驱动力不变，故合闸过程加快，合闸时间缩短。

图 2-38 给出了当绝缘拉杆底部轴销脱落时的主轴角位移曲线。

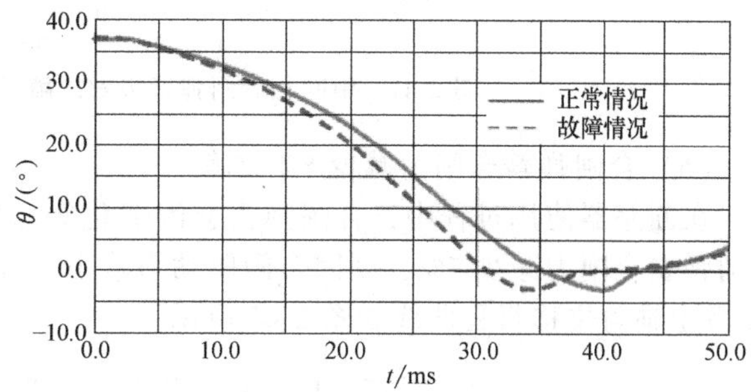

图 2-38　绝缘拉杆底部轴销脱落故障下合闸过程主轴角位移曲线

（2）一相触头弹簧失效故障

当一相触头弹簧发生失效故障后，在动、静触头接触前，因摩擦力及其他两相触头弹簧存在，主轴角位移行程曲线变化很小；在断路器动、静触头接触后，因摩擦力减小，且正常相触头弹簧此时开始压缩，导致触头弹簧反力迅速增大，此时能明显看出当少了一相触头弹簧反力后，主轴角速度加快，合闸过程有所缩短，如图 2-39 所示。

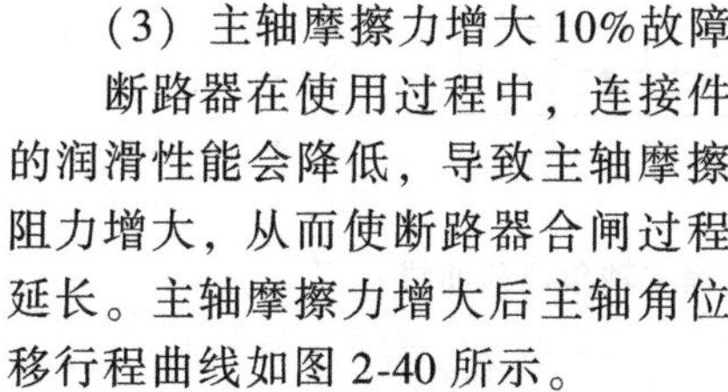

（3）主轴摩擦力增大 10%故障

断路器在使用过程中，连接件的润滑性能会降低，导致主轴摩擦阻力增大，从而使断路器合闸过程延长。主轴摩擦力增大后主轴角位移行程曲线如图 2-40 所示。

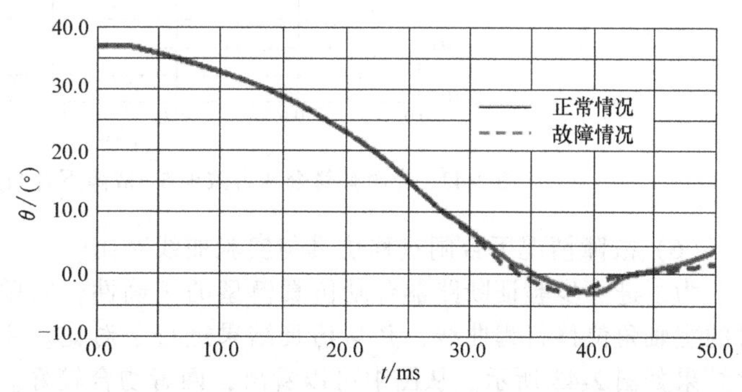

图 2-39　一相触头弹簧失效故障下合闸过程主轴角位移曲线

（4）中间相分闸弹簧失效故障

从断路器凸轮机构碰撞到连杆开始，分闸弹簧将被拉伸，在拉伸过程中施加一阻碍主轴转动的反力。中间相分闸弹簧失效后，运动阻力减小，从而使断路器的合闸速度加快，合闸过程缩短。中间相分闸弹簧失效后的主轴角位移行程曲线如图 2-41 所示。

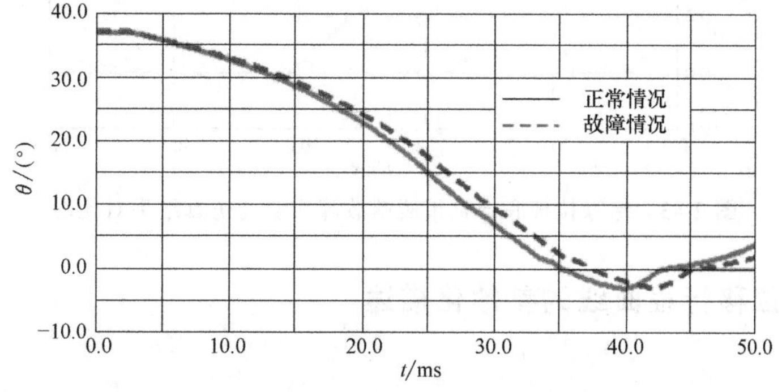

图 2-40　主轴摩擦力增大故障下合闸过程主轴角位移曲线

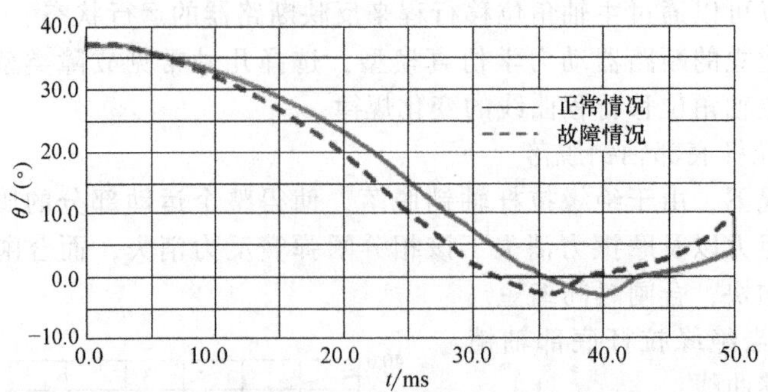

图 2-41　中间相分闸弹簧失效故障下合闸过程主轴角位移曲线

（5）合闸弹簧合闸力减少 5%故障

在断路器使用过程中，合闸弹簧会因老化等原因使合闸弹簧的储能情况受到影响，假定合闸弹簧合闸力减少 5%，则因合闸驱动力减小，合闸速度减缓，合闸过程延长。合闸力减少 5%后主轴角位移行程曲线如图 2-42 所示。

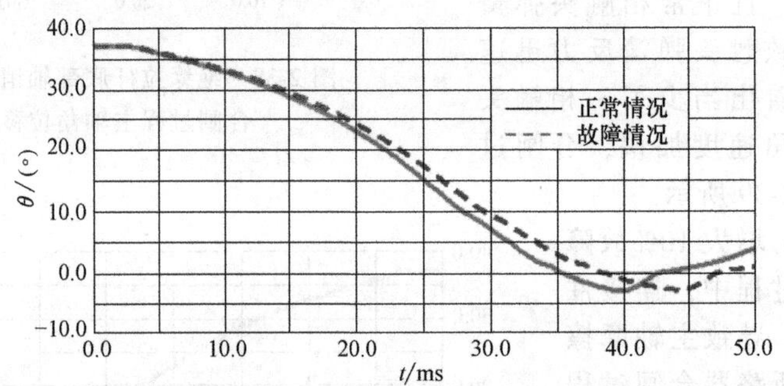

图 2-42　合闸弹簧合闸力减少 5%故障下合闸过程主轴角位移曲线

（6）故障情况下合闸过程仿真与实验曲线对比

为了进一步验证断路器合闸仿真模型的正确性，实验测试了绝缘拉杆底部轴销脱落故障时的主轴角位移行程曲线，并与仿真结果进行了对比。主轴角位移行程的实验与仿真曲线对比结果如图 2-43 所示。从图中可以看出，两者吻合较好。

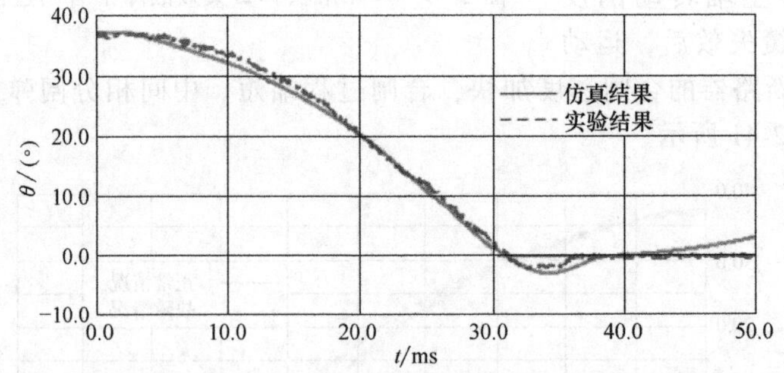

图 2-43　绝缘拉杆底部轴销脱落故障实验与仿真结果对比图

2.4.6　主轴角位移行程曲线的参数化描述

1. 分闸过程

经过对真空断路器的仿真与实验分析，发现可以根据真空断路器驱动力和阻力的变化，

操动机构部件的运动及受力情况，将真空断路器的分、合闸过程分为四个阶段。对于真空断路器的分闸过程，根据真空断路器操动机构实际分闸物理过程，分闸过程主轴角位移行程的四个阶段描述如下：第一阶段为从主轴开始运动至三相触头都断开（三相触头弹簧不再起作用）为止，这一阶段操动机构运动过程主要受触头弹簧分闸动力、分闸弹簧分闸动力和摩擦阻力的作用；第二阶段为三相触头断开时刻至主轴上的缓冲拐臂与油缓冲器刚接触（油缓冲器尚未起作用），这一阶段只有分闸弹簧的分闸动力和摩擦阻力作用；第三阶段为从油缓冲器被压缩时刻至油缓冲器被压缩到最大行程位置为止。油缓冲器受压缩后产生一个反力，以减缓主轴的转动速度，油缓冲器被压缩到最大行程时，分闸锁扣装置已经将断路器分闸位置锁住。该部分包括了分闸弹簧分闸动力、油缓冲器阻力和摩擦阻力三个力；第四阶段为从油缓冲器被压缩到最大行程时刻至断路器分闸过程终止时刻。在真空断路器正常工作状态下，第四阶段斜率可以忽略不计，在油缓冲器发生漏油导致分闸回弹较大的情况下，第四阶段将有一定斜率。

根据前面对真空断路器分闸过程四个阶段的分析，利用仿真与实验相结合的方式，寻找到在正常情况下，第一阶段的主轴角位移行程为从初始状态至转过约 12.45°为止；第二阶段的主轴角位移行程约为从 12.45°转到 17.26°为止；第三阶段主轴角位移行程从 17.26°至达到行程最大值为止；第四阶段为行程最大值至仿真结束。

根据将分闸过程分为四个阶段的描述，对主轴转角曲线进行参数化描述，如图 2-44 所示。为了方便计算，曲线的特征可以分别由 k_1、k_2、k_3、k_4 这 4 个不同的斜率来表示，对应为主轴转角在四个不同阶段的平均角速度。在断路器不同状态下的分闸过程中，4 个角位移行程曲线的特征量有所不同。

图 2-44 中，k_1、k_2、k_3、k_4 分别表示主轴角位移在第一、二、三、四阶段的曲线特征。对主轴角位移四个特征量和动触头平均速度进行分析，可以识别出断路器不同的机械故障，所以通过对主轴角位移四个特征量和触头平均速度变化的预测，可以预测出断路器机械故障情况。

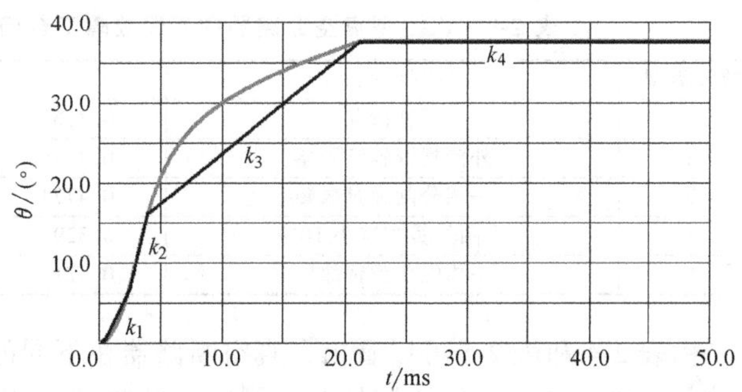

图 2-44　主轴角位移曲线参数化描述

以本章仿真的 VS1 型真空断路器为例，表 2-4 所示为该型断路器在部分故障状态下的分闸过程主轴角位移行程曲线参数化描述结果。

表 2-4　VS1 断路器在不同故障下分闸过程主轴角位移行程曲线参数

故障类型	机械状态	k_1/ms	k_2/ms	k_3/ms	k_4/ms
1	正常情况	3.80°	5.12°	1.09°	-0.001°
2	一相分闸弹簧和触头弹簧同时失效	3.10°	4.10°	0.55°	0.0°
3	一相分闸弹簧失效	3.70°	4.96°	0.63°	0.0°
4	一相触头弹簧失效	3.21°	4.25°	0.94°	0.0°
5	油缓冲器失效	3.80°	5.12°	3.12°	-0.047°

2. 合闸过程

图 2-45 为断路器合闸过程中主轴角位移速度曲线的参数化描述，V 为主轴转角的角速度。断路器关合过程可以分为四段：第一阶段，受凸轮下压力作用，主轴开始转动至连杆即将开始压缩触头弹簧为止，图中 T_0-T_1 阶段；第二阶段，触头弹簧受力变形至即将带动动触头一

起运动（此时，触头弹簧变形量不大），图中 T_1-T_2 阶段；第三阶段，动触头开始运动直到动、静触头发生碰撞，图中 T_2-T_3 阶段；第四阶段，主轴转动到最大角度位置，图中 T_3-T_4 阶段。

从物理意义上解释：主轴刚开始转动时，由于合闸初始力较大，主轴及连杆机构在一定的速度下碰撞触头弹簧，由于弹簧的缓冲作用，触头弹簧先自行压缩，然后才能带动后面的动触头连杆一起运动。因此，第一阶段可以反映合闸弹簧的合闸总力大小；第二阶段可以反映触头弹簧刚度系数的大小。当触头弹簧压缩到一定程度后，即带动触头和连杆一起运动，直到动、静触头接触。在这段时间，主轴角速度一直处于加速过程，可以反映机构运动状态、分合闸弹簧的性能等。动、静触头接触以后，触头弹簧逐渐被压缩到最大值，这个过程同样可以反映机构运动状态和分、合闸弹簧的性能，以及辅助触头的工作状态。

可以通过对四个时间段内的主轴角位移行程求其斜率（$T_0 \sim T_4$ 各时间段内速度取平均值），分别定义为 V_1、V_2、V_3、V_4，利用这四个特征量可以对断路器合闸过程的主轴角位移行程曲线进行参数化描述。

以本章仿真的 VS1 型真空断路器为例，表 2-5 所示为该型断路器在部分故障下合闸过程的主轴角位移行程曲线参数化描述结果。

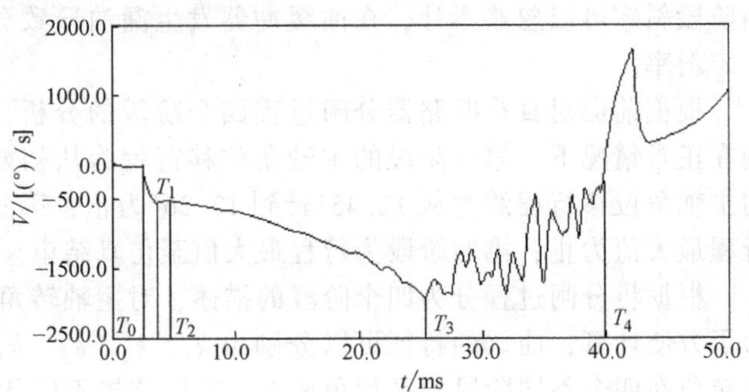

图 2-45　合闸过程主轴角位移速度曲线参数化描述

表 2-5　VS1 型真空断路器在不同故障下合闸过程主轴角位移行程曲线参数

故障类型	机械状态	V_1/ms	V_2/ms	V_3/ms	V_4/ms
1	正常情况	0.386°	0.553°	1.069°	1.469°
2	外侧拐臂轴销脱落	0.484°	0.614°	1.212°	1.626°
3	一相分闸弹簧故障	0.477°	0.609°	1.190°	1.593°
4	合闸弹簧力减小 10%	0.329°	0.494°	0.947°	1.017°
5	一相触头弹簧故障	0.421°	0.587°	1.057°	1.450°

由表 2-4 和表 2-5 可以看出，真空断路器在不同的操动机构故障状态下，用于描述主轴角位移行程曲线的 4 个特征量具有不同的变化规律。因此，可以在保证仿真模型正确性的条件下，对真空断路器分、合闸过程的各种故障类型进行仿真分析，并获得与故障类型相对应的特征量，将获得的不同特征量及其相对应的状态类型编码结合，可以作为专家系统知识库的知识。通过应用人工神经网络对这些特征量进行状态类型诊断与预测，并将诊断结果反馈给相关操作人员，以更好地体现在线检测技术的优势。

2.5　环境劣化的规律研究

2.5.1　自然环境导致的电器设备性能的劣化

随着温度上升，绝缘的热老化速度迅速增加。热老化速度取决于化学反应速度，并遵循 Arrhenius 方程，即

$$k = A_a \exp\left(\frac{-E_a}{k_B T}\right) \tag{2-44}$$

式中，k 为化学反应速度，即单位时间内发生化学反应的物质质量；A_a 和 E_a 分别为化学反应的指前因子和活化能；k_B 为玻耳兹曼常量；T 为化学反应进行的绝对温度。

加速环境实验是一种激发实验，它通过强化的应力环境来进行可靠性实验。加速环境实验的加速水平通常用加速因子来表示。加速因子的含义是指设备在正常工作应力下的寿命与在加速环境下的寿命之比，通俗来讲就是指一小时试验相当于正常使用的时间。

对于高温高湿实验，加速因子为温度加速因子与湿度加速因子之积，混合加速因子 $A=T\times H$。

温度的加速因子 T 由 Arrhenius 模型计算：

$$T=\frac{L_N}{L_S}=\exp\left[\frac{E_a}{k_B}\left(\frac{1}{T_N}-\frac{1}{T_S}\right)\right] \tag{2-45}$$

式中，L_N 为正常应力下的寿命；L_S 为高温下的寿命；T_N 为室温绝对温度；T_S 为高温下的绝对温度；E_a 为失效反应的活化能（eV）；k_B 为玻尔兹曼常数，8.62×10^{-5}eV/K。

湿度的加速因子由 Hallberg 和 Peck 模型计算：

$$H=\left(\frac{RH_S}{RH_N}\right)^n \tag{2-46}$$

式中，RH_S为加速试验相对湿度；RH_N 为正常工作相对湿度；n 为湿度的加速率常数，不同的失效类型对应不同的值，一般介于 2~3 之间。

在沿海地区，盐雾是造成电器设备性能劣化的重要因素。为了模拟真实环境中电器设备受盐雾的侵蚀性能劣化的情况，需要进行盐雾试验。盐雾试验是一种主要利用盐雾试验设备的人工模拟盐雾环境条件来考核产品或金属材料耐腐蚀性能的环境试验，一类为天然环境暴露试验，另一类为人工加速模拟盐雾环境试验。人工模拟盐雾环境试验是利用一种具有一定容积空间的试验设备——盐雾试验箱，在其容积空间内用人工的方法，造成盐雾环境来对产品的耐盐雾腐蚀性能质量进行考核。它与天然环境相比，其盐雾环境氯化物的盐浓度可以是一般天然环境盐雾含量的几倍或几十倍，使腐蚀速度大大提高。对产品进行盐雾试验，得出结果的时间也大大缩短（如在天然暴露环境下对某产品样品进行试验，待其腐蚀可能要 1 年，而在人工模拟盐雾环境条件下试验，只要 24h，即可得到相似的结果）。

人工模拟盐雾试验又包括中性盐雾试验、醋酸盐雾试验、铜盐加速醋酸盐雾试验和交变盐雾试验，其中应用最广的是中性盐雾试验。

252kV 断路器分合闸线圈进行交变盐雾试验三个月后线圈与正常线圈对比如图 2-46 所示。交变盐雾试验标准为 GB/T 2423.18。每个月的交变盐雾试验包括 4 个周期，每个周期包括一个 2 小时喷雾和 7 天的湿热（40℃，95%）存储。

图 2-46　经过交变盐雾试验分合闸线圈与正常分合闸线圈对比

2.5.2　导线过载导致电缆绝缘老化

由于短路电流等原因导致的导线过载会使导线发热增加，电缆绝缘在长期高温下发生热老化。交联聚乙烯（XLPE）绝缘材料发生氧化反应时，键能最弱的 C—H 键中的氢首先开始脱离，整个氧化过程可以用自氧化游离基连锁反应进行描述。热老化交联聚乙烯的拉伸强度、断裂伸长率等力学性能以及介损、击穿强度等电气性能都会降低。此外，热应力与其他老化应力协同作用会加速电缆绝缘的老化与劣化。热老化导致的聚合物绝缘材料的降解大致可分为热裂解和热氧化裂解。

近些年，很多研究者提出，XLPE 电缆的绝缘层在热场和电场的共同作用下会逐渐老化，并非需要杂质、水分及缺陷来引起老化。老化过程一般在小于 10nm 的微孔上发生，不过这个过程不太容易被发现。随着时间的推移，微孔数量增加并且微孔大小也增大，当达到微米级时，就有可能促成放电发生，最终导致电缆击穿。

2.5.3 设备内部分解产物造成的劣化

国内外学者就 SF_6 放电分解过程及机制做了大量的研究工作，探讨了其主要分解产物的反应过程。由于 SF_6 的放电分解涉及复杂的物理化学过程，并且受到放电能量、缺陷类型、水分含量、微氧含量、固体绝缘材料、电极材料、放电电压、放电电流等多种因素的影响，因此到目前为止仍然没有就其分解机制得到全面系统的研究成果。

IEC 60480—2004 认为 SF_6 气体的放电分解分为两个阶段：第一阶段是 SF_6 分子在放电区域内因电子碰撞、局部过热等原因发生解离，形成 SF_5、SF_4、SF_3、SF_2 等低氟硫化物；第二阶段是分解产生的低氟硫化物与微水、微氧等杂质发生复杂的化学反应生成 SOF_2、SO_2F_2、SOF_4 等含氟含氧硫化物，或者与放电区域附近的电极材料、绝缘材料等发生反应，生成 SiF_4、CuF_2、CF_4 等多种化合物。

参 考 文 献

[1] 王小华. 真空断路器机械状态在线识别方法的研究 [D]. 西安：西安交通大学，2006.

[2] 杨武. 高压断路器机构动力学特性及关键状态参数在线检测方法的研究 [D]. 西安：西安交通大学，2002.

[3] 杨武，荣命哲，陈德桂，等. 考虑电动力效应的高压断路器机构动力学特性仿真分析 [J]. 中国电机工程学报，2003，23 (5)：183-187.

[4] 杨武，荣命哲，陈德桂，等. 基于动力学特性仿真的高压断路器优化设计 [J]. 西安交通大学学报，2002，36 (12)：1211-1215.

[5] RONG M Z，WANG X H，YANG W，et al. Mechanical Condition Recognition of Medium Voltage Vacuum Circuit Breaker Based on Mechanism Dynamic Features Simulation and ANN [J]. IEEE Transactions on Power Delivery，Vol. 20 (3)，2005 (7)：1904-1909.

[6] ADAMS User's Reference Manual [R]. Version 11.0，MDI Corporation，1999.

[7] RONG M Z，WANG X H，YANG W. Theoretical and experimental analyses of the mechanical characteristics of a medium-voltage circuit breaker [J]. IEEE Proceedings-Science，Measurement and Technology，2005，152 (2)：45-49.

[8] WANG X H，RONG M Z，WU Y. Analyses of Mechanical Characteristics of Vacuum Circuit Breaker during the Closing Process Taking Electrodynamic Force into Account [J]. IET Science，Measurement & Technology，2007，1 (6)：323-328.

[9] LI T H，RONG M Z，ZHENG C，WANG X H，Development Simulation and Experiment Study on UHF Partial Discharge Sensor in GIS [J]. IEEE Trans on Dielectric Insulation，2012，19 (4)：1421-1430.

[10] LI T H，RONG M Z，LIU D X，WANG X H. Study on Propagation characteristics of PD-included electromagnetic wave in GIS with T shaped structure [J]. IEICE Techincal Report，2013，113 (298)：217-220.

[11] WANG X H，LI T H，DING D，RONG M Z. The Influence of L-shaped structure on Partial Discharge Radiated Electromagnetic Wave Propagation in GIS [J]. IEEE Transactions on Plasma Science，2014，42 (10)：2536-2537.

[12] LI T H, WANG X H, ZHENG C, LIU D X, RONG M Z. Investigation on the Placement Effect of UHF Sensor and Propagation Characteristics of PD-induced Electromagnetic Wave in GIS Based on FDTD Method [J]. IEEE Transactions on Dielectrics and Electrical Insulation, 2014, 21 (3): 1015-1025.

[13] LI X, WANG X H, YANG A J, et al. Simulation of Propagation Characteristics of PD-Induced UHF Signal in 126kV GIS with Three-Phase Construction Based on Time-Frequency Analysis [J]. IET Science, Measurement & Technology, 2016, 10 (7): 805-812.

[14] WANG X H, LI X, RONG M Z, et al. UHF Signal Processing and Pattern Recognition of Partial Discharge in Gas-Insulated Switchgear Using Chromatic Methodology [J]. Sensors, 2017, 17 (1): 177.

[15] LI X, WANG X H, XIE D L, et al. Time-frequency Analysis of PD-induced UHF signal in GIS and Feature Extraction Using Invariant Moments [J]. IET Science, Measurement & Technology, 2017, 12 (2): 169-175.

[16] 张冠生. 电器理论基础 [M]. 北京: 机械工业出版社, 1989.

[17] 王季梅. 真空开关理论及其应用 [M]. 西安: 西安交通大学出版社, 1986.

[18] 尚振球, 郭文元. 高压电器 [M]. 西安: 西安交通大学出版社, 1992.

[19] 荣命哲, 王小华, 王建华. 智能开关电器内涵的新发展探讨 [J]. 高压电器, 2010, 46 (5): 1-3.

[20] 荣命哲, 王小华. 智能开关电器设计方法探讨 [J]. 高压电器, 2010, 46 (9): 1-3.

[21] 郭风帅, 王小华, 王蓓, 等. 开关柜绝缘子泄漏电流传感器的设计 [J]. 电气应用, 2012, 31 (13): 76-79.

[22] 赵晓亚, 张友鹏, 赵珊鹏. 接触网复合绝缘子饱和湿度下泄漏电流特性分区研究 [J]. 高压电器, 2019, 55 (1): 135-142.

[23] 杨元威, 关永刚, 陈士刚, 等. 基于声音信号的高压断路器机械故障诊断方法 [J]. 中国电机工程学报, 2018, 38 (22): 6730-6737.

[24] 张英, 张晓星, 李军卫, 等. 基于光声光谱法的 SF_6 气体分解组分在线监测技术 [J]. 高电压技术, 2016, 42 (9): 2995-3002.

[25] 丁登伟, 唐诚, 高文胜, 等. GIS 中典型局部放电的频谱特征及传播特性 [J]. 高电压技术, 2014, 40 (10): 3243-3251.

[26] 李娟, 李明, 金子惠. GIS 设备局部放电缺陷诊断分析 [J]. 高压电器, 2014, 50 (10): 85-90.

[27] 唐炬, 胡瑶, 姚强, 等. 不同气压下 SF_6 的局部放电分解特性 [J]. 高电压技术, 2014, 40 (8): 2257-2263.

[28] 徐建源, 张彬, 林莘, 等. 能谱熵向量法及粒子群优化的 RBF 神经网络在高压断路器机械故障诊断中的应用 [J]. 高电压技术, 2012, 38 (6): 1299-1306.

[29] 钟家喜, 李保全, 李亚红. 高压断路器机械状态诊断与监测技术的探索与实践 [J]. 高压电器, 2011, 47 (2): 53-60.

[30] 唐炬, 陈长杰, 张晓星, 等. 微氧对 SF_6 局部放电分解特征组份的影响 [J]. 高电压技术, 2011, 37 (1): 8-14.

[31] 蒋兴良, 石岩, 黄欢, 等. 污秽绝缘子泄漏电流频率和相位特征的试验研究 [J]. 中国电机工程学报, 2010, 30 (7): 118-124.

第3章

电器设备状态特征量信号的现场提取

电器设备的运行状态可以通过一些特征物理量来反映，如：母线连接处的温升可以反映母线的连接状态，环氧绝缘套管的表面泄漏电流可以表征其绝缘性能等。在线检测的基础和难点就是如何将这些特征量信号在电器设备运行的条件下准确地提取出来。信号的提取一般包括信息捕获、信号调理和传输，其中，信息捕获是信号提取最前沿的阵地，所使用的传感器技术对信号提取的可靠性和准确性起着决定性作用。同时，电器设备运行于高电压、强电流的环境下，信号的现场提取所使用的传感器、调理电路和传输线缆等都必须具有良好的电磁兼容性能。本章主要针对电器设备的环氧绝缘套管绝缘信号、母线温升信号、机械特征信号在线提取方法进行讨论，并简单介绍其他一些状态特征量信号的现场提取方法。

3.1　环氧绝缘套管绝缘劣化规律及泄漏电流信号的现场提取

电器设备的高压部分通过绝缘子与低压部分隔离，绝缘子同时也起到支撑高压部分的作用，通常称为支撑绝缘子。绝缘子通常由绝缘套管和内部填充材料构成，其中，绝缘套管必须具有良好的表面绝缘性能和化学稳定性，内部填充材料要求具有质轻、强度高和介电常数大的特点。目前常用的套管材料有陶瓷、脂环族环氧树脂（HCEP）和有机硅橡胶（SR）等，在中低压领域，脂环族环氧树脂应用最广泛。电器设备的绝缘故障大部分是绝缘套管的表面绝缘性能失效造成的，本节以环氧绝缘套管为例，介绍其绝缘特性劣化规律和表面泄漏电流信号的在线提取方法。

3.1.1　环氧绝缘套管绝缘特性劣化判据的实验确定

表征电器设备环氧绝缘套管的绝缘特性有很多参量，如介质损耗角正切、局部放电、泄漏电流等。在实施绝缘特性检测时需要根据具体的检测对象而选择合适的检测参量。

绝缘介质（电介质）在电场中都要消耗电能，通常称为介质损耗。对绝缘特性的在线检测中，介质损耗角正切是一个评价设备的绝缘状态的重要参数。但是，如果绝缘缺陷不是分布性的而是集中性的，则介质损耗角正切很难灵敏地反映出设备绝缘状态的变化，而且介质损耗角易受到环境温度、湿度、电网频率波动以及谐波噪声的影响，所以通过介质损耗角检测绝缘状态通常比较复杂。

在发生绝缘故障之前，一般都会经过局部放电阶段，所以检测局部放电的强弱能够在一定程度上反映电器设备的绝缘状态。局部放电检测需要高速的数据采集板，硬件的成本很高，尤其在中压领域，成本是主要的制约因素，因此到目前为止，国内外在110kV以下的电器设备上尚未实施局部放电在线检测。

绝缘部件对地泄漏电流的大小可以表征其绝缘性能的优劣，通过引流环提取绝缘件表面对地泄漏电流，可以有效地分析出绝缘件的绝缘状态，该方法成本低、原理简单、测量精度较高，适用于中低压领域的电器设备环氧绝缘套管的绝缘特性检测。本节主要介绍通过在线

检测环氧绝缘套管表面泄漏电流来反映其绝缘劣化情况的实验判据。

环氧绝缘套管在不同的污秽等级下，分别对应着不同的泄漏电流值，通过实验的方法对环氧绝缘套管在现场运行条件下的表面污秽状况进行模拟，可以找到这一系列特征的泄漏电流值，从而为环氧绝缘套管绝缘特性劣化情况的在线检测和故障报警提供判断依据。这些实验包括：①在额定工作电压下，研究不同灰尘污秽条件下泄漏电流的变化规律以及不同空气湿度条件下泄漏电流的变化规律；②研究不同外施电压下（最高加压到额定电压的 4 倍）泄漏电流的变化规律。③当单相短路接地故障发生时，因为我国中压等级的电力系统是三相不接地系统，另外两相对地电压为线电压，这种情况必须加以考虑，并研究此时泄漏电流的变化规律。

以 12kV 电器设备为例，为了确定其环氧绝缘套管在不同污秽程度、不同外施电压下的泄漏电流变化规律，选择四种不同的污秽程度进行实验，分别为：套管表面处于无灰尘和水分的清洁状态（1 级）、套管表面有低盐密的水分（2 级）、套管表面有中等程度的盐密污秽（3 级）、套管表面有严重的灰土和盐密污秽（4 级）。由表 3-1 所示实验结果可知，轻度污秽并不能使套管表面形成大的泄漏电流，在潮湿情况下并且污秽中含有盐分时，套管表面的绝缘状况会明显地劣化，表现为泄漏电流大幅度增加。在单相接地且套管上有严重污秽的情况下，套管泄漏电流的大小约为 40μA 左右。根据这些实验结果，可以设定在线检测系统的一级绝缘劣化阈值为 50μA（此阈值考虑了大电流引起的电磁干扰，留有 10μA 裕量），超过这个阈值提供报警功能。另外，如果泄漏电流的值明显超过 50μA，说明环氧绝缘套管绝缘性能有失效的危险，电器设备必须立即停电检修。可以设定二级绝缘劣化阈值为 100μA，既考虑了实验结果，也留有足够裕量以防止因电磁干扰导致系统误操作。

表 3-1　各种污秽条件下泄漏电流实测值

污秽		电压			最高电压升至火花放电时
		7kV	12kV	20kV	
		泄漏电流值/μA			
套管一	污秽程度 1	7.400	9.000	20.010	38.650(39kV)
	污秽程度 2	8.420	13.450	22.230	40.000(37kV)
	污秽程度 3	16.100	23.240	37.320	58.700(30kV)
	污秽程度 4	23.100	40.210	64.120	80.500(27kV)
套管二	污秽程度 1	7.280	8.500	16.000	35.100(40kV)
	污秽程度 2	8.250	13.080	21.760	40.320(37kV)
	污秽程度 3	13.550	22.900	38.100	61.000(30kV)
	污秽程度 4	24.200	42.600	68.700	90.000(26kV)

3.1.2　使用引流环的泄漏电流信号的现场提取

环氧绝缘套管的表面泄漏电流信号是微安级交流信号，其信号捕获是通过一种接触式引流环实现的。引流环捕获的电流信号经过互感线圈隔离、同轴电缆传输、仪用放大器调理后，通过 A/D 采样进入系统 MCU，以实现对环氧绝缘套管表面绝缘性能的在线检测。信号现场提取整个过程的原理图如图 3-1 所示。

由于引流环安装位置在电器设备的高电位端，需要在其后端使用电流互感器实现高低电位的一次隔离，从而可以保证整个检测系统的安全性和可靠性。电流互感器以电磁耦合为基本工作原理，确保了电器设备的正常运行不受二次回路（即电流互感器二次绕组的外部回路）影响，同时保护二次回路不受一次回路的高电压影响而损坏。

目前电流互感器分为多匝串入式和单匝穿芯式两种，为了保证在应用中电流互感器起到

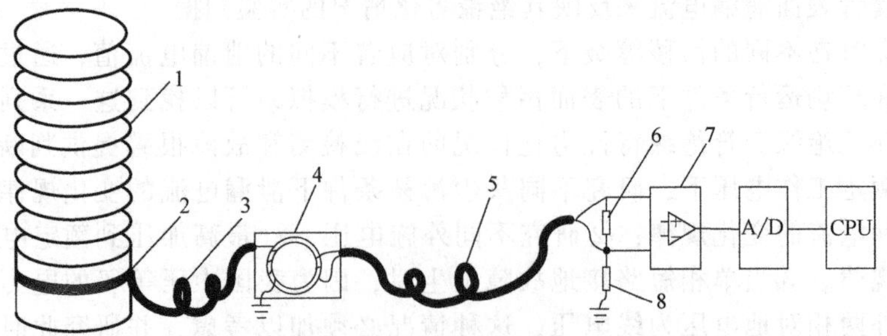

图 3-1　环氧绝缘套管表面泄漏电流信号的现场提取原理图

1—环氧绝缘套管　2—引流环　3—同轴电缆　4—电流互感器　5—双芯屏蔽电缆
6—精密取样电阻　7—仪用放大电路　8—接地电阻

高电压隔离作用，常采用单匝式。单匝式电流互感器的结构如图 3-2 所示。

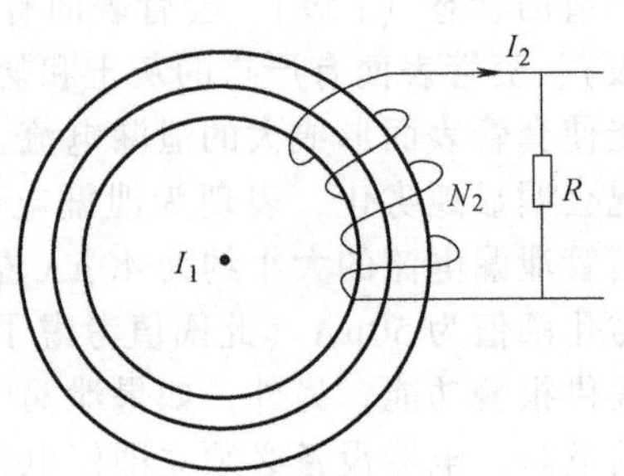

图 3-2　单匝穿芯式电流互感器

图 3-2 中，I_1 表示由引流环引出的屏蔽线中心线上的电流，I_2 表示线圈二次回路输出电流，N_1（1 匝，图 3-2 中 I_1 处）和 N_2 分别为一、二次回路的线圈匝数。为了提高电磁兼容性能，电流互感器需要紧靠引流环安装，这使得互感器与电器设备控制室中的在线检测核心单元有较大的信号传输距离，为了防止传输线上电磁干扰，二次回路以电流信号输出，这比电压信号输出具有更强的抗干扰能力。设置线圈匝数比 $N_1:N_2=1:15$，这样输出电流 $I_2=I_1/15$。

对于小电流测量而言，电流互感器的励磁电流应尽可能小，以减小测量误差。分析表明：当铁心的横截面积越大，磁导率越高，铁心的励磁电感就越大，所需的励磁电流就越小。因此，必须选用高磁导率的铁磁材料制作铁心。坡莫合金材料具有极高的磁导率、很低的损耗和极低矫顽力的特点，可使 CT 二次输出电流波形不发生畸变，也可使信号传输中的相位差较小，是制作 CT 铁心理想的材料，实际中采用 1J85 环形坡莫合金制作电流互感器取得了良好的效果。机械应力对坡莫合金导磁性能影响较大，因此坡莫合金环形铁心一定要安装外护环使用，可采用尼龙棒制作外护环。互感器线圈的一次侧采用进口的绝缘线（E46702），可耐 10kV 高压，二次侧用漆包线即可。把绕制好的互感器放在屏蔽壳内，并用硅凝胶（型号是 GN512，M、N 双组分 1∶1 均匀混合）密封，使互感器具有良好的抗空间电磁干扰和抗振动的能力。

电流互感器二次侧通过双芯屏蔽电缆接到 10Ω（0.1%）精密取样电阻两端，通过电阻将微弱的电流信号转换为电压信号，以差模方式输入放大器。为了有效消除共模干扰，输入信号必须通过接地电阻与信号放大电路共地。由于输入信号微弱，接地电阻不宜太小，以防止引入地线干扰，实践证明选择 10kΩ 是比较适合的。

信号调理采用两级放大电路，其中，第一级放大器采用 AD 公司的 AD620 仪表放大器，它具有差分输入功能，可抑制共模干扰，同时还具有良好的温漂和时漂特性，第二级放大器采用精密放大器 OP27。设置第一级放大增益为 100，第二级放大增益为 10，则 1μA 泄漏电流可对应 1mV 的输出电压。另外，由于泄漏电流信号是交流信号，而 A/D 采样芯片通常是单极性的，所以有必要对 A/D 输入口的信号电平进行调节，可以通过简单的减法电路来实现。例如，如果 A/D 采样基准电平为 3.3V，则可以通过减法电路使输入信号电平上升 1.65V，这样 A/D 采样将具有最大的测量范围。通过 A/D 采样电压信号输入 MCU 处理，可以得到对应的

环氧绝缘套管泄漏电流值，进而提供及时报警等功能。

3.2　GIS局部放电超高频信号的现场提取

GIS中由绝缘缺陷引发的局部放电，持续时间一般在纳秒级，其产生的微弱电流是畸变的脉冲信号，具有极短的上升时间，通常为几个纳秒甚至更低。这导致GIS腔体会产生频率高达数GHz的多重微波共振，从而激励出含有很宽频率成分的电磁波。虽然脉冲电流的持续时间仅为几个纳秒，但是微波共振却可以持续几个毫秒。因此利用超高频传感器，能够方便地接收到这种带有局部放电特征信息的电磁波信号，再经过采样、放大和处理，采用不同的分析方式，便可显示出引起放电的缺陷特征谱图。

3.2.1　GIS局部放电超高频信号的传播特性

超高频电磁波信号产生后，有一小部分由绝缘子处的法兰缝隙辐射出来向外传播。这个位置类似于天线理论中的缝隙天线，因此构成了外部传感器检测信号的有利条件，但高频电磁波在空气中传播衰减很快，测量精度不易保证。其他大部分信号主要存在于GIS的腔体中。GIS腔体一般由中心位置的高压导电杆和外部的接地金属筒体组成，如图3-3所示。这种结构类似于微波领域中低损耗的同轴波导，能够使局部放电激励出的电磁波在其中有效地传播，并且衰减很小。下面就主要对同轴波导结构中电磁波的传播进行分析。

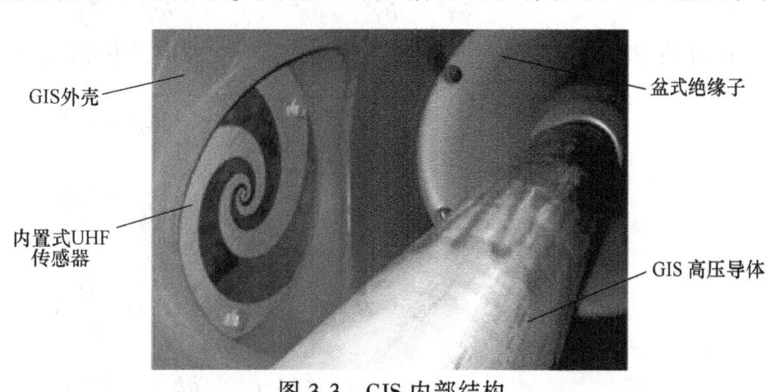

图3-3　GIS内部结构

GIS内均匀地充满一定压力的SF_6绝缘介质，具有轴向均匀性，即其横截面形状和绝缘介质特性都不沿轴向发生改变，如图3-4所示。根据电磁场理论，在填充着均匀、线性且各向同性介质的波导腔中，正弦时变电磁波满足赫姆霍兹（Helmholtz）方程：

$$\begin{cases} \nabla^2 \dot{E} + k^2 \dot{E} = 0 \\ \nabla^2 \dot{H} + k^2 \dot{H} = 0 \end{cases} \tag{3-1}$$

也就是关于正弦时变矢量函数$\dot{E}$和$\dot{H}$的齐次波动方程，其中

$$k = \omega\sqrt{\mu\varepsilon} \tag{3-2}$$

式中，k为波数；ω为波的角速度；μ为介质中的磁导率；ε为介质中的电容率。

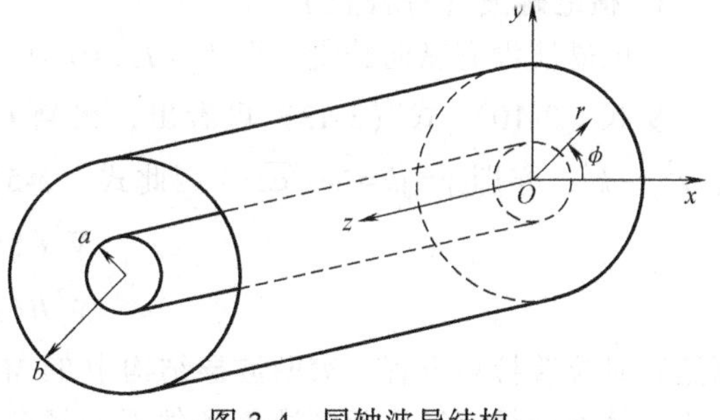

图3-4　同轴波导结构

在直角坐标系中假定波导轴线方向沿z方向，则无论波导内的波传播情况如何复杂，其最终效果只能产生一个沿z方向行进的导行电磁波。因此可将波导内的电场分量$\dot{E}$和磁场分量$\dot{H}$写为

$$\dot{E} = E(x,y)\mathrm{e}^{-\gamma z} \tag{3-3}$$

$$\dot{H} = H(x,y)\mathrm{e}^{-\gamma z} \tag{3-4}$$

式中，γ 为电磁波沿 z 方向的传播常数。现将式（3-3）带入式（3-1），可得

$$\nabla_t^2 E(x,y)+k_c^2 E(x,y)=0 \tag{3-5}$$

这里 $\nabla_t^2=\frac{\partial^2}{\partial x^2}+\frac{\partial^2}{\partial y^2}$ 是横向二维的拉普拉斯算子，其中

$$k_c^2=k^2+\gamma^2 \tag{3-6}$$

式中，k_c 为截止波数。

由此，同理可得

$$\nabla_t^2 H(x,y)+k_c^2 H(x,y)=0 \tag{3-7}$$

将式（3-5）和式（3-7）在直角坐标系中展开，可得到场的两个纵向分量 E_z 和 H_z 满足的标量波动方程如下：

$$\frac{\partial^2 E_z}{\partial x^2}+\frac{\partial^2 E_z}{\partial y^2}+\frac{\partial^2 E_z}{\partial z^2}+k^2 E_z=\frac{\partial^2 E_z}{\partial x^2}+\frac{\partial^2 E_z}{\partial y^2}+k_c^2 E_z=0 \tag{3-8}$$

$$\frac{\partial^2 H_z}{\partial x^2}+\frac{\partial^2 H_z}{\partial y^2}+\frac{\partial^2 H_z}{\partial z^2}+k^2 H_z=\frac{\partial^2 H_z}{\partial x^2}+\frac{\partial^2 H_z}{\partial y^2}+k_c^2 H_z=0 \tag{3-9}$$

由此得到 E_z、H_z 后，便可由麦克斯韦方程组得到场横向分量 E_x、E_y、H_x 和 H_y 表达式：

$$E_x=-\frac{1}{k_c^2}\left(\gamma\frac{\partial E_z}{\partial x}+\mathrm{j}\omega\mu\frac{\partial H_z}{\partial y}\right) \tag{3-10}$$

$$E_y=-\frac{1}{k_c^2}\left(\gamma\frac{\partial E_z}{\partial y}-\mathrm{j}\omega\mu\frac{\partial H_z}{\partial x}\right) \tag{3-11}$$

$$H_x=-\frac{1}{k_c^2}\left(-\mathrm{j}\omega\varepsilon\frac{\partial E_z}{\partial y}+\gamma\frac{\partial H_z}{\partial x}\right) \tag{3-12}$$

$$H_y=-\frac{1}{k_c^2}\left(\mathrm{j}\omega\varepsilon\frac{\partial E_z}{\partial x}+\gamma\frac{\partial H_z}{\partial y}\right) \tag{3-13}$$

根据以上分析，按照导行电磁波中纵向分量 E_z 和 H_z 的存在与否，将其分为横电磁波（TEM 波）、横电波（TE 波）和横磁波（TM 波）三种模式。

1. 横电磁波（TEM 波）

当电磁波没有纵向分量，即 $E_z=H_z=0$ 时，这种电磁波定义为横电磁波。

从式（3-10）~式（3-13）可看出，仅当 $k_c=0$ 时，电磁波的横向场分量才不为零，因此有 $\gamma^2=-k^2$，亦即 $\gamma=\mathrm{j}k=\mathrm{j}\omega\sqrt{\mu\varepsilon}$。因此式（3-5）和式（3-7）就变为

$$\nabla_t^2 E(x,y)=0 \tag{3-14}$$

$$\nabla_t^2 H(x,y)=0 \tag{3-15}$$

而这正是拉普拉斯方程。表明波导结构中 TEM 波的横向场满足拉普拉斯方程，其分布应与存在于导体间的静态场中相同边界条件下的场分布相同。故凡是能够维持二维静态场的波导系统，均能传输 TEM 波。

在静电场情况下，电场可表达成电势 $\Phi(x,\ y)$ 的梯度，即

$$E(x,y)=-\nabla_t\Phi(x,y) \tag{3-16}$$

这里 $\nabla_t=\frac{\partial}{\partial x}\vec{x}+\frac{\partial}{\partial y}\vec{y}$ 是横向二维的梯度算子。由 $\nabla\cdot D=\varepsilon\nabla_t\cdot E=0$ 可证明 $\Phi(x,\ y)$ 也满足拉普拉斯方程：

$$\nabla_t^2 \Phi(x,y)=0 \tag{3-17}$$

根据边界条件$\Phi|_{r=a}=V_0$和$\Phi|_{r=b}=0$，可求解得到

$$\Phi(r,\phi)=\frac{V_0\ln b/r}{\ln b/a} \tag{3-18}$$

式中，a、b分别为同轴波导的内、外半径，如图3-4所示。

再利用式（3-16）以及波阻抗$\eta=\frac{E}{H}=\sqrt{\frac{\mu}{\varepsilon}}$，可得到GIS腔内部的横向场分布如图3-5所示。

TEM波的传播速度与频率无关，是非色散波，且无截止频率，任何波长的TEM波均可在能够维持二维静态场的波导系统中传播。由于GIS类似于同轴波导的结构，符合维持二维静态场系统的要求，因此TEM模式的电磁波能够在GIS腔体内传播。此外，为了维持这种二维静态场来传输TEM模，其电场分量必定起始于一个导体而终止于另一个导体，所以必须要求有两个或更多的导体存在。而实际GIS中的一些特殊部分，如L形结构转弯处由三通或四通筒体形成的预留接口腔，以及隔离开关、断路器分闸后形成的高压导体断口等，本质为空心金属波导管，并不能维持二维静态场，因此不能传输TEM模。所以当TEM模传播至这些位置时，因无法继续通过而必然形成反射。

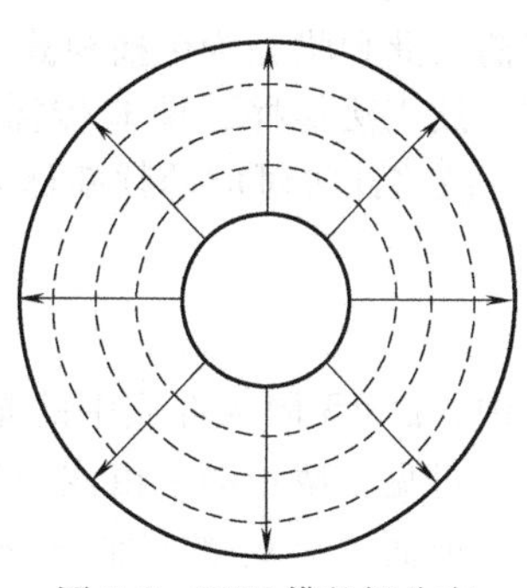

图3-5　TEM模的场分布

2. 横电波（TE波）**与横磁波**（TM波）

当电磁波的传播方向上只有磁场分量而没有电场分量的时候，即$E_z=0$、$H_z\neq0$时，这种电磁波定义为横电波。而当电磁波的传播方向上只有电场分量而没有磁场分量的时候，即$E_z\neq0$、$H_z=0$时，这种电磁波定义为横磁波。

对于TE模，H_z满足波动方程式（3-9）。在圆柱坐标系中，假设$H_z(r,\phi,z)=h_z(r,\phi)\mathrm{e}^{-\gamma z}$，则该方程可表示成：

$$\left(\frac{\partial^2}{\partial r^2}+\frac{1}{r}\frac{\partial}{\partial r}+\frac{1}{r^2}\frac{\partial^2}{\partial\phi^2}+k_c^2\right)h_z(r,\phi)=0 \tag{3-19}$$

其通解是：

$$h_z(r,\phi)=(A\sin n\phi+B\cos n\phi)\left[CJ_m(k_c r)+DY_m(k_c r)\right] \tag{3-20}$$

式中，J_m和Y_m是整数m阶贝塞尔函数和诺依曼函数。

在波导内部，上式需要满足金属导体内壁的边界条件：

$$\left.\frac{\partial H_z}{\partial r}\right|_{r=a,b}=0 \tag{3-21}$$

由H_z可求得E_ϕ，再代入式（3-21）的边界条件，可得到关于k_c的特征方程：

$$J_m'(k_c a)Y_m'(k_c b)=J_m'(k_c b)Y_m'(k_c a) \tag{3-22}$$

对于TM模，E_z满足波动方程式（3-8）。此时需要满足金属导体内壁的边界条件：

$$E_z|_{r=a,b}=0 \tag{3-23}$$

同理可得关于k_c的特征方程：

$$J_m(k_c a)Y_m(k_c b)=J_m(k_c b)Y_m(k_c a) \tag{3-24}$$

使得式（3-22）和式（3-24）的解存在的k_c值称为本征值。对不同的m取值，它有相应的一组无穷系列根（n=1，2，…），每个根对应一个k_c值，从而定义了TE和TM波中的各种波模，用$\mathrm{TE_{mn}}$模和$\mathrm{TM_{mn}}$模来表示。图3-6为TE11模的横向场分布。

3. 截止频率与速度色散

对于 TE 波和 TM 波，由于 $k_c^2 \neq 0$，所以有

$$\gamma=\begin{cases} \mathrm{j}\sqrt{k^2-k_c^2}==\mathrm{j}\beta, & k>k_c \\ \sqrt{k_c^2-k^2}=\alpha, & k<k_c \end{cases} \tag{3-25}$$

式中，α 为 $k<k_c$ 时波的衰减常数；β 为 $k>k_c$ 时波的衰减常数。

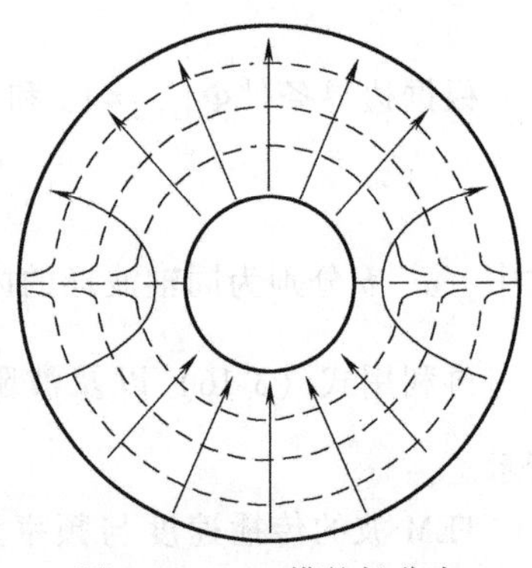

图 3-6　TE11 模的场分布

由式（3-3）和式（3-4）可知：当 $k>k_c$ 时，波沿 z 方向传播，此种状态为传播模式；当 $k<k_c$ 时，场沿 z 方向指数衰减，波无法传播，即非传播模式。两种模式的临界点为 $k=k_c$，故将此时对应的频率称为截止频率 f_c，有

$$f_c=\frac{k_c}{2\pi\sqrt{\mu\varepsilon}}=\frac{vk_c}{2\pi} \tag{3-26}$$

式中，v 为无限大介质中的光速。

可见，截止频率由波导的本征值 k_c 决定，它与波导的形状和尺寸有关。

前面关于 k_c 的特征方程均属于超越方程，因而无法得到方程的通解，只能对 k_c 进行数值求解。对于特定模式的波，其截止频率可以通过其数值解进行估算。而对于 TE 波的特征方程式（3-22），实际中常用的一个近似解为 $k_c=2/(a+b)$，代入式（3-26）便可得到计算 TE 波截止频率的近似公式：

$$f_{\mathrm{cTE}_{m1}}=\frac{cm}{\pi(a+b)}\quad m=1,2,3,\cdots \tag{3-27}$$

类似的，可得到计算 TM 波截止频率的近似公式：

$$f_{\mathrm{cTM}_{1n}}=\frac{cn}{2(b-a)}\quad n=1,2,3,\cdots \tag{3-28}$$

TE 波和 TM 波可存在于封闭导体中，也可在两个或更多导体间形成。实际上，这两种高次模波通常都是消逝的，只是在不连续处或源的附近才被激励起来。只有当波的频率高于截止频率 f_c 时，这两种波才能在波导内传播。这点与 TEM 波不同，因为 TEM 波没有截止频率。所以在 300M～3GHz 的超高频段内，双导体结构的 GIS 腔体即可传播 TEM 波，也可传播 TE 和 TM 等高次模波，这使电磁波的传播过程变得更加复杂。

在波导内，波传播的相速度为

$$v_p=\frac{\omega}{\beta}=\frac{v}{\sqrt{1-(f_c/f)^2}} \tag{3-29}$$

式（3-29）表明 v_p 是频率的函数，且该值大于介质中的光速。在不同的模式传播速度不同，截止频率越高，速度越慢。这种速度色散效应由波导的边界条件引起，也称为几何色散。TE 波和 TM 波均属于色散波。

一套完整的 GIS 间隔中，除了直线段腔体外，通常还包含 L 形、T 形等特殊结构的腔体。这些部分虽然也是由同轴结构的直线段组成，但会造成腔体波阻抗的不连续，从而对超高频局部放电信号的传播产生很大的影响。现有研究表明：电磁波信号在 GIS 典型腔体中传播时，信号峰峰值和能量受模波速度色散效应的影响，在离激励源较近时衰减较大，远离激励源时衰减较小；TEM 模波无截止频率，其传播不受结构的影响，在 GIS 同轴腔体中传播衰减较小；T 形结构会发生模式转变效应，将在反射和前行电磁波中产生新的模波分量。L 形结构对 TE

模有明显的削弱和反射作用，导致时域中信号衰减。同时，L形结构对TM模的形成与传播有促进作用，从而增强了沿GIS轴向的信号。

研究不同频带信号分量在特殊结构腔体中传播时分别受到了何种影响，以及不同模式的传播规律发生了怎样改变，对深入了解特殊结构中超高频信号的传播规律以及实现局部放电源的定位是十分必要的。

3.2.2　超高频传感器及其安装位置的选择

20世纪80年代，英国中央电力局（CEGB）实验室最早提出采用超高频法监测局部放电。这种监测GIS局部放电的技术已经有近20年的发展，与其他局部放电检测方法相比，UHF法具有抗干扰能力强、灵敏度高等优点，并且可实现放电源定位和绝缘缺陷类型识别，所以近年来在世界范围内被GIS的使用客户普遍接受并获得了广泛应用。

天线是局部放电检测系统的关键，直接决定了系统的灵敏度。天线一般是用金属导线、金属面或者其他介质材料制成的，具有一定形状，用来发射或者接收无线电波的装置。发射时，把高频电流转换为电磁波；接收时，把电磁波转换为高频电流。用于局部放电超高频检测的天线为接收天线。

天线通过将到达的电磁波功率密度转化成连接接收机的传输线中的电流来接收来自远处源的信号。天线接收电磁能量的物理过程是：天线在外场作用下激励起感应电动势，并在导体表面产生电流，该电流流进天线负载即接收机，使接收机回路中产生电流。所以，接收天线是一个把空间电磁波能量转换为高频电流能量的能量转换装置。其工作过程恰好是发射天线的逆过程。

通常信号很微弱，需要考虑所有的损耗。天线接收信号时，天线和馈线实际上是一种分布参数电路，接收天线与接收机输入端相连，相当于接收机的信号源，接收机相当于天线的负载，需要匹配，可用图3-7所示的等效电路来表示两者的关系。

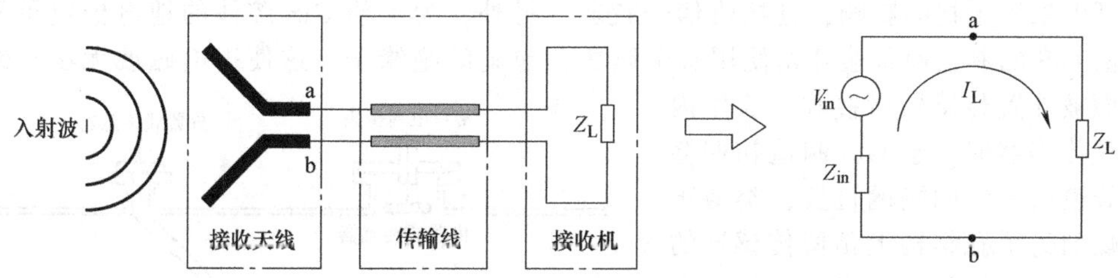

图3-7　接收天线工作原理图与等效微波电路

在天线不含非线性元件或材料的情况下，满足互易定理，即天线用作接收天线时，其极化、方向性、有效长度和阻抗等，均和其用作发射天线相同。可以采用与发射天线一样的参数来描述接收天线的性能，所以实际天线的设计过程中，都是将天线作为发射天线来计算的。表征天线性能的主要参数有输入阻抗、增益、方向性等。

天线的输入阻抗是天线馈电端输入电压与输入电流的比值。天线与馈线连接的最佳情况是天线输入阻抗为纯电阻且等于馈线的特征阻抗，此时馈线上没有驻波，馈线终端没有功率反射，天线的输入阻抗随频率的变化较平缓。天线的匹配就是消除天线输入阻抗中的电抗分量，使电阻分量尽可能接近馈线的特征阻抗。匹配的优劣一般用5个参数来衡量，即反射损耗、传输损耗、驻波比、传输功率和功率反射，5个参数之间有固定的数值关系。驻波比为1，表示完全匹配；驻波比为无穷大表示全反射，完全失配。在通信系统中，一般要求驻波比小于1.5，通常要求天线的输入阻抗为50Ω。

天线的增益是指在输入功率相等的条件下，实际天线与理想的辐射单元在空间同一点处所产生的信号的功率密度之比。它定量地描述一个天线把输入功率集中辐射的程度。增益显然与天线方向图有密切的关系，方向图主瓣越窄，副瓣越小，增益越高。

天线的方向性是指天线向各个方向辐射或接收电磁波相对强度的特性。对发射天线来说，天线向某一方向辐射电磁波的强度是由天线上各点电流元产生于该方向的电磁场强度相干合成的结果。如果把天线各个方向辐射电磁波的强度用从原点出发的矢量长短来表示，则将全部矢量终点连在一起所构成的封闭面称为天线的立体方向图，它表示天线向不同方向辐射的强弱。任何通过原点的平面与立体方向图相截的轮廓线称为天线在该平面内的平面方向图。工程上一般采用主平面上的方向图来表示天线的方向性，而主平面一般是指包含最大辐射方向和电场矢量或磁场矢量的平面。

无论是发射天线还是接收天线，它们总是在一定的频率范围内工作的。在移动通信中，天线的频带宽度有两种不同的定义：一种是指在驻波比 VSWR≤1.5 条件下，天线的工作频带宽度；一种是指天线增益下降 3dB 范围内的频带宽度。在移动通信系统中，通常是按前一种定义的，天线的频带宽度就是天线的驻波比 VSWR 不超过 1.5 时天线的工作频率范围。电特性在较宽的频段内保持不变或者变化较小的天线，称为宽频带天线。工作频段上限频率是下限频率 2 倍以上的，属于宽频带天线，而上限频率是下限频率 10 倍以上的，称为超宽频带天线或非频变天线。

对于 GIS 的局部放电检测而言，超高频天线作为接收装置，当天线的驻波比 VSWR=5 时，功率反射 55.6%，由于 GIS 每个气室的尺寸有限，无论内置还是外置天线与放电源距离都会较近，所接收的局放电磁波能量还是很强，故一般认为天线在驻波比 VSWR≤5 的频带就是检测局部放电的带宽，所以要求天线在 300M~3000MHz 频率范围内，驻波比 VSWR≤5，并保证较小的尺寸，便于测量。

局放超高频传感器大致可分为内置式和外置式两种。其中外置式传感器主要安装在 GIS 外法兰位置上测量由绝缘子泄漏出来的电磁波信号，它具有安装方便、易于携带等特点，但易受外部电晕等干扰的影响，且接收信号较弱。另外，为了使 GIS 腔体的地电极更可靠地接地，当前 GIS 的制造商普遍开始使用有金属法兰包裹的绝缘子，这使得电磁波无法从绝缘子处泄漏而被外置传感器所接收。应用内置超高频传感器时，于 GIS 制造初期会在 GIS 管道内一定间隔的位置，类似于安放干燥剂的手孔结构上预留传感器的安装位置，并将接收信号通过密封电缆接头经金属盖板引到 GIS 体外，由此构成监测系统，如图 3-8 所示。这就要求在 GIS 设计之初就必须考虑传感器的安装与气密封，还要注意传感器表面应与腔体内表面基本平行以避免对腔体内原有的电场分布造成影响。因此，内置传感器无法适用于已经在现场运行的 GIS。但其仍具有灵敏度高，不易受外部干扰等优点。

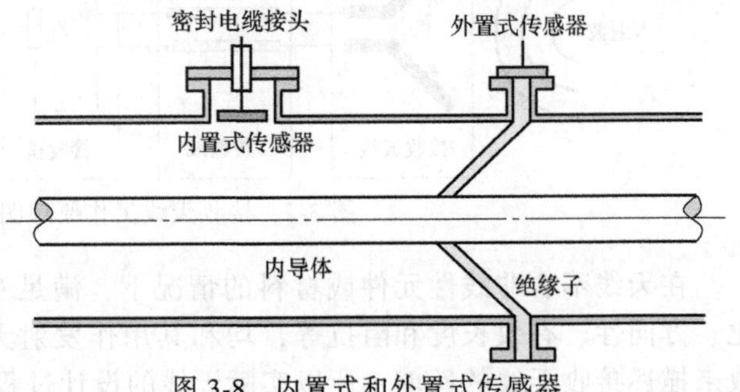

图 3-8 内置式和外置式传感器

对超高频传感器的研究首先兴起于率先提出超高频法的欧洲。图 3-9 所示的是一种安装于放置干燥剂手孔位置处的圆盘型内置耦合器。日本学者在不同类型的超高频传感器之间进行了许多对比性测试研究。针对圆板天线的局限性，设计一种在曲线边缘状的矩形波导内放置探针的同轴波导天线作为外置传感器，得到天线输出信号与基于 IEC 60270 法测得的放电量信号的关系曲线，并与螺旋天线和圆盘天线进行比较得到频率响应特性和衰减特性。另外还研究了喇叭天线、双锥对数周期天线、回路天线、偶极子天线等 4 种天线与法兰连接螺栓之间

不同位置关系以及螺栓数量对输出频率特征的影响，并且为了改善灵敏度提出了一种改进型偶极子天线。这些传感器中部分类型可实现较宽的带宽，但由于结构形式导致外形尺寸较大，仅适于用作外置式传感器。

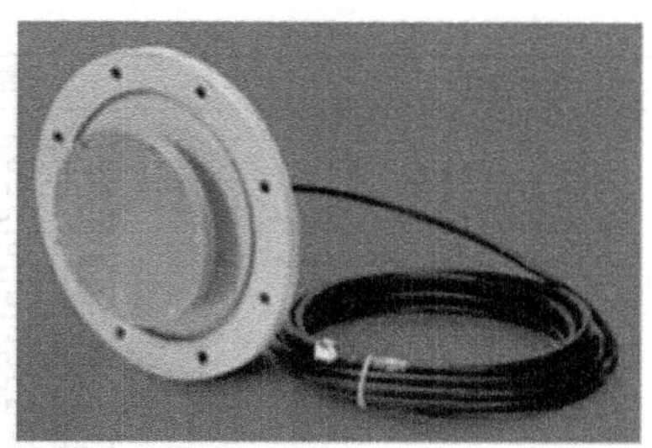

图 3-9　圆盘型内置耦合器

国内的许多学者也对超高频传感器开展了大量研究。平面等角螺旋天线属于一种超宽频带天线，被用来作为外置传感器接收局部放电信号。阿基米德螺旋天线能在较宽频带内工作，整个天线在辐射性能表现上几乎与无限长螺旋天线的效果相同，有许多学者研究了其作为局部放电传感器的性能。但阿基米德天线的阻抗与常用的同轴传输线阻抗有较大差距，必须在实际应用中考虑阻抗匹配问题。根据其工作原理，超宽带TEM 喇叭天线，可作为外置传感器。除此之外，振子天线、微带天线、圆环形传感器、圆板形传感器、Hilbert 分型天线、等比对数螺旋天线等多种类型的局部放电传感器都受到研究者的广泛关注。表 3-2 总结了常见的超高频传感器类型及其特点。

表 3-2　常见超高频传感器类型及特点

天线类型	结构示意图	天 线 特 点
圆板形天线	内导体；圆板导体；接地外壳；电缆头	在超高频段范围内具有优异的频率响应特性。天线半径大小和引线长度对圆板形天线频率响应有很大影响
锥形天线	内导体；1；1′；2；2′；3；3′；接地外壳；输出	锥体阻抗与测量电缆更易匹配，在大部分的频率范围内，锥形天线的灵敏度高于圆板形天线
环形天线	内导体；圆环电极；接地外壳；工频隔离电阻	环形天线在超高频段有优异的频率响应特性，且增益要大于圆板形天线，灵敏度较高
绝缘子预埋天线	A_2；嵌件(导体)；铝环(接地壳体)；A_1；A_3；辅助电极(UHF传感头)	适用于盆式绝缘子带有金属铝环、无法安装外置式天线的 GIS。灵敏度与内置圆板形天线相当

（续）

天线类型	结构示意图	天 线 特 点
分型天线		分型的自相似性使分型天线有多频和宽频特性。分型的空间填充性，使得一些天线的尺寸得到减缩
平面等角螺旋天线		具有非频变特点，天线的最大外尺寸半径与带宽有关。但是天线尺寸相对较大
阿基米德螺旋天线		具有宽频带、圆极化、效率高、灵敏度高等优点。不足之处是尺寸相对较大。虽然可以在很宽频带上工作，但并不是真正的非频变天线
振子天线		结构简单、尺寸小、馈电方便、方向性好、效率高。但是一般半波振子天线为窄带天线，需要采取措施展宽其工作频带
TEM 喇叭天线		高功率超宽带天线，可以兼顾被测信号的带宽和增益、接受高次模波信息，可更全面地反映 GIS 局部放电超高频特性

（续）

天线类型	结构示意图	天 线 特 点
微带天线	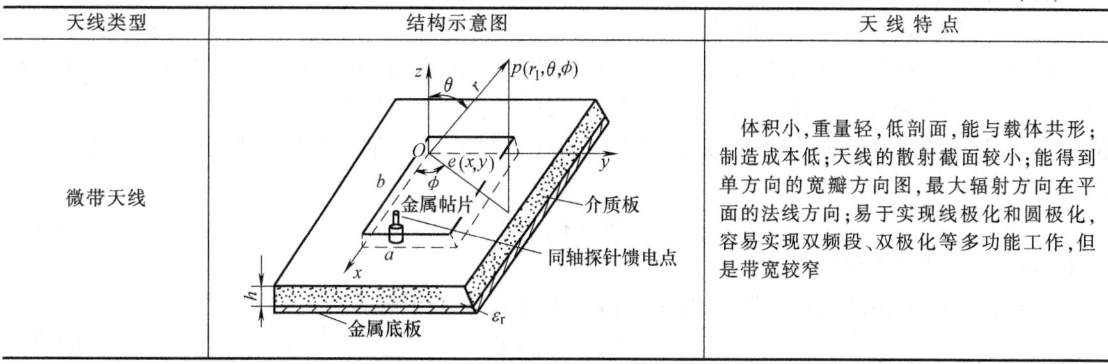	体积小，重量轻，低剖面，能与载体共形；制造成本低；天线的散射截面较小；能得到单方向的宽瓣方向图，最大辐射方向在平面的法线方向；易于实现线极化和圆极化，容易实现双频段、双极化等多功能工作，但是带宽较窄

以平面等角螺旋天线作为超高频传感器的本体进行设计。它具有检测频带宽、在整个频带内方向图、阻抗和极化基本不变的特点；其极化方向为圆极化，利于接收来自各个方向的局部放电信号。因此这种天线在局部放电检测中获得了广泛应用。

平面等角螺旋天线的形状完全由角度决定，其性能不受任何线性长度的影响，故属于非频变天线。常规平面等角螺旋天线的一个臂由两条等角螺旋线构成，其中任意一条螺旋线均满足如下极坐标方程：

$$r=r_0\mathrm{e}^{a_0\varphi} \tag{3-30}$$

式中，r 为天线螺旋线上任一点到原点距离；r_0 为螺旋线起始点到原点的距离；φ 为螺旋线旋转的角度；a_0 为螺旋增长率，是一个与 φ 无关的数，表示螺旋线旋绕的松紧程度。它与包角 α_c 有如下关系：

$$a_0=\frac{1}{\tan\alpha_c} \tag{3-31}$$

其中包角 α_c 是螺旋线上某点切线与矢径之间的夹角，又称螺旋角。当 φ 变化时就在一个平面内描绘出了螺旋线，其包角 α_c 始终保持不变，所以称为等角螺旋线。

假如一个臂的边为曲线方程 $r_1=r_0\mathrm{e}^{a_0\varphi}$，则该曲线旋转 δ 角后的曲线方程为

$$r_2=r_0\mathrm{e}^{a_0(\varphi-\delta)} \tag{3-32}$$

这两条等角螺旋线共同组成了等角螺旋天线的一个臂，而 δ 则称为等角螺旋天线的角宽度。当 $\delta=90°$ 时，天线臂与天线臂之间空隙部分的形状完全相同，这样的结构被称为自互补结构。将第一个臂旋转 180°，便形成了与之对称的第二个臂。这样 4 条具有相同包角 α_c 的等角螺旋线就共同组成了等角螺旋天线，如图 3-10 所示。

对于平面等角螺旋天线的设计，需要确定螺旋线旋转角度 φ、天线的内径和外径、介质基板介电常数 ε、基板厚度 h、天线两臂的包角 α_c 等参数。通过对大量平面等角螺旋天线的测量，发现半圈至三圈的螺旋线对参数较不敏感，当螺旋线长度取一圈半时该天线的方向图较为合理，所以通常设计等角螺旋天线时取 1.5 圈螺旋，即 $\varphi=3\pi$。

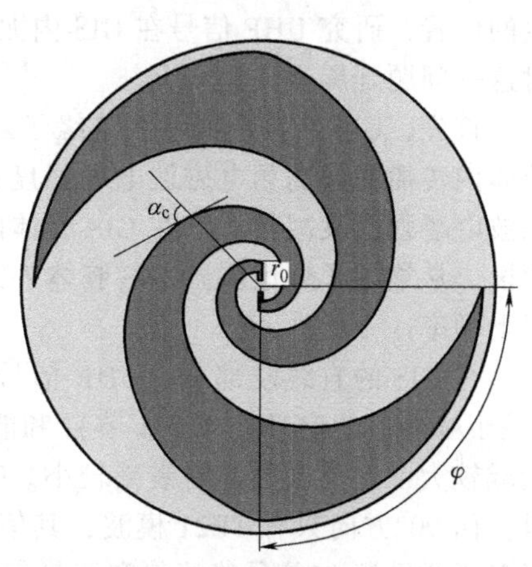

图 3-10　等角螺旋天线

以平面等角螺旋天线作为理想非频变天线时，其尺寸应为无限长，而这在实际中是不可能的。事实上电流在天线臂上的衰减很快，从圆心处的起始馈电点开始，电流流过一个波长的距离后就衰减 20dB。若以一个波长为有效长度，当频率改变时有效电长度将随之增加或

减小，因此其工作频带很宽。此时在一个波长的位置处将天线截断，这样对天线臂上的电流影响很小，从而也不会对天线的带宽特性造成影响。

可以证明，在某个工作频段下，等角螺旋天线从顶点算起的臂长为一个波长 λ 时，对应的径向长度约为 $\lambda/4$。由此便可根据设计的频带宽度计算等角螺旋天线的内、外径大小。例如，由于天线工作波段的下限决定了天线的外径尺寸 R，即外径为低频段波长的 1/4，所以有

$$R \approx \lambda_{max}/4 \tag{3-33}$$

式中，λ_{max} 为带宽下限波长。

同理，天线工作波段的上限和天线的初始半径 r_0 有如下关系：

$$r_0 \approx \lambda_{min}/4 \tag{3-34}$$

式中，λ_{min} 为带宽下限波长。

根据上述公式，结合实际内置传感器的尺寸要求，设计带宽为 700M～3GHz 以上的自互补臂结构的平面等角螺旋天线，对应的外半径为 109mm，内半径为 2mm。

采用基于有限元法的 Ansoft HFSS 软件对平面等角螺旋天线进行建模和仿真，如图 3-11 所示。仿真中采用未归一化的集总端口激励（Lumped Port）。边界条件采用距辐射源大于 1/4 个波长的辐射边界（又称吸收边界）模拟开放的自由空间。求解类型为模式驱动求解，设置中心频率为 1.75GHz 的线性频率扫描。

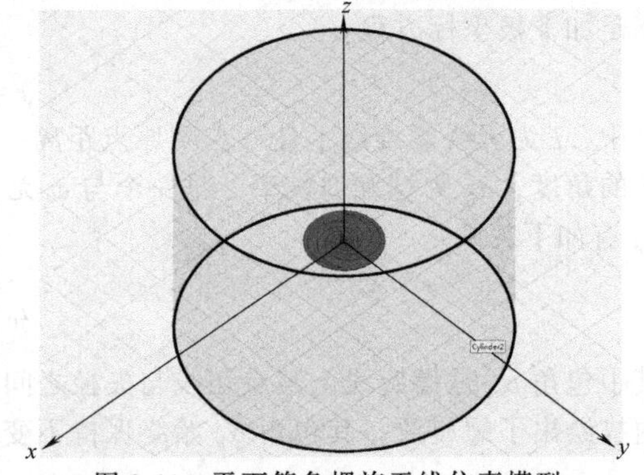

图 3-11　平面等角螺旋天线仿真模型

仿真中分别研究了当 ε 位于 1.5～5 之间、介质基板厚度 h 位于 0.5～7 之间、以及螺旋线的包角分别取 84°、81°、77.5°、70°和 65.58°时天线在工作频段内的 S11 参数、输入阻抗、最大增益等参数，结合仿真结果与天线微波板材厂家产品的实际型号规格，来最终确定各项参数合适的取值，确定的等角螺旋天线参数如表 3-3 所示。天线的实物图如图 3-12 所示。

表 3-3　最终确定的等角螺旋天线结构参数

介质基板的相对介电常数	介质基板厚度	天线两臂包角	螺旋线转角
2.65	1.5mm	70°	3.5π

在局放检测的现场应用当中，为了提高检测效果，通过有限的检测点来判断局放缺陷发生的位置，研究 UHF 信号在 GIS 内尤其是特殊结构的传播特性很有必要。国内外许多学者针对这一问题开展了广泛研究。

首先，GIS 结构中的盆式绝缘子对于 UHF 信号具有一定的衰减作用。盆式绝缘子对在 GIS 腔体内传播的超高频电磁波电场强度衰减较小，对通过绝缘子泄漏到 GIS 腔体外的超高频电磁波电场强度衰减较大。在 GIS 腔体内，绝缘子对超高频电磁波的衰减集中在 1000MHz 以上频段，从绝缘子处泄漏到 GIS 腔体外的电磁波信号，其衰减集中在 1500MHz 以下和 3000MHz 以上频率。

在 GIS 的直线段部分，UHF 信号随着与局放缺陷的距离增加而发生衰减。信号峰峰值（关于峰峰值的定义见 4.2.1 节）和能量主要受模波速度色散效应的影响，在离激励源较近时衰减较大，远离激励源时衰减较小。0°和 180°方向的信号含有 TE11、TE21 及 TE31 等模波分量；而 90°方向只有 TE21 模波，其信号峰峰值和能量小于其他方向。由于模波速度色散效应，相对于激励源 0°信号峰峰值和能量衰减较快，90°方向受其影响较小。

L 形结构对于电磁波的传播会产生影响。经过 GIS 的 L 形结构后，UHF 信号能量和幅值会发生较大衰减，其中高频分量的衰减更加严重。不同检测角度接收到的信号含有不同的电磁波模式。TEM 模受 L 形结构影响较小，能够大部分通过 L 形转折继续传播。

T 形结构会使 GIS 中的电磁波发生模式转变效应，将在反射和前行电磁波中产生新的模波分量，进而影响电磁波的传播特性。类似于 L 形结构，由于 TEM 模波无截止频率，其传播不受结构的影响，可以较小的衰减在 T 形结构的 GIS 同轴腔体中继续传播。

GIS 中除了 L 形、T 形转折，还存在如隔离开关等特殊结构。当隔离开关断开时，会造成高压导体的不连续，改变局部放电信号的衰减规律。研究表明，断口处的圆波导结构截断了 TEM 模的传播，形成对低频信号的反射，同时，结构的改变使得腔体波阻抗出现不连续，因而对 TE 高次模波也会形成反射。对于低频成分较多的信号，受到反射的影响更大，而对于含有较多高频成分的信号，则受到的影响较小。

可见，所安装的超高频传感器与局放缺陷的相对位置对于 UHF 信号的采集有非常大的影响。在实际局部放电检测中，通常希望在信号强度高、衰减小、变化相对稳定的地方安置传感器。但是，GIS 的封闭性结构使得能够使用外置式传感器的位置非常有限，几乎只能在盆式绝缘子处进行检测，而目前许多 GIS 使用的盆式绝缘子为带屏蔽层的全封闭结构，导致外置式超高频传感器的使用受到很大限制。使用内置式传感器对绝缘性能的要求非常高，而且在 GIS 中一旦安装就较难拆卸，因此，内置式传感器的安装位置的选择非常重要，通常需要遵循以下几点要求：

1）要与 GIS 高压导体保持足够的安全距离，不能造成电场畸变，不能影响 GIS 内部的绝缘性能。

2）尽量设置在容易发生局放缺陷的位置附近。

3）当 UHF 信号经过 L/T 形转折等特殊结构时，信号能量集中的频带会发生变化，天线参数的选取要与信号频带相适应。

4）GIS 横截面上不同圆周角度位置的电场分布存在差异，要关注不同角度的信号。

3.2.3 GIS 局部放电超高频信号的采集与调理电路

天线按照特性可以分为：电小天线、谐振天线、宽波段天线和口径天线。电小天线的尺寸远小于波长，具有低指向性、低输入阻抗和低辐射效率的特征，通常用于 VHF 及更低的频段；谐振天线在窄带宽下具有良好的输入阻抗，具有低到中等的增益；宽波段天线具有工作频段宽、实输入阻抗、容易与传输线匹配的优点。宽波段天线增益较低，但在平坦区增益的稳定性较好；口径天线具有开口，可以实现较高的增益，但在尺寸不变的情况下主波束会随着频率增大变窄。局部放电信号属于宽频带信号，信号在频带内增益平稳，否则会产生波形失真，因此本书选用宽波段天线。

在宽波段天线中，非频变天线由于其方向性系数、阻抗等性质与频率无关的性质十分适合局部放电信号检测。非频变天线的研究开始于 20 世纪 50 年代的伊利诺伊大学。非频变天线的理论依据来自于相似原理，也就是说这种天线的所有尺寸和工作频率按相同比例变化使性能保持不变。

常见的非频变天线可以分为两类：螺旋天线和对数周期天线。螺旋天线中的平面等角螺旋天线、阿基米德螺旋天线常被用作超高频范围的局部放电传感器。但由于阿基米德螺旋天线不满足截断要求，故它并非真正的非频变天线，必须在末端加载来避免波的反射。故本书选用平面等角螺旋天线作为传感器，螺旋线长度为一圈半，内半径为 2mm，外半径为 109mm，其带宽范围可达 700M～3GHz 以上，实物如图 3-12 所示。

从频率上看，局部放电的频段为 300M～1500MHz，两倍的奈奎斯特采样率无法满足实际需求，一般需要达到上限截止频率的 3~5 倍。故若要实现直接采样，ADC 的采样率必须达到 4500MSPS 以上。目前市场上仅有德州仪器公司提供的 LM97600 单片采样方案可以达到 5GSPS 的采样速率，大部分会选择多片 ADC 并行采样的方法实现超高速采样。在 ADC 并行交替采样过程中会产生多种误差，其中通道间的失配误差是最主要的误差。失配误差由静态误差和时移、温漂导致的动态误差组成，会导致频谱失真，减小 ADC 的信噪比，从而降低系统的性能。反馈补偿电路可以减少适配误差，但会导致电路更加复杂，并且调试难度大，难以保证系统的稳定运行。直接采样系统结构如图 3-13 所示。

图 3-12　平面等角螺旋天线

此外，超高速电路需要考虑分布电容和分布电感对电路的影响，系统不再是集总参数，需要将系统看成分布式结构。在高速串行链路中，需要考虑串扰对通道性能的影响，以及连续时间线性均衡、前向反馈均衡和判决反馈均衡，使得眼图形状正常。

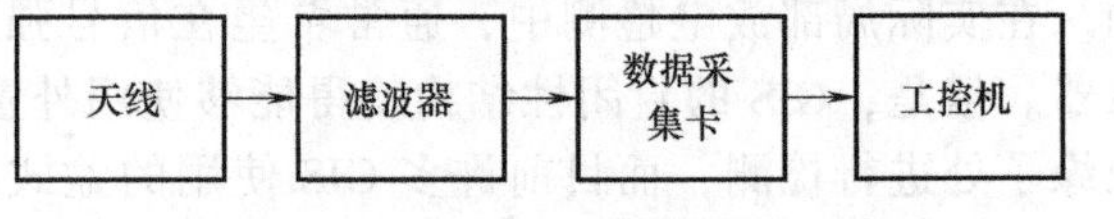

图 3-13　直接采样系统结构示意图

从以上论述可以看出，直接采样实现难度大，成本高，电路设计复杂，难以实际应用到工作现场中。因此，需要在保留局部放电超高频信号的主要特征的前提下，实现降频检波，从而降低采样率，简化电路设计。

监测前端通过 UHF 天线传感器采集 GIS 局部放电时产生的信号。由于信号频段高，幅度较小，需要进行包络检波处理。高速 ADC 的输入为差分信号，故需要信号调理电路将检波后的信号进行单端转差分处理，并滤除有用频段以外的噪声、放大有用频段之内的信号，提高信噪比。本书采用 FPGA 控制 ADC 的采样，暂存至存储器并最终将数据通过 USB 传输到上位机。监测前端的硬件结构如图 3-14 所示。

由图 3-14 可知，监测前端硬件包含 UHF 传感器、包络检波、信号调理、ADC 采样、FPGA 控制器、PC 上位机和电源管理等部分。

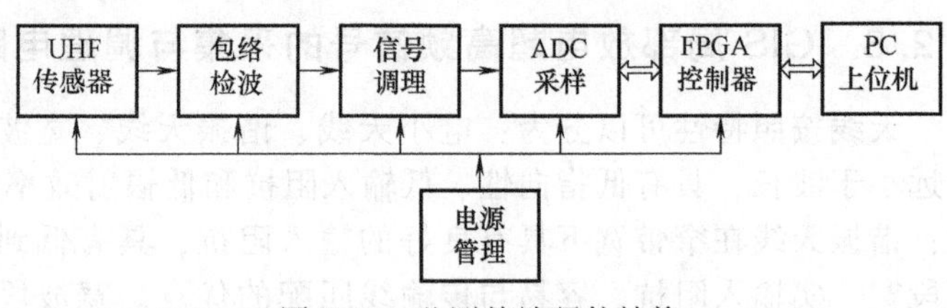

图 3-14　监测前端硬件结构

UHF 局部放电原始信号频段较高，主要信号集中在 300M~1500MHz。由奈奎斯特采样定理可知，在工业实际应用时采样率至少为上限频率的 3~5 倍，故实时采样速率需要达到 5GSPS。这将大大增加硬件成本和数据存储容量，仅适用于实验室环境，采用高速示波器实现。本文采用包络检波电路大幅度降低了 ADC 所需的采样频率，并保留了局部放电信号的大部分细节信息。

包络检波电路主要有三种方案：①基于高频检波二极管和积分电容的无源电路；②基于高速放大器和检波二极管的有源电路；③基于对数放大器的集成芯片。

第一种方案利用检波二极管的单向导电特性和电容的电荷存储功能获得输入信号的局部峰值电压，电路简单，但对二极管和电容的配合要求高，容易因参数选择不当产生各种失真（底部切割失真、对角切割失真等）。第二种方案实现的精度更高，但由于输入信号频率达到数百兆，对运放的增益带宽积、偏置电压等要求较高，实现难度较大。第三种方案采用集成芯片实现包络检波，成本较低，电路设计简单，输入带宽满足设计要求，故选择第三种方案实现包络检波。

对数检波器（放大器）的简化功能结构框图如图 3-15 所示。对数检波器的核心就是一系列级联的放大器，这些放大器有线性增益，通常电压增益在 10~20dB 之间。以 4 个放大器级联为例，每个放大器的增益为 20dB。随着信号被不断放大，在某一级将会饱和，形成被限幅的波形。每一级放大器的输出都被接入到全波整形电路，整形电路的输出相加再输入到低通滤波器。滤波器的作用是去除全波整型信号的纹波。

在图 3-15 中，加法器的输出是 4V 峰值。假定将输入信号减小 20dB，那么就相当于减少一级放大器，加法器的输出将会下降到 3V 峰值。所以，每当输入减小 20dB，输出将减小 1V，那么对数放大器的斜率为 50mV/dB。

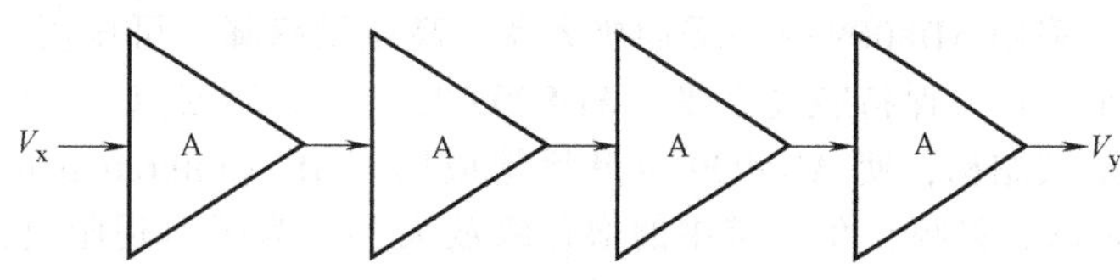

图 3-15　非线性增益单元级联

由上可以得到输入和输出的关系式：

$$V_{OUT} = V_y \lg(V_{IN}/V_x) \tag{3-35}$$

式中，V_{OUT} 为输出电压；V_y 为斜率电压；V_{IN} 为输入电压；V_x 为截距电压。

对数检波避免了二极管包络检波的失真问题，动态范围大，线性度高，十分适合于局部放电的超高频信号的检波。

在对数放大器中，AD8313 的频率响应线性度较好，频带范围覆盖 300M~1500MHz，输入范围为-50~-10dBm，满足局部放电信号的输入范围。图 3-16 为 AD8313 包络检波电路图。AD8313 是一款完整的多级解调对数放大器，它能将输入端的 RF 信号精确地转换为直流输出端的等效分贝标度值。AD8313 在 0.1G~2.5GHz 的信号频率范围内能保持较高的对数一致性。AD8313 采用 ADI 公司 25GHz 双极性 IC 工艺制造，提供 8 引脚 MSOP 封装。工作温度范围为-40~85℃。

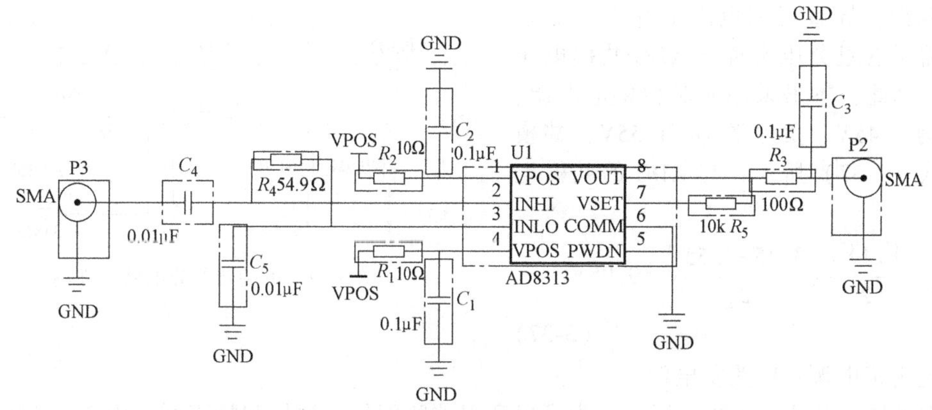

图 3-16　包络检波原理图

芯片供电电压为 2.7~5.5V，在电源引脚处采用 0.1μF 陶瓷电容和 10Ω 电阻去耦合，减少电源噪声。在输入端，双电容隔离了直流信号；为了实现阻抗匹配，考虑输入端的内部阻抗，采用 54.9Ω 电阻并联以实现 50Ω 的输入阻抗。

常用的输入端匹配还有变压器、巴伦和阻抗匹配网络等。这里采用电容和电阻共同组成了高通滤波器。为了滤除输入的工频干扰和电源部分可能耦合的噪声，考虑到信号主要在 10MHz 以上，采用 9.4MHz 高通滤波器滤除噪声，提高信噪比。截止频率由式（3-36）给出，即

$$f_{3dB} = \frac{1}{2\pi C \times 50} \tag{3-36}$$

式中，$C=\dfrac{C_1C_2}{C_1+C_2}$。

AD8313 是单端输出，但 ADC 是差分输入，因此需要前端驱动电路将单端信号转换成差分信号。此外，AD8313 的最大输出电流只有 400μA，并对容性负载敏感。这会导致测量的不准确，尤其是在测量局部放电这类脉冲信号时。前端驱动电路由 Buffer 电路、单端转差分电路和 LC 滤波电路组成。

采用 AD8009 作为缓冲放大器，高压摆率降低可压摆率限幅效应，使得信号质量在整个宽带范围内均保持较高水平。AD8009 的三阶交调截点（3IP）为 12dBm。这种失真性能配合电流反馈结构，使 AD8009 可灵活地应用于 IF（Intermediate Frequency，中频）/RF（Radio Frequency，射频）信号链中的增益级放大器。为了实现阻抗匹配，保证信号传输效率，AD8009 配置为 2 倍增益放大。输出端的 50Ω 串联电阻及其端接提供的 50Ω 端接电阻使得测量路径的总增益为 1。

由于包络检波的输出是单端对地的信号，需要进行转换差分信号来驱动差分输入的 ADC。变压器常用作单端转差分电路，但变压器由于物理基础的限制，是天然的低通滤波器，不适用于高频率的场合。此外，变压器无法应用于直流耦合的电路中。本书采用高速运放来实现一个直流耦合、带通平坦和不影响 ADC 性能的差分转单端电路。

常用的高速运放有三类：普通高速运放、全差分运放和 IF 运放。本书采用全差分运放 THS4509 实现。相比普通高速运放占 PCB 面积小，实现难度低，和 IF 运放相比具有成本优势。THS4509 是一款宽带宽、全差分运放，具有 $1.9\text{nV}\sqrt{\text{Hz}}$ 的低噪声，1900MHz 的低带宽和 6600V/μs 的压摆率。单端转差分电路原理图如图 3-17 所示。

如果采用单电源供电，则共模电压为 2.5V，这会导致输入共模电压和输出共模电压不匹配，导致反馈电阻上存在直流损耗；并需要电阻分压实现与 ADC 共模电压的匹配。因此，本书采用非对称供电电源，正电源为 3.45V，负电源为 -1.55V，共模电压如式（3-37）所示，与 ADC 的共模电压一致。

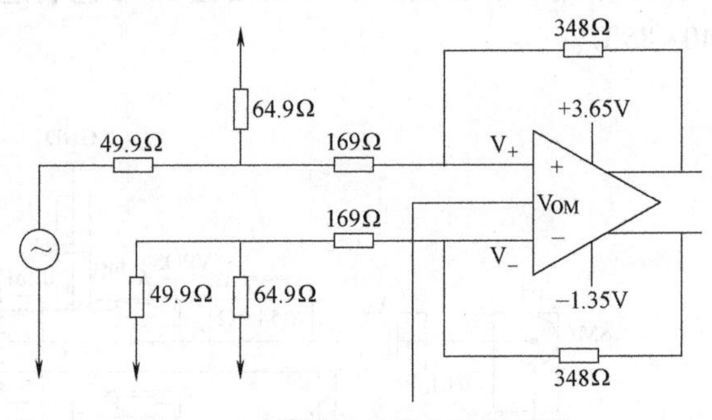

图 3-17　单端转差分电路原理图

$$V_{\text{OM}}=\frac{V_{+}+V_{-}}{2}=\frac{3.45-1.55}{2}\text{V}=0.95\text{V} \tag{3-37}$$

式中，V_{+}为正电源；V_{-}为负电源。

电路的增益如式（3-38）所示。为了保证阻抗匹配的一致性和噪声增益为 2，电阻还需要满足式（3-39）和式（3-40）。

$$\frac{V_{\text{OUT}\pm}}{V_{\text{sig}}}=\frac{R_{\text{T}+}}{R_{\text{S}+}+R_{\text{T}+}}\times\frac{R_{\text{F}}}{R_{\text{G}+}+R_{\text{S}+}/\!/R_{\text{T}+}} \tag{3-38}$$

$$R_{\text{G}+}+R_{\text{S}+}/\!/R_{\text{T}+}=R_{\text{F}} \tag{3-39}$$

$$R_{\text{G}-}+R_{\text{S}-}/\!/R_{\text{T}-}=R_{\text{G}+}+R_{\text{S}+}/\!/R_{\text{T}+} \tag{3-40}$$

式中，$V_{\text{OUT}\pm}$为差分输出电压；V_{sig}为输入信号电压；$R_{\text{T}+}$为输入端端接电阻；$R_{\text{S}+}$为信号源电阻；R_{F}为反馈电阻；$R_{\text{G}+}$为增益配置电阻。

ADC 作为负载具有高阻抗、可变容性的特征；在开关切换时 ADC 会产生电流脉冲。这些特性导致 ADC 的驱动电路需要特殊设计。ADC 的输入端可以等效成电阻（700~1000Ω）和电

容（3.5pF）的并联。采用12.4Ω串联小电阻来降低由寄生电容导致的振铃的影响。LC构成的滤波电路可以滤除噪声，提高信噪比。由于ADC的最大采样频率为250MSPS，由奈奎斯特定律可知，上限截止频率为125MHz，故125MHz之上的信号均无法采样。为了消除高于125MHz噪声的影响，考虑到实际电容电感值的限制，采用115MHz低通滤波器进行滤波。截止频率由式（3-41）所示：

$$f_c = \frac{1}{2\pi\sqrt{LC}} \tag{3-41}$$

式中，f_c为截止频率；L为电感；C为电容。

UHF包络信号的单次脉冲持续时间一般不低于10ns，对应的脉冲宽度大约为20ns，折算至频率为50MHz左右。考虑到工程实践中采样率一般为上限截止频率的5倍左右，确定ADC的采样率为250MSPS。天线接收到的超高频局部放电信号的幅值一般不会超过100mV，由式（3-35）可得，最大输出电压为1.676V。若采用8位ADC进行采样，考虑到ADC的有效位数，所以采样精度不大于0.5mV。如果采用14位ADC进行采样，在有效位数为11位的情况下，精度可以达到0.05mV，可以满足实际要求。

局部放电信号经过调理电路之后，需要经过ADC将其转换成数字信号才能被FPGA做进一步处理。高速模数转换芯片除了采样率之外，还需要关注动态性能和有效位数等指标，如表3-4所示。可见，ADS4149在满足采样率的情况下，分辨率和有效位数相比，较其他ADC高，动态性能表现较其他芯片更好。

表3-4　常用ADC性能对比表

参数	ADS4149	ADS4122	ADS4125	ADS41B29
分辨率/bits	14	12	12	12
最大采样率	250	65	125	250
SNR/dB	72.9	70.9	70.9	69.2
ENOB/bits	11.7	11.4	11.33	11.5
SINAD	72.14	70.1	70	69.5

ADS4149最高采样率可以得到250MSPS，适用于低功耗、宽带宽采样的应用，可以利用自身的电压校正电路来降低ADC的误差电压。该芯片具体参数如表3-5所示。

表3-5　ADS4149基本参数

特　件	参　数	特　性	参　数
模拟侧供电电压	1.7~1.9V	量化位宽	14bit
数字侧供电电压	1.7~1.9V	最大采样率	250MSPS
输入通道个数	1		

由于包络检波的输出是单端对地的信号，需要进行转换差分信号来驱动差分输入的ADC。变压器常用作单端转差分电路，但变压器由于物理基础的限制，是天然的低通滤波器，不适用于高频率的场合。此外，变压器无法应用于直流耦合的电路中。这里采用高速运放来实现一个直流耦合、带通平坦和不影响ADC性能的差分转单端电路。

验所得到的单次波形如图3-18所示。局部放电包络波形最大值为1.49V，包络波形呈现明显的单指数特征，持续时间约为1μs。

将由高速示波器采集的原始信号和装置采集到的包络检波信号分别进行傅里叶变换处理，结果见图3-19和图3-20。由图可见，原始信号在500MHz和700MHz处存在两个较大的尖峰，信号的上限截止频率在1.5G~2GHz；包络信号的低频分量比较丰富，在6Mhz和12MHz处存在两个尖峰，上限截止频率在15MHz左右。包络信号在保留了信号的单指数特征的情况下，大幅度降低了信号的采样频率，降低了硬件实现的难度和成本。

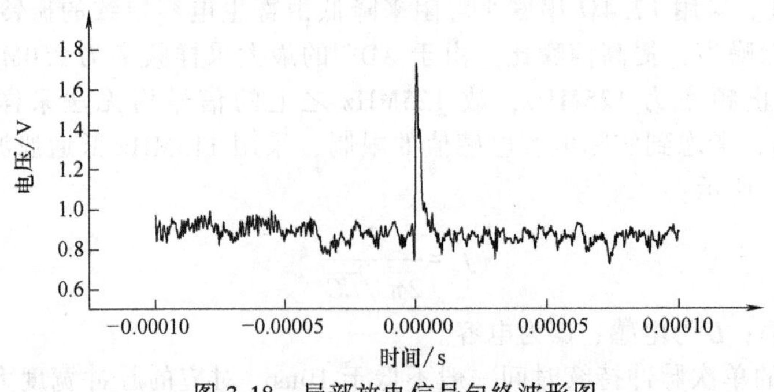

图 3-18　局部放电信号包络波形图

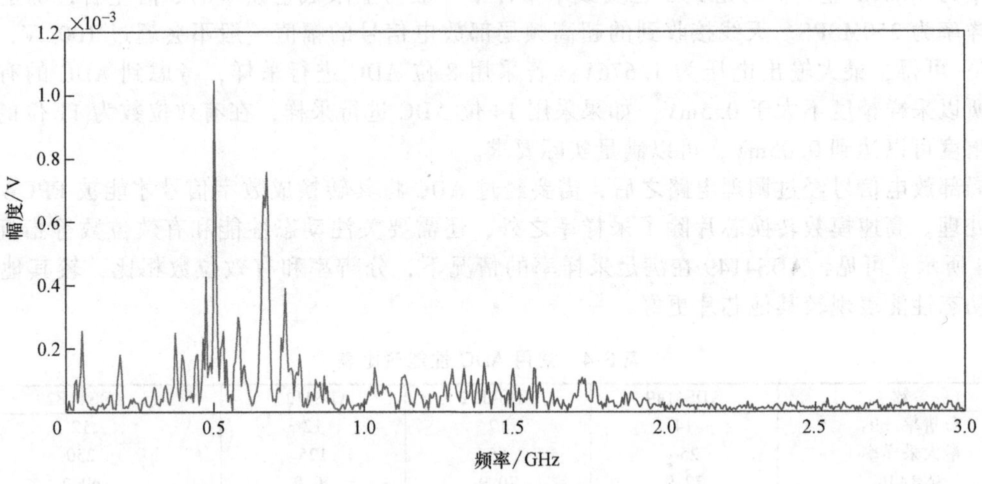

图 3-19　原始信号 FFT 结果

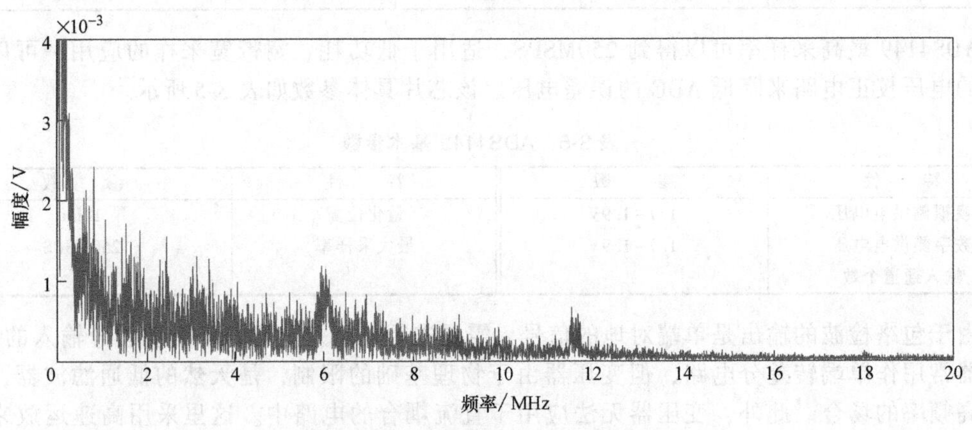

图 3-20　包络检波信号 FFT 结果

3.3　电连接处温度信号的现场提取

3.3.1　电连接处温度的在线监测方法

电连接处温度信号的测量方法可分为接触式和非接触式两种。所谓接触式测温方法，是

指用于将温度信号转换成电信号的热敏元件与被测物体直接接触，通过热敏元件在不同温度条件下的不同输出结果反映被测物体的实际温度；非接触式测温方法则是指热敏元件与被测物体不直接接触，而是通过热辐射、热对流、磁场畸变、光波等信号来反映被测物体的温度大小。

1. 基于热电效应的接触式测温方法简介

基于热电效应的接触式热敏元件有热电偶、热敏电阻、PN 结和集成电路温度传感器等。

热电偶测温是将两种不同材料的导体或半导体 A 和 B 焊接构成闭合回路，假设 A 中电子密度大于 B，则总体上 A 中的电子将向 B 扩散，这就会在回路中产生热电势，其大小只和温度以及热电偶材料有关。在实际应用中，可将 A 和 B 的一端焊接（工作端），安装于测温点处，A 和 B 的另一端（冷端）置于相同温度的体系（如冰水）中，测量冷端的电势差就可以获得测温点处的温度值，其原理如图 3-21 所示。热电偶测温精度高、测量范围大、构造简单，但也存在冷端补偿和非线性等问题。

热敏电阻是基于某些材料的电阻率随温度变化的特性而制成的，常用的材料有铂、镍和铜等。因为热敏电阻的阻值随温度变化很小，所以热敏电阻与测量设备之间的电路连接线会引入较大误差，通常采用四端法的接线方式抑制干扰。图 3-22 为四端法电路原理图，其中，R_x 表示热敏电阻，R_1、R_2、R_3 和 R_4 表示电路连接线的引线电阻和接触电阻，I 为恒流源的电流，U 为输出到测量设备的电压，测量设备必须具有高输入阻抗。可以看出，在四端法的接线方式下，测量得到的电压 $U=IR_x$，不受引线电阻和接触电阻的影响。

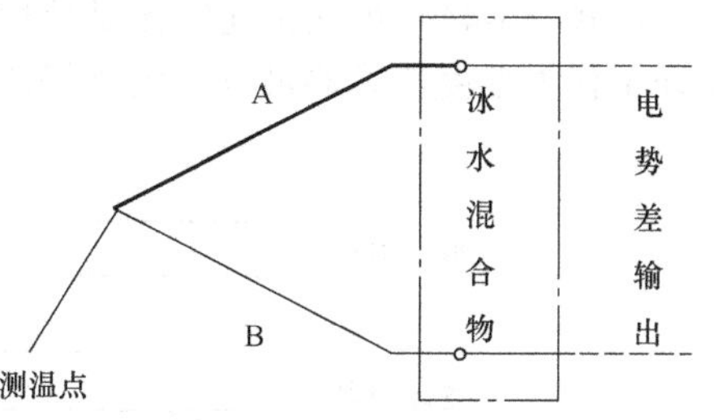

图 3-21 热电偶测温原理图

PN 结温度传感器分为二极管温度传感器、三极管温度传感器等，它们都是利用 PN 结两端电压随温度变化的特性制成的。例如，硅三极管的 V_{be} 与绝对温度 T 和集电极电流 I_c 之间满足如下关系：

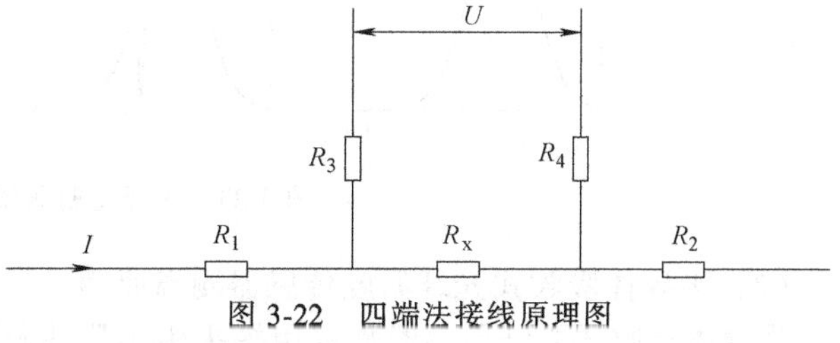

图 3-22 四端法接线原理图

$$V_{be}=E_g-\left(\frac{k_B T}{Q}\right)\ln\left(\frac{\alpha_t T\gamma_t}{I_c}\right) \qquad (3\text{-}42)$$

式中，E_g 为硅单晶的禁带宽度；α_t 为与基极偏压有关的常数；γ_t 为由基极少数载流子的温度特性决定的常数；Q 为单位电荷；k_B 为玻尔兹曼常数。

从式（3-42）中可以看出，当绝对温度 T 不太高时，V_{be} 与 T 呈线性关系，因此测量 V_{be} 就可以方便地得到温度 T 的值。

集成电路温度传感器是把热敏传感器与放大电路等后续电路集成到同一芯片中，这种传感器成本低，体积小，使用方便，线性度好，精度高，得到了广泛应用。集成温度传感器往往以数字信号输出温度测量结果，抗干扰能力很强，常用的集成温度传感器 18B20 和 TMP100 都是这种类型。

2. 基于光纤温度传感器的接触式测温方法简介

光纤温度传感器作为一种新型的接触式热敏元件，具有电绝缘性能好、不受电磁干扰、无火花、能在易燃易爆的环境中使用等优点。光纤温度传感器主要有光纤光栅温度传感器、半导体吸收式温度传感器、荧光光纤温度传感器。下面分别介绍这三种光纤温度传感器的原理并进行对比。

(1) 光纤光栅温度传感器测温原理

光纤光栅的传感信息采用的是波长编码，波长的变化表征了被测温度的变化。图 3-23 是光纤光栅温度传感器测温原理图，根据光纤耦合模理论，当入射光在光纤布拉格光栅中传输时产生模式耦合，满足布拉格条件的波长光被反射，于是有

$$\lambda_B = 2n_{eff}\Lambda \tag{3-43}$$

式中，λ_B 为光栅中心反射波长；Λ 为光栅栅距；n_{eff} 为光纤的有效折射率。

式（3-43）表明，λ_B 随 Λ 和 n_{eff} 的改变而改变。当光纤光栅受到外界因素（如温度）的作用时，会引起 Λ 和 n_{eff} 的变化，进而中心反射波长 λ_B 偏移。

光纤光栅具有以下温度响应特性：

$$\frac{\Delta\lambda_B}{\lambda_B} = (\alpha_f+\xi)\Delta T \tag{3-44}$$

式中，α_f 为光纤的热膨胀系数；ξ 为光纤的热光系数；ΔT 为温度变化。

由式（3-44）可知，光纤光栅反射波长的移动与温度的变化呈线性关系，这就从理论上保证了作为温度传感器可以得到良好的线性输出。

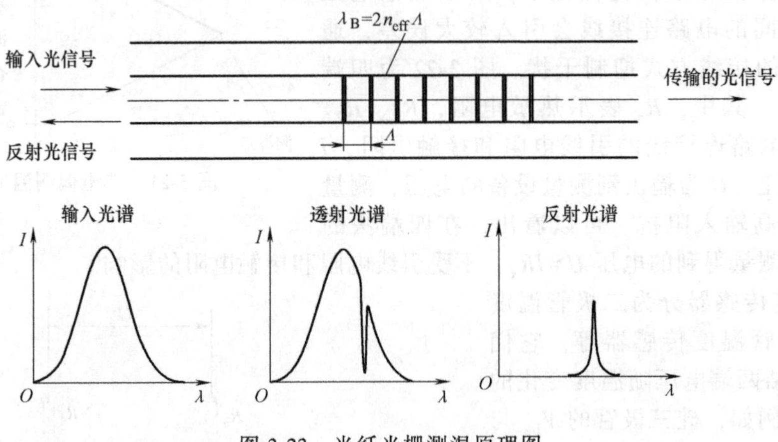

图 3-23　光纤光栅测温原理图

(2) 半导体吸收式光纤温度传感器测温原理

半导体吸收式光纤传感器是利用探头中半导体材料的光透射率随温度变化而改变这一特性，通过检测光强信号的强弱关系，而达到测量温度的目的。根据 M B Panish 和 H C Casay 的研究成果，砷化镓材料禁带宽度 E_g 和温度 T 之间的关系可以由下式描述：

$$E_g(T) = E_g(0) - \frac{\alpha_m T^2}{\beta_m + T} \tag{3-45}$$

式中，$E_g(0)$ 为温度为 0K 时的禁带能量；α_m、β_m 分别为经验常数。对 GaAs 半导体材料适用常数为：$E_g(0) = 1.522\text{eV}$，$\alpha = 5.8\times10^{-4}\text{eV/K}$，$\beta = 300\text{K}$。

由式（3-4）可知，砷化镓的禁带能量宽度 E_g 随着温度的升高而减小。又由 $\lambda_g = c/V_g = ch/E_g$ 可知，砷化镓发生本征吸收时，照射光临界波长将随着温度的升高而增大，进而减弱了砷化镓晶体的光吸收能力，导致投射光的强度增大。因此，通过标定投射光强与温度的曲线关系就可以得到被测物体的温度。

(3) 荧光光纤温度传感器测温原理

荧光光纤测温是利用荧光寿命与温度的单值关系，因此荧光寿命可用来进行温度的标定和测量。

荧光物质所发出的荧光强度随时间成指数规律衰减：

$$I(t)=I_0\mathrm{e}^{-\frac{t}{\tau}} \tag{3-46}$$

式中，I_0 为 $t=0$s 时的荧光强度；τ 为荧光寿命。

荧光寿命（用字母 τ 表示），即荧光强度从 I_0 减小到 I_0/e 的时间长度，是温度的单值函数，荧光寿命与温度的关系如式（3-47）所示：

$$\tau(T)=\frac{1+\mathrm{e}^{-\Delta E/kT}}{R_s+R_t\mathrm{e}^{-\Delta E/kT}} \tag{3-47}$$

式中，R_s、R_t、k、E、Δ 为常数；T 为热力学温度。

表 3-6 列出了以上三种光纤测温方法在测温精度、响应速度、结构复杂程度等各个方面的差异。

表 3-6　几种光纤测温方法的对比

测温方式	光纤光栅测温法	光纤半导体测温法	荧光光纤测温法
测温范围/℃	-80~200	-50~1000	-50~250
测温精度	<±0.5℃	<±2℃	<±1.0℃
响应速度	1s,随测温点多少而变	<2s	<1s
价格	几万至几十万元	几千至万元	几千至万元
结构复杂程度	结构复杂	结构较复杂	结构简单
寿命	长,大于 10 年	较长,5 年	较长,5~10 年
特点	可实行分布式测温,最大分辨率可至 1m	通过选取合适的半导体材料可达到很广的测温范围	结构简单,实用

3. 基于红外辐射的非接触式测温方法简介

非接触式测温方法一般都比较复杂，但是对环境适应能力更强，且不会破坏测温点的状态和性能参数，特别适合于高电压、大电流、特高温度等场合。常用的非接触式温度测量方法是热辐射法。

热辐射法是基于黑体辐射原理来测量物体温度的。众所周知，自然界中的物体都会向外辐射能量，这一能量主要取决于物体的温度。黑体是指自然界中对波长没有选择性吸收和发射的物体，黑体辐射的光谱完全决定于温度，且在相同温度下，黑体向外辐射的能量最大。黑体在单位时间、单位面积上辐射的全部能量 M 与温度 T 之间满足 Stefan-Boltzmann 定律

$$M=\varepsilon\sigma T^4 \tag{3-48}$$

式中，ε 为被测物体的表面发射率；σ 为 Stefan-Boltzmann 常数（$\mathrm{W\cdot cm^{-2}\cdot K^{-4}}$）；$T$ 为物体的绝对温度（K）。

可采用黑体辐射波谱图表示黑体在不同温度下向外辐射的各段波长及其强度，如图 3-24 所示。图中，不同温度对应的辐射强度曲线在整个波长范围内互不相交，这意味着辐射强度在每一个波长下都是严格的温度函数，通过测定辐射强度即可确定物体的温度。

红外温度传感器可以将一定波长宽度下黑体辐射的能量转换成微弱的电压信号，该信号通过放大、滤波等处理，输入 MCU 就可以计算得到黑体物质的温度值。

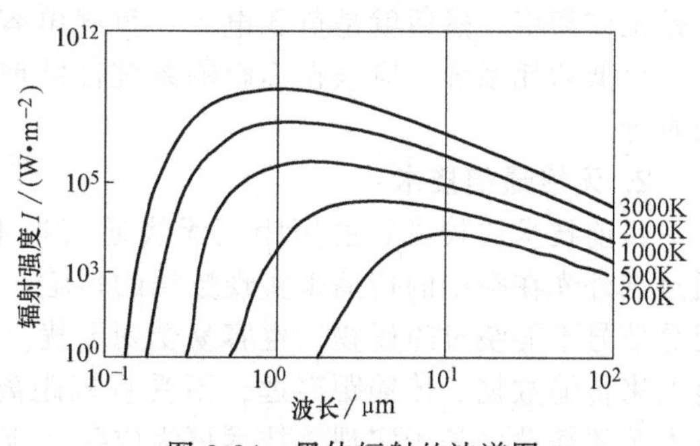

图 3-24　黑体辐射的波谱图

热辐射法利用的是被测物体自身的热辐射，是一种被动辐射测温方法。由于辐射角度和传播距离都会影响测量结果，传感器的安装位置很受限制。对于表面不规则物体，由于辐射面积的加大，很难实现温度的准确测量。而

且，测量区域外的红外线可以通过反射、折射等方式进入红外温度传感器，影响测量精度。尽管如此，热辐射法作为最简单、最廉价的非接触式测温方法，在非接触式测温方面依旧占有统治地位。

3.3.2 基于热电效应的接触式测温技术

基于热电效应的接触式测温热敏元件具有简单、可靠、测量精度高的优点，但是热敏元件一般安装在高压侧，这就需要考虑电气隔离的问题，具体来说，一方面是高压侧传感器的供电方式，另一方面是高低电位间的信号传输。

1. 高压侧传感器供电方式

目前，高压侧传感器的供电方式主要分为两种：电池供电和母线取能。其中，电池供电具有结构简单、成本低、易实现的优点，但是电池使用寿命短，需要经常更换电池。母线取能是基于电磁感应原理的，将一个绕有线圈的环形感应铁心套在高压输电线路上，组成一个穿心式的电流互感器，从铁心所绕线圈两端感应出交流电压，再通过整流、滤波以及电平转换电路，得到所需直流电源，图 3-25 所示是母线取能的原理图。母线取能的供电方式具有输出功率高、电气绝缘度高、供电可靠、成本低的优点，但是母线取能存在的问题是电源性能与高压输电线路的运行状态有关，当母线电流处于空载或小电流的状态，将无法提供电源；当母线电流处于短路故障或大电流的状态下时，又要防止发生过电压危险。为了解决这个问题，需要选择合适的铁心材料和形状，使之在小电流时正常励磁，大电流时铁心饱和，从而提供变化幅度较小的电压，再通过电子稳压装置，向传感器提供稳定可靠的电源。

无论供电方式是电池供电还是母线取能，传感器都需要进行低功耗设计才能满足实际应用的需求。下面介绍两种低功耗设计方法：

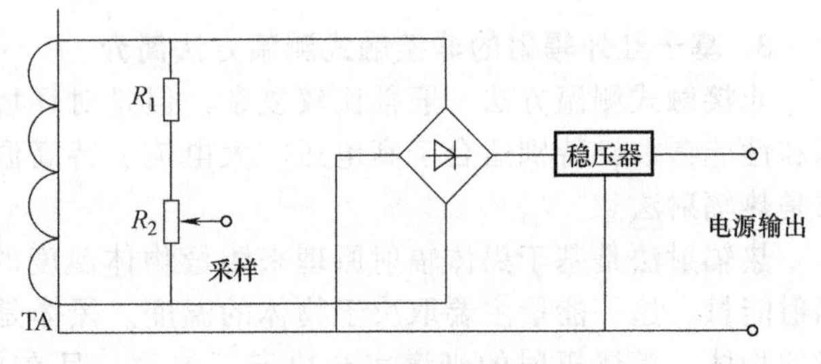

图 3-25　母线取能原理图

（1）选择具有低功耗功能的 MCU

因为温度测试是间隔一段时间进行一次的，因此需要设定一个触发周期，单片机系统启动后首先进入低功耗的休眠模式，当周期的触发脉冲到来时，MCU 退出休眠，测量温度并传输信号，检测完之后又自动回到休眠状态。

（2）降低电源电压、使用低频率时钟

对于一个数字系统而言，其功耗大致满足以下公式：

$$P = CV^2 f \tag{3-49}$$

式中，C 为系统的负载电容；V 为电源电压；f 为系统工作频率。

由此可见，功耗与电源电压的二次方成正比，因此电源电压对系统的功耗影响最大，其次是工作频率，然后就是负载电容。负载电容对设计人员而言，控制起来比较困难，因此设计一个低功耗系统，应该在不影响系统性能前提下，尽可能地降低电源的电压和使用低频率的时钟。

2. 无线通信技术

目前技术比较成熟的短距离无线通信技术有红外、射频。红外通信是以红外线为载体，通过红外光在空中的传播来实现数据的传输，实现简单，成本低，传输距离远、覆盖范围大，但是信号不能绕过障碍物，也容易受到干扰。射频通信是利用频率范围为 30M～3GHz 的无线电波来传输数据，传输距离远，不受直视距离限制，不受方向限制，可绕过障碍物传播，且收发装置简单，易于实现，技术更为成熟，应用更为广泛。

红外通信是由红外发射器和红外接收器来完成信号的无线收发。红外线的波长介于红光与微波之间，波长 0.77~3μm 为近红外区，3~30μm 为中红外区，30~1000μm 为远红外区，红外线在通过云雾等充满悬浮粒子的物质时不易发生散射，有较强的穿透能力。目前，大量的红外发光二极管其波长约为 1μm 左右，处于近红外区。

一般情况下，红外发射和接收电路原理图如图 3-26 所示，红外发射电路由调制电路、驱动电路及红外发射器件组成；红外接收电路由红外接收器件、前置放大电路、解调电路等组成。在发射端，对发送的数字信号经适当的编码和调制后，送入电光变换电路，驱动红外发光二极管发射红外光脉冲；在接收端，红外接收器对收到的红外信号进行光电变换，并解调和译码后，恢复出原信号。

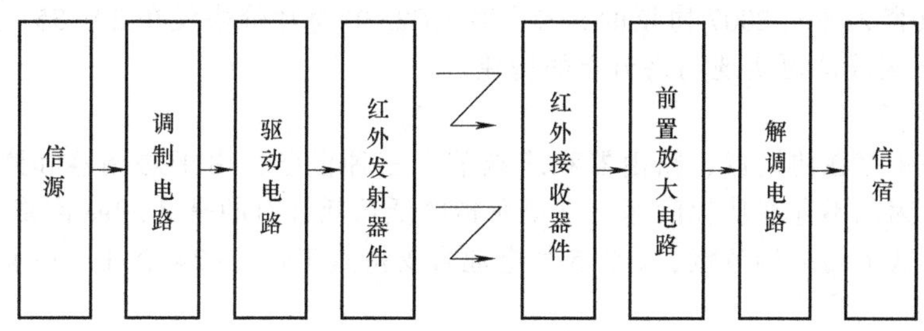

图 3-26 红外发射和接收电路原理图

在红外发射电路设计中，考虑到要传送的数据一般频率很低，如果不经调制直接驱动红外发光二极管，抗干扰能力较差，因此需要将数据“载”在频率较高的载波信号上进行调制。调制方式很多，接触式红外传输测温模块采用的是脉冲调幅调制方式，载波频率为 38.4kHz。从单片机送出的信号本身就是具有“1”和“0”两种电平的脉冲信号，经过脉冲幅度调制后，数据变成断续的等幅高频信号，信号调制波形如图 3-27 所示。

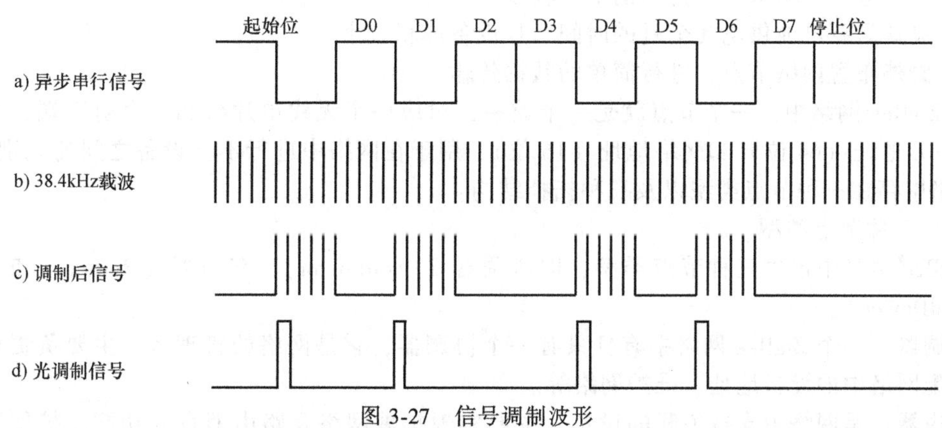

图 3-27 信号调制波形

用已调制的信号对波长为 950nm 的红外光进行第二次幅度调制（光调制），驱动红外发光管向空间发射红外光，就实现了红外信号的发送。

红外接收电路由光电转换器、前置放大器、解调电路和译码器几部分构成。光电转换器的作用是将红外光敏器件接收到的红外光信号转换为相应的电信号。转换后的电信号非常微弱，需要通过前置放大器放大到一定幅度后，才能送到信号处理电路进行处理。由前置放大器放大后的红外线信号，要由解调电路解调后才能送译码电路译码。解调电路的功能与调制电路相反，其作用是将编码信号从载波上“卸”下来，将调制载波信号还原为调制信号，即编码信号。然后送译码器进行译码。对应于有调制载波时，解调输出为低电平，即对应“0”，无调制载波时，解调输出高电平，即对应“1”，恰好为调制信号波形。

射频是指频率较高，可用于发射的无线电频率，一般常指几十到几百兆赫的频段。射频将电信号用高频电流进行调制，形成射频信号，经过天线发射到空中；远距离将射频信号接收后进行反调制，还原成电信号。射频技术包括蓝牙、WiFi、Zigbee 等，其中 ZigBee 是基于 IEEE802.15.4 标准建立的，工作频率为 2.4GHz，主要适合用于自动控制和远程控制领域，可以嵌入各种设备，特别适用于电池供电系统。相对于红外、蓝牙、WiFi 等其他短距离无线网络方式，ZigBee 主要具备以下特点：

（1）低成本

ZigBee 协议经过大幅度简化，可降低对通信控制器的要求，可以应用于 8 位 MCU，目前 TI 公司推出的兼容 ZigBee 2007 协议的 SoC 芯片 CC2530 每片价格仅在 20~35 元，外接简单的阻容器件和 PCB 天线即可实现网络节点的构建。

（2）低功耗

ZigBee 网络中存在协调器、路由器和终端节点三种设备，由于协调器和路由器一直处于供电工作状态，因此不存在功耗问题。这里所指的低功耗针对的是 ZigBee 网络中的终端节点。对于定时唤醒模式下的终端节点，2 节 5 号电池可支持其工作 6~24 个月，甚至更久。

（3）短延时

ZigBee 网络具有较快的响应速度，从休眠转入工作状态只需 15ms，节点加入网络只需 30ms。而蓝牙设备加入网络需要 3~10s，WiFi 需要 3s。

（4）大容量

ZigBee 网络具备灵活的组网方式，一个网络主节点最多可以管理 255 个子节点，而主节点还可被上层网络节点控制，最多可组成 65535 个节点的大型无线网络。

基于 ZigBee 技术的以上特点，在以下应用场合可以优先考虑采用 ZigBee 技术：

1）需要进行数据采集和控制的节点较多。

2）设备需要电池供电几个月的时间，且设备体积较小。

3）野外布置网络节点，进行简单的数据传输。

在 ZigBee 网络中，一个节点就是一个设备，对应一个无线单片机和一个射频端，具有唯一的 IEEE 地址（64 位）和网络地址（16 位），用于在网络中进行不同设备之间的识别。ZigBee 网络中存在三种节点类型以及三种拓扑结构：

（1）三种节点类型

ZigBee 网络中包含三种节点类型，即协调器（Coordinator）、路由器（Router）和终端设备（EndDevice）。

协调器：一个 ZigBee 网络中有且只有一个协调器，它是网络的管理者，主要负责启动网络、分配网络中的设备地址、维护网络等。

路由器：是网络中支持关联的设备，主要实现扩展网络及路由消息的功能。扩展网络是指作为网络中的父节点可以使更多终端设备接入网络。一个 ZigBee 网络中可以不包含路由器，例如星形网络中就不存在路由器。

终端设备：是网络中具体执行数据采集传输的设备，只与自己的父节点进行主动通信，不能转发消息。

（2）三种网络拓扑结构

ZigBee 网络支持三种网络拓扑结构：星形、树形和网形，如图 3-28 所示，图中的 C 表示协调器，R 表示路由器，E 表示终端设备。

星形网（Star）是指一个协调器直接与多个终端设备相连，网络中不包含路由器，只允许终端设备与协调器之间进行通信。终端设备分布在协调器信号的覆盖范围内，适用于节点数

目较少的场合。

树形网（Cluster-tree）由一个协调器和若干个星形网连接而成。协调器可以与路由器相连，也可与终端节点直接相连。所有消息的传输只能通过直接相连的节点来进行，即要实现不相连节点间的消息传输，必须沿着树的形状进行。

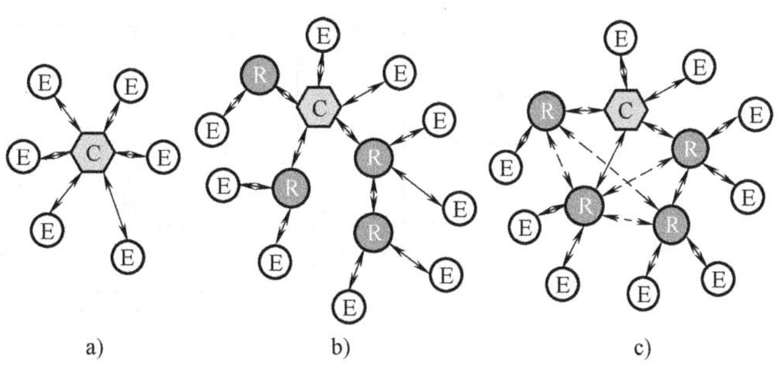

图 3-28　星形、树形和网形三种网络拓扑结构

网形网（Mesh）是在树形网络基础上实现的。它的消息传输不仅可以沿着树的形状进行，还允许网络中所有具有路由功能的节点直接互连。这种网络拓扑能够减少消息延时，但是需要的存储空间相比树形网络结构更多。

如图 3-29 所示，是利用各温度检测终端、智能下位机和上位机构建大的分布式传感器系统。温度检测终端用于获取电连接处的温度信号，并进行温度信号的调理、采集与无线发送；智能下位机用于对无线网络中所有温度检测终端发送的外温度信号数据进行接收和算法处理，通过 CAN 总线或以太网上传原始数据与计算结果；上位机用于接收下位机上传的数据，显示温度信号波形，实现数据的存储与导出。

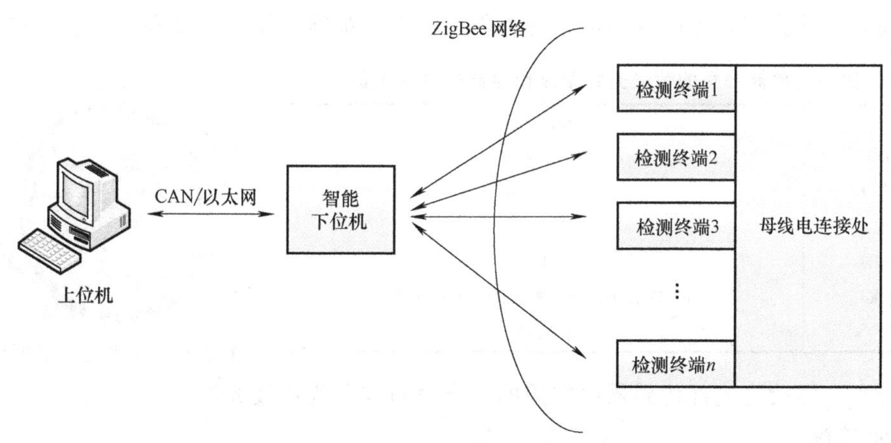

图 3-29　分布式传感器系统结构图

3.3.3　基于荧光光纤温度传感器的接触式测温技术

图 3-30 所示是荧光光纤传感器的原理图。荧光光纤传感器由 IED、MCU、LED 及驱动电路、光纤及探头和光电转换放大电路几部分构成。图中滤波片是半反半透膜，45°倾斜放置，一方面将光源的光反射到荧光材料，另一方面将返回的光投射给光电转换放大电路。MCU 采用 PIC18f 单片机，通过脉宽调制信号（PWM）来控制 LED 驱动电流以控制 LED 的发光强度，LED 的驱动电流波形如图 3-31 所示。LED 的激励光撤销后，荧光由原光路返回，与激励光有一个时间差来防止激励光对荧光的干扰，经过滤波片滤波后得到所需波长范围内的荧光，再经过光电转换及信号放大电路，得到与电压所对应的温度值。但是由于所测电压掺杂了电路及光路的噪声信号，故硬件上采用高信噪比的运算放大电路，减小噪声信号对测温结果的干扰，再由 PIC18f 的 A/D 转换模块测得电压值，并进行余辉时间常数的数据处理，得到对应的测量温度值，由单片机串口发出数据。

图 3-32 所示是固态传感公司的荧光光纤温度传感器。表 3-7 中列出了具体参数，该产品

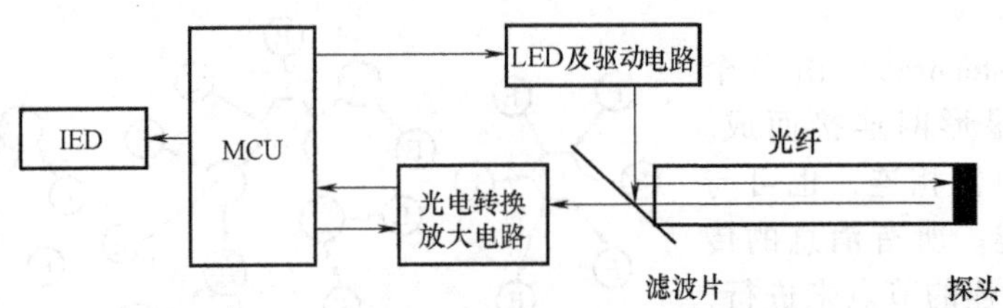

图 3-30　荧光光纤传感器原理图

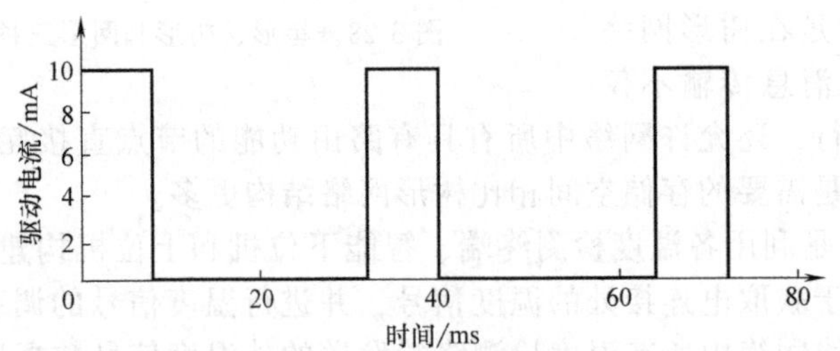

图 3-31　LED 驱动电流波形

是专门根据高压电气设备温度监测、监控的需求而设计和生产的，融合了灵活和方便的特点，无论是在独立工作或多通道的测控网络的工作环境下，都能保持高精度和可靠性的测量。

表 3-7　固态传感器公司的荧光光纤温度传感器的具体参数

价格/元	3500
体积/mm	38×22×19
测温范围/℃	-40~210
精度/℃	±0.5
采样率/Hz	1
电源要求	DC-5V,50mA,纹波峰值电压<10mV
输出	RS232

图 3-32　荧光光纤温度传感器

下面分别介绍荧光光纤传感器中常用的荧光材料和荧光激发光源。

1. 荧光材料

荧光材料的选择由传感器的测温范围、灵敏度及稳定性所决定，作为感温元件的荧光发射体一般应满足以下几个条件：

1）具有良好的物理化学性能。

2）易于实现在合适波段上的强荧光发射。

3）确定的荧光温度特性和荧光时间衰减特性。

目前应用的荧光材料可分两类：一类是晶体荧光材料，如红宝石晶体具有很好的温度特性；另一类是粉末状化合物，主要是稀土激活的化合物。

与红宝石相比，稀土材料吸收的光多为紫外光，能量高，且转换效率高，荧光余辉时间长，价格便宜，易于加工。但是，这类稀土材料通常需要紫外光激发，相对应的光源一般是激光器和氙灯，而这些光源成本高，体积大，不适合设计到荧光测温模块中。

2. 荧光激发光源

半导体光源分为发光二极管（LED）和半导体激光器（LD）。LED 和 LD 的共同特点是体积小、重量轻、功耗低。它们的区别主要表现在：LD 输出是相干光，谱线窄，出纤功率大；LED 的出射光是一种非相干光，其谱线较宽（30~60nm），辐射角也较大。在低速率的数字通

信系统和窄带较宽的模拟通信系统中，LED是可以选用的最佳光源，且驱动电路较为简单，产量高，成本低。

目前LED被划分为三个波段：可见光LED，$\lambda=400\sim700$nm；近红外短波长LED，$\lambda=800\sim900$nm；近红外长波长，$\lambda=1000\sim1700$nm。可见光包括红色、橘黄色、黄色、绿色和蓝色LED。其中，绿色超高亮发光二极管的特性参数如下：

1）光谱半宽度为40nm。

2）中心波长575nm。

3）额定连续工作电流40mA。

4）最大脉冲工作电流300mA。

3.3.4　基于红外辐射的非接触式测温技术

红外辐射测温技术基于热辐射原理，对于金属物质而言，它的发射率相对较低，在实际应用中，当被测物体发射率低于0.5时，必须采取提高发射率的措施，否则，将会严重影响测量精度。因此，需要在电接触处的母排表面涂上极薄的一层黑体物质（油漆）以增大发射率、减少反射干扰。

因为黑体的红外辐射具有各种波长的分量，各波长段的能量大小也不同，辐射能量最大的波长（峰值波长λ_{max}）与黑体的温度关系为

$$\lambda_{max}=C/T \tag{3-50}$$

式中，C为常数，等于2897.8μm·K；T为物体的绝对温度（K）。

可见，随着绝对温度的升高，峰值波长向短波方向移动。对于12kV电器设备电连接处的温度而言，其大致范围在273~473K，对应的峰值波长为6.13~10.61μm。由于红外辐射能量微弱，为防止在大气传输中的损失，考虑到大气窗口（大气对某些波段的红外线吸收甚少）有2~2.6μm、3~5μm、8~14μm三个波段，结合被测温度的要求，选取8~14μm作为测量用频带。

选取红外传感器的关键是要在运行条件下正确地采集所需的红外辐射信号，结合上面的频带等要求，选用Perkin-Elmer公司生产的MLX90614新型高精度测温传感器（波长范围是5.5~14μm,），它具有以下特点：

1）可实现在线监测的高低电位有效隔离。

2）传感器的输出为数字信号，且自身集成了相应的数字滤波器和存储器，数字信号的传输具有很强的抗电磁干扰性能。

3）该温度传感器体积小，成本低，安装方便，抗干扰能力强。

4）选用MLX90614的I^2C总线输出模式，实现三相载流母线的分布式监测。

5）采用双单片机通信方式，实时、有效、精确地通过总线协议将前端传感器的数字信息传送到MCU以供显示。

传感器实物图如图3-33所示。

MLX90614是由Melexis公司生产的一种红外温度计，它是由红外热电堆探测器MLX81101和专用信号处理芯片MLX90302共同集成的，可实现高精度、高分辨率的温度采集，测量分辨率为0.02。其中红外热电堆探测器MLX81101的工作原理是基于温差电效应制成的，即在热偶两端如果存在温度差，则会伴随电压产生，这个电压是温度差的函数。在这种热偶的一端连接一个红外接收器，由它接收红外辐射信号，如图3-34所示，热偶元件将温度差转换为电压信号输出。

图3-33　传感器实物图

图 3-34 中，输出电压与温度的关系可以用式（3-51）表示：

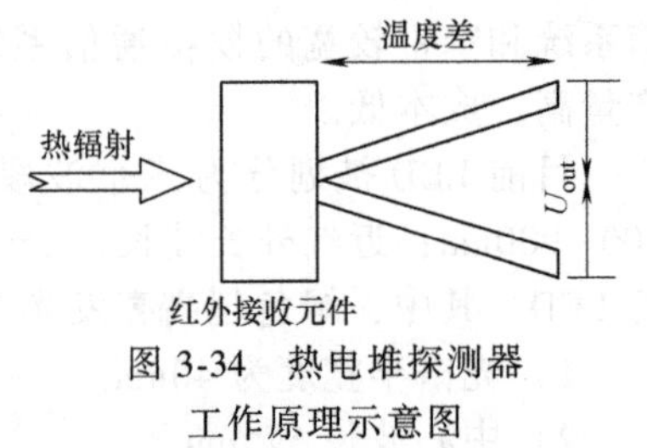

图 3-34　热电堆探测器工作原理示意图

$$U_{out}=K(T_{ob}^4-T_{sen}^4) \tag{3-51}$$

式中，T_{ob} 为被测物体的温度；T_{sen} 为环境温度；K 为灵敏度常数。

根据式（3-51），红外温度传感器的输出电压不仅与被测物体的温度有关，也与环境温度有关。因此，要准确反映被测物体的温度值，有必要对传感器进行温度补偿，以消除环境温度 T_{sen} 的影响。因此采用一个附加的片上温度传感器来获取与环境温度相关的电压，进行温度补偿。

由 MLX81101 芯片输出的电压信号，分别经过 MLX90302 芯片上的高性能、低噪声的斩波稳态放大器、17 位的模数转换器（ADC）、信号数字处理（DSP）单元，最后得到环境温度 T_{sen} 和物体温度 T_{ob}，并将结果通过 PWM 或 SMBus 输出。

红外辐射测温传感器的装配结构如图 3-35 所示，其中热电堆探测器有一个视角，在视角范围内，探测器对不同角度处的红外辐射能量有不同的输出响应。在视角范围内的任何温度变化都将引起输出电压的变化。因此，热电堆越靠近电连接处安装，温度测量越准确。但是，电连接处位于高电压侧，它与热电堆之间必须保持足够的绝缘距离，以 12kV 电器设备为例，国家标准规定绝缘距离不小于 125mm。为了限制视角范围，在探测器前端加一个热源屏蔽筒，这一方面避免了外界热源的干扰，另一方面也使远距离测量较小物体成为可能。图 3-35 中，R_0 为热电堆探测器的封装直径（$R_0=5$mm），R 为母排宽度的一半（$R=30$mm），D 为热电堆与电连接处的距离（$D>125$mm），D_0 为热源屏蔽筒的长度。取 $D=300$mm，由 $R_0/D_0\approx R/D$，故 $D_0=50$mm。

当将红外辐射测温传感器应用到 GIS 母排电连接处温度监测时，还需要考虑母线红外发射率、SF_6 气体对红外辐射的吸收作用等一系列问题。

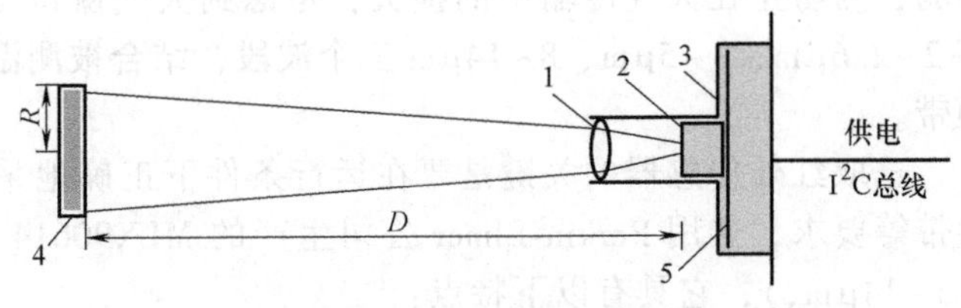

图 3-35　红外辐射测温传感器的装配结构示意图
1—热源屏蔽筒　2—热电堆探测器　3—金属外壳
4—电连接处　5—调理电路板

（1）母线红外发射率对测温结果的影响

相同温度下，发射率低的物体其红外辐射能量越低。一般情况下，非金属物质如塑料、橡胶、漆、人体皮肤等的发射率很高，为 0.9 以上；而金属表面尤其是抛光的金属表面的发射率很低，为 0.2 左右。因此，在测量设备母线表面温度时，需对其表面进行处理以提高其表面发射率，如可以在其表面涂 RTV 涂料。

（2）SF_6 气体对红外辐射的吸收作用

SF_6 对红外辐射具有很强的吸收作用，且气体对红外辐射的吸收特性对红外辐射测温的影响量尚未得到基础性理论研究，缺乏相应的定量分析，需要进行试验进行相应的补偿。

图 3-36 和图 3-37 所示分别是在空气中及 SF_6 中测温试验数据。由图可知：

1）在不充 SF_6 气体测温时，红外测量结果较热电偶偏低，一方面是因为母线为抛光金属，

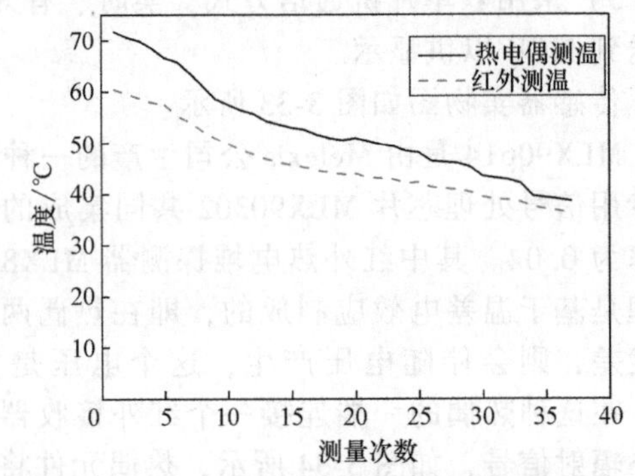

图 3-36　空气中母线红外测温与热电偶测温对比

反射率低；另一方面是母线为圆柱形，红外测温有效面积并非平面。

2）在充 SF_6 测温时，红外测量结果偏低程度较不充气时更甚。表明 SF_6 对红外辐射的吸收作用明显，为保证测量结果的有效，需要对红外测量结果进行修正。

热电偶为接触式测量方法，测量过程受外界影响小，测量结果较为准确。通过热电偶测量结果对红外测温进行修正。通过修正发现可保证测量误差在5%的范围，可满足精度的需求，其修正后红外测量结果与热电偶测温如图3-38所示。

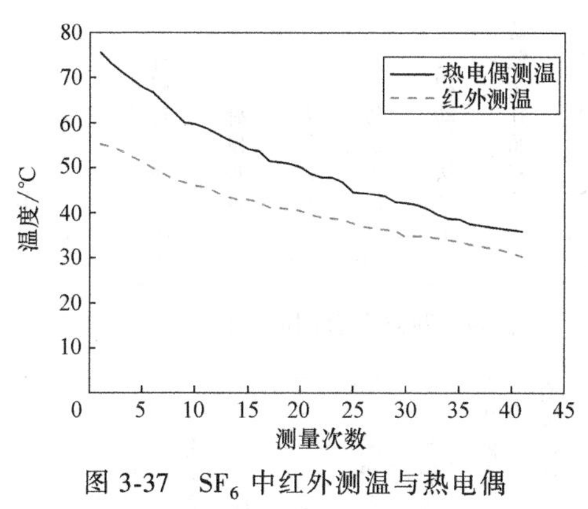

图3-37　SF_6 中红外测温与热电偶测温对比（修正前）

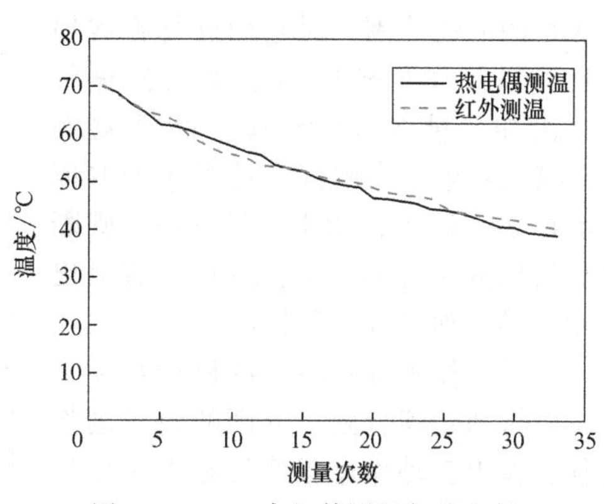

图3-38　SF_6 中红外测温与热电偶测温对比（修正后）

3.4　断路器机械状态参量的现场提取

电器设备依靠其机械部件的正确动作来完成其职能，因而每个组成部件的机械牢固性都极为重要。但是操动机构及传动系统的机械失效，会导致诸如机构卡塞、部件变形、移位和损坏，分合闸铁心松动，轴销断裂，脱扣失灵等故障。另外，导致电器设备机械故障还有一个重要的原因，即电气控制和辅助回路（通常称为二次回路）的故障。主要表现为二次接线接触不良，接线错误，分合闸线圈因机构卡塞或转换开关不良而烧损，以及操作电源、合闸接触器、时间继电器失灵等故障。为了及时预见和反映这些故障，有必要对机械状态进行在线检测，其中，采用什么状态特征参量，采用什么样的信号提取方法，一直以来都是研究的重点和难点。

本节就电器设备机械状态特征参量的选取和相应的信号现场提取方法进行介绍，包括角位移信号、振动信号和二次线圈电流信号的现场提取和分析，以及如何由它们反映设备的机械状态。

3.4.1　断路器机械状态的主要特征参量

1. 操动机构的主要特征参量

电器设备在安装投入或检修后，为保证其安全运行，按规程要求必须进行机械特性测试，测试的参量包括：固有分、合闸时间，分、合闸同期性，触头行程，超程，刚分速度，刚合速度等。在这里，有必要给出这几个专业术语的定义：

1）固有分（合）闸时间：断路器从得到分（合）闸指令到三相触头都分离（合上）瞬间所经历的时间。

2）分（合）闸同期性：断路器触头首相分（合）开始到三相都分（合）所经历的时间。

3）触头行程：动触头从开始运动到运动结束而停止的这段时间内走过的路程。

4）超程：动触头运动的最大行程位置与运动停止时位置之间的距离。

5）刚分（合）速度：刚分后（刚合前）一段距离或者一段时间内动触头的平均速度。GB 3309 推荐定义为刚分后（刚合前）10ms 内动触头的平均速度，实际在真空开关行业内并不按这个定义标准。这里，刚分速度定义为刚分后 12mm 内动触头的平均速度，刚合速度定义为刚合前 6mm 内动触头的平均速度。

以上这些特征参量在正常情况下都有各自的取值范围，对它们进行在线检测就可以及时反映电器设备的机械状态。比如，对 ZN12-35 真空断路器而言，其三相触头合闸同期性参量的取值范围在 2ms 以内，如果大于 2ms，则断路器的机械状态不正常，运行中容易出故障，必须加以维修和校准。

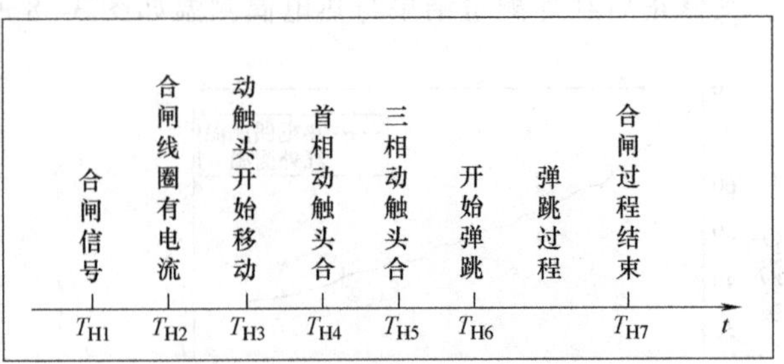

图 3-39　断路器合闸时序图

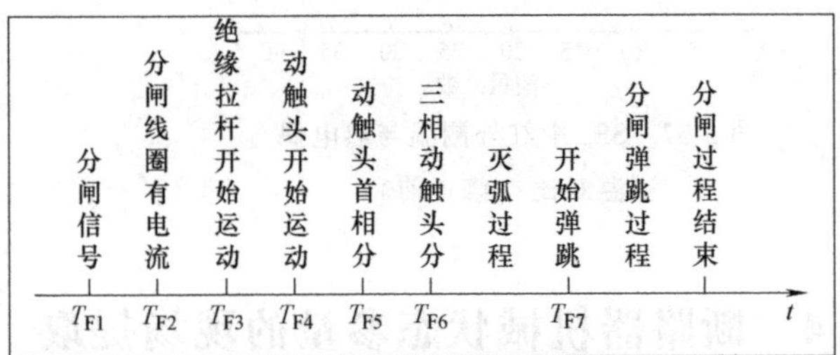

图 3-40　断路器分闸时序图

为了方便求取断路器的机械特征参量，可将断路器合闸、分闸的整个动作过程看作由各动作过程连接起来组成的顺序时间链，各个动作过程又是顺序时间链的子时间链，设法捕获到断路器各个关键的动作时刻在顺序时间链中所处的相对位置，然后再将位移与时间量对应起来，就很容易计算出各机械特性参量。开关动作时的合、分闸时序图如图 3-39 和图 3-40 所示。

根据图 3-39 和图 3-40 中对各个时刻的定义，断路器的特征参量可以用下式表示：

固有合闸时间　$T_{hz}=T_{H5}-T_{H1}$

固有分闸时间　$T_{fz}=T_{F4}-T_{F1}$

合闸同期性　$T_{hztqx}=T_{H5}-T_{H4}$

分闸同期性　$T_{fztqx}=T_{F6}-T_{F5}$

触头行程　$D_{xc}=|T_{H7}\text{ 时刻位置}-T_{H1}\text{ 时刻位置}|$

刚分速度　$V_{gf}=\dfrac{0.012}{T_{fs}-T_{F3}}$，$T_{fs}$ 代表刚分后 12mm 所对应的时刻

刚合速度　$V_{gh}=\dfrac{0.006}{T_{hs}-T_{H3}}$，$T_{hs}$ 代表刚合前 6mm 所对应的时刻

动触头的超程量很难在线检测，所以大多数情况下，电器设备在线检测中不包含超程量的检测。

2. 二次回路的主要特征参量

导致机械故障的原因并不一定是机构本身，断路器机械故障有较大部分是由电气控制和二次回路失效引起的。图 3-41 为断路器的二次回路示意图，一般二次回路的电源既可以是直流，也可以是交流，图中以直流为例，省去了整流桥部分。

在图 3-41 中，当按下手动按钮 3 时，二次回路接通，脱扣线圈 5 产生电磁力驱动动铁心 8 运动，直到动铁心 8 碰撞脱扣杆 7，从而触发一次分（合）闸操作。二次回路接通后电流较大，因此不能长时间处于接通状态，延时断开时间继电器 2 在这里起到保护作用。

二次回路故障可以通过检测回路中的电流来反映，图 3-42 所示为直流电压供电条件下

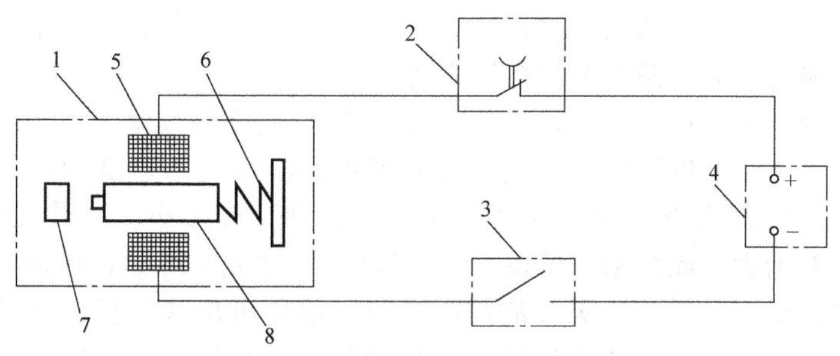

图 3-41 断路器二次回路示意图

1—分、合闸电磁铁 2—延时断开时间继电器 3—手动按钮 4—直流电源 5—脱扣线圈 6—返回弹簧 7—脱扣杆 8—动铁心

ZN12-35 型真空断路器分闸脱扣线圈的典型电流波形，线圈电流已经通过信号调理电路转换成电压信号。

图 3-42 中，T_0 为合闸命令到达时刻；T_1 是线圈中电流上升到足以使铁心运动的时刻，对于 ZN12-35 型真空断路器，通过多次试验测试得到 T_1 时刻对应的线圈电流为 1.9A（1.9V）；T_2 代表铁心触动脱扣杆的时刻；T_3 代表铁心、脱扣杆运动速度增大到使线圈电流减小的时刻；T_4 代表动铁心运动到最大行程时刻；T_5 代表辅助触头打开时刻。据此可将线圈的整个吸合过程分为五个阶段：即线圈电流从零上升到使动铁心刚开始运动阶段、动铁心开始运动到碰撞到脱扣杆阶段、脱扣杆运动到使线圈电流减小阶段、脱扣杆运动到最大行程阶段，线圈电流重新上升到辅助触头打开阶段。

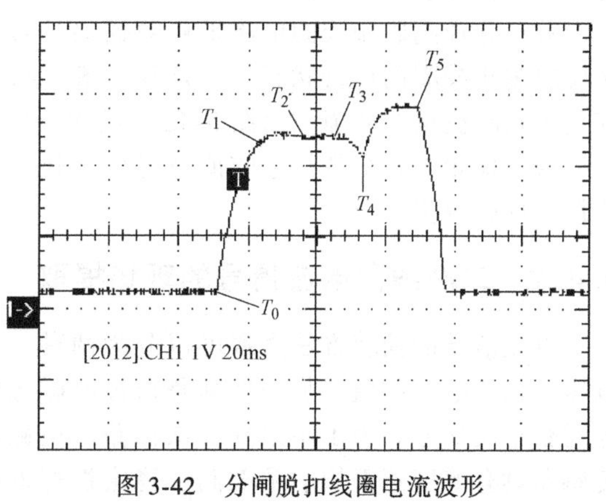

图 3-42 分闸脱扣线圈电流波形

由于合闸线圈为直动式直流并励电磁系统，从电路方面来看，是一个典型的电感性电路，其基本电压平衡方程如下式：

$$u = iR + L\frac{\mathrm{d}i}{\mathrm{d}t} + iv\frac{\mathrm{d}L}{\mathrm{d}x} \tag{3-52}$$

式中，u、i、R、L 分别为励磁线圈的电压、电流、电阻和电感。

对于电感性电路而言，电路中的线圈电流 i 在线圈通电后不能跃变，故在第一阶段（T_0 ~ T_1），i 只能按指数规律逐渐增大。由于在线圈通电以前磁路不饱和，因而其中的磁通大体上按照指数规律增长。与此同时作用在铁心上的电磁吸力也由零渐渐增大直到它等于释放位置的反作用力为止。当铁心尚未运动时，速度为零，故在触动阶段的电流表达式如下：

$$i = \frac{u - L\frac{\mathrm{d}i}{\mathrm{d}t}}{R} \tag{3-53}$$

当电磁吸力大于反作用力时，铁心开始运动。此时线圈中会产生阻碍电流增大的运动反电动势 $iv\mathrm{d}L/\mathrm{d}x$，最初速度尚小，运动反电动势在总的反电动势中尚未占主要地位，所以线圈中的电流继续增大。随着铁心速度的不断增大，运动反电动势也不断增大，一旦它增到一定的数值，电流便开始减小，以维持电压的平衡。由于在这个阶段反电动势主要来自线圈电感，所以线圈电流仍然可以近似用式（3-53）表示。该式中线圈电阻 R 是定值，因此 $T_0 \sim T_1$ 这段时间反映了控制电源电压和线圈本身阻抗的变化。

当在电磁铁吸合过程的第二个阶段（$T_1 \sim T_2$），铁心速度继续增大，运动反电动势开始占主导地位，电流明显减小，电流减小的速率和幅度由铁心运动的速度和线圈本身的参数所决定。当铁心运动到一定程度将碰撞脱扣杆而使铁心运动速度减小，运动反电动势开始下降，线圈电流又重新开始增大，此为第三阶段（$T_2 \sim T_3$）。因此 $T_1 \sim T_2$ 这段时间反映了电磁铁心运动过程是否有卡塞、变形、脱扣失灵等故障。在第三阶段可反映顶杆的运动情况。当电流重新增大到一定程度时，铁心的运动速度增大而导致反电动势增大，线圈电流又开始减小，直至铁心运动到最大行程位置，此为第四阶段（$T_3 \sim T_4$）。$T_0 \sim T_4$ 阶段可以反映整个脱扣回路部件的运动情况。动铁心停止运动以后，线圈电流又成指数增大并达到最大值，直到断路器辅助触头打开，此为第五阶段（$T_4 \sim T_5$）。整个动作过程完成，主回路的辅助触头打开后，电流又按指数规律下降至零。由以上参数的变化可以诊断由于脱扣回路部件故障而引起的断路器拒分、拒合等故障的趋势。

对于分合闸脱扣线圈电流采样数据的处理，一是计算电流的平均值，通过平均值的大小来反映脱扣线圈的运行状态，二是确定图 3-42 中所示电流波形的几个特征点，通过特征点的变化来判断机构的故障。以图 3-42 中的 $T_1 \sim T_5$ 五个特征点所对应的电流值为二次回路的主要特征量，检测这几个特征量的值就可以反映二次回路的状态，这比单纯使用电流平均值为特征量要准确得多。

3.4.2 二次线圈电流信号的现场提取

电流信号的捕获方法大致可以分为两种，一种是通过在电路中串入电阻，测量电阻两端电压来捕获电流的值；另一种则是通过电磁感应的原理，采用互感线圈或者霍尔电流传感器等捕获电流信号。为了不改变二次回路的电路结构，只能采用电磁感应原理测量电流。霍尔传感器具有响应速度快、精度高、稳定性好的特点，这比一般的互感线圈性能要优越，所以首选的是霍尔电流传感器。

霍尔电流传感器主要由带有气隙的环形铁心、霍尔元件、测量用电阻等部分组成。磁平衡式霍尔电流传感器原理图如图 3-43 所示。图 3-44 为 HNC-661 型磁平衡式霍尔电流传感器的实物图和电路图。表 3-8 为 HNC-661 型磁平衡式霍尔电流传感器的典型参数。

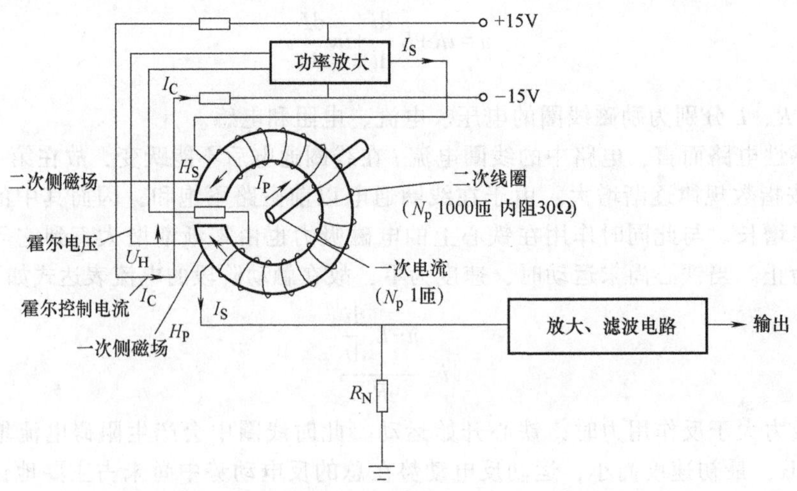

图 3-43 磁平衡式霍尔电流传感器原理图

表 3-8　HNC-661 型霍尔电流传感器的主要参数

特　　性	参　　数	特　　性	参　　数
测量电阻	50~160Ω	零点温漂	±0.5mA
匝数比	1∶1000	响应时间	<1μs
线性度(%)	0.1	带宽	DC~200kHz
失调电流	<0.2mA	工作温度	-10~85℃

由表可知，该霍尔电流传感器具有以下优点：

1）失调电流小，线性度好，响应时间短，动态范围大，因而对于保证整个系统的测量精度和测量稳定性十分有利。

2）采用了霍尔磁平衡原理，电气绝缘和抗干扰能力都很强。

3）结构简单、坚固、体积小，为电路板直接焊接型，所以将其放置在检测单元内部的信号调理板上，避免了输出信号传输过程中的外界电磁干扰。安装过程中直接从仪表室的端子排上用屏蔽电缆引出操作回路的电流，到达传感器端穿芯而过，因此不会对断路器的操作回路的正常运行造成影响。

4）工作频率范围比较宽，可从直流到数百千赫兹，可以用于直流、交流、脉冲以及其他复杂波形的电流测量。

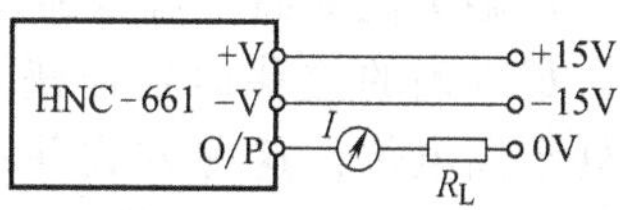

图 3-44　HNC-661 型磁平衡式霍尔电流传感器的实物图和电路图

测量霍尔电流传感器的输出电压，通过换算就可以得到二次回路的电流波形，并计算得到相应的 5 个特征量，从而实现对二次线圈电流信号的现场提取。

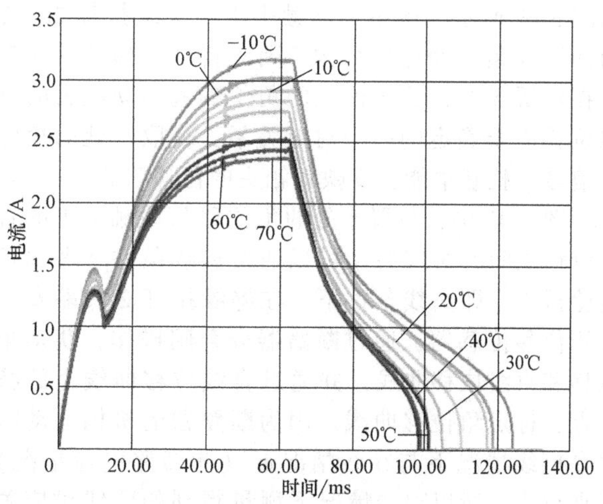

图 3-45　不同温度下线圈的电流波形图

需要注意的是，在对线圈电流信号进行现场提取时，需要同时测量环境温度，因为环境温度会影响线圈电阻，进而影响线圈电流特征量。图 3-45 所示为不同温度下线圈电流波形。由图可知，温度在-10~70℃变化时，线圈电流的特征量变化显著，尤其是电流稳定值。

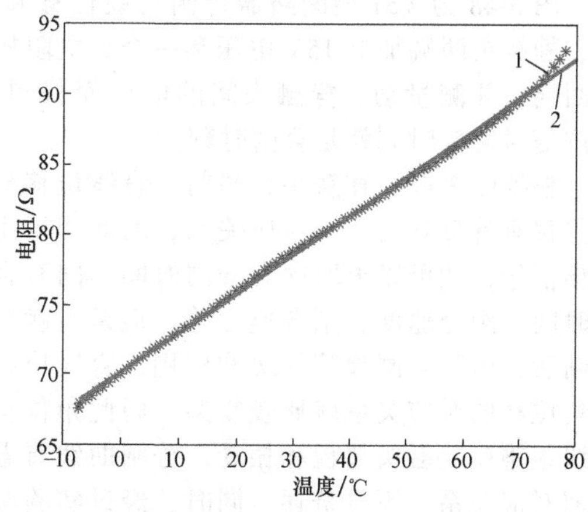

图 3-46　线圈电阻随温度变化规律

为了进一步研究温度对线圈电阻的影响，设计以下试验过程：以 5TK.520.051.4 型分合闸线圈为例，将 5 个线圈放到恒温试验箱中，在-7~80℃调节试验箱温度，每次调节一度。用热电偶测量线圈温度，待线圈温度稳定后，分别测量 5 个线圈电阻并求其平均值。实验与拟合结果如图 3-46 所示，线圈平均电阻随温度变化实验数据如图中曲线 1 所示，拟合曲线如图中曲线 2 所示。最小二乘法拟合得到的电阻随温度变化公式如下：

$$R=0.2793T+70.1416 \tag{3-54}$$

式中，R 为线圈电阻；T 为环境温度。

由图 3-46 可知，线圈电阻随温度变化明显，假定变电站内断路器工作环境温度极限是 0~70℃，相应的，线圈电阻变化极限为 70~90Ω。

3.4.3 动触头位移信号的现场提取

断路器动触头位移曲线中包含了操动机构的很多状态参量，断路器的固有分（合）闸时间、触头行程以及刚分（合）速度等都可以从中获取，并且通过对曲线的参数化描述，还可以预测故障趋势，判断故障类型等。

动触头位移曲线可以通过位移传感器捕获。在动触头下面安装直线位移传感器，是最直接、最准确的位移信号捕获方式。但是，由于动触头处于高电位，这种方式并不能用于动触头位移信号的在线提取，因而只能在低电位的某个位置安装位移传感器。

以 VS1 型真空断路器为例，其操动机构示意图如图 3-47 所示。图中，动触头 1 与绝缘拉杆 2、传动拐臂 3 是一种连杆结构，因此将角位移传感器安装在位置 5 处，那么该处的角位移就与动触头的直线位移有着确定的一一对应关系，获取 5 处的角位移信号，就基本能够反映动触头的位移状态。

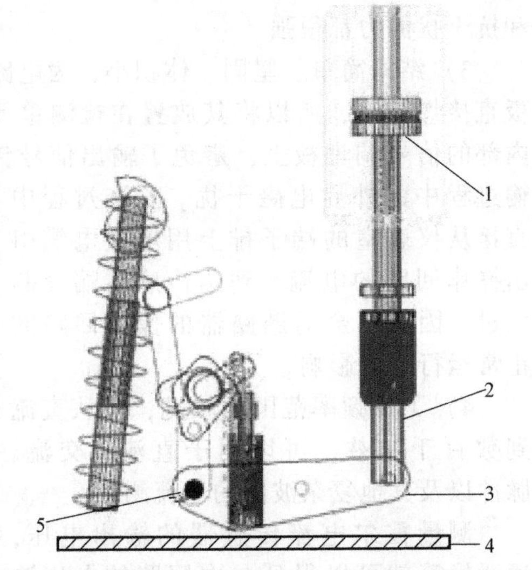

图 3-47　VS1 型真空断路器的操动机构示意图

1—动触头　2—绝缘拉杆　3—传动拐臂

4—底座　5—角位移传感器安装位置

图 3-47 中，位置 5 处的角位移与动触头 1 的直线位移之间的对应关系可以通过离线条件下做比较实验得出，即离线条件下，在绝缘拉杆 2 底端安装直线位移传感器，通过断路器分合闸操作，获得角位移和直线位移曲线，并通过直线位移曲线上的特征点，标定角位移曲线。因为断路器的机构运动特性在离线情况下与在线情况下（非短路电流情况）差别很小，所以离线情况下测量得到的曲线对应关系可以应用到在线检测中。

图 3-48 为 VS1 型断路器合闸直线位移和角位移对应关系图，图中的换位信号是通过在动、静触头两端加上 15V 电压和一个大电阻构成回路，并测量动、静触头间的电压而得到，换位信号突变时刻就是合闸时刻。

根据图 3-48，在触头合闸前，直线位移与角位移有着良好的一一对应关系，因此测得角位移信号，就可以求取固有分闸时间、固有合闸时间、刚分速度、刚合速度等。但是，触头合闸后，由于合闸弹簧的缓冲作用，直线位移和角位移的对应关系就比较复杂，因此角位移曲线很难反映触头超程和振动。分闸曲线有着类似对应关系，不再赘述。同时，经过实验验证，断路器长期工作也不会导致直线位移和角

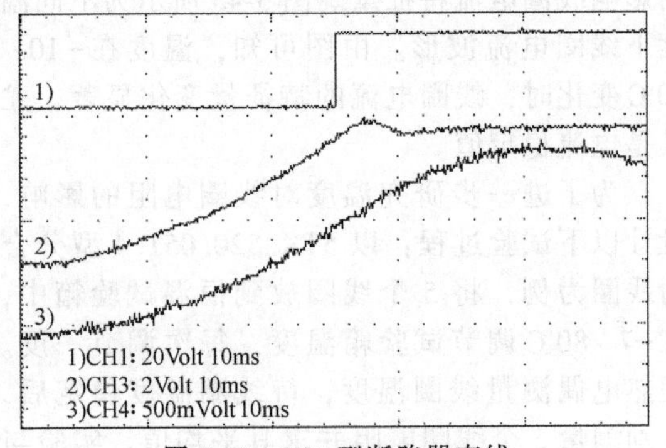

图 3-48　VS1 型断路器直线位移与角位移的测量曲线

CH1—合闸换位信号　CH3—直线位移信号　CH4—角位移信号

位移曲线发生较大变化，除非发生故障。因此，可以取断路器出厂时离线试验数据制成直线位移-角位移关系表格，供机械特性数据处理程序使用。

角位移传感器有多种类型，主要分为光电式和滑线变阻器式两种类型。光电式角位移传感器基于光栅原理制成，准确度很高，但是价格偏贵；滑线变阻器式角位移传感器一般价格便宜，准确度也较高，所以大多数情况下都选用滑线变阻式角位移传感器用于动触头行程曲线的在线检测。WDD35D 系列精密导电塑料电位器是一种性价比较高的滑线变阻式角位移传感器，其主要参数见表 3-9。

表 3-9　WDD35D 系列精密导电塑料电位器的主要参数

特　性	参　数	特　性	参　数
独立线性度(%)	0.1	电阻温度系数/(PPM/℃)	<250(-40~85℃)
分辨力	∞(理论上)	震动	全振幅 15g　总电阻变化<2%
输出平滑性	<0.05	旋转寿命(cycle)	5000 万次
工作温度范围/℃	-55~125	绝缘强度	500r/s,1min

角位移传感器捕获的信号经过简单的滤波电路就可以输入到 MCU 进行采集处理。MCU 采样得到角位移电压信号，经过查直线位移-角位移关系表格，结合插值的方法就可以方便地得到动触头对应的直线位移量，并进一步可以获得固有分（合）闸时间、触头行程、刚分（合）速度等特征参量。

3.4.4　断路器三相分（合）闸同期性的现场提取

断路器的三相分（合）闸同期性的在线检测比较难实现，这是因为：①动触头处于高电位；②同期性参量的值很小，往往只有 1ms 左右；③触头超程和弹跳，影响分（合）时刻的准确判断。有专家提出为断路器添加辅助触头，通过检测辅助触头的同期性来间接反映三相分（合）闸同期性。这是好的方法，但是需要断路器生产厂家的配合和相应标准的制定，才能推广应用。本节主要介绍通过振动信号的现场提取来在线检测断路器三相同期性。

机械振动信号是一个丰富的信息载体，包含大量的设备状态信息，它由一系列的瞬态波形构成，每一个瞬态波形都是断路器操作期间内部“事件”的反映，振动是对设备内部多种激励源的响应。对中压真空断路器而言，激励源包括分合闸电磁铁、储能机构、脱扣机构、四连杆机构等内部构件的运动。断路器机械状态的改变将导致振动信号的相应变化，尤其是分、合闸操作时，机构会强烈振动，这是利用振动信号作为故障诊断依据的理论基础。同时，振动信号检测是一种非侵入式的检测手段，它的优点是不涉及电气参量的测量，传感器安装于断路器的接地部分，对断路器的正常运行无任何影响。

在检测断路器机械特性的过程中，分、合闸时刻是两个非常重要的中间参量，也是进行同期性检测的基础。对于分、合闸时刻判断的准确性，在很大程度上决定了机械特性各个参量计算的准确性。每一相各安装一个振动传感器提取振动信号，从各相传感器可以提取出刚分和刚合点的信息，确定三相各自分闸和合闸时刻，从而可以判断三相分闸和合闸不同期性，而且触头的合闸弹跳等信息也会有一些反映。图 3-49 是典型的合闸换位信号与振动信号波形图。

从图 3-49 中可以看出，振动信号在合闸时刻突然增大，它与合闸时刻有着明显的对应关系，其中，振动最大值滞后合闸时刻是因为碰撞最大时刻滞后于刚合时刻，而且振动信号从动触头传递到传感器也需要约 1ms 的时间，但是，这些滞后时间大小都是确定的。振动信号相当复杂，从中提取特征量需要用到一些先进的数字信号处理方法，如短时能量法、小波分析方法等。

振动信号其实可以看作一系列加速度信号的叠加，所以一般的振动信号传感器就是加速度传感器。加速度传感器有多种类型，常用的有压电式、压阻式、磁电式几种。压电式加速度传感器基于压电效应原理，即：一些特殊材料（如：压电陶瓷等）在外界机械力作用下，会在其上下表面产生电荷，去掉压力则电荷消失，电荷量大小可以反映外界压力，进一步就可以得出加速度。压阻式加速度传感器是利用压阻效应的应变片构成对加速度的测量，当加速度引起应变片变形时，其阻值随加速度大小变化。磁电式则是基于电磁感应原理。

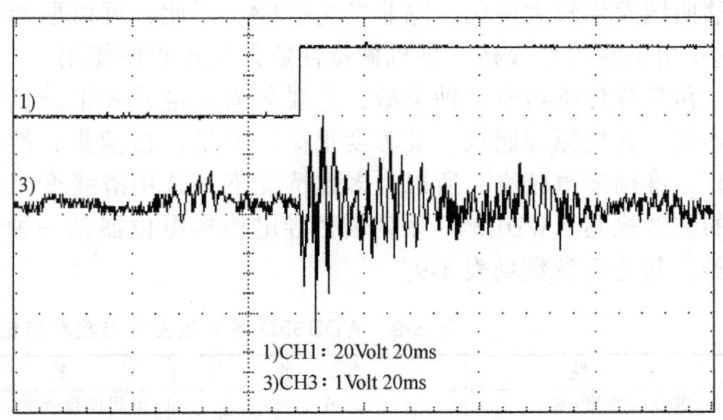

图 3-49　合闸振动波形图

CH1—触头变位信号　CH3—合闸振动信号

在传感器领域，通常把加速度分为振动加速度和惯性加速度两种，其中，振动加速度变化快，要求传感器具有较高的灵敏度。所以，上述几种加速度传感器并不是都适合测量振动信号，一般都选择灵敏度最高的压电式加速度传感器作为振动信号传感器。

压电式加速度传感器按内部结构又可以分为压缩型、剪切型、弯曲型和膜合式几种，这里以压缩型为例介绍它的工作原理，其结构如图 3-50 所示。

将压电式加速度传感器安装在振动的机构上，如图 3-50 所示的质量块 3 就会随着振动运动，质量块 3 作用于压电片 4 的力是加速度的函数。压电片 4 受力后，其引出线两端就会积聚电荷，电荷积聚量随受力大小变化而变化。因此总体上讲，引出线上的电荷量是加速度的函数。在现有的传感技术中，电荷量往往与加速度呈线性关系，这就为加速度的测量奠定了基础。

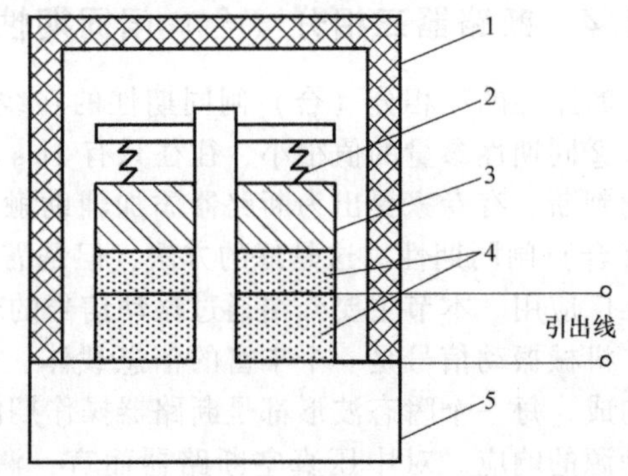

图 3-50　压缩型压电式加速度传感器结构图

1—壳体　2—弹簧　3—质量块　4—压电片　5—基座

下面以 ZN12-35 型真空断路器为例，介绍振动传感器的选型、安装及应用。

选型的时候需要考虑传感器的测量范围、精度、灵敏度以及价格等因素。通过大量实验分析表明，ZN12-35 型断路器操作振动信号的频率主要集中在 10kHz 以内，冲击强度 -500~500g。可以选用朗斯公司的压电型加速度传感器 LC0409A 做振动传感器，其电荷灵敏度 12. 1pc/g，幅值线性范围 0~5000g（±10%），频率范围 1~16000Hz，且谐振频率为 48kHz，价格相对便宜。

用振动方法检测断路器的机械状态时，传感器的安装位置非常重要，不同的测量位置得到的振动信号差别很大。导致测量误差的因素很多，主要有：①相间的相互干扰。比如在测量 A 相分合闸振动时，B 相和 C 相的振动信号也会被传感器捕捉，并且因为振动信号本身的复杂性，相间干扰难以从信号分析的角度加以区分；②机构运动和自身碰撞的干扰。前面提到，断路器的每一个动作事件都会在振动信号上有反映，尤其是分合闸电磁铁、储能机构、脱扣机构、四连杆机构的运动和碰撞，必然会带来振动干扰；③振动信号传递过程中的衰减。由于触头碰撞点处于高电位侧，振动传感器的安装位置必需与之有较大的距离，所以触头分

（合）的振动信号需要经过较长的连杆机构才能传递到传感器，这个过程中信号会显著衰减，信噪比的降低会影响测量的准确性。

鉴于此，振动传感器的安装位置应该遵循如下原则：与测量相触头之间信号传递距离尽量短，与其他相触头之间信号传递距离尽量长，尽量不要在杆件结合位置。对 ZN12-35 型断路器，通过大量的理论分析和实验研究，确定了如图 3-51 所示的振动传感器安装位置。

压电型加速度传感器的输出信号是电荷量，所以必需首先经过电荷放大器转换为电压信号，才能被后级电路和 MCU 处理。以 AD549 电荷放大器为例，其电路图如图 3-52 所示。

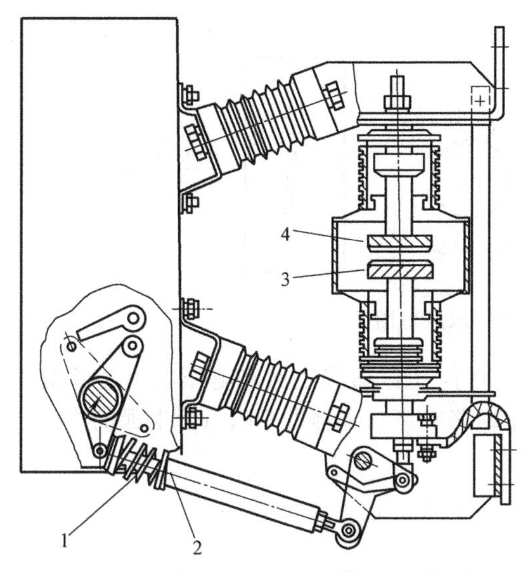

图 3-51　ZN12-35 型断路器结构和振动传感器安装位置图
1—触头弹簧　2—振动传感器安装位置
3—动触头　4—静触头

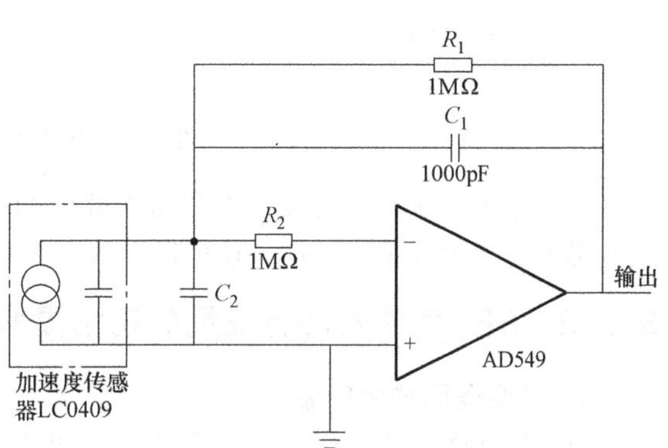

图 3-52　AD549 电荷放大电路

图 3-52 中，AD549 电荷放大器用于将电荷信号转换为电压输出。其中，C_1、R_1 和 R_2 为电路接入的电阻和电容，C_1 和 R_1 决定振动信号的下限截止频率，图 3-52 所示的截止频率为 150Hz，R_2 为过载保护电阻。C_2 为线缆电容，其值越小，噪声越小。

加速度传感器捕获的振动信号经过电荷放大器转换为电压信号，再经过常用的电压调理，就可以进入 A/D 采样通道，实现振动信号的现场提取。

3.5　其他一些状态信号的现场提取方法

本章 3.4 节重点介绍了环氧绝缘套管泄漏电流、局部放电超高频信号、电连接处温度和断路器机械特征量的现场提取方法，这些都是电器设备在线检测中重要的部分。

在电器设备在线检测中，还有一些状态特征量信号，如弧光、湿度、局部放电、SF_6 含量和真空度等，在一些特殊场合也需要在线检测。下面就这些特征信号的现场提取作简要介绍。

3.5.1　电器设备内部弧光信号的现场提取

电器设备内部绝缘性能劣化，很可能就会导致局部电弧的产生，检测弧光信号可以防止故障恶化，避免事故影响范围的扩大。

弧光信号可以通过光敏二极管捕获，光敏二极管位于低压侧的电路板中。为了准确捕获弧光信号，首先需要选定一些绝缘性能薄弱的区域作为检测区域，因为这些区域最容易发生绝缘劣化和击穿，产生电弧；其次，需要将各个检测区域的弧光信号有效地传递给光敏二极管。弧光信号产生区域往往伴随着高电压，或者伴随着因电场击穿而导致的电压剧烈突变，而且故障电弧会在电器设备内产生很强的压力、燃烧和辐射效应。因此，光敏二极管必须与弧光区域保持较大的绝缘距离。自聚光效应的弧光保护系统，采用光纤将各个弧光检测区域的信号传递给光敏二极管，结合相应的信号调理电路，实现了对弧光信号的现场提取，原理图如图 3-53 所示。

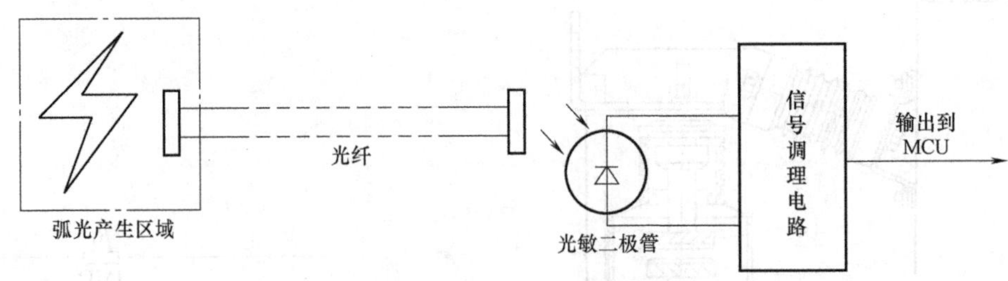

图 3-53　弧光信号现场提取原理图

故障电弧产生时，在发出强烈弧光效应的同时，往往还伴随着主回路电压的迅速降低与电流的迅速升高等现象。因此，还可以设计在线检测主回路电流，来辅助判断故障电弧的产生。

3.5.2　SF_6 气体状态特征量的现场提取

1. 需要提取的特征量

SF_6 具有优异的电气性能，是迄今为止最理想的绝缘、灭弧气体，在电器设备中广泛应用。然而，在 SF_6 的实际使用中，不可避免地存在各种各样的问题。

首先，在使用 SF_6 的绝缘设备（例如 GIS）中，SF_6 的气体压强一般为 4~6 个大气压，设备的密封要求十分严格。当设备的密封出现问题，SF_6 发生泄漏，会直接导致 GIS 内部气压降低，从而导致 GIS 的绝缘水平下降、开断能力减弱，存在发生事故的隐患。

其次，GIS 内部材料在安装过程中由于各种原因会吸附一定的水分，在实际运行过程中水分会从材料表面脱吸附，进入 SF_6 中；往设备中充入 SF_6 的过程中，一般先将设备抽真空，再充入 SF_6，由于实验条件限制，不能达到绝对真空，有残余的空气存在，不可避免地存在少量的水蒸气；水分子呈 V 形结构，其等效分子直径为 SF_6 分子的 70%，渗透压力极强，大气中水蒸气分压力通常为设备中水蒸气分压力的几十甚至几百倍，在这一压力的作用下，大气中的水分会逐渐透过密封件进入 SF_6 气体绝缘设备。当然，这些少量的水分对于 SF_6 的开断能力并无影响，但是，在开断过程中，会产生氟化氢气体，而氟化氢会破坏内壁材料的绝缘性能，影响设备的安全运行。

最后，由于微水微氧的存在，GIS 在运行过程中会存在局部放电，SF_6 会发生不可逆的分解，产生种类众多的分解产物，见表 3-10。这些分解产物的存在，会使得 SF_6 的绝缘性能产生劣化。同时，分解产物的种类和浓度在一定程度上还能反映出设备的运行状态。

表 3-10　SF_6 分解产物

气体种类	气体名字	用　途
含硫化合物	H_2S、SO_2、SOF_2、SO_2F_2	反映气体分解特性
含碳化合物	CF_4、CO_2	反映固体绝缘材料和金属构件劣化及腐蚀情况

综上，SF_6 气体的压强、湿度、分解产物的存在对于气体的状态以及设备的运行状态具有重要作用。

2. 特征量提取的具体方法

1）SF_6 气体的压强可以通过压敏电阻来捕获。压敏电阻目前技术比较成熟，稳定性好，响应速度快，体积小，很适合测量 SF_6 气体的压强。由压敏电阻构成的测量电路非常简单，不再赘述。

2）SF_6 湿度信号需要通过湿度传感器获取。目前湿度传感器有很多种类型，包括电解质湿度传感器、石英湿度传感器、高分子湿度传感器、湿敏电阻湿度传感器等。在此，因为 SF_6 气体中的湿度往往处于非常低的范围，所以需要高灵敏度的传感器。高分子电容式湿度传感器是目前的主流，它的湿度测量范围宽、响应时间短、精度高、成本低，而其他湿度传感器在低湿段进行测量时，最低测湿范围一般不能达到10%RH 以下，而且在5%RH 以下会有很大的参数漂移。

高分子电容式湿度传感器将湿度量转换为电容量，所以其后级的调理电路有必要将电容量转换为电压量，以实现湿度信号的现场提取。图 3-54 为电容量信号的放大电路图，在比例放大的同时，实现将电容量转换为电压量。

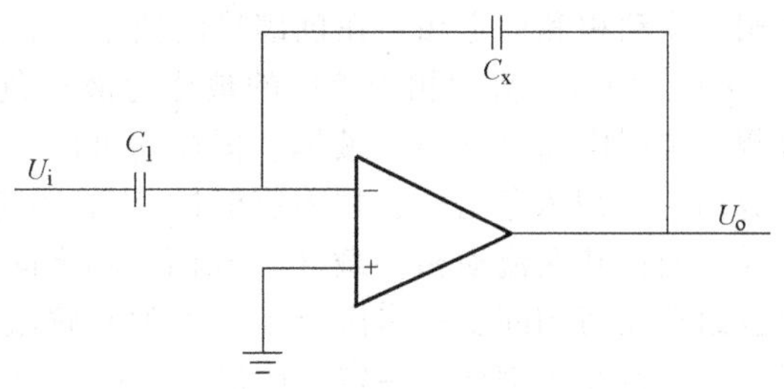

图 3-54　电容量信号放大电路

图 3-54 中，C_x 表示高分子电容式湿度传感器的电容量，它随湿度几乎线性变化。图中输入电压与输出电压的关系为

$$U_o=-U_i\frac{C_1}{C_x} \tag{3-55}$$

因为 C_1 和 U_i 已知，测得 U_o 就可以求得 C_x，并进而实现湿度信号的现场提取。

3）在实际应用中，由于封闭 GIS 中，很难安装检测设备且很难保证安装设备后 GIS 的安全运行和所安装设备本身不受干扰，通常使用采样设备（如采样袋、采样瓶等）提取 SF_6 分解气体，在不影响实际操作的情况下，将分解气体提取出来，然后再使用各种方法进行详细分析。检测 SF_6 分解产物常用的方法包括检测管法、气体传感器法、核磁共振法、红外吸收光谱法、气相色谱法、气质谱联用法等。

检测管法的主要原理是化学制剂遇到特定气体会发生显色反应。该方法可对 CO_2、SO_2、SOF_2、H_2S、HF 等气体进行检测，检测到的 SO_2、SOF_2、H_2S 的体积比能达到 10^{-6} 级。检测管法具有携带方便、操作简便、灵敏度高等优点，已被成功投入商业应用。但其容易受到温度、湿度和存放时间的影响，且对于大部分 SF_6 分解组分还没有对应的检测管，故该方法只能作为一种辅助检测方法。

气体传感器法主要利用了半导体的气敏特性检测气体组分，它通过气敏半导体表面吸附气体后电阻的变化来间接测量气体浓度。化学传感器法具有检测速度快、效率高，可以与计算机配合使用从而实现自动在线检测、诊断等突出优点。但是，电化学传感器法只能检测到 SO_2、H_2S、CO 和 HF，而对 SO_2F_2、SOF_2、SF_4、SOF_4 和 CF_4 等则无法检测。此外，检测中组分间会出现交叉干扰，数据的精密度不够高，且除了少数几种常用气体传感器，大部分传感器的稳定性亟待解决。

核磁共振法是指在高强磁场的作用下，对具有核磁性质的原子核吸收能量并发生能级跃迁后产生的波谱进行分析的方法。此种方法可检测10多种低氟化物，其中有很多分解产物是其他分析方法难以检测到的，如 SF_4、S_2F_2、HF、WF_6 等。然而核磁共振设备昂贵，操作技术复杂，难以普及。

红外吸收光谱法指利用不同物质对不同波长红外光的选择性吸收来进行分析的方法。红外光谱法具有无需气体分离、需要样气少、可定量分析、检测时间短的优点，故可进行在线检测。然而，SF_6 及其部分分解气体的吸收峰十分接近，存在交叉干扰现象，且吸收峰的强度与物质的含量不是严格的线性关系，不易准确定量。

色谱法（Chromatography）又称“色谱分析”“色谱分析法”“层析法”，是一种分离和分析方法，其利用不同物质在不同相态的选择性分配，以流动相对固定相中的混合物进行洗脱，混合物中不同的物质会以不同的速度沿固定相移动，最终达到分离的效果。色谱法中通常有两相：流动相和固定相。在色谱检测技术中，流动相为气体的被称为气相色谱（Gas Chromatography，GC），流动相为液体的被称为液相色谱。通常使用气相色谱法进行 SF_6 分解产物的检测。被测样品（气体、液体、固体均可以）在气化室气化之后，被惰性气体（即载气，也称流动相）载入色谱柱，柱内有液体/固体固定相。被测样品中各组分沸点、极性或吸附性的差异，使得其在流动相（载气）和固定相之间的分配系数不同，由于载气的流动，被测样品中各组分在两相间反复多次分配、吸附和解吸，从而在固定相和流动相之间形成分配、吸附平衡。经过在色谱柱中一定长度的流动后，结果是在载气中分配浓度大的组分先流出色谱柱，在固定相中分配浓度大的组分后流出色谱柱。通过控制色谱仪的参数、阀切换的时间、温升曲线，可以使得 SF_6 及分解产物通过色谱柱后进行分离，各种组分在不同的时刻进入检测器，通过标气标定的方式，色谱法能够准确地测出各组分的种类及浓度。

然而，由于 SF_6 分解组分过于复杂，且在分解初期浓度很低，且 SF_6 背景值很高，因此通过色谱柱往往很难实现一次分离，单一气相色谱法的局限性难以避免。所以，需要相色谱-质谱（GC-MS）联用法作为补充方法。质谱分析（Mass Spectrometry，MS）用电场和磁场将运动的离子（带电荷的原子、分子或分子碎片，有分子离子、同位素离子、碎片离子、重排离子、多电荷离子、亚稳离子、负离子和离子-分子相互作用产生的离子）按它们的质荷比分离后进行检测的方法。气质联用（GC-MS）相当于用MS作为GC的检测器，即首先利用GC实现对混合样品的分离（色谱柱采用与气相色谱仪相同的色谱柱），然后将分离得到的单一样品组分逐一经GC/MS接口进入MS，由MS完成对组分的定性及定量分析工作。该方法通过将待测组分的特征荷质比（与保留时间相结合，可有效排除背景气和其他组分对特定待测组分的干扰，通常情况下即使组分分离不完全也不会对其定性定量产生很大影响。此外，该方法还能对未知组分进行定性，在 SF_6 分解组分分析中具有重要价值。表3-11为几种常规分析方法的性能比较。

表3-11　SF_6 分解产物常规分析方法性能比较

方　法	优　点	缺　点
检测管法	量程范围大,操作简便,分析快速,携带方便,免维护	检测组分单一,检测精度低,易发生干扰
气体传感器法	检测速度快,效率高	检测组分单一,易发生干扰,数据漂移较大
核磁共振法	检测气体种类多	成本过高,操作技术复杂
红外吸收光谱法	可检测组分多	检出限较高,存在相互干扰
气相色谱法	可分离组分分别检测	成本过高,操作技术复杂,具有局限性
气质谱联用法	可直接定性定量分析未知组分	成本过高,操作技术复杂

由表3-11可见，这些方法有的存在测量不准确、多组分相互干扰等问题，有的成本过高，

操作技术复杂。在实际应用中，一般根据需要，选择合适检测方式，进行组分的分析。

3.5.3　真空灭弧室的真空度信号现场提取

真空灭弧室的真空度大小直接影响真空断路器的使用性能和开断能力。如图 3-55 所示，当真空度大于 10^{-2}Pa 时，间隙击穿电压就会随着真空度（压强）的增加而急剧减小，因此在国家标准中对灭弧室真空度有严格的要求，灭弧室随同真空断路器出厂时，其内部气体压强不得大于 1.33×10^{-3}Pa，在使用有效期内，其内部压强不得大于 6.6×10^{-2}Pa。

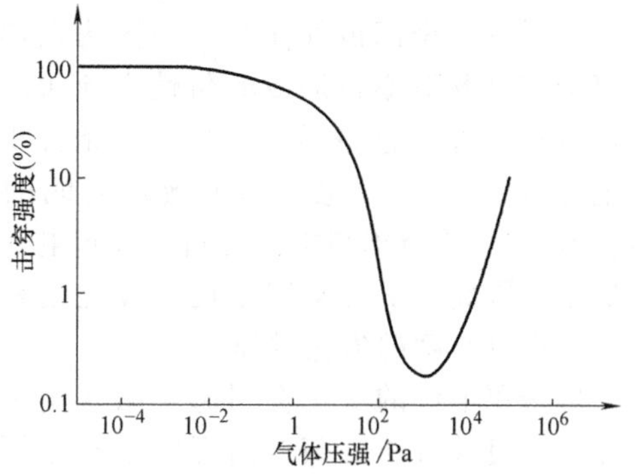

图 3-55　气隙间隙击穿电压随压强的变化曲线

国内外学者长期致力于灭弧室真空度的检测研究，并逐渐形成了多种检测方法，比较常见的有观察法、工频耐压法、磁控放电法、耦合电容法、电光变换法、激光诱导击穿光谱技术等，其中耦合电容法、电光变换法和激光诱导击穿光谱技术可实现真空度信号的现场提取。

耦合电容法是根据局部放电测量原理提出来的，其测试原理及等效电路如图 3-56 所示。图中，C_1 为带电触头和屏蔽罩之间的电容，C_2 为探测电极与屏蔽罩之间的电容，C_3 为耦合电容。设所测真空灭弧室的带电触头至中间屏蔽罩间的耐压强度由于真空度降低而下降，则当工频电压从零点升至某一值时，等效电容 C_1 被击穿放电，这相当于图中的间隙 G 击穿。此后由探测电极电容 C_2 和耦合电容 C_3 组成的放电回路中的电荷瞬时重新分布，M 端会有一个脉冲输出。现场提取这一脉冲信号就能及时反映灭弧室真空度劣化信息。

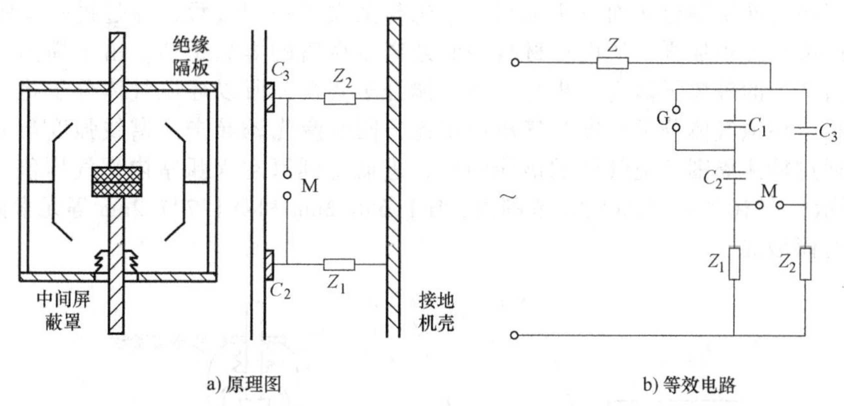

a) 原理图　　b) 等效电路

图 3-56　耦合电容法检测真空度的原理图与等效电路

为了不降低断路器总体的绝缘水平，耦合电容法的各电极均应有足够的绝缘防护层，布置于绝缘壳体或支架与接地机壳之间。此种方法的灵敏度还有待于验证。

电光变换法的原理是基于“电光效应”，即利用某些光学元件如泡克尔斯（Pockels）在电场中能改变光学性能的原理，把与真空度对应电场的变化转换成光通量的变化，再经光纤传到低电场区或控制系统中进行检测，灭弧室的典型结构和光学元件安装位置如图 3-57 所示。

一般真空灭弧室的屏蔽罩的金属部分完全密封在灭弧室中，其电位的变化无法直接进行测试。当灭弧室内的真空度正常时，仅需几百伏的电压就可维持带电触头与中间屏蔽罩之间的由场致发射引起的电子电流的流动，屏蔽罩电位几乎可达到带电触头电压峰值；当灭弧室内真空度劣化时，灭弧室内的气体密度变大，部分场致发射电子被气体分子吸附后成为负离子。由于负离子质量大，漂移速度慢，使得带电触头与中间屏蔽罩之间的电流减小，屏蔽罩绝对值电位降低；当灭弧室内真空度劣化为大气压力时，场致发射电子全部被气体分子吸附为负离子。由于离子在电场下漂移形成的阻性电流很小，与容性电流相比可以忽略不计，故大气条件下，屏蔽罩电位仅由 C_1（导电杆与屏蔽罩之间的分布电容）和 C_2（屏蔽罩与机壳之间的分布电容）的分压决定。因此，从屏蔽罩电位的变化过程可推知灭弧室内真空度的劣化过程。

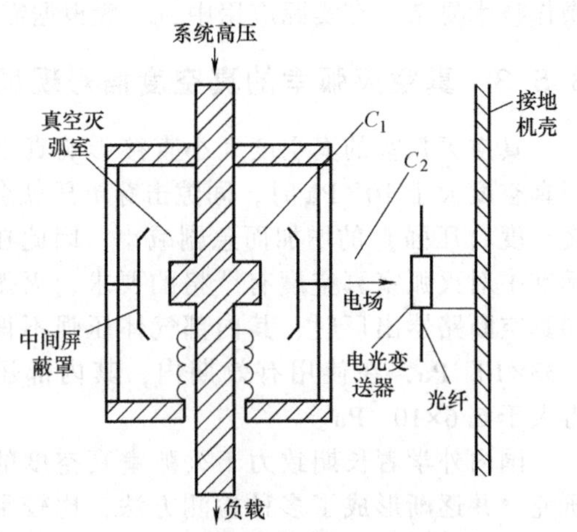

图 3-57 真空断路器灭弧室结构及光电传感器安装示意图

屏蔽罩电位的变化会引起屏蔽罩附近电场的变化，通过放置于屏蔽罩附近的泡克尔斯电场探头可以测知屏蔽罩电位的变化，进而可以进行真空度信号的现场提取。

电光变换法在真空度信号的现场提取中已有实际的应用，但是，该方法只在气体压强小于 0.1Pa 范围内测试敏感，且所使用的泡克尔斯电场探头温度特性比较差，长时间工作的可靠性有待进一步研究。同时，现场信号提取还必须考虑电磁兼容问题。

西安交通大学研究人员于 2017 年提出了一种基于激光诱导击穿光谱技术（Laser-induced Breakdown Spectroscopy，LIBS）的真空灭弧室真空度在线检测方法，如图 3-58 所示，其基本原理为：将脉冲激光聚焦于测试样品表面，当脉冲激光的能量密度大于击穿阈值时，样品表面处材料由于激光能量辐射从而发生加热、熔化与蒸发等物理过程，通过进一步吸收激光能量，粒子间的碰撞过程加剧，从而在材料表面处产生稠密的等离子体。由于周围环境气体的影响，靶材料产生的等离子体进一步与环境气体分子碰撞，所以环境气体分子将参与等离子体的形成过程。环境气体分子密度与气压成正比，同时激光诱导击穿谱线强度与分子数密度成正相关，通过检测周围环境气体的谱线强度，进而得到真空灭弧室内部气压值。实验结果如图 3-59 所示，在 10^{-3} ~ 10^{5}Pa 气压范围内，H Ⅰ 656.2nm 和 O Ⅰ 777.2nm 等元素谱线强度均随气压的上升而增加。

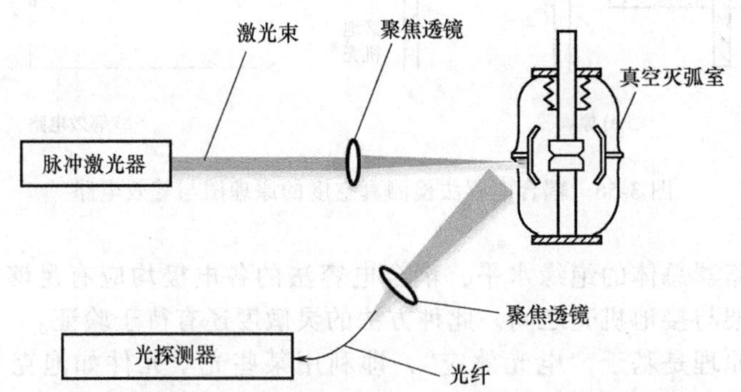

图 3-58 基于激光诱导击穿技术的真空灭弧室真空度检测原理图

为了减少测量过程中激光能量波动、探测器离灭弧室距离等因素的影响，研究人员提出了一种双谱线法，如图 3-60 所示，即：采用相对稳定的灭弧室材料 Cu 作为内标元素，通过环

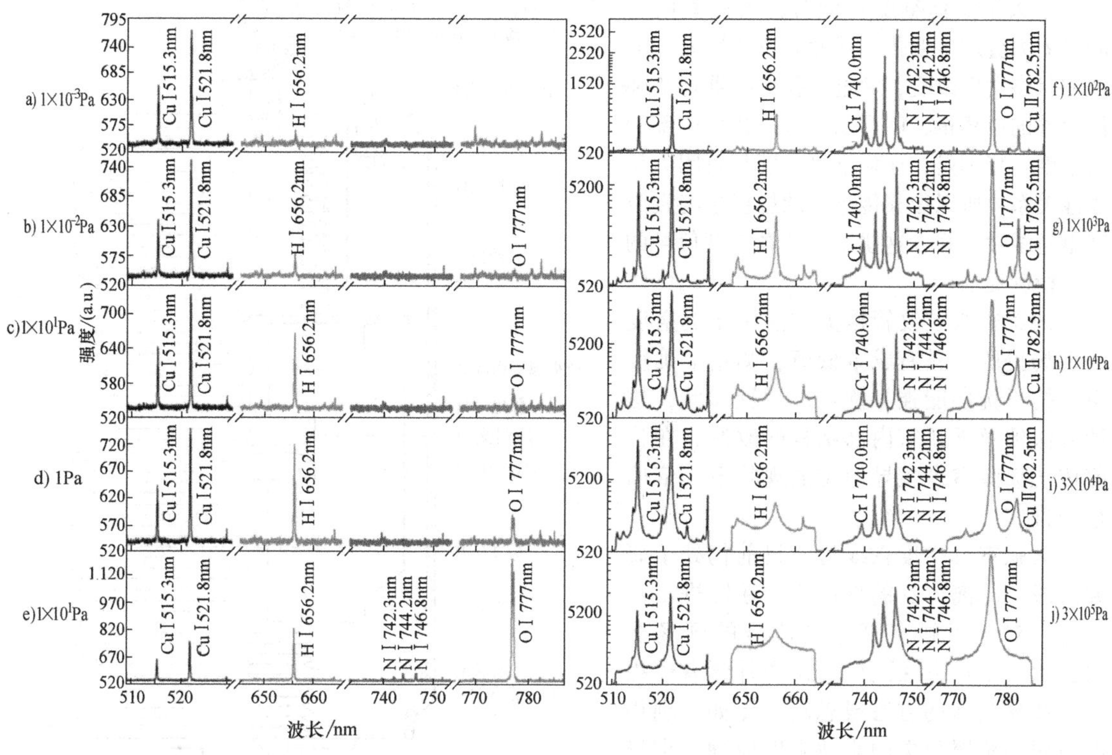

图 3-59　不同气压下激光诱导击穿光谱中 Cu、H 和 O 等元素谱线强度

境元素 O 谱线强度与 Cu 谱线强度的比值来判定灭弧室是否退出运行。

由于激光诱导击穿技术抗电磁干扰能力强，并且较传统的检测技术具有更低的气压检测能力，能够满足标准规定的真空度检测要求，有望在真空开关领域广泛应用。但此方法由于需要将脉冲激光聚焦于屏蔽罩表面并收集等离子体的发射光谱，所以对传统的陶瓷外壳真空灭弧室并不适用。

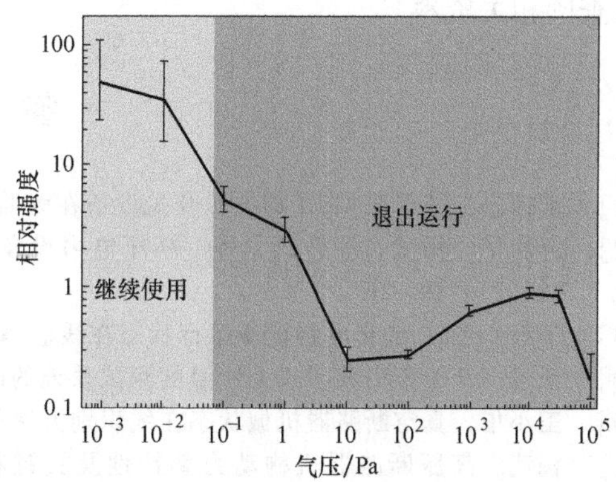

图 3-60　双谱线法用于灭弧室运行状态判断

针对传统的灭弧室结构，目前还没有一种非常合适的真空度信号现场提取方法，这主要因为传统结构下真空度信号只能通过电场、磁场等间接的反映，信号捕获比较困难，且容易受到其他场源的电磁干扰，可靠性不高。鉴于此，国内外也有学者研究通过适当改变灭弧室内部结构，使得其真空度便于检测。其中，内置式双波纹检测方法就是通过在灭弧室的静端增加一个波纹管，波纹管顶部装有弹性元件，根据弹性元件的压缩状态随灭弧室内部真空度的变化而变化的特性，经位移传感器来捕获灭弧室的真空度信号。

静端增加了波纹管的灭弧室称为内置式双波纹管灭弧室，其结构如图 3-61 所示。从图中可以看出，新增波纹管的内腔与灭弧室的内腔通过静导电杆相通，在灭弧室未抽真空以前，波纹管处于伸展状态；在灭弧室抽真空后，由于外界大气压作用，波纹管呈高度压缩状态，此时，弹性元件的张力与灭弧室内腔的自闭力保持相对平衡。

当灭弧室真空度降低时，灭弧室内腔的自闭力会发生变化，从而导致弹性元件的压缩状态发生改变，通过位移传感器检测弹性元件的位移量，就可以反映灭弧室内部的真空度。特别是，灭弧室真空度与自闭力呈线性关系，所以位移传感器的位移量与真空度也呈线性关系，这便于实现真空度信号的现场精确提取。

内置式双波纹管检测方法用于真空度的现场提取，具有成本低廉，测量准确度高，抗干扰性能强等优点。尽管如此，这种方法涉及灭弧室内部结构的改造，在目前传统灭弧室占主导地位的现状下，依旧很难推广。

灭弧室真空度在线检测目前仍处于研究阶段，距离广泛的推广应用还需进一步努力。对于灭弧室真空度信号的现场提取，除了上述方法之外，国内外学者还提出一些比较新的方法或思路，比如：利用电极对屏蔽罩放电的声波发射原理，现场提取灭弧室真空度信号；通过旋转式电场探头测试静电荷产生的直流电场，现场提取灭弧室真空度信号等，有兴趣的读者可以查阅相关资料。

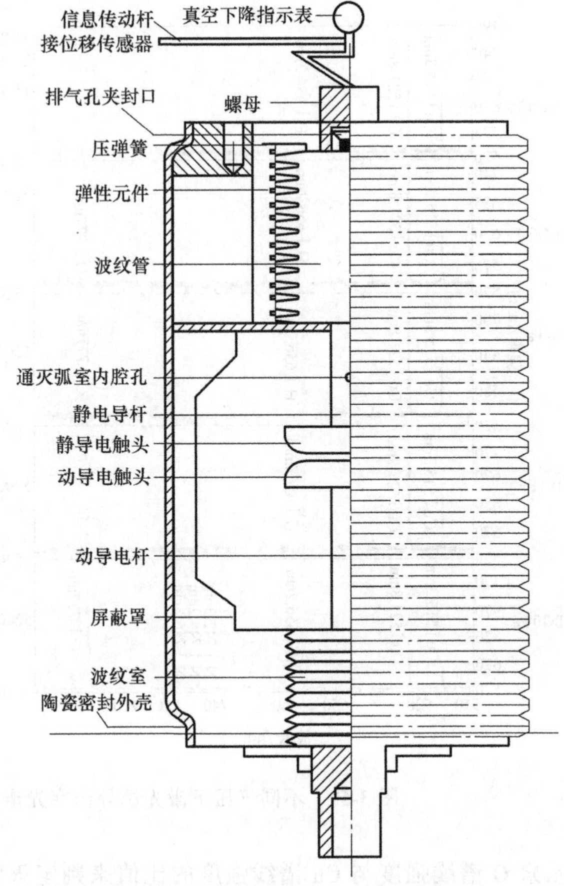

图 3-61　内置式双波纹管真空灭弧室

参考文献

[1] 戴怀志. 基于双 MCU 的中压开关设备在线监测装置研制 [D]. 西安：西安交通大学，2004.

[2] 王小华，杨武，荣命哲，等. 高压电力设备用数字式红外测温传感器的研制 [J]. 高压电器，2002，38 (2)：19~21.

[3] 丁丹. 12kV 成套电器设备运行状态在线监测技术的研究 [D]. 西安：西安交通大学，2003.

[4] 汪俊. 开关柜用数字式无线温度测试系统的研制 [D]. 西安：西安交通大学，2006.

[5] 王小华. 真空断路器机械状态在线识别方法的研究 [D]. 西安：西安交通大学，2006.

[6] 杨武. 高压断路器机构动力学特性及关键状态参数在线检测方法的研究 [D]. 西安：西安交通大学，2002.

[7] 孟永鹏，贾申利，荣命哲. 短时能量分析法在断路器机械状态监测中的应用 [J]. 西安交通大学学报，2004，38 (2)：1301~1304.

[8] 郭媛媛. 中压开关柜多参量在线监测系统及其电磁兼容性的实用研究 [D]. 西安：西安交通大学，2006.

[9] WANG X H，YUAN H，LIU D X，et al.，A pilot study on the vacuum degree online detection of vacuum interrupter using laser-induced breakdown spectroscopy [J]. Applied Physics，2016，49 (2016)：44LT01.

[10] LI X，WANG X H，XIE D L，et al. Time-frequency Analysis of PD-induced UHF Signal in GIS and Feature Extraction Using Invariant Moments [J]. IET Sci. Meas. Tech.，2017.

[11] 顾乐. GIS 中局部放电特高频信号传播特性及其传感器的研究 [D]. 西安：西安交通大学，2011.

[12] LI T H，RONG M Z，WANG X H. Experimental Investigation on Propagation Characteristics of PD Radiated

UHF Signal in Actual 252 kV GIS [J]. Energies, 2017, 10 (7): 942.

[13] LI T H, RONG M Z, WANG X H, et al, E ffect of the protrusion defect location on propagation characteristics of partial discharge radiated UHF signal in GIS with three-phase construction [C]. Jeju: CMD2014, 2014.

[14] LI T H, WANG X H, ZHENG C, et al. Investigation on the Placement Effect of UHF Sensor and Propagation Characteristics of PD-induced Electromagnetic Wave in GIS Based on FDTD Method [J], IEEE Transactions on Dielectrics and Electrical Insulation, 2014, 21 (3): 1015-1025.

[15] 汲胜昌，王圆圆，李军浩，等. GIS 局部放电检测用特高频天线研究现状及发展 [J]. 高压电器，2015 (4): 163-172.

[16] 杨琴. 基于 EBG 结构的平面螺旋天线的研究与设计 [D]. 西安：西安交通大学，2010.

[17] 李天辉，荣命哲，王小华，等. GIS 内置式局部放电特高频传感器的设计、优化及测试研究 [J]. 中国电机工程学报，2017，37 (18): 5483-5493.

[18] WANG X H, LI TH, DING D, RONG M Z. The Influence of L-shaped structure on Partial Discharge Radiated Electromagnetic Wave Propagation in GIS [J]. IEEE Trans. on Plasma Science, 2014, 42 (10): 2536-2537.

[19] 李天辉. 带阻抗变换器的内置式局部放电传感器及 GIS 中不同方向超高频信号传播机理研究 [D]. 西安：西安交通大学，2014.

[20] WANG X H, RONG M Z, QIU J, et al. Research on Mechanical Fault Prediction Algorithm for Circuit Breaker Based on Sliding Time Window and ANN [J], IEICE Transactions on Electronics, 2018 (8): 1299-1305.

[21] 赵晓亚，张友鹏，赵珊鹏. 接触网复合绝缘子饱和湿度下泄漏电流特性分区研究 [J]. 高压电器，2019，55 (1): 135-142.

[22] LI T H, RONG M Z, ZHENG C, WANG X H, Development Simulation and Experiment Study on UHF Partial Discharge Sensor in GIS [J]. IEEE Trans on Dielectric Insulation, 2012, 19 (4): 1421-1430.

[23] 蒋兴良，石岩，黄欢，孙才新. 污秽绝缘子泄漏电流频率和相位特征的试验研究 [J]. 中国电机工程学报，2010，30 (7): 118-124.

[24] 袁欢，宋立冬，刘平，等. 基于激光诱导击穿光谱的真空灭弧室真空度在线检测实验研究 [J]. 高压电器，2017，53 (3): 230-234.

[25] 张英，张晓星，李军卫，等. 基于光声光谱法的 SF_6 气体分解组分在线监测技术 [J]. 高电压技术，2016，42 (09): 2995-3002.

[26] 彭庆军，梁仕斌，陈兴毕，等. 变压器漏磁热损的光纤 Bragg 光栅检测与温升特性分析 [J]. 传感器与微系统，2016，35 (6): 42-44.

[27] 陈孝信，钱勇，盛戈皞，等. 基于时域参数的局部放电特高频传感器性能表征方法 [J]. 中国电机工程学报，2015，35 (21): 5641-5647.

[28] 李军浩，韩旭涛，刘泽辉，等. 电气设备局部放电检测技术述评 [J]. 高电压技术，2015，41 (8): 2583-2601.

[29] 骆明峰，陈为，刘明明，等. 配电开关柜短路燃弧故障检测与保护装置 [J]. 电器与能效管理技术，2015 (7): 21-24.

[30] 黄新波，陶晨，刘斌. 智能断路器机械特性在线监测技术和状态评估 [J]. 高压电器，2015，51 (3): 129-134.

[31] 张晓星，吴法清，铁静，等. 二氧化钛纳米管气体传感器检测 SF_6 的气体分解组分 SO_2F_2 的气敏特性 [J]. 高电压技术，2014，40 (11): 3396-3402.

[32] 李伟，舒娜，雷鸣，等. 检测 GIS 局部放电的矩形平面螺旋天线研究 [J]. 高电压技术，2014，40 (11): 3418-3423.

[33] 丁登伟，唐诚，高文胜，等. GIS 中典型局部放电的频谱特征及传播特性 [J]. 高电压技术，2014，40 (10): 3243-3251.

[34] 姚陈果，黄琮鉴，吴彬，等. 采用时域有限差分法分析开关柜中超高频信号传播特性 [J]. 高电压技术，2013，39 (2): 272-279.

[35] 金晓明，邵敏艳，王小华. 基于脱扣线圈电流的断路器机械状态预测算法研究 [J]. 高压电器，2010，46 (4): 47-51.

第4章 电器设备局部放电与振动信号的分析处理技术

电器设备状态检测过程中，会获得许多复杂信号，常见的比如振动信号和超高频信号。电器设备在分合闸操作过程中，会产生振动现象。振动信号中包含大量的电器设备机械状态信息，机械状态的改变将导致振动信号的变化，这是利用振动信号实现状态检测的基础。通过适当的检测手段和信号处理方法，可以识别振动的激励源，从而找出故障源。局部放电脉冲电流在 GIS 腔体内会激发超高频带（300MHz~3GHz）的电磁波信号。对超高频信号进行处理与分析，可以帮助识别局部放电缺陷的类型，并对缺陷进行定位。但是，检测中直接采集到的信号非常复杂，蕴含的信息较多，需要通过一些方法进行处理，提取出有用特征。

对于复杂信号的处理，本章首先介绍常用的信号处理方法，然后分别以振动信号和超高频信号为例，从时域、频域和时频域的角度，介绍几种实用的特征参量提取方法以及它们在电器设备状态检测信号分析中的应用。

4.1 常用的信号处理方法

4.1.1 时域分析方法

1. 幅值域分析法

幅值是信号比较直观的特征信息。在信号的时域中描述幅值随时间的变化关系称为幅值域分析。幅值域分析方法是信号处理中最常用的信号分析手段。信号的幅值域参数主要包括均值、均方值、方差等。

均值用来描述信号的平均水平，也称数学期望或一次矩，反映了信号变化的中心趋势；均方值用来描述信号的平均能量或平均功率，又称二次矩，其正二次方根值又称为有效值，也是信号平均能量的一种表达；方差反映了信号绕均值的波动程度，是描写数据的动态分量，与随机振动的能量成比例。另外，可通过时域幅值波形图获取最大值、最小值等，根据离散随机信号得到斜度与峭度、方根幅值与平均幅值等特征参数。

幅值域分析是在时域上通过幅值参数随时间的变化来反映信号每一瞬时的时域特征，简单直观，计算方便，但无法得到任何频域特征。要想获取信号的频域特征，只能通过傅里叶变换得到。

2. 短时能量法

短时能量法是短时分析方法中的一种，经常用于语音信号处理。短时能量函数 $S(n)$ 定义为

$$S(n) = \sum_{i=-\infty}^{+\infty} x^2(i)w(n-i)$$

$$= \sum_{i=n-M+1}^{n} x^2(i)w(n-i)$$
$$= x^2(n)w(n) \tag{4-1}$$

式中，$w(n)$ 为滑动窗函数，$n=0$，…，$M-1$；$S(n)$ 代表了信号在时刻 n 的局部能量。

在采样率一定的前提下，窗长越短则时间分辨率越高，但窗长太短又无法发挥短时能量法中信噪比高的特点，所以应用短时能量法时与加窗傅里叶变换类似，选择窗函数需权衡选择。短时能量法可以进一步削弱噪声的影响，使噪声信号变得更弱，有用振动信号变得更强。

短时能量法是一种短时处理方法，通过对能量比较强的信号进行加强，对能量比较弱的信号进行减弱来提高信噪比。短时能量法的最大优点是能够将断路器/GIS 动作过程中各机构的动作情况按照时间序列准确地表现出来，不仅能够通过提取某些参量来判断故障类型，同时也能将分合闸过程中某个时间点的动作情况表现出来，从而可以判断动作过程中某个环节的工作情况。

3. 相关分析法

1936 年 Hotelling 最早提出了典型相关分析。由于相关分析具有方法简单、实用、适用性强等优点，已广泛应用到经济、医学、军事、信息科学、状态监测与故障诊断等诸多领域。

相关分析是随机信号在时域上的统计分析，是用相关系数和相关函数等统计量来研究和描述工程中振动信号的相关关系。

相关函数分为自相关函数和互相关函数，相关函数具有以下性质：①自相关函数是时间差的偶函数，互相关函数既不是时间差的偶函数，也不是奇函数；②当时差为 0 时，自相关函数取最大值；③周期信号的相关函数仍然是同频的周期信号；④2 个非同频周期信号不相关；⑤当两信号的相关系数为 1 时，就称这两信号是相关的，两信号在时域的记录时间段内的变化规律完全一样。根据相关函数的这些特性及其计算方便，使得相关分析在工程领域具有重要的应用价值。在振动信号分析领域，相关分析已在故障定位、消噪处理和振源识别等方面发挥着强大作用。

4.1.2　频域分析方法

傅里叶变换是最基本、最经典的一种信号处理方法，是信号处理等众多科学领域中的重要分析工具之一。对于一维信号 $x(t)$，其连续傅里叶变换为

$$X(\omega) = \int_{-\infty}^{\infty} x(t)\mathrm{e}^{-\mathrm{j}\omega t}\mathrm{d}t \tag{4-2}$$

傅里叶变换把时域信号转换到频域信号进行分析，在信号处理发展中起到了突破性作用。对其进行离散化处理，使得在数字信号处理设备上完成傅里叶变换成为可能。1965 年库利-图基在计算数学杂志上首次提出快速傅里叶变换（FFT），离散频谱分析实现了信号从时域到频域分析的转变，成为数字信号分析的基础，实现了信号的实时处理和设备简化，广泛应用于工程技术领域。图 4-1 是 UHF 信号的时域波形与其频谱图。

针对稳态振动信号，即频率-幅值和相位不变的动态信号，主要分析方法有离散频谱分析和校正理论-细化选带频谱分析、高阶谱分析。对于频率-幅值和相位周期性变化的准稳态信号分析方法主要是解调分析。对于一些信号，大部分信息集中在某些频段，可通过高通、低通或带通等各种滤波器进行处理，去除次要信息，保留主要信息。

但是，频域分析方法不具备任何时域信息。另一方面傅里叶变换是对数据段的平均分析，对非平稳、非线性信号缺乏局域性信息，不能有效给出某频率成分发生的具体时间段，不能对信号做局部分析。

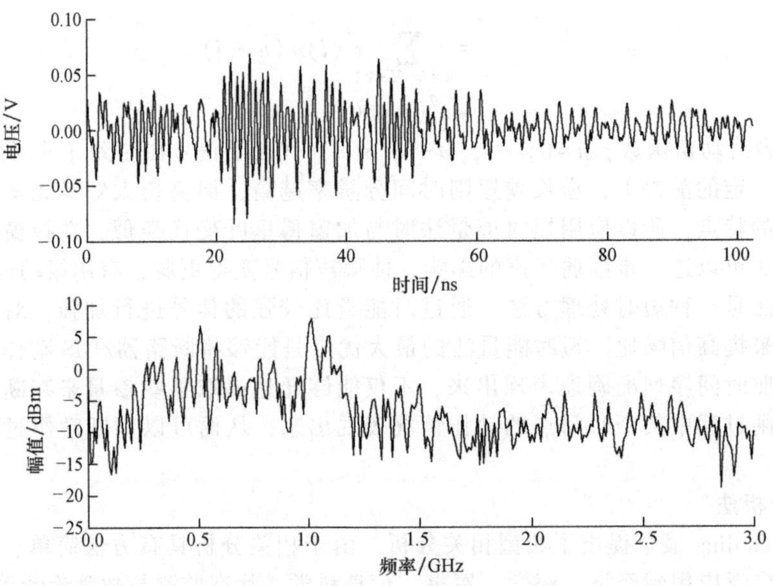

图 4-1　UHF 信号的时域波形与频谱图

4.1.3　时频域分析方法

基于傅里叶变换的传统信号处理方法只能分析信号的统计平均结果，无法处理分布参数随时间发生变化的非平稳信号。工程振动信号中存在大量的非平稳动态信号（如断路器分/合闸振动信号），以及旋转机械的升降速过程、机械设备运行过程中的摩擦、基座松动、不对中、裂纹、旋转失速、油膜涡动和油膜振荡等故障产生的振动信号都表现出非平稳性，这些非平稳性能够表征故障的某些特征。因为非平稳动态信号的统计特性与时间有关，对非平稳信号的处理需进行时频分析，希望得到时域和频域中非平稳信号的全貌和局部化结果。

工程信号中非平稳信号处理方法大致有短时傅里叶变换、Wigner-Ville 分布、小波分析和 Hilbert-Huang 变换等。

1. 短时傅里叶变换

短时傅里叶变换（Short-Time Fourier Transform，STFT）实质上是加窗的傅里叶变换。在信号的特定时刻 t 附近设置一个窗函数，计算窗函数内的信号的傅里叶变换，并将窗函数的位置在时间轴上滑动，在每一个时刻都对信号进行分析，得到信号的一组“局部”频谱，由不同时刻的“局部”频谱进而得到信号的时变特性。信号的短时傅里叶变换定义为

$$F_x(t,v;h)=\int_{-\infty}^{+\infty}x(u)h^*(u-t)\mathrm{e}^{-\mathrm{j}2\pi vu}\mathrm{d}u \tag{4-3}$$

式中，$x(u)$ 为时域信号；$h(t)$ 为位于 $t=0$ 和 $v=0$ 的短时分析窗函数，对于复信号，窗函数需要取其共轭。

UHF 时域信号 $x(u)$ 与短时分析窗函数 $h(t)$ 的示意如图 4-2 所示。

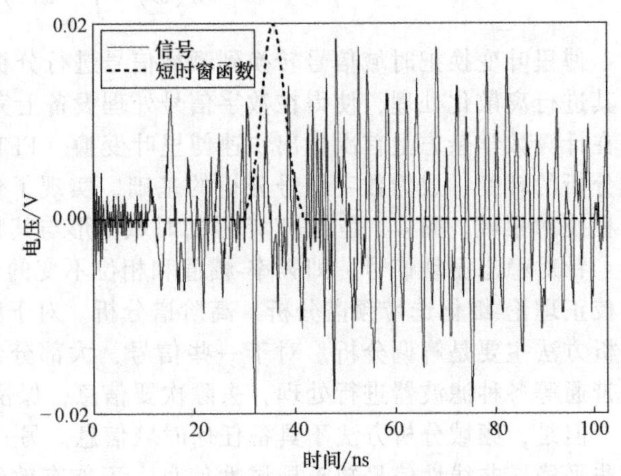

图 4-2　时域信号与短时分析窗函数示意图

图 4-3 表示了图 4-1 中的 UHF 信号

经过短时傅里叶变换的能量密度分布图。时频分布图中的颜色和高度表示了信号能量密度的数值大小。信号 $x(u)$ 的总能量与能量密度满足关系：

$$E_x = \int_{-\infty}^{\infty}\int_{-\infty}^{\infty}\left|\int_{-\infty}^{+\infty} x(u)h^*(u-t)\mathrm{e}^{-\mathrm{j}2\pi\upsilon u}\mathrm{d}u\right|^2 \mathrm{d}t\mathrm{d}\upsilon \tag{4-4}$$

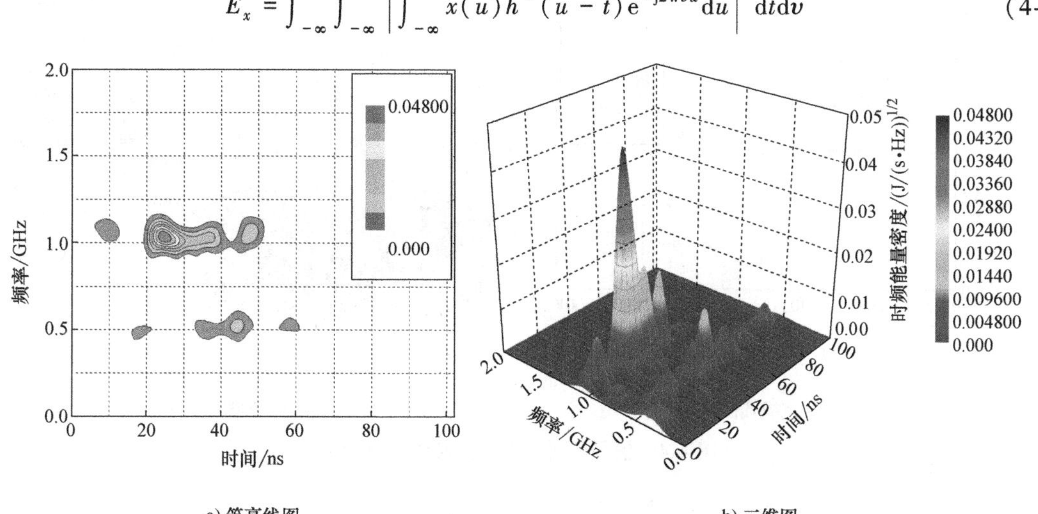

图 4-3　信号经过短时傅里叶变换的能量密度分布图

一个信号在时频平面上，其平均位置（t_{m}，υ_{m}）是一项重要特征，而以平均位置为中心，信号的能量密度分布域的面积与时间-带宽乘积 $T\times B$ 成正比，其中 T 与 B 分别是信号的时间扩展与频率扩展范围。T 与 B 存在一个约束条件，即 Heisenberg-Gabor 不等式：

$$T\times B\geqslant 1 \tag{4-5}$$

不等式的下限 $T\times B=1$ 在选取高斯窗函数时达到。这个约束条件可以描述为：一个信号在时间和频率上不可能同时达到任意小的分辨率。换句话说，时间分辨率越高，频率分辨率就越低，反之亦然。由于 Heisenberg-Gabor 不等式的存在，在进行短时傅里叶变换时，需要在时间和频率分辨率上做出权衡。一方面，为了提高时间分辨率，需要选择更窄的窗函数 $h(t)$；另一方面，要得到高的频率分辨率，需要一个窄带滤波器，也就是窗函数 $h(t)$ 的时间宽度尽可能大。当选择无限宽的窗函数 $h(t)=1$ 时，STFT 就退化成为传统傅里叶变换。在实际中，选择的窗函数要具有好的时间和频率聚集性，使得 STFT 能够有效表征信号的时频特性，即窗函数 $h(t)$ 的宽度应该与信号的局部平稳长度相适应。

2. Wigner-Ville 分布

1932 年，E. Wigner 提出 Wigner 分布，最初被用来研究量子力学。1948 年，J. Ville 将其引入信号分析领域。Wigner-Ville 分布（Wigner-Ville Distribution，WVD）是分析非平稳时变信号的重要工具，可以被看做信号能量在时频域的分布。20 世纪 60 年代，L. Cohen 发现 Wigner-Ville 分布是众多双线性时频表示的一种特殊形式，这一类分布被称作科恩类（Cohen's class），都可以表示成有核函数加权的二维傅里叶变换，其中 Wigner-Ville 分布的核函数为常数 1：

$$W_x(t,\upsilon)=\int_{-\infty}^{\infty} x(t+\tau/2)x^*(t-\tau/2)\mathrm{e}^{-\mathrm{j}2\pi\upsilon\tau}\mathrm{d}\tau \tag{4-6}$$

图 4-4 表示了图 4-1 中的 UHF 信号经过 WVD 变换的时频分布。

Wigner-Ville 分布具有一些非常重要的数学性质。$W_x(t,\ \upsilon)$ 总是实值的，具有时移和频移不变性，而且满足时间和频率的边缘特性：

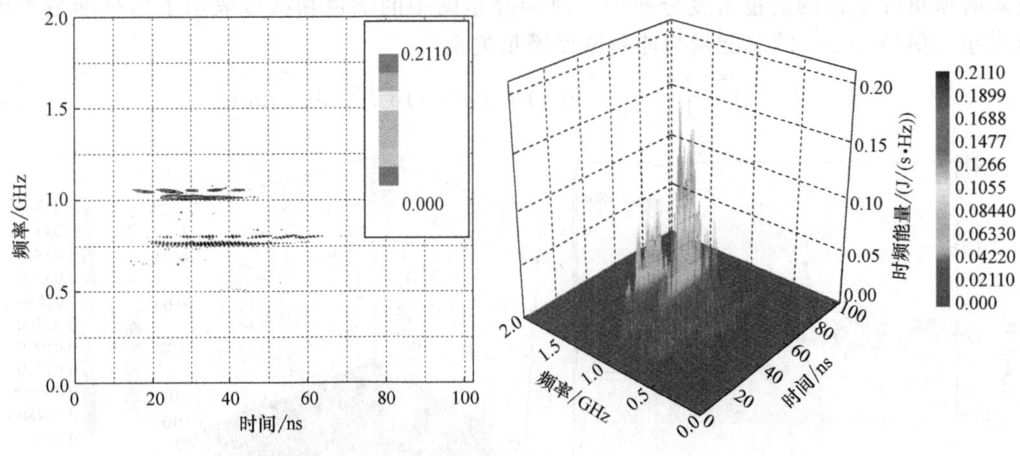

a) 等高线图 b) 三维图

图 4-4 信号经过 WVD 变换的时频分布

$$\int_{-\infty}^{\infty} W_x(t,v)\,\mathrm{d}t = |X(v)|^2 \tag{4-7}$$

$$\int_{-\infty}^{\infty} W_x(t,v)\,\mathrm{d}v = |x(t)|^2 \tag{4-8}$$

将信号 x 的 Wigner-Ville 分布在整个时频平面上积分，可以得到信号 x 的总能量：

$$E_x = \int_{-\infty}^{\infty}\int_{-\infty}^{\infty} W_x(t,v)\,\mathrm{d}t\mathrm{d}v \tag{4-9}$$

尽管 Wigner-Ville 分布具有良好的时频聚集性，但是对于多分量信号，其 Wigner-Ville 分布存在交叉干扰项，产生“虚假信号”，这也是 Wigner-Ville 分布的主要缺陷。假设一个信号存在 2 个分量 x 和 y，其 Wigner-Ville 分布为

$$W_{x+y}(t,v) = W_x(t,v) + W_y(t,v) + 2\Re\{W_{x,y}(t,v)\} \tag{4-10}$$

式（4-10）中 2 个分量 x 和 y 的交叉项为

$$W_{x,y}(t,v) = \int_{-\infty}^{\infty} x(t+\tau/2)\,y^*(t-\tau/2)\,\mathrm{e}^{-\mathrm{j}2\pi v\tau}\mathrm{d}\tau \tag{4-11}$$

图 4-1 中的 UHF 信号在 1.1GHz 和 500MHz 处存在 2 个主要分量，但是从图 4-3 可以看出，除了这 2 个主要分量之外，在 800MHz 左右还出现了实际当中并不存在的交叉干扰项。这样的交叉干扰项是不能被忽略的，因为其幅值可以达到信号有效分量的 2 倍，造成信号的时频特征模糊不清。对于 Wigner-Ville 分布中交叉项的抑制，主要通过构造核函数来实现。如果在 Wigner-Ville 分布中添加一个时间窗函数 $h(t)$，则可以得到 pseudo Wigner-Ville 分布（PWVD）：

$$PW_x(t,v) = \int_{-\infty}^{\infty} h(\tau)\,x(t+\tau/2)\,x^*(t-\tau/2)\,\mathrm{e}^{-\mathrm{j}2\pi v\tau}\mathrm{d}\tau \tag{4-12}$$

如果再增加一个自由度，同时控制时间和频率变量，则可以使 Wigner-Ville 分布在时间和频率 2 个轴上都变得更平滑。这样，就获得了 Smoothed-Pseudo Wigner-Ville 分布（SPWVD）：

$$SPW_x(t,v) = \int_{-\infty}^{\infty} h(\tau)\int_{-\infty}^{\infty} g(s-t)\,x(s+\tau/2)\,x^*(s-\tau/2)\,\mathrm{d}s\,\mathrm{e}^{-\mathrm{j}2\pi v\tau}\mathrm{d}\tau \tag{4-13}$$

3. 小波分析

小波变换是由法国地质物理学家 J. Morlet 在 1984 年首先提出的，1986 年法国数学家 Y. Meyer 构造出一个真正的小波基，并与 S. Mallat 合作建立了多尺度分析和快速小波算法（又

称 Mallat 算法)，1992 年比利时女数学家 I. Daubechies 出版的《小波十讲》对小波在全世界的普及起到了重要的推动作用。此后小波分析蓬勃发展，成为一门新兴的应用数学分支。有学者将小波变换引入到工程应用，特别是信号处理领域，小波在信号分析、图像处理、语音识别、地震勘探和量子物理等方面都取得了良好的应用效果，小波变换也被认为是信号处理领域工具及方法上的重大突破。

尽管短时傅里叶变换能够反映非平稳信号的时变特性，但是其本质上是一种单一分辨率的分析方法，在某些方面仍然具有难以克服的缺陷。小波变换是一种信号的时间-尺度变换，具有多分辨特性，也叫多尺度特性，可以由粗及精地逐步观察信号。下面对一维连续小波变换进行简要介绍。

设 $\Psi(t)\in L^2(\mathbf{R})$，其傅里叶变换为 $\hat{\Psi}(\omega)$，当 $\hat{\Psi}(\omega)$ 满足容许条件（完全重构条件或恒等分辨条件）

$$C_\Psi=\int_R\frac{|\hat{\Psi}(\omega)|^2}{|\omega|}\mathrm{d}\omega<\infty \tag{4-14}$$

时，称 $\Psi(t)$ 为一个基本小波或母小波。将母函数 $\Psi(t)$ 经伸缩和平移后得

$$\Psi_{a,b}(t)=\frac{1}{\sqrt{|a|}}\Psi\left(\frac{t-b}{a}\right)\qquad a,b\in R;\quad a\neq 0 \tag{4-15}$$

称其为一个小波序列。其中，a 为伸缩因子，b 为平移因子。

对于任意的函数 $f(t)\in L^2(R)$ 的连续小波变换为

$$W_f(a,b)\leqslant f,\Psi_{a,b}\geqslant|a|^{-1/2}\int_R f(t)\overline{\Psi\left(\frac{t-b}{a}\right)}\,\mathrm{d}t \tag{4-16}$$

其重构公式（逆变换）为

$$f(t)=\frac{1}{C_\Psi}\int_{-\infty}^{\infty}\int_{-\infty}^{\infty}\frac{1}{a^2}W_f(a,b)\Psi\left(\frac{t-b}{a}\right)\mathrm{d}a\mathrm{d}b \tag{4-17}$$

通过适当地选择伸缩因子和平移因子，可得到一个伸缩窗，只要选择合适的小波基，就可以使小波变换在时、频两域都具有表征信号局部特征的能力，因此，小波变换也被誉为“数学显微镜”。小波变换在分析非平稳信号时具有以下优点：

1）具有多分辨率、多尺度的特点，可以由粗及精地逐步观察信号。

2）可以看成用基本频率特性为（ω，Ψ）的带通滤波器在不同尺度 a 下对信号进行滤波。这组滤波器具有品质因数恒定，即相对带宽（带宽与中心频率之比）恒定的特点。

3）恰当地选择基本小波，使（t，Ψ）在时域上为有限支撑，（ω，Ψ）在频域上也比较集中，便可以使小波变换在时、频两域都具有表征信号局部特征的能力，因此有利于检测信号的瞬态或奇异点。

4）具有快速的小波分解与重构算法。

小波包分解完成后，可以对各频带的分解系数逐层重构直到第 0 层，从而提取出各频带范围内的信号。若原始信号 $x(k)$ 的数据长度为 N，则小波包分解后各频带的能量表示为

$$E_n^0=\sum_{k=1}^{N}|x_n^{(0)}(k)|^2 \tag{4-18}$$

式中，$x_n^{(j)}(k)$ 是在分辨率为 j 的小波包分解中，位于 $U_{j-k}^{2^k+m}$ 子空间的离散信号。

当被检测的系统状态发生变化时，其传递函数会相应变化，不同频率成分的幅频特性和相频特性将会有不同程度的改变。从幅频特性来说，它主要表现在对不同频率段的输入信号具有不同的抑制和增强作用。

用一个含有丰富频率成分的信号作为输入对系统进行激励时，由于系统状态的变化对各

个频率成分的抑制和增强作用不同，通常它会明显地对某些频率成分起抑制作用，而对另外一些频率成分起增强作用。因此，其输出与正常系统的输出相比，同一频带内信号的能量将会有较大变化，使某些频带内的信号能量减小，而使另外一些频带内的信号能量增大。因此，在小波包分解后得到的各频率成分信号的能量中，包含了丰富的系统状态信息，某种或某几种频率成分能量的变化可以表征系统的一种状态。

由此可知，输出信号各频率成分能量的变化表征了系统某些部件状态的改变，利用这一特征就可以建立能量变化到系统状态之间的映射关系，得到表征状态变化的特征向量。选择合适的能量特征化向量对系统状态进行描述，可以区分不同的系统状态。这种按频带能量分解的方法对含有丰富频率分量的断路器机械振动信号分析非常适用。

4. Hilbert-Huang 变换

Hilbert-Huang 变换（HHT）是 1998 年由美籍华人 Norden E. Huang 提出的，是一种全新的信号分析方法。它不受傅里叶分析的局限，从信号自身局部特征出发进行自适应的时频分解，能描绘出信号的时频谱和幅值谱，是一种更有效的时频局部化分析方法，适用于非线性非平稳信号的分析，被认为是近年来对以傅里叶变换为基础的线性和稳态谱分析的一个重大突破。

HHT 变换的内容主要包括经验模态分解（Empirical Mode Decomposition，EMD）和 Hilbert 谱分析。Huang 等人假设任何信号都是由一些不同的固有模态组成的，每个模态可以是线性的，也可以是非线性的；如果模态之间相互叠加，便形成复合信号。固有模态对应的函数称为固有模态函数（Intrinsic Mode Function，IMF），IMF 必须满足以下 2 个条件：①信号的上下两条包络线关于时间轴对称，即在任意时刻，信号的上下包络线均值为 0；②信号的零点和极点交替出现，即零点数与极点数相等或至多相差 1。IMF 在每一时刻只有单一频率成分，从而使瞬时频率具有了物理意义。EMD 方法就是对复杂信号进行“筛选”的过程，将信号逐级分解，得到一系列具有不同特征尺度的 IMF。然后利用 Hilbert 变换求取每个固有模态函数（IMF）的瞬时频率，进而得到 Hilbert 谱和边际谱。Hilbert 谱精确地描述了信号的幅值在整个频段上随时间和频率的变化规律，边际谱表明单位频率内的幅度/能量分布，代表着整个数据段幅度概率分布的累加。

4.1.4 Chromatic 法

颜色的本质也是一种信号，人类利用视觉感知去区分得到红、绿、蓝等色彩，获得颜色信息。人眼能够感知不同颜色，源于光的光谱分布及波长与人眼视锥细胞、视杆细胞的敏感性相互作用。每个视锥细胞包含一种感光色素，分别对红、绿、蓝三种光敏感，而视杆细胞对光线的强度更为敏感，比如，人眼将波长、频率和能量分别为 700nm、428THz、1.77eV 的颜色感知为红色。如果用三种精心选择的单色光（三原色）来刺激视锥细胞，就能够模拟出人眼所能感知的几乎所有的颜色。国际照明委员会 CIE1931-RGB 系统选择了 700nm（R）、546.1nm（G）、435.8nm（B）三种波长的单色光作为三原色。颜色分类和颜色的物理描述与物体或者材料的物理性质同样有关，如光吸收率、反射率及发射光谱等，为了更加系统与科学，在色彩学中，有多种方法来定量描述一种颜色的特征（Chromaticity），除了常见的 RGB 系统以外，比较常用的一种方法是通过 H、S、L 三种参数来表示颜色，又被称作 chromatic 法或色系映射法。

chromatic 法除了在色彩学中用来定义色彩外，还被扩展到许多检测领域中。可以识别监控视频中的物体移动，可以通过光电探测器来检测空气中的微粒浓度，如 PM10 粒子，还可以通过吸收光谱区分不同种类的溶液，或者变压器油中由于绝缘缺陷产生的不同气体分解产物，都获得了良好的效果。除了应用于光谱检测，chromatic 法还可以应用在时间、空间、振动等检测上，用来提取复杂条件下的信息。西安交通大学的王智翔使用光纤传感器采集电弧的光

学信号，通过空间域的 chromatic 法实现对断路器弧触头质量损失的在线监测。在局放检测方面，英国利物浦大学有学者做了一些研究工作，他们通过 chromatic 法处理了局放信号 PRPD 谱图，并将参数从色系映射空间映射到新的坐标系中，用以区分不同条件下的局放信号。PRPD 谱图提供了非常有用的局放统计特性，而对完整的 UHF 波形处理则可以对单个信号特征进行详细分析。西安交通大学王小华、李锡等人提出利用 chromatic 法来提取 UHF 信号原始波形的特征，将色系映射参数与信号的传统物理意义相对应，并研究了 UHF 信号在色系映射空间的传播特性。还通过 chromatic 参数实现了对于 GIS 中局部放电的模式识别。

chromatic 法将信号和颜色做了类比，经过 chromatic 法处理得到的参数与颜色特征有关。色系映射参数 H、S、L 分别代表色度（Hue）、饱和度（Saturation）和亮度（Lightness），这 3 个参数构成了如图 4-5 所示的色系映射空间。在色彩学中，惯例是建立一个极坐标系，方位角表示 H，半径表示 S，纵轴表示 L。*HSL* 将 *RGB* 模型参数重新进行几何排列，力求使颜色表达比笛卡儿坐标系更加直观。*HSL* 模型经常用在颜色选择器、图像编辑、图像分析和计算机视觉等领域。

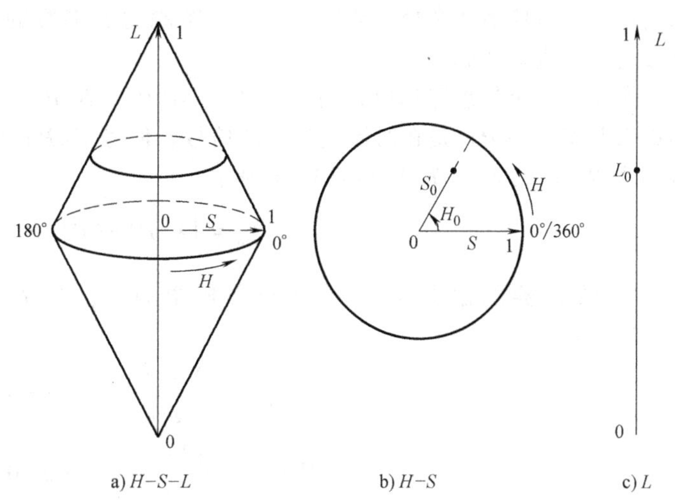

图 4-5　色系映射空间及 H、S、L 参数

HSL 法能够将颜色直观地与信号的数学定义关联起来，H 对应信号的主要频率，S 对应信号的有效带宽，L 对应信号强度，*HSL* 模型对颜色的定义方法与人眼的生理特点是相同的。比如，$H=0°$对应了低频信号，$H=270°$对应了高频信号。L 服从信号的强度，信号的能量越大，L 值越大。S 表示信号数据的有效散布范围，其范围是 0~1，$S=1$ 对应了带宽无限窄的信号，$S=0$ 对应带宽无限宽的信号，即等幅信号。对应到物理意义上，S 表示饱和度，即色彩的纯净程度，一束光可能由很多种不同波长的单色光构成，波长越多越分散，则色彩的纯净程度越低，而单色的光构成的色彩纯净度则很高。

R、G、B 是颜色信号的 3 个非正交滤波器，本书将其称作“处理器”（Processor），能够区分颜色光谱分布的差别。图 4-6 是典型的 RGB 三色系统，其中图 4-6a 表示重叠高度为一半幅值的高斯处理器；图 4-6b 表示重叠高度为一半幅值的三角波处理器。参数 P 可以表示时

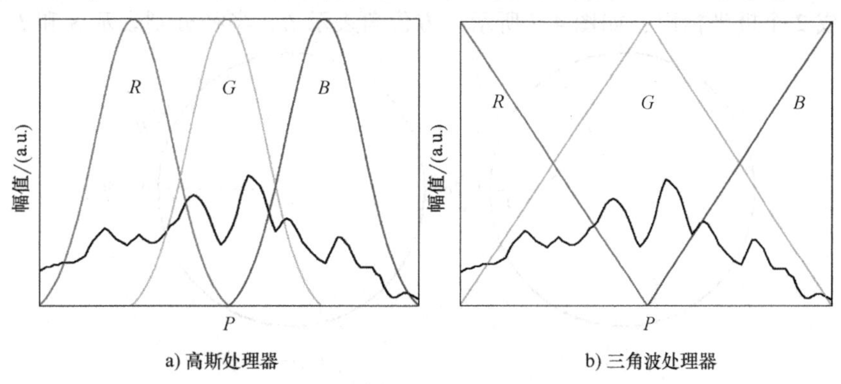

图 4-6　两种色系映射处理器形状

间、频率或空间等不同的域。

色系映射参数的线性度由不同处理器的轮廓决定，H 参数的变化随着处理器响应而非线性变化，最大的灵敏度位置位于处理器重叠处，H 响应最线性特性出现在 R 和 B 将处理区域平均分开的情况。

三角波处理器在整个频率范围有更均衡的灵敏度，高斯处理器在整个范围没有均匀分布，但是在局部能够提供更高的灵敏度，所以当每一个数据成分都是独立的时候，使用高斯处理器处理离散数据集非常理想。如图 4-6b 所示的三角波处理器，相邻处理器重叠位置高度为幅值的一半，对应着 3 个处理器覆盖的整个范围内 H 参数的线性变化。因此，本节内容选取三角波处理器进行研究。

图中的 3 个处理器响应分别为 $R(P)$、$G(P)$、$B(P)$，它们是参数 P 的函数，P 可以是时间或者频率，$F(P)$ 是在时域或频域的信号。信号 $F(P)$ 对应的处理器的输出 $X_o(P)$（X 可分别为 R、G 或 B），如式（4-19）所示：

$$X_o = \int_P X(P)F(P)\mathrm{d}P \tag{4-19}$$

3 个处理器的输出 X_o 转换成色彩域中的 H、S、L 参数，转换公式如式（4-20）~式（4-22）所示：

$$H=\begin{cases} 240-\dfrac{120*g}{g+b} & (r=0) \\ 360-\dfrac{120*b}{b+r} & (g=0) \\ 120-\dfrac{120*r}{r+g} & (b=0) \end{cases} \tag{4-20}$$

$$S=\frac{\max(R,G,B)-\min(R,G,B)}{\max(R,G,B)+\min(R,G,B)} \tag{4-21}$$

$$L=(R+G+B)/3 \tag{4-22}$$

其中：

$$r=R-\min(R,G,B) \tag{4-23}$$

$$g=G-\min(R,G,B) \tag{4-24}$$

$$b=B-\min(R,G,B) \tag{4-25}$$

在实际使用中，式（4-23）~式（4-25）表明，r、g、b 中至少有一个为 0，变量 H、S 和 L 的含义如图 4-5 所示，色彩学中的 HSL 系统提供了一种计算颜色信号参数的便捷手段。但是使用这样的 *HSL* 三维坐标系统，无论是描述还是分析，都比较复杂，所以通常将这样的三维柱坐标简化成 2 个极坐标图，如图 4-7 所示，方位角表示 H，半径分别表示 S 和 L。

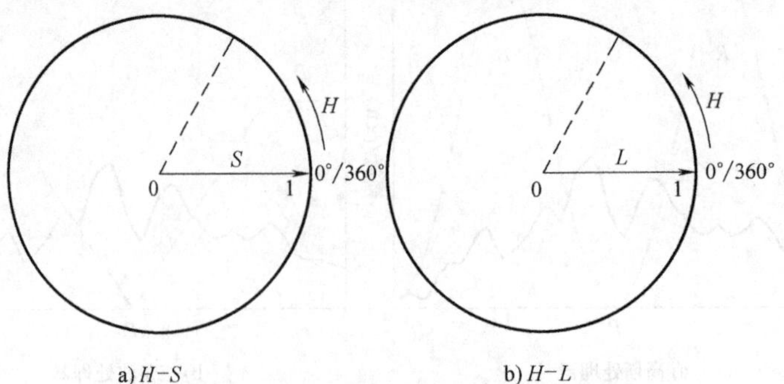

图 4-7 色系映射空间二维极坐标图

4.2　局部放电 UHF 信号的分析与处理

由于 GIS 设备自身封闭式的结构特点，一旦发生事故，造成的后果比敞开式设备严重得多，而且受波及的范围更大，必将造成严重的经济损失和社会影响。采用适当的方法检测 GIS 内部的局部放电是判断 GIS 绝缘水平的一种有效手段，有助于及时发现早期的潜在危险从而预防事故的发生。通过对局部放电的分析，还能够对 GIS 内部绝缘缺陷的类型、位置及其严重程度做出评估，对于制定检修计划、降低检修成本、预测设备寿命、提高设备利用率等都具有重要的实际意义。

实现局部放电模式识别与定位，首先要有准确描述放电信息的特征量。无论是 UHF 法还是超声波法，信号采集装置获取的原始放电信息都比较复杂，需要从中提取有用的特征，实际操作中还希望尽可能降低特征维度。特征提取的优劣直接关系到后续分类算法与定位方法的计算难度和完成质量。在局放检测领域，工程现场所使用的超高频天线、采样装置、信号处理方法等都分别存在多种形式，根据检测条件的不同，常见的局部放电 UHF 信号特征主要分为 4 类，分别是时域特征、频域特征、时频域特征与统计特征。时域分析法对一次放电所产生的时域波形特征或其变换结果进行特征提取，但是该方法对于检测设备要求较高，而且受到 GIS 结构的影响，UHF 信号在传输过程中会发生衰减与畸变，要准确提取特征量存在一定难度。频域特征与局部放电类型关系密切，而且能够很好地描述 UHF 信号在 GIS 中的传播特性，国内外学者对其展开了大量研究。时频域特征能够反映 UHF 信号的时变特性，具有其他方法不可替代的优点，也受到了许多研究人员的关注。统计分析法采用统计参数来描绘局放特征，具有较强的规律性，目前在局部放电检测与模式识别领域是主要的特征提取方法。接下来便结合应用实例对这 4 类 UHF 信号特征分别进行介绍。

4.2.1　UHF 信号典型特征

1. UHF 信号时域特征

时域分析法对单一放电所产生的时域波形进行特征提取。采用包络检波电路对 UHF 信号进行处理，去除载波，得到与原 UHF 信号形状相同的包络信号，将信号的频率降低，同时包络信号又保留了原信号的重要时域特征。用 UHF 信号检波信号的幅值可以等效描述放电量的大小。对于 UHF 信号的包络线，可以提取上升时间、下降时间及累积能量函数的最大上升陡度作为特征量。还可以将 UHF 信号原始波形的峰峰值（Peak-to-Peak Value，V_{pp}）和累积能量作为特征量，来研究电磁波信号经过 GIS 特殊结构时的传播特性，信号的峰峰值如图 4-8 所示。类似地，峰峰值和 UHF 信号的累积能量还可以表现 UHF 信号在传播过程中，尤其是经过绝缘子时的衰减效应。信号的时域特征提取容易、直观，但是时域特征一方面受到传播路径及检测系统的影响，另一方面只提取时域特征对于信号本身蕴含的信息是一种浪费，所以研究者一般在提取时域特征时，还会同时利用其他类型的特征。

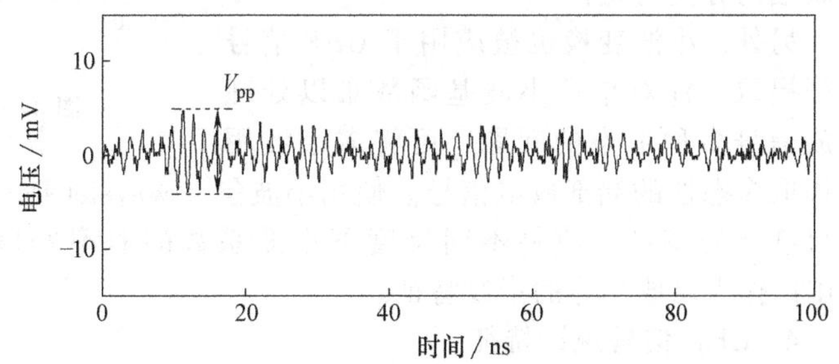

图 4-8　UHF 信号与峰峰值 V_{pp} 示意图

2. UHF 信号频域特征

利用数学变换将时域中的信号转换到频域，就获得了信号的频谱图，如图 4-9 所示。从频谱中可以得到信号的不同频率分量的特征。早在 UHF 法提出伊始，英国中央电力局的 B. F. Hampton 等人便研究了不同类型缺陷产生的超高频信号的频谱特点。不同典型局部放电缺陷 UHF 信号的频谱特征具有显著差异，不同缺陷从盆式绝缘子泄露出的信号频谱分布范围不同，且高于 1GHz 的分量衰减严重，进一步地，将 UHF 信号频谱划分成 3 个频段后，通过信号在不同频段能量分别的占比特点，可对不同尺寸的典型局放缺陷进行区分。在频域根据截止频率的不同，电磁波可被分成不同的模式，从电磁波模式的角度可以分析 GIS 腔体中电磁波模式的转化以及 UHF 信号的传播特性，在此基础上，西安交通大学的李天辉研究了 GIS 中不同方向（轴向、径向、垂直于径向）的电磁波模式的传播特性，并提出了不同方向信号分量的最佳检测位置。

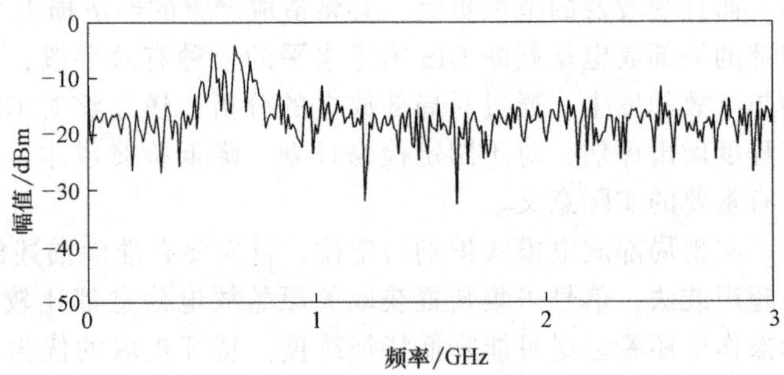

图 4-9　UHF 信号频谱图

3. UHF 信号时频特征

频域分析只能获得信号中的频率成分强度，UHF 信号是非平稳信号，不同频率分量会随时间发生变化，如果只单独考虑信号的时域特性与频域特性，则不能完整地反映信号的内在特征。通过时频分析可以获得信号的不同频率分量随时间的变化规律，典型的 UHF 信号时频分布图如图 4-10 所示。UHF 信号的时频特征作为特征向量，可以通过不同的分类算法进行局放模式识别。西安交通大学的王小华、李锡等人研究了 UHF 信号中不同频率分量随时间的变化规律，从时频域角度分析了 UHF 信号在 GIS 中的传播特性，并通过时频特征实现了局放缺陷的分类与定位。

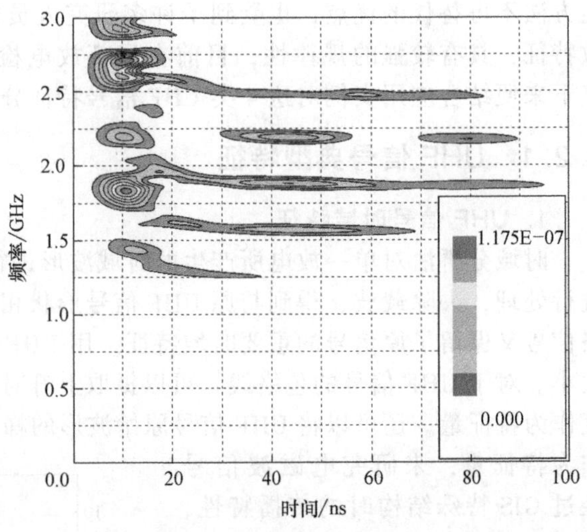

图 4-10　典型的 UHF 信号时频分布图

另外，小波变换也被应用于 UHF 信号特征提取。针对单一小波基函数难以处理局放信号多种形态的问题，可将多小波用于提取多态性的局部放电信号。使用小波包（Wavelet Packet）分解 UHF 信号，提取信号在多个尺度上的特征，或将不同尺度下小波系数的概率密度函数（Probability Density Function, PDF）作为局放信号的指纹特征。

4. UHF 信号统计特征

统计分析法采用统计参数来描绘局放特征，是局部放电检测领域的一种常用方法。其中，PRPD 谱图是被最广泛采用的一种统计分析模式，一个典型的 PRPD 谱图如图 4-11 所示。

针对 PRPD 谱图，Delft 大学的 E. Gulski 提出了一系列统计参量用以描述其形状特征，包括放电不对称度（Discharge Asymmetry）Q、相位不对称度（Phase Asymmetry）Φ、相关因数（Cross-correlation）cc、偏度（Skewness）Sk、峰度（Kurtosis）Ku 等。使用这些统计算子可以

大幅简化 PRPD 谱图的特征向量，而且实践证明可以有效地检测不同的放电类型，所以自从提出以来，该方法得到了非常广泛的应用。

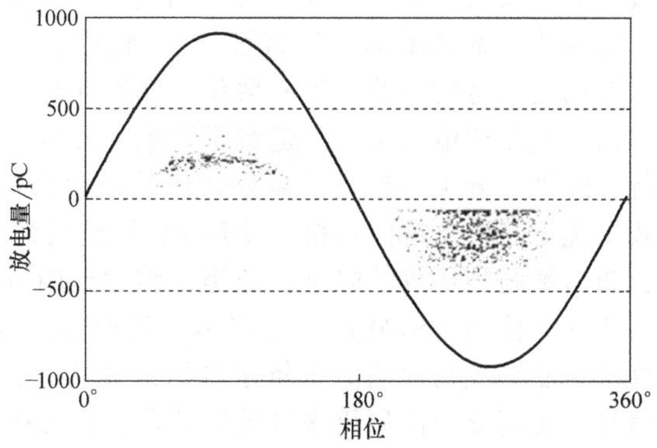

图 4-11　典型 PRPD 谱图

除了 PRPD 谱图的统计参量外，国内外学者还提出了许多其他方法用来提取 UHF 信号的统计特征。将局部放电 PRPD 模式进行小波分解，并对小波系数采用主成分分析法（Principal Component Analysis，PCA）来降低特征数据的维度。通过对局部放电 ϕ-q-N 灰度图像进行分形压缩，从不同尺度上刻画了图像的几何特性，进而实现局部放电识别。从局部出发，提取局放 ϕ-q-N 三维图像的多重分形维数和差盒维数特征，描述了局放图像的分型结构，可用于进行模式识别。不同局放缺陷类型的 PRPD 谱图，可以被转化为单变量的相位分布作为特征参量，如总放电次数-相位、平均放电量-相位、最大放电量-相位和平均放电电流-相位。还可以使用等效时频法提取 PRPD 谱图中放电脉冲群的时间重心、频率重心、二次等效时宽和二次等效频宽作为特征量，通过聚类算法对局放源进行分类。混沌分析方法（Chaotic Analysis of Partial Discharge，CAPD）认为放电序列并不是简单地随机发生，而是受到空间电荷、之前的放电脉冲、外加电压造成的局部电场、温湿度等因素共同作用的，使用放电幅值、放电时的外加电压、两次连续放电的时间间隔等 3 个参量构建放电脉冲序列的二维混沌吸引子，在没有相位信息时可以代替 PRPD 谱图对局放缺陷类型进行分类。统计特征在局放检测领域应用广泛，但是为了满足硬件上的经济性，牺牲了一些信号的细节特征。

4.2.2　GIS 局部放电的识别方法

提取了局部放电信号的特征后，要实现缺陷类型的分类，应用模式识别算法是一个关键步骤。局部放电对 GIS 设备的危害严重性一定程度上取决于放电源的类型，通过模式识别，可以帮助检修人员对局部放电源的类型做出判断，对于评估 GIS 的绝缘状态非常重要。

在机器学习领域，模式识别一直是研究的热点，涌现出了许多优秀的分类器算法。大部分算法模型的流程是相似的，首先是学习过程，利用已有的样本作为训练数据对模型进行训练，调整模型的参数获得样本值与标签的映射关系。然后向模型中输入待识别的数据，模型根据特定的规则完成分类。目前常用的分类器有人工神经网络、支持向量机和聚类分析等。下面结合分类器算法在局部放电检测中的应用分别做介绍。

人工神经网络（Artificial Neural Network，ANN）模拟人脑功能，采用并行存储和处理结构，包含输入层、隐含层和输出层，每一层包含许多神经元，不同层的神经元之间通过权系数相连，对于局放模式识别过程，输入层是提取的特征量，输出层是若干种局放类型。根据学习方式的不同，人工神经网络还可以分为 BP 神经网络（Back-Propagation）、径向基（Radial Basis Function，RBF）神经网络、自组织映射（Self-Organizing map）神经网络等，这些算法均被应用在局放模式识别中。

支持向量机（Support Vector Machine，SVM）算法是基于统计学习理论的人工智能方法，其本质上是求解经典的二次规划问题，有效地避免了“维数灾难”，克服了传统神经网络算法的局部最优、收敛难以控制、结构设计困难等缺点。在实际问题中，样本往往是有限的，支持向量机对于小样本情形表现依然优秀。SVM 将特征向量映射到高维空间，构造一个分割超平面，使原本在低维输入空间不可分的样本点变得可分，当样本点距离该超平面尽量远时达到最佳分类效果。对于线性不可分问题，SVM 利用核函数来避免高维空间中求内积的复杂运算。将局放三维谱图的混沌特征作为特征向量，训练 SVM 分类器，对典型缺陷的识别率较好。以局放信号的小波分解系数作为特征向量，通过 SVM 对空气中电晕放电、空气中沿面放电和油中气隙放电三种类型进行了识别。提取 UHF 信号的统计特征，并用主成分分析对特征进行了降维，分类结果显示多分类相关向量机（Multiclass Relevance Vector Machine，MRVM）的效果优于经典支持向量机。使用 BP 神经网络、自组织映射以及支持向量机通过单一变量相位分布对不同的局放缺陷进行分类，结果证明 SVM 在分类准确性和处理速度上效果最好。除了用于局放检测，SVM 还广泛应用于其他电力设备检测领域，比如利用基于支持向量机的预测算法，能够成功预测高压断路器的机械状态，采集变压器局放产生的超声波信号和脉冲电流信号，使用支持向量机来判断导致局放的油中微粒的尺寸和成分。

人工神经网络和支持向量机都属于监督式学习，与以上两种模式识别方法不同，聚类分析是一种非监督式学习。监督式学习中，已知样本数据和标签，训练模型时用已知的类别进行“监督”，保证对样本实现最优分类，并对标签未知的测试样本做出预测。而非监督式学习只有输入的样本，其标签是未知的，不存在“监督”过程，其目标是对数据中潜在的结构和分布进行建模，以便对数据进行进一步处理。聚类分析将对象划分到不同的类，同一个类中的对象有很高的相似性，不同类之间的对象存在较大差异，由于不存在预先定义的标签，所以类是由聚类算法自动标记的。有学者使用聚类算法对局部放电信号进行分类，取得了比较成功的应用。通过聚类正确率可以评价提取的特征是否能够起到好的分离效果，但是聚类在一起的样本对应哪种具体的局放缺陷，仍然需要手动添加标签或者其他分类方法的辅助。尽管如此，聚类分析仍然可以作为一种简化数据的手段。

4.2.3 GIS 局部放电的定位方法

由于 GIS 设备是全封闭的，而且结构复杂，一旦其内部出现绝缘缺陷，检修人员难以直接获取缺陷发生的准确位置，所以需要使用一些方法来帮助判断缺陷的位置。绝缘缺陷的正确定位对于快速排除故障隐患、节省维修时间、降低维护成本等都有着重要意义。GIS 中的绝缘缺陷在外加电压的作用下产生局部放电，目前得到应用的定位方法都是通过对各种局部放电信号的分析来判断缺陷的位置，如 UHF 信号、超声波信号和光信号等。

局部放电激发的电磁波以近似光速在 GIS 腔体中传播，可利用电磁波传播过程的衰减特性，在不同位置检测 UHF 信号的幅值，信号的幅值越大，则检测点越靠近放电源。但是这样的幅值定位法只能大致确定缺陷所在的气室或区域，而且有时几个检测部位的信号幅值非常接近，难以判断。如果使用 2 个或以上的传感器，则可通过不同传感器接收到同一放电源的 UHF 信号的时间差计算缺陷的位置。这种时差定位法（Time Differences of Arrival，TDOA）原理简单，理论上可以比较精确地进行定位，不仅应用在 GIS，变电站、变压器的局放源定位工作中均有采用。但是，信号的时差是纳秒量级，要求测量设备具有很高的采样率和带宽。另外，时差定位法对采样的同步性要求很高，由于噪声和电磁波折射、反射的影响，信号到达起始点往往不容易识别。利用 UHF 信号在空间传播的特点，有学者提出平分面法，当信号到达 2 个传感器位置的时差为零时，意味着局放源在这 2 个位置的对称平面 P1 上。更换传感器位置，确定另外 2 个对称平面 P2 与 P3，3 个平面的交点即为局放源的位置，如图 4-12 所示。但是该方法对检测设备精度要求高，而且 GIS 由于金属外壳的屏蔽，UHF 信号的检测位置有限，所以实际操作起来有一定难度。

在实践中，超声波信号也经常帮助检修人员进行局放源定位，其基本思想与 UHF 信号类似，通过多个传感器信号到达的时间差求取局放源的具体位置。超声波定位法原理简单，抗电磁干扰能力强，且成本较低，在实际的 GIS 和变压器局放源定位中获得了广泛的应用。但

是，超声波在不同介质材料中传播速度差异较大，声信号通过气体和绝缘子时衰减严重，影响定位的准确度，而且传感器的检测有效范围较小，检测工作量较为繁重。有学者和技术人员结合 UHF 法与超声波法各自的特点，采用“声电联合法”进行绝缘缺陷定位，能有效提高局放定位的精度。

由于 GIS 母线腔体的圆柱形结构，有学者提出将局放源的定位分为轴向定位与圆周角度定位分别进行，利用 UHF 信号沿轴向传播的衰减特性与电磁场在腔体横截面上不同圆周角度的分布特点实现定位。

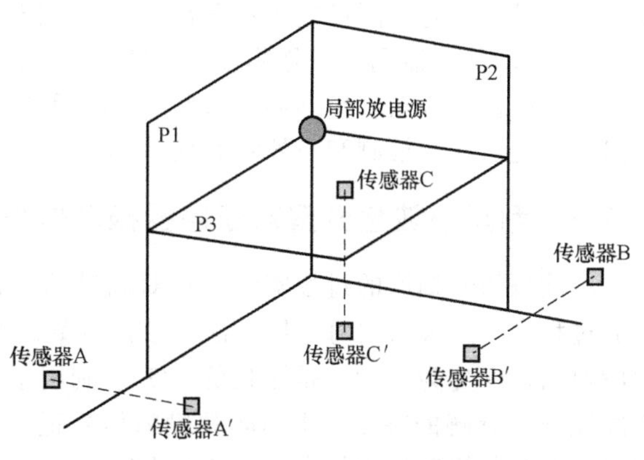

图 4-12 平分面定位法示意图

特别地，针对应用广泛的三相共腔结构 GIS，由于其结构的原因，局部放电产生的电磁波在腔体内部的传播特性更加复杂，然而关于三相共腔结构中 UHF 信号传播特性与局放源定位的研究成果较少。研究证实三相共腔结构 GIS 中同样存在电磁波的横电磁波、横电波、横磁波等模式，并提出了不同模式在三相共腔结构中的等效截止频率计算公式，但是其实验中只研究了当局放缺陷位于高压导体上且接收 UHF 信号的单极子天线位于腔体底部时的情形。另外还有研究指出，缺陷位置的不同引起了电磁波的差异，结果表明，通过这样的差异，可以推断三相共腔结构 GIS 中局放源的位置。

除 UHF 法与超声波法以外，还有学者研究了通过光学传感器进行局放源的定位。使用光学传感器用来采集局放产生的光信号，将光强作为特征，用 SVM 来确定局放源的位置。光学法检测的结果大多都是在实验室搭建特殊结构的模拟腔体中完成的，由于 GIS 内部气压高，局放源出现的位置比较随机，再加上实际使用时检测条件和成本的限制，目前光学法定位还缺乏现场应用的报道。

4.3 振动信号处理与分析

信号是信息的载体，为了从实际测量的振动信号中提取各种特征信息，必须采取各种有效的振动信号处理方法进行分析，从而进行参数检测、质量评价、状态监测和故障诊断等，因此振动信号的处理方法已成为科学研究的热点之一。

振动信号是指由非静止结构体所产生的信号，尽管与一般信号具有很多相同之处，但也具有其独立特征。结构体受到振动源的激励而产生振动信号，分为平稳振动信号和非平稳振动信号。结构体的运动是绝对的（静止是相对的），所以都具有一定的振动特性。任何结构都有其本身的固有振动特性参数，当振动源的激励与结构的固有特性参数相同或接近时，会产生共振响应。结构体的振动响应是各个频率特征信息的叠加。振动信号的时域特征主要体现在振幅、周期、相位等特性上，其频域特征则主要表现在频率、能量信息中。

在高压断路器分合闸操作时，产生的振动信号含有丰富的设备状态信息，且对同一位置、相同操作情况下的分合闸动作，振动波形具有重复性和独特性。

因此在断路器运行状态的各种在线监测方法中，通过振动技术进行监测来反映开关设备运行状态的方法具有很多优点：

1）振动信号中包含丰富的时域和频域信息，可以在整个时间序列和频谱范围内反映高压断路器分合闸过程中的机械状态。通过数字信号处理技术，可以提取出大量的状态信息。

2）振动信号监测属于间接测量，可以通过在高压断路器的接地部分安装传感器进行测量，有效避免了直接测量方法中存在的高电压隔离问题。

3）振动信号监测方法是非侵入式的测量方法，不改变高压断路器的内部结构，不影响设备的正常运行。且振动传感器不仅尺寸小、重量轻，同时安装方便，对实验人员来说可操作性强，很适合在线检测和户外临时性检测等的场合。

4.3.1 利用小波包分解对断路器振动信号进行去噪处理

小波包信号提取的过程实际上是对离散信号进行小波包分解和重构的过程。在小波包分解的过程中，滤波器组每作用一次，数据点数减半。若原始数据长度为 2^N，分解 L 次，每个频段数据长度变为 2^{N-L}，是原长的 $1/2^L$。利用小波包可以将信号按任意时频分辨率（满足测不准原理）分解的特点，将不同频段的信号正交分解到相应频段内，并根据频谱分析的先验知识，保留分解序列中任意一个或几个频段序列进行重构。重构信号长度仍为 2^N，具有较窄的频带宽度和较高的信噪比。下面是小波包信号提取算法实现过程：

1）选取共轭正交滤波器 h_k，令 $g_k=(-1)^{k-1}h_{1-k}$。

2）确定分解层数 L，$L>0$。如果原始信号 $f(i)$ 长度为 2^N，采样频率为 f_s，则分解层数 L 应小于 N，第 L 层每个序列的带宽为 $f_s/2^{L+1}$，起始频率为 $f_n=(n-1)f_s/2^{L+1}$。

3）根据先验知识和每个序列的起始频率，计算出感兴趣的频率成分位于第 L 层的某几个频段内，记为 $\{p_1, p_2, \cdots, p_m\}$。

4）对数据进行逐层小波包分解。分解第 l 层时可得到位于不同频段的 2^{l-1} 组序列。每组序列分别由低通滤波结果 W_{2n}^l 和高通滤波结果 W_{2n+1}^l 组成。每个 W^l 的长度为 $N/2^l$，采样频率为 $f_s/2^l$。令 $W^0(i)=f(i)(i=0, 1, \cdots, 2^N-1)$。则有下列递归分解公式

$$\begin{cases} W_{2n}^l(i) = \sum\limits_k h(k-2i)W_n^{l-1}(k) \\ W_{2n+1}^l(i) = \sum\limits_k g(k-2i)W_n^{l-1}(k) \end{cases} \tag{4-26}$$

$$i=0,1,\cdots,N/2^{l-1};n=0,1,\cdots,2^{l-1}-1;l=1,2,\cdots,L$$

5）假设有用信号的频率成分为 $\{p_1, p_2, \cdots, p_m\}$，令

$$\begin{cases} NW_n^L=W_n^L & n=\{p_1,p_2,\cdots,p_m\} \\ NW_n^L=0 & n\neq\{p_1,p_2,\cdots,p_m\} \end{cases} \tag{4-27}$$

组成新序列，从而保留有用信号的滤波结果，剔除无用信号的滤波结果。

6）利用回复公式重构信号

$$NW_n^L(i) = 2\sum_k h(i-2k)NW_{2n}^{l+1}(k) + 2\sum_k g(i-2k)NW_{2n+1}^{l+1}(k) \tag{4-28}$$

$$l=L-1, \cdots, 0; i=0, 1, \cdots, N/2^l-1$$

图 4-13a 是一个受噪声干扰的断路器合闸振动信号。通过对断路器合闸振动信号进行频谱分析可以看出，振动信号主要由低频成分和高频成分两部分组成，其中高频成分为有用信号。两部分在频域中距离较远，有利于使用小波包对信号进行分解和重构。采用 Daubechies 小波系列的 db2 小波进行 3 层小波包变换仿真分析，由于采样频率为 20kHz，小波包分解结构树中第 3 层各节点所代表的频率范围为 2. 5kHz。节点（3，1）所代表的频率范围为 2. 5k～5kHz，与合闸振动信号高频成分的频率范围相一致。因此，对节点（3，1）重构原信号可去除低频干扰，更加真实地反映振动过程。图 4-13b 是去噪重构后的断路器合闸振动信号。对比图 4-13a、b 可以看出，重构后的振动信号有效地去除了低频干扰。

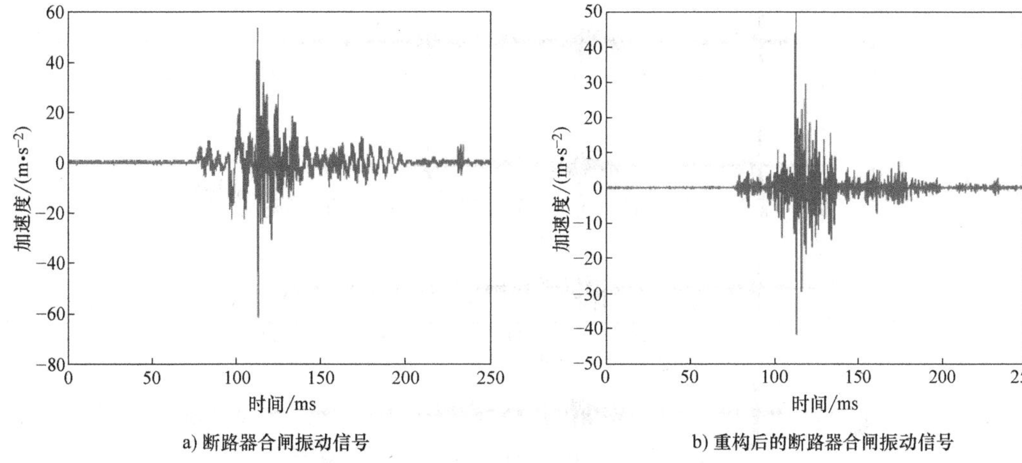

图 4-13 小波包去噪前后的断路器合闸振动信号

4.3.2 小波包频带能量分解在断路器振动信号分析中的应用

由于小波包分解的优良特性，它可以将振动信号在不同尺度下划分到任意细致的频带内，而且各个频带内的重构信号互不重叠，因此可以用来反映断路器机械振动信号的状态特征。作为一个应用实例，针对 ZN12-35 型真空断路器传动部件变形的常见机械故障，模拟了 4 种不同的机械状态。在试验过程中，通过分别调整 A 相、B 相、C 相的绝缘拉杆的长度以模拟运动部件的变形情况，得到 3 个不同的断路器机械状态，分别为状态 A、状态 B 和状态 C，加上未作调整时的正常状态（状态 N），一共有 4 个不同的断路器状态。这种机构上的调整直接导致了断路器三相合闸同期性的变化，为了说明这种变化，在测量振动信号的同时，获取三相触头的合闸信号计算合闸同期性，如表 4-1 所示。

表 4-1 调整绝缘拉杆后不同的断路器状态

状态类型	绝缘拉杆长度/mm	合闸同期性/ms
N	三相原始长度 390	2.5
A	A 相（390）+5	4.0
B	B 相（390）+10	5.0
C	C 相（390）+10	4.5

试验中将一个加速度传感器安装在 ZN12-35 型真空断路器机构箱的背部，由此得到各种状态下的合闸振动信号，并以第一个振动事件为基准在时间轴上对齐。如图 4-14 所示。为分析方便，振动加速度直接用采样后的电压值表示。从图 4-14 可以看到，由于机构调整后断路器的合闸同期性发生变化，三相触头的闭合时刻在先后顺序上发生相对变化，3 个不同的振动事件在时域和频域里重新组合，从能量分布的角度看，合成后振动信号在相同的频率段将会有不同的能量分布，但由于三相触头的关合时刻非常相近，因此从时域信号里看不到有明显的变化。

首先对正常状态下的触头振动信号进行三层小波包频带能量分解，分析中选择 db10 小波作为母小波函数，并以 Shannon 熵为标准选取最优的小波包分解树型结构。分解后对第三层的小波包系数进行逐层重构得到各个频段内的振动信号，然后由式（4-18）计算出频带能量。由于振动信号的采样率为 25kHz，根据采样定理，原始信号中可以分辨的最高频率为 12.5kHz，因此各频带带宽为 1.5625kHz。为了考察小波包频带能量分解的分散性，一共分析

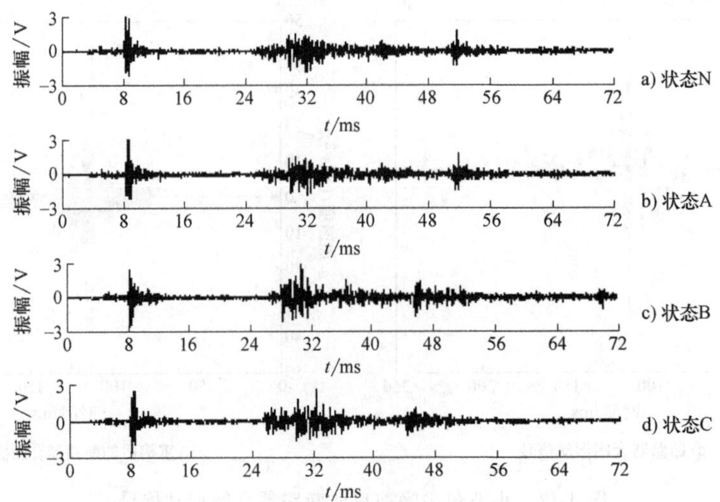

图 4-14　不同状态下断路器的合闸振动信号

了正常状态下的 5 组数据，如图 4-15 所示。可以看到在同一状态下振动信号的频带能量分布保持了良好的一致性，由此保证了应用小波包频带能量分解进行断路器振动信号分析的可行性。

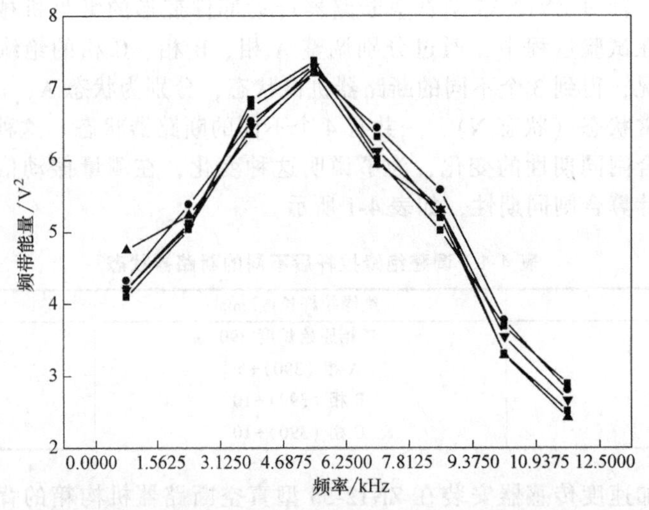

图 4-15　正常状态下断路器操作振动信号的频带能量分布

为了得到不同断路器机械状态下振动信号的频带能量分布，分别对图 4-14 中不同机械状态下的触头振动信号进行三层小波包频带能量分解，分解后得到的频带能量分布如图 4-16 所示。

从图 4-16 中可以看到，在 3. 125k~4. 6875kHz 和 4. 6875k~6. 25kHz 这两个频带上，所有触头振动信号的能量最为强烈，并且不同状态下的值各不相同。这两个频带分别对应了小波包分解后的节点 N_3 和 N_4，因此可以用它们组成状态特征向量对断路器进行机械状态识别。

为了进一步验证小波包频带能量分解的稳定性，对 ZN12-35 型真空断路器在 4 种不同状态下各采集 5 组合闸振动信号，对不同状态下的触头振动信号进行小波包频带能量分解，并提取节点 N_3 和 N_4 的频带能量构造特征向量 $[N_3, N_4]$，从而建立“特征向量-断路器状态”之

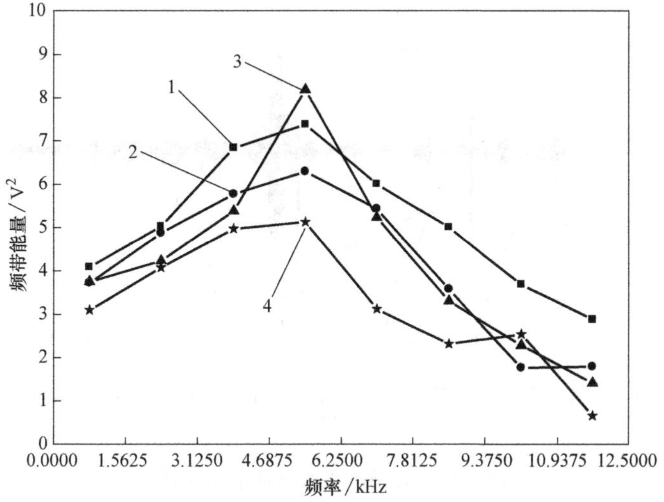

图 4-16　不同断路器机械状态下的频带能量分布

1—状态 N　2—状态 A　3—状态 B　4—状态 C

间的对应关系。以 N_3 为实轴，N_4 为虚轴，将［N_3,N_4］组成的特征向量在同一个复平面上以能量“状态图”的方式描述，如图 4-17 所示。

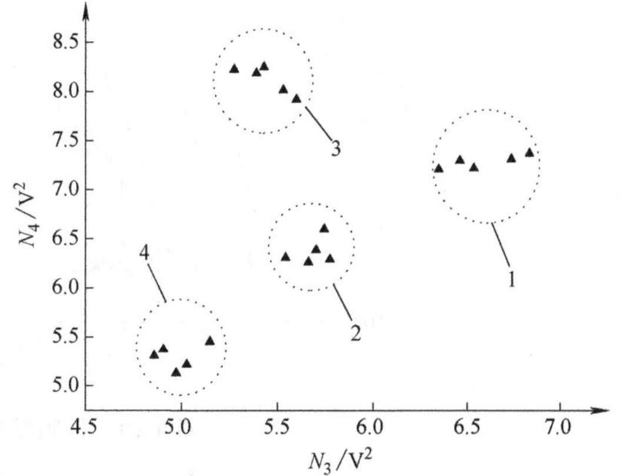

图 4-17　不同断路器机械状态下的能量状态图

1—状态 N　2—状态 A　3—状态 B　4—状态 C

可以看到，4 种机械状态下的特征向量归类集中在能够明显区分的不同区域内。从图中还可以看到，虽然试验数据具有良好的重复性，也只是在一定的区域内相对稳定。而且由于断路器故障种类的多样性，还不能就此简单判断是否是因为某相传动部件的变形而引起的机械状态变化。为了进行准确的状态识别，还必须结合其他状态特征参量，并借助神经网络或专家系统进行综合判断。

4.3.3　断路器分合闸动作中的事件识别

在断路器操作过程中，每次碰撞引起的机械振动被称为一个振动事件。断路器合闸、分闸操作时都会产生若干次振动事件。振动信号的优势是在时间上具有良好的分辨性，振动事件在时域波形中表现为一个个具有较大强度的振动脉冲，为了明确每一个振动脉冲的含义，需对振动事件与断路器动作之间的关系进行辨识。在利用特征信号进行故障诊断时，需明确该特征信号对应的断路器动作情况，从而通过该特征信号的变化实现故障的准确定位。因此振动时间的模式识别方法尤为重要。

短时能量法的最大优点是能够将断路器/GIS 动作过程中各机构的动作情况按照时间序列准确地表现出来，不仅能够通过提取某些参量来判断故障类型，同时也能将分合闸过程中某个时间点的动作情况表现出来，从而可以判断动作过程中某个环节的工作情况。

合闸动作过程应用短时能量法得到的效果如图 4-18 和图 4-19 所示。其中图 4-18 为振动信号时域波形图，图 4-19 为振动信号能量波形图。

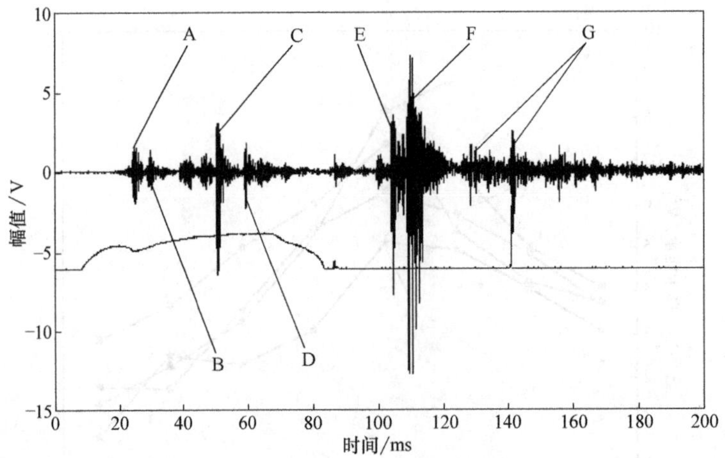

图 4-18　合闸过程时域波形示意图

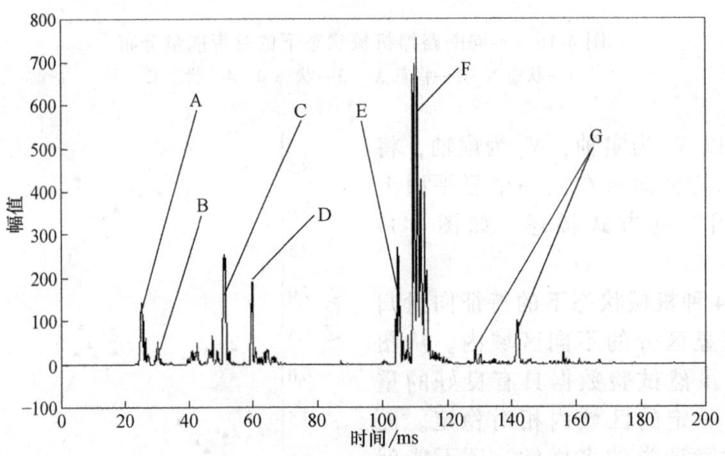

图 4-19　合闸过程能量波形示意图

分闸动作过程应用短时能量法得到的效果如图 4-20 所示。

从时域图和能量图中可以清楚地看出，短时能量法得到的能量波形图能够与振动信号的每一时间段的情况一一对应。

对图 4-19 中 A~G 7 个能量小波形进行计算，读取其峰值和对应时间，如图 4-21 所示。从图中可以看出，应用短时能量法后，基本上可以将断路器合闸动作对应时间点的波形参数完整表现出来。一旦某次断路器动作发生异常，通过观察 A~G 7 个能量小波形的变化，可以迅速定位，找出故障原因。

利用高速摄影仪拍摄断路器动作过程，并将不同位置采集的振动信号进行对比。同时在测量合（分）闸操作过程产生的振动信号时，结合行程曲线、控制电流曲线以及触头分合时刻、机构中重要杆件的动作时刻（缓冲器接入，连杆启动或停止时刻等），从这些参数、状态在时间顺序上的相应关系，可以找到各个冲击振动所对应的断路器各个环节的动作特征。以某型号 126kV 断路器合闸动作情况为例，如图 4-22 所示，需要结合传感器安装位置、合闸电流信号线、合闸行程曲线、分闸动作曲线来分析合闸波形中每一个振动波形代表的机构部分的运动。通过时间对应关系，结合断路器工作流程即可得到结论。以下是各振动事件与断路器动作对应关系的确定方法。

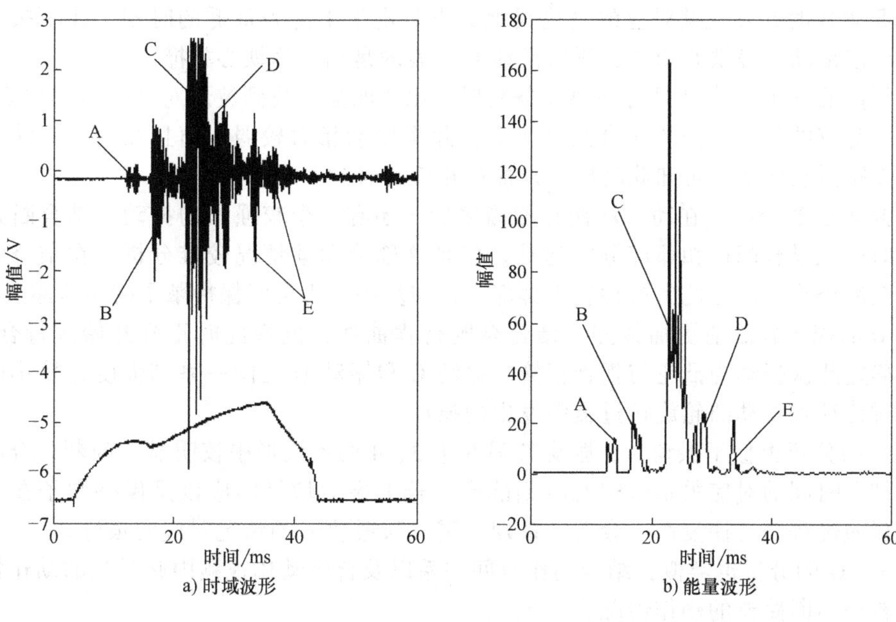

a) 时域波形　　b) 能量波形

图 4-20　分闸过程振动信号时域与能量波形对应关系

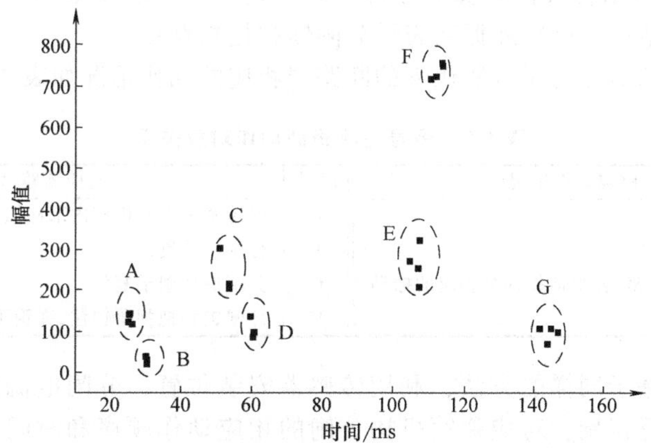

图 4-21　7 个能量小波形参数图

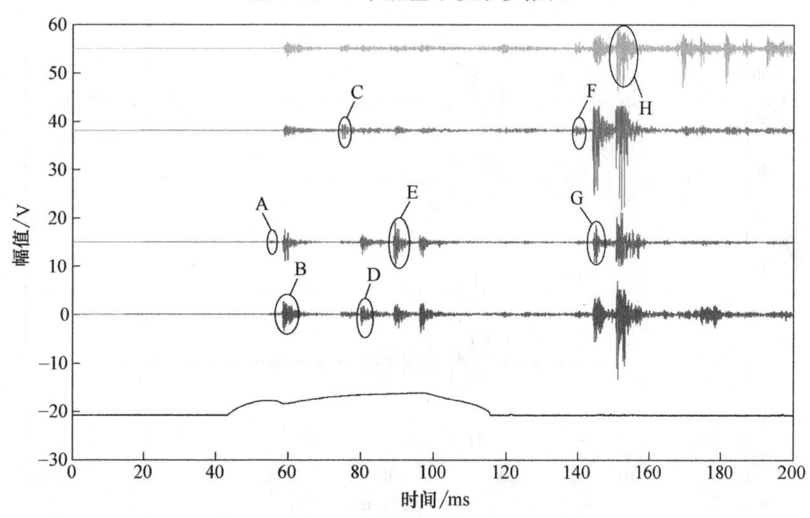

图 4-22　合闸信号波形图

分析振动B时，发现其对应的电流线上的点是电流下降到最低的时刻，此时振动情况比较明显的应该是动、静铁心相撞，所以振动B代表的是动、静铁心相撞。

在分析振动A时，发现只有在第3条波形上比较明显，找到波形对应的传感器安装位置，发现波形3对应的传感器安装在合闸机座上，此次振动相对较弱，而且在动、静铁心相撞之前，根据断路器动作情况可知此时应该是撞杆相撞的时刻。

关于振动C的分析，在动、静铁心相撞之后，还有一个较强烈的振动，结合断路器动作流程，此时应该是合闸锁扣那部分的运动。但是这部分运动情况较难分析，在结合电流曲线和合闸视频后仍难以确定此次振动属于哪部分，初步确定为合闸保持掣子撞击机座造成。

振动D的撞击较之前更加强烈，结合合闸行程曲线，发现此时正好开始进行合闸动作，因此可以确定此次振动为凸轮与拐臂相撞。振动C和振动D之间一系列强度比较小的振动则为棘轮通过传动轴带动凸轮旋转过程中发生的振动。

振动E的分析类似于振动A，振动E只在第3、4两条波形中较明显，判断为合闸锁扣部分运动，结合时间的对应关系可知此时刻能产生较大振动信号的应该是保持掣子在与机座内部碰撞，碰撞过程具有往复性，会有一系列余震，与振动E的情况对应的很好。

振动F、G的分析也类似，结合动作时间关系以及合闸动作视频中此时刻的动作情况，也很容易分析得出断路器的动作情况。

振动H的分析也需结合行程曲线来分析，此时刻行程曲线基本不变化，说明动、静触头已经相撞，合闸基本结束。所以此振动表示分闸锁扣把拐臂锁住。

综上所述，各振动信号的序号所代表的断路器相应的动作情况如表4-2所示。

表4-2 序号与断路器动作对应关系

序号	对应断路器动作情况	序号	对应断路器动作情况
A	撞杆开始运动	E	保持掣子在与机座内部碰撞，同时有一系列余振
B	动静铁心相撞	F	分闸锁栓复位
C	合闸保持掣子撞击机座，合闸锁扣部分相应的振动	G	分闸保持掣子复位
D	凸轮与拐臂相撞	H	分闸锁扣把拐臂锁住，弹簧压板与合闸弹簧桶之间碰撞

对于分闸过程，基于同样的方法，利用传感器安装位置、分闸电流曲线、分闸行程曲线等对分闸振动事件进行识别，对应弹簧机构分闸的相应动作顺序和时间，其相关的特征也可描述，如图4-23所示。

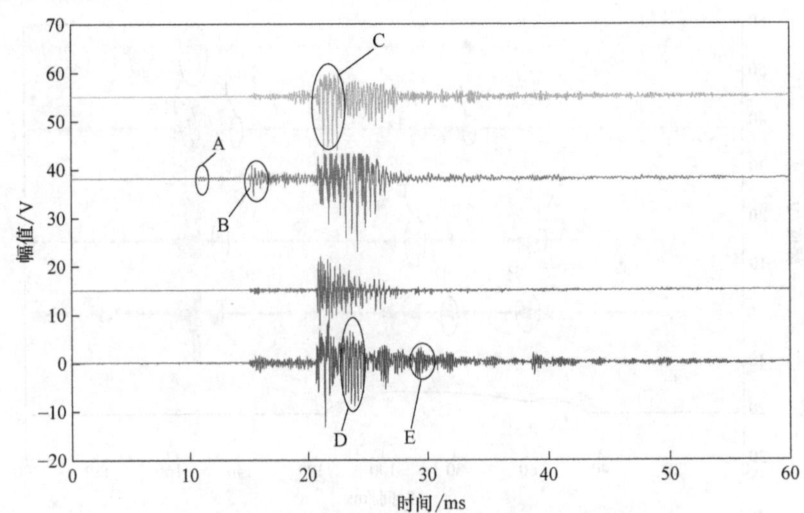

图4-23 分闸动作过程各安装位置振动信号图

在分闸动作采集的振动波形中，各振动信号序号所代表的断路器相应的动作情况如表 4-3 所示。

表 4-3　序号与断路器动作对应关系

序号	对应断路器动作情况	序号	对应断路器动作情况
A	分闸电磁铁处的撞杆开始运动	D	防空合掣子碰撞定位轴
B	动、静铁心开始碰撞（一系列包含动作）	E	弹簧压板与分闸弹簧桶之间碰撞产生一系列余震
C	分闸锁扣打开		

4.3.4　断路器机械故障诊断

在实际动作中，当断路器某个操动机构或传动机构出现问题时，所采集的振动信号中某个振动事件的脉冲会发生异常，因此通过提取振动波形的某些特征量来判断断路器发生的故障类型成为一种有效途径。

在某 126kV 断路器上模拟了分闸速度异常、油缓冲器异常、操作电压异常等 3 种故障，模拟此 3 种故障的原因除了受到现场条件的影响外，也与实际本型号断路器的多发故障有关。上述 3 种故障类型对断路器而言属于多发且危害较大的故障。

故障对断路器实际运行的影响如表 4-4 所示。

表 4-4　故障对断路器运行的影响

故障类型	对断路器影响
合闸速度高	将使操动机构或有关部件超过所能承受的机械力，造成零部件损坏或缩短使用寿命
合闸速度低	当断路器合闸短路故障时，不能克服触头关合电动力的作用，引起触头振动或处于停滞
油缓冲器漏油	使缓冲和精确限位失效，使分闸可动部分无法从高速运动状态很快地变为静止状态，对环境噪声及断路器的可靠性有较大影响
操作电压异常	电压过高造成线圈烧坏，电压过低引起误跳闸

首先是对正常情况下断路器振动信号进行测量，然后分别调整机构，模拟合闸速度异常、油缓冲器异常、操作电压异常等 3 种情况，所有测试传感器安装位置均保持不变。

1）合闸速度异常：正常合闸速度范围是 2.4~2.7m/s，首先调整合闸弹簧降低合闸速度，使合闸速度由正常的 2.7m/s 依次下降为 2.3m/s、2.1m/s 和 1.8m/s，然后再次调整合闸弹簧，使合闸速度高于正常范围，达到 3.1m/s。

2）油缓冲器异常：模拟油缓冲器漏油的情况，分 10 次打开油缓冲器活塞，使缓冲油泄露，直至油缓冲器漏油完毕。每次漏油都分合闸各 3~5 次，排除数据偶然性。

3）操作电压异常：调节控制柜电压控制选项，设置不同的电压值，分别测试对应操作电压下断路器分合闸振动信号。

在断路器上安装加速度传感器，分别采集合闸速度正常、合闸速度异常等 5 种情况下断路器合闸动作时合闸电流信号、振动信号，并对振动信号进行短时能量分析。

正常情况下，当合闸速度为 2.7m/s 时，所采集的电流信号、振动信号及其能量波形如图 4-24 所示。

当合闸速度低于正常值，速度为 1.8m/s 时，所采集的电流信号、振动信号及其能量波形如图 4-25 所示。

当合闸速度高于正常值，速度为 3.1m/s 时，所采集的电流信号、振动信号及其能量波形如图 4-26 所示。

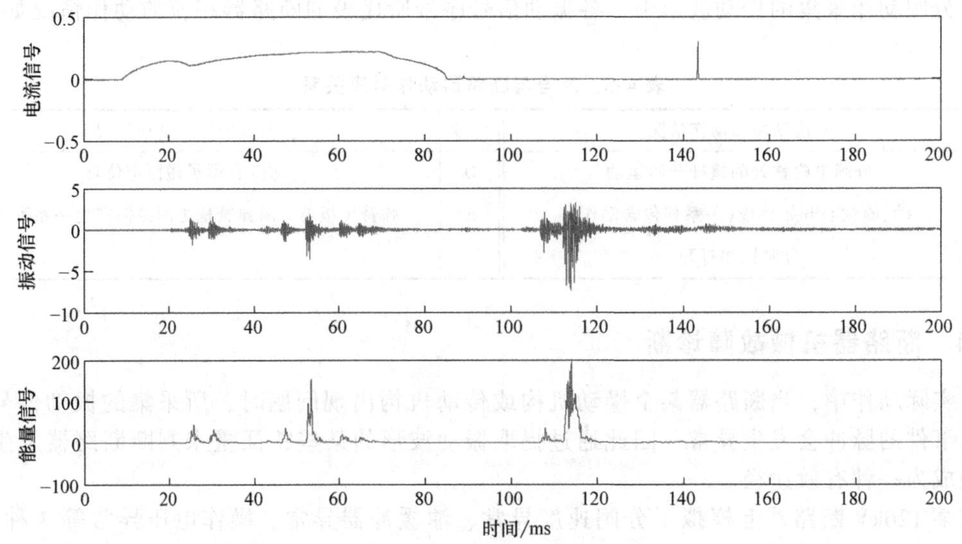

图 4-24 $v=2.7$ 时 3 种信号波形图

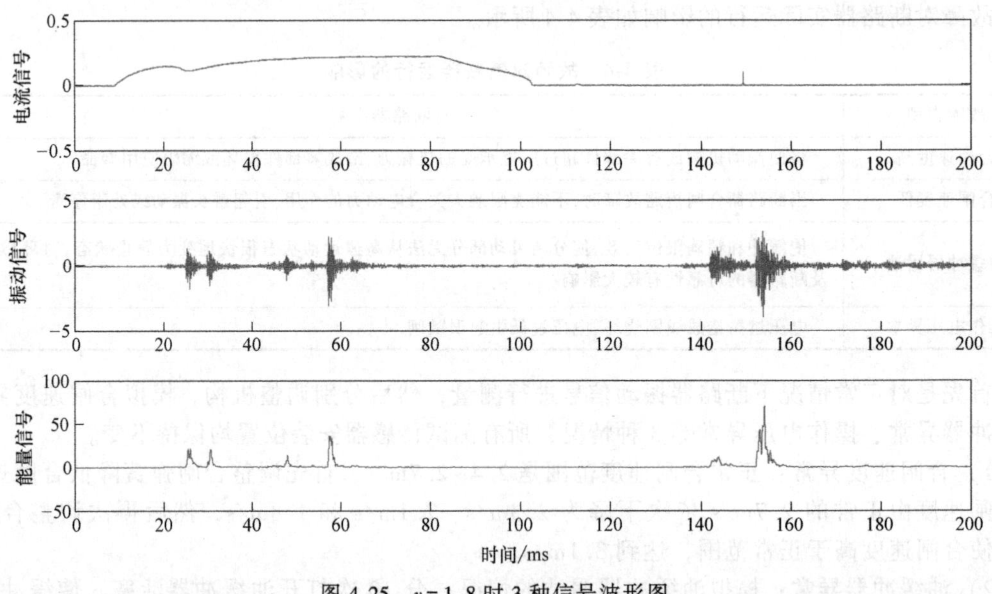

图 4-25 $v=1.8$ 时 3 种信号波形图

对 3 种速度情况下振动能量信号的 7 个小波形进行计算，提取其峰值和时间，如图 4-27 所示。

模拟油缓冲器漏油是分 10 次将缓冲油泄漏，取其中有代表意义的漏油次数，分别为第 3 次漏油后波形、第 7 次漏油后波形、第 10 次漏油后波形。

根据机构动作过程获知，油缓冲器在分闸信号到达后 40ms 左右开始起作用，在缓冲器异常的情况下故障特征应该在分闸行程曲线后半段起作用，因此将能量波形图分为两部分，若令分闸信号到来时刻为 0 时刻，则 0~35ms 为前半部分，分闸过程正在进行；35~65ms 为后半部分，分闸过程基本结束，油缓冲器发挥作用。

为了能明显看出漏油前后断路器振动信号发生的变化，对正常情况及 3 种漏油情况时得到的振动信号后半段能量波形进行放大，如图 4-28 所示。

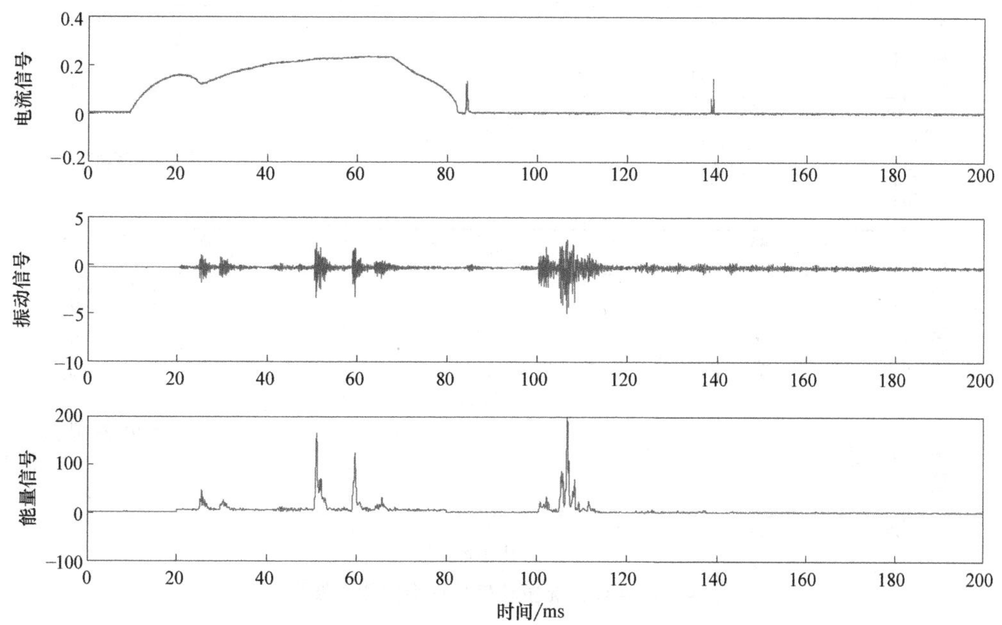

图 4-26　v=3.1 时 3 种信号波形图

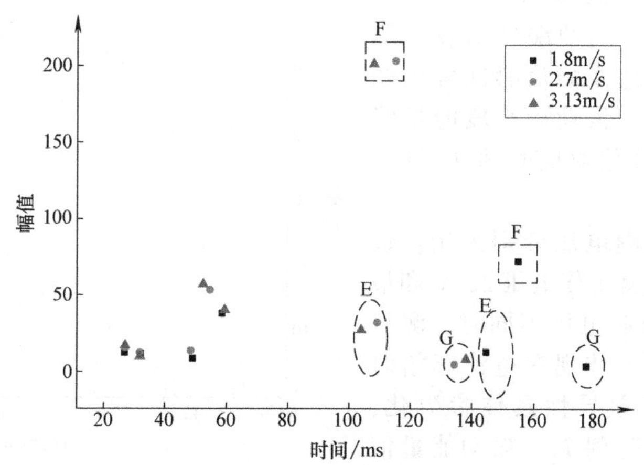

图 4-27　不同速度下能量的 7 个小波形示意图

从图中可以看出，对振动后半段能量信号波形来说，有一个峰值相对较大的波形，对振动整个过程及后半部分波形数据进行分析如表 4-5 所示。表中 M_2 为合闸动作后半过程振动信号能量峰值，T_2 为后半过程能量峰值时刻。

由表中可以看出与正常情况相比，油缓冲器发生漏油后，不论漏油多少，W_1、M_1、T_1 均未发生较大变化，而除了 W_2 发生了较为明显的差异之外，M_2、T_2 均有较为显著地变化。因此可以将 W_2、M_2、T_2 当做区分故障的特征参量。

表 4-5　4 种情况下能量数据对比

动作情况	$W_1(\times10^4)$	$M_1(\times10^2)$	T_1/ms	$W_2(\times10^3)$	$M_2(\times10)$	T_2/ms
正常	9.55	9.26	23.42	2.24	0.78	50.43
第 3 次漏油	9.71	9.34	24.82	8.56	2.65	45.84
第 7 次漏油	10.74	9.57	25.09	5.99	3.56	42.51
第 10 次漏油	9.94	9.96	23.56	7.00	4.51	42.41

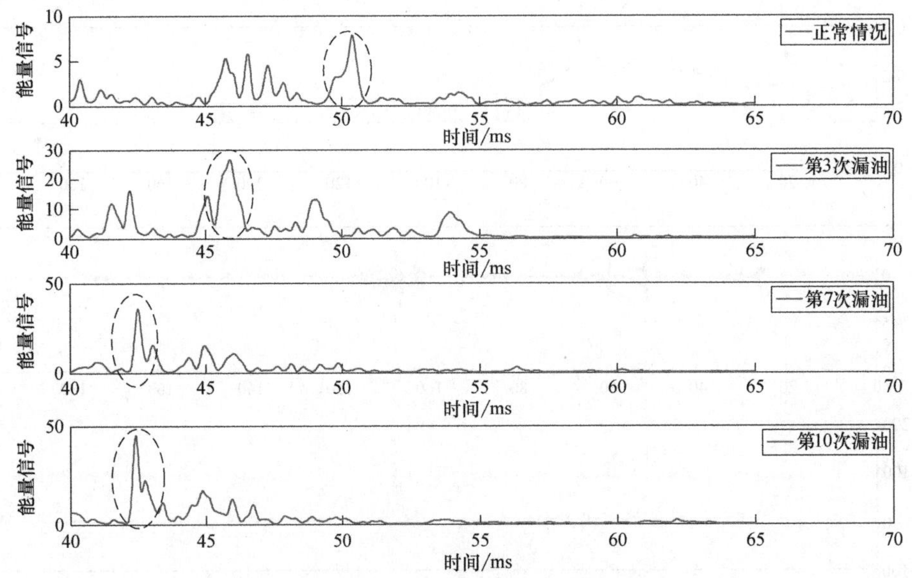

图 4-28　4 种情况振动信号后半段能量波形

为了明显表征出故障特征，绘出正常和 3 次漏油等 4 种分闸情况特征参量——峰值 M_2、时间 T_2 分布图，如图 4-29 所示。

从图中可以看出，当油缓冲器发生漏油后，后半段能量峰值及峰值时间发生变化，随着漏油的增多，振动后半段能量峰值 M_2 逐渐变大，且峰值对应时间 T_2 逐渐变小。

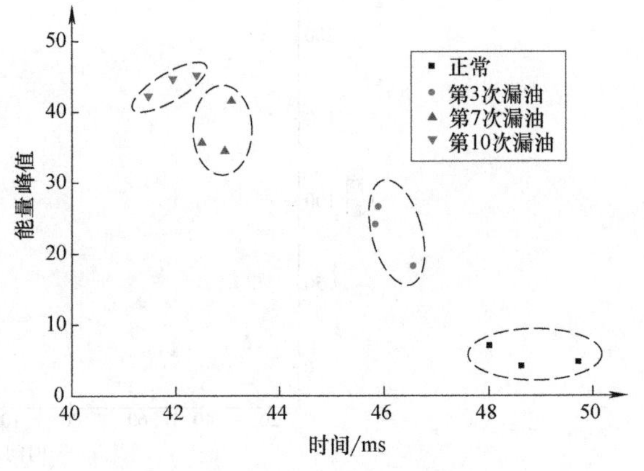

图 4-29　特征参量分布图

实验中，合闸线圈电压分别采用：最低工作电压 177V、正常工作电压 220V 和最高工作电压 242V。控制电压不同时，测得的合闸线圈电流不同，体现在电流起始时刻发生变化。为了将差异性具体参数化，对合闸线圈电流起始时刻 T_1、振动能量信号峰值 M 和峰值时间 T_2 进行计算，如表 4-6 所示。

表 4-6　3 种电压值下各信号波形典型参量值

操作电压/V	T_1/ms	M	T_2/ms
177	20.00	785.72	131.07
220	22.53	516.18	131.10
242	23.01	774.17	131.47

从表 4-6 中可以清楚看到，当操作电压不同时，合闸电流曲线上升时刻 T_1 是不同的，而振动信号能量波形的峰值时刻 T_2 基本未发生变化，这说明操作电压的不同改变了合闸命令到达时刻，却没有显著改变合闸速度。

改变分闸操作电压，研究其对断路器分闸动作的影响。分闸操作电压为如下 3 种：最低操作电压 133V、正常电压 220V 和最高操作电压 264V。通过计算可知，当操作电压不同时，分闸电流曲线上升时刻发生变化，而振动信号能量波形的峰值时刻基本未发生变化。

实际应用中，如果某次合（分）闸测试结果显示能量波形峰值时刻正常但合（分）闸电流曲线上升时刻发生变化，则应该对断路器的电磁线圈进行检查。

4.3.5　断路器三相同期性在线监测

三相同期性是断路器的重要机械特性参数之一，同期性的研究对于故障诊断具有重要意义。

图4-30为脱扣线圈电流波形。

图4-30中T_0为分闸命令到达时刻，T_1是线圈中电流上升到足以使铁心运动的时刻，T_2代表铁心触动脱扣杆的时刻，T_3代表铁心、脱扣杆运动速度增大到使线圈电流减小的时刻，T_4代表动铁心运动到最大行程时刻，T_5代表辅助触点打开时刻。对应分闸时刻的有效振动信号位于T_5之前的一段时间内，合闸过程也可以得到相似的结论。

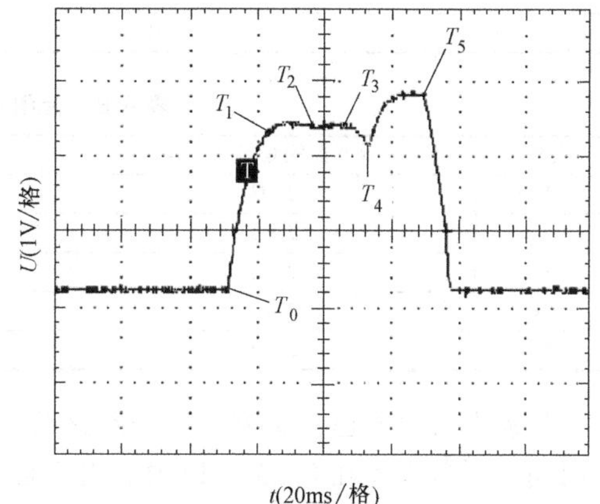

图4-30　脱扣线圈电流波形

断路器分合闸过程中的振动信号，动、静触头刚合和刚分时刻碰撞产生的振动事件非常强烈，但由于实际操作中振动传感器不可能安装在动、静触头上，所以在采到的振动信号中除了有电磁干扰噪声外，还有很多与此碰撞相关的干扰振动能量，如弹簧的谐振、触头弹跳、断路器机体的晃动，尤其是距离传感器安装处最近的连杆等机构之间的碰撞等，使用短时能量法处理后，这些振动能量都可能造成最终确定分合闸时刻以及三相同期性的错误。但在分合闸过程中，脱扣线圈电流的波形重复性好，分析简单准确，而且容易找到与分合闸时刻直接相关的关键点即辅助触点动作时刻。因此振动信号只有在该关键点之前一段时间内的振动能量才对应于分合闸触头碰撞的时刻。

图4-31所示为分闸实测和处理的一组波形。对图4-31中的振动信号单独用短时能量分析会造成误判。但在结合脱扣线圈电流关键点分析后，对应辅助触点动作的关键点为图4-31a中的A点，对于某厂生产的ZN12-35型号断路器，刚分时刻即换位信号跳变时刻，与A点的时间差为20 ms左右，时间分散性小。所以在刚分时刻之前的干扰信号（图4-31d中的C、D点），处理时就可以屏蔽掉，不会造成误判。同样在刚分时刻之后的机构碰撞的余震能量（图

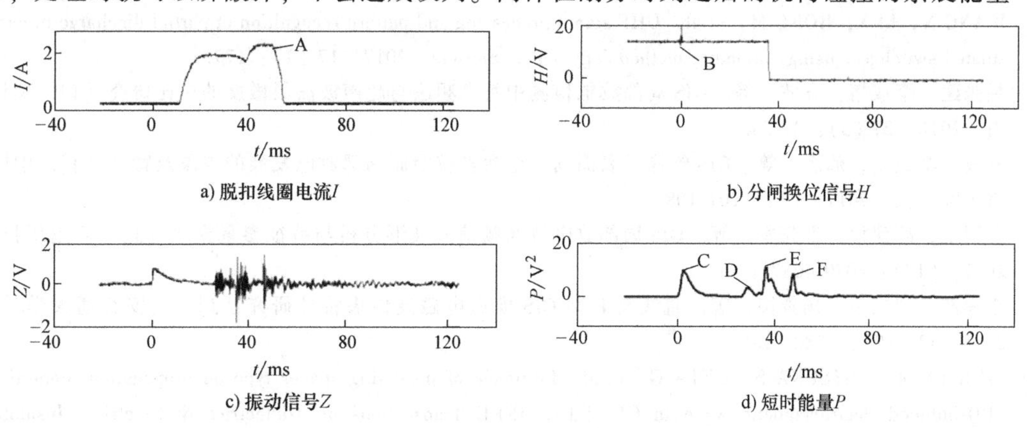

图4-31　分闸实测和处理的一组波形

4-31d 中的 F 点）也在短时能量法处理范围之外，不会对结果造成影响。

采用本方法对断路器分合闸不同期性的测量结果见表 4-7 和表 4-8。

表 4-7　分闸不同期性测量实验结果

次数	示波器测量结果/ms	测量结果/ms	绝对误差/ms
1	1.66	1.867	0.202
2	1.70	1.734	0.034
3	1.60	1.534	-0.066
4	1.56	1.667	0.107
5	1.60	1.600	0

表 4-8　合闸不同期性测量实验结果

次数	示波器测量结果/ms	测量结果/ms	绝对误差/ms
1	2.08	2.134	0.054
2	2.06	2.067	0.034
3	2.10	1.867	-0.233
4	2.10	1.667	-0.433
5	2.12	1.934	-0.186

从表中可以看出，本方法对于断路器三相合闸不同期性的测量误差在 0.50ms 以内，分闸不同期性测量误差在 0.25ms 以内。由于合闸过程机构碰撞更为复杂，所以分闸不同期性测量比合闸准确。采用短时能量法结合脱扣线圈电流信号，来得到触头的分合闸时刻，进而可以计算出三相同期性，在测量精度和稳定性方面都取得了良好的效果，从而为断路器状态监测提供了合理的量化依据。

参考文献

[1]　王智翔．高压 SF6 断路器弧触头烧蚀机理与预测方法研究［D］．西安：西安交通大学，2018.

[2]　WANG Z，J G R，S J W，et al. Spectroscopic on-line monitoring of Cu/W contacts erosion in HVCBs using optical-fibre based sensor and chromatic methodology［J］. Sensors，2017，17 (3)：519.

[3]　R M，J G R，D A G，et al. Chromatic mapping of partial discharge signals［J］. High Voltage Engineering，2013，39 (10)：2532-2540.

[4]　李锡．基于 UHF 信号时频特征与 Chromatic 参数的 GIS 局部放电模式识别与定位方法研究［D］．西安：西安交通大学，2018.

[5]　WANG X，LI X，RONG M，et al. UHF signal processing and pattern recognition of partial discharge in gas-insulated switchgear using chromatic methodology［J］. Sensors，2017，17 (1)：177.

[6]　吴张建，李成榕，齐波，等．GIS 局部放电检测中特高频法与超声波法灵敏度的对比研究［J］．现代电力，2010，27 (3)：31-36.

[7]　齐波，李成榕，郝震，等．GIS 绝缘子表面固定金属颗粒沿面局部放电发展的现象及特征［J］．中国电机工程学报，2011，(1)：101-108.

[8]　朱明晓，薛建议，邵先军，等．GIS 局部放电特高频信号波形分析与特征参量提取［J］．高电压技术，2017，(12)：4079-4087.

[9]　李军浩，司文荣，杨景岗，等．直线及 L 型 GIS 模型电磁波传播特性研究［J］．西安交通大学学报，2008，42 (10)：1280-1284.

[10]　HIKITA M，OHTSUKA S，UETA G，et al. Influence of insulating spacer type on propagation properties of PD-induced electromagnetic wave in GIS［J］. IEEE Transactions on Dielectrics & Electrical Insulation，2010，17 (5)：1642-1648.

[11]　HIKITA M，OHTSUKA S，HOSHINO T，et al. Propagation properties of PD-induced electromagnetic wave in

GIS model tank with T branch structure [J]. IEEE Transactions on Dielectrics & Electrical Insulation, 2011, 18 (5): 1678-1685.

[12] 丁登伟，唐诚，高文胜，等. GIS中典型局部放电的频谱特征及传播特性 [J]. 高电压技术，2014，40 (10): 3243-3251.

[13] GAO W, DING D, LIU W, et al. Analysis of the intrinsic characteristics of the partial discharge induced by typical defects in GIS [J]. IEEE Transactions on Dielectrics & Electrical Insulation, 2013, 20 (3): 782-790.

[14] HOSHINO T, MARUYAMA S, OHTSUKA S, et al. Sensitivity comparison of disc- and loop-type sensors using the UHF method to detect partial discharges in GIS [J]. IEEE Transactions on Dielectrics & Electrical Insulation, 2012, 19 (3): 910-916.

[15] LI T, WANG X, ZHENG C, et al. Investigation on the placement effect of UHF sensor and propagation characteristics of PD-induced electromagnetic wave in GIS based on FDTD method [J]. IEEE Transactions on Dielectrics & Electrical Insulation, 2014, 21 (3): 1015-1025.

[16] LI J, JIANG T, HARRISON R F, et al. Recognition of ultra high frequency partial discharge signals using multi-scale features [J]. IEEE Transactions on Dielectrics & Electrical Insulation, 2012, 19 (4): 1412-1420.

[17] EVAGOROU D, KYPRIANOU A, LEWIN P L, et al. Feature extraction of partial discharge signals using the wavelet packet transform and classification with a probabilistic neural network [J]. IET Science Measurement & Technology, 2010, 4 (3): 177-192.

[18] 汪可，廖瑞金，王季宇，等. 局部放电UHF脉冲的时频特征提取与聚类分析 [J]. 电工技术学报，2015，30 (2): 211-219.

[19] 尚海昆，苑津莎，王瑜，等. 基于交叉小波变换和相关系数矩阵的局部放电特征提取 [J]. 电工技术学报，2014，29 (4): 274-281.

[20] 李军浩，韩旭涛，刘泽辉，等. 电气设备局部放电检测技术述评 [J]. 高电压技术，2015，41 (8): 2583-2601.

[21] 季盛强，纪海英，辛晓虎，等. 几种特征选择方法在局部放电模式识别中的应用 [J]. 陕西电力，2011，39 (11): 1-4.

[22] HAO L, LEWIN P L, HUNTER J A, et al. Discrimination of multiple PD sources using wavelet decomposition and principal component analysis [J]. IEEE Transactions on Dielectrics & Electrical Insulation, 2011, 18 (5): 1702-1711.

[23] LAI K X, PHUNG B T, BLACKBURN T R. Application of data mining on partial discharge part I: predictive modelling classification [J]. IEEE Transactions on Dielectrics & Electrical Insulation, 2010, 17 (3): 846-854.

[24] 鲍永胜. 局部放电脉冲波形特征提取及分类技术 [J]. 中国电机工程学报，2013，33 (28): 168-175.

[25] KOO J Y, JUNG S Y, RYU C H, et al. Identification of insulation defects in gas-insulated switchgear by chaotic analysis of partial discharge [J]. IET Science Measurement Technology, 2010, 4 (3): 115-124.

[26] 张晓星，舒娜，徐晓刚，等. 基于三维谱图混沌特征的GIS局部放电识别 [J]. 电工技术学报，2015，(1): 249-254.

[27] HUANG J, HU X, YANG F. Support vector machine with genetic algorithm for machinery fault diagnosis of high voltage circuit breaker [J]. Measurement, 2011, 44 (6): 1018-1027.

[28] HAO L, LEWIN P L. Partial discharge source discrimination using a support vector machine [J]. IEEE Transactions on Dielectrics & Electrical Insulation, 2010, 17 (1): 189-197.

[29] 唐炬，林俊亦，卓然，等. 基于支持向量数据描述的局部放电类型识别 [J]. 高电压技术，2013，39 (5): 1046-1053.

[30] 律方成，金虎，王子建，等. 基于主成分分析和多分类相关向量机的GIS局部放电模式识别 [J]. 电工技术学报，2015，(6): 225-231.

[31] ZHANG X, HUANG R, YAO S, et al. Mechanical life prognosis of high voltage circuit breakers based on

support vector machine [C]. Changsha: International Conference on Natural Computation, 2015.

[32] 郝爽，仲林林，王小华，等. 基于支持向量机的高压断路器机械状态预测算法研究 [J]. 高压电器，2015，(07)：155-159.

[33] ROBLES G，FRESNO J，MARTNEZ J. Separation of radio-frequency sources and localization of partial discharges in noisy environments [J]. Sensors，2015，15 (5)：9882.

[34] MYSKA R，DREXLER P，Electromagnet A. Simulation and verification of methods for partial discharge source localization [C]. Cambridge: Proceedings of Progress in Electromagnetics Research Symposium，2012：704-708.

[35] 侯慧娟，盛戈皞，苗培青，等. 基于超高频电磁波的变电站局部放电空间定位 [J]. 高电压技术，2012，38 (6)：1334-1340.

[36] HEKMATII A. Proposed method of partial discharge allocation with acoustic emission sensors within power transformers [J]. Applied Acoustics，2015，100：26-33.

[37] BOCZAR T，WITKOWSKI P，BORUCKI S，et al. Solving a set of spherical equations for localization of partial discharges by acoustic emission method [J]. Acta Physica Polonica，2015，128 (2)：299-306.

[38] 张天辰，胡岳，李清，等. 基于虚拟仪器的 GIS 局部放电声电联合检测系统 [J]. 高压电器，2012，48 (11)：43-49.

[39] BISWAS S，KOLEY C，CHATTERJEE B，et al. A methodology for identification and localization of partial discharge sources using optical sensors [J]. IEEE Transactions on Dielectrics and Electrical Insulation，2012，19 (1)：18-28.

[40] 贺伟锋. 基于振动信号的 800kVGIS 中断路器三相同期性在线监测方法研究 [D]. 西安：西安交通大学，2011.

[41] 郭风帅. 基于振动信号的高压断路器机械状态监测及故障诊断方法的研究 [D]. 西安：西安交通大学，2013.

[42] 郭风帅，王小华，王蓓，等. 基于振动信号的高压断路器故障诊断方法的研究 [J]. 自动化博览，2013 (z2).

[43] I. Daubechies. 小波十讲 (Ten lectures on wavelets) [M]. 北京：国防工业出版社，2011.

[44] 周伟. 基于 MATLAB 的小波分析应用 [M]. 西安：西安电子科技大学出版社，2010.

[45] 张弛. 高压断路器在线监测与故障诊断系统研究 [D]. 北京：北京交通大学，2007.

[46] 赵霞. 高压断路器综合监控系统的研究 [D]. 重庆：重庆大学，2002.

[47] 杨飞，王小华，荣命哲，等. 一种新的中压真空断路器三相同期在线监测方法 [J]. 中国电机工程学报，2008，28 (12)：139-144.

[48] 马强，荣命哲，贾申利. 基于振动信号小波包提取和短时能量分析的高压断路器合闸同期性的研究 [J]. 中国电机工程学报，2005，25 (13)：149-154.

[49] 李天辉，荣命哲，王小华，等. GIS 内置式局部放电特高频传感器的设计、优化及测试研究 [J]. 中国电机工程学报，2017，37 (18)：5483-5493.

第 5 章 电器设备在线检测系统的通信技术

在应用电器设备在线检测系统时，系统往往需要同时检测几台至数十台电器设备，传统的集中处理方式采用将被检测信号通过多根电缆集中引进系统 MCU 进行处理。这种方式采用的是模拟信号的传输方式，信号容易失真，而且现场安装调试工作量大，维修困难，因此需要在线检测系统能够进行分布式管理。

智能电子装置（Intelligent Electronic Device，IED）是安装在被测电器设备上的智能化装置，其本身就可对电器设备的输出信号进行采集、简单处理以及当地显示，可对电器设备的多个参量进行测量，使装置具有了智能化特征。由于智能电子装置的出现，使计算机从数据采集、简单处理的任务中脱离出来，而侧重于对数据的管理以及复杂的处理等工作。智能电子装置与计算机通过总线相连，使用数字信号传输。多台电器设备的智能电子装置与计算机同时挂在同一总线上，就构成了一个完整的分布式在线检测系统。

5.1 IEC 61850 标准通信协议

从 20 世纪末开始，我国国家电网公司大力推广分层分布式变电站的概念应用，催生了大量的“无人值守”变电站，以“技术力”代替“人力”，大幅度提高了电力系统运行和维护的安全性、可靠性和经济性，促进了我国电力产业的健康快速发展。但是，在电网运行领域信息化程度不断加深，自动化水平持续提高的同时，也暴露出了一些问题，如通信规约混乱、设备之间缺乏互操作性；变电站自动化升级迟滞于计算机网络通信技术的发展，造成较差的可拓展性；“信息孤岛”林立，信息共享困难较大；二次线路冗杂，容易发生故障，影响运行安全。为此，国际电工委员会 TC57 委员会制定了 IEC 61850 系列标准，即变电站通信网络与系统（Communication Networks and Systems in Substations），并成为变电站自动化领域最完善的国际标准。

电气设备在线监测系统是智能变电站的一个重要组成部分，也是变电站“智能化”的重要体现。开关设备在线监测技术立足于国家“智能电网”的发展战略，并由国家电网公司起草了一系列的技术文件予以规范。IEC 61850 标准在中低压和高压开关设备在线监测领域的研究应用取得了日益丰硕的成果，IEC 61850 标准已逐步取代之前变电站现场应用的各类通信规约，并正从根本上改变了以前规约林立、标准不一，设备互换性和互操作性差的混乱局面，极大地促进了智能化变电站系统的建设。

1. 标准体系

为了实现变电站智能电子设备（IED）间的互操作性，国际电工委员会在引用多个成熟的其他国际标准的基础上，制定了 IEC 61850 系列标准。IEC 61850 标准第一版共包含 14 个分册，并于 2002—2005 年陆续颁布完成。我国对其进行了长期追踪和深入翻译，制订了 DL/T 860 系列标准，即我国电力行业标准。

IEC 61850 标准体系庞大，内容丰富，每一个分册都基于特定内容制定，根据所阐述内容可以将其分为五个部分：系统说明、配置描述、通信结构（包含数据模型和通信服务）、映射到具体通信网络和一致性测试，如图 5-1 所示。

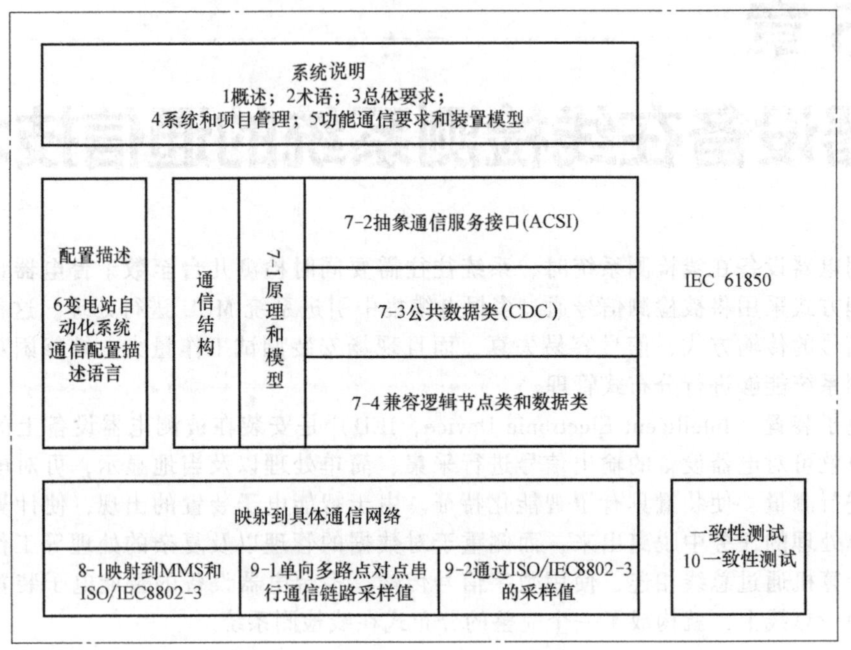

图 5-1　IEC 61850 标准系统框图

系统说明部分包含了标准的前 5 个分册，主要介绍本标准制定的基本背景、概貌和术语，阐明标准制定的必要性和主要目的，并包含具体的质量要求、工程管理、全周期的质量保证等方面的内容。此外，还简要介绍了功能分类、逻辑节点（Logical Node）及其访问、通信信息片（PICOM）、报文性能要求等概念。

IEC 61850-6 分册构成了本标准的配置描述部分。本部分具体定义和详细介绍一种专用的变电站配置描述语言 SCL（Substation Configuration Description Language）。SCL 作为一种工程工具，以 XML 格式作为信息交互基础，可以对变电站自动化系统的开关间隔、通信架构及其系统内的设备进行统一的描述，从而使得变电站内的不同制造商、不同型号的 IED 可以在统一建模原则下实现设备的互操作性。

通信结构部分构成了 IEC 61850 标准的主要核心内容，由 4 个分册组成。分册 IEC 61850-7-2 介绍标准定义的变电站和馈线设备的基本通信结构，主要是抽象通信服务接口 ACSI（Abstract Communication Service Interface）的概念；分册 IEC 61850-7-3 和分册 IEC 61850-7-4 给出具体的公共数据类 CDC（Common Data Classes）、兼容逻辑节点类和数据类的详细定义和描述，极大地方便了实际工程建模。

由于 IEC 61850 标准抽象于具体的通信实现，ACSI 只是概念性接口，所以本标准的实际应用必须借助具体的通信规约予以实现，即特殊通信服务映射（SCSM）的方法。标准分册 IEC 61850-8-1 定义了一种 ACSI 模型和服务到制造报文规范（MMS）和以太网的映射。标准分册 IEC 61850-9-1 定义了 SCSM 为采样值服务到以太网的映射方法。最后一部分为测试部分，提供了对系统的互操作性进行一致性测试的具体描述。

IEC 61850 第 1 版标准篇幅浩大，达 1000 页，内容上有许多叙述模糊和前后叙述不一致之处，而且使用范围仅局限在变电站内，标准的推广受到很大阻碍。在第 1 版标准于 2003 年发布之后，相关的维护、修订工作就已经开始了。从 2009 年开始，IEC TC57 WG10 开始发布

IEC 61850 ed 2.0，并将第 2 版标准命名为《Communication networks and systems for power utility automation》，中文译名为《电力企业自动化通信网络与系统》。新版标准除了修订第 1 版标准中的错误之处，主要新增了以下部分的内容：

1）新增了一系列新的技术文件，将 IEC 61850 标准的应用推广到水电、风电、互感器等领域，涉及发、输、变、配、用及调度等方方面面。

2）新增了多种公共数据类，如支持描述曲线形状的 CSG 等，并将第 1 版标准中定义的约 90 种逻辑节点扩展到 170 多个。

3）新增了 IID 和 SED 两种配置文件类型，明确了工程各方之间的关系，大大方便了工程实际使用和修改维护工作。

4）一致性测试部分新增了多种测试案例，提供了更全面的一致性测试方法。

2. 主要优势特点

IEC 61850 标准相比于传统的通信模式，如问答式 103 规约等，具有许多新的特点和巨大优势：

1）采用面向对象统一建模的概念和技术，具有极佳的开放性和适用性。

2）采用信息分层的方法将变电站系统自上而下分为变电站层、间隔层和过程层三层，并统一规定了层间和层内部的信息交换机制。

3）具有数据自描述能力，大大方便了工程应用，降低了通信成本。

4）IEC 61850 标准采用面向未来通信的可扩展架构，抽象于具体的通信协议，可以不断利用未来通信技术的新成果。

3. IEC 61850 数据建模

信息模型和信息交换机制的统一是实现设备间互操作性的关键一环，同时信息交换机制很大程度上依赖于标准化的信息模型的确定，因此信息模型及其建模方法是 IEC 61850 的核心内容。

IEC 61850 标准的制定过程参考了之前通信标准的优势和不足，采用现代程序开发领域的一个基本概念——面向对象的建模方法。每一个 IED，变电站中每一台设备，乃至整个变电站都可以看作一个包含属性和服务两种基本要素的对象，数据建模实际就是根据建模对象的具体信息，对其进行抽象化描述的过程。

逻辑节点（Logical Node，LN）是 IEC 61850 面向对象建模的关键部件，变电站自动化的各种功能和信息的表达都归结到逻辑节点上实现，每一个逻辑节点就是一个小的功能模块，是功能分解后可进行信息交换的最小实体。本标准第七部分定义了约九十种逻辑节点，涵盖变电站内自动化相关的测控、继保等各类功能需要。后续出版的 IEC 61850 第 2 版对第 1 版中已定义的很多逻辑节点进行了修订，新增或修改了逻辑节点中的部分数据对象，并增加了多种新的逻辑节点，使此标准面向的领域从单一的变电站扩展到其他电力公共事业。

根据 IEC 61850 标准，信息模型为结构化的层级类模型，根据聚合关系可以分为以下各层：数据（Data）、逻辑节点（Logical Node）、逻辑设备（Logical Device）、服务器（Server）。服务器包含 1~n 个逻辑设备，逻辑设备包含若干逻辑节点，逻辑节点又由多个数据组成，再往下还有更多的数据属性（DataAttribute）信息。IEC 61850 标准的建模过程首先是对建模对象的功能进行分解，然后再将分解的小单元组合起来完成一项功能任务，其中，逻辑节点是功能分解的最小单元。

构建 IED 信息模型的第一步应明确建模对象具有哪些功能，并确定这些功能中哪些是需要通过网络进行数据交换的，并将这些“外部可视”的功能分解为若干逻辑节点。建立逻辑节点时应尽量选用标准中已有的逻辑节点类 LN，并根据实际情况对其进行数据扩充或新建新的 LN 类。同时，每个逻辑节点内部包含一个或多个数据（DATA），分为必选（M/O=M）和可选（M/O=O）两类。前者规定兼容逻辑节点类的实例必须具有这些数据，后者则是根据建模功能实际情况决定取舍。此外，还可根据标准的规定创建新的数据，以满足实际建模需求。逻辑节点和数据的建模流程如图 5-2 所示。

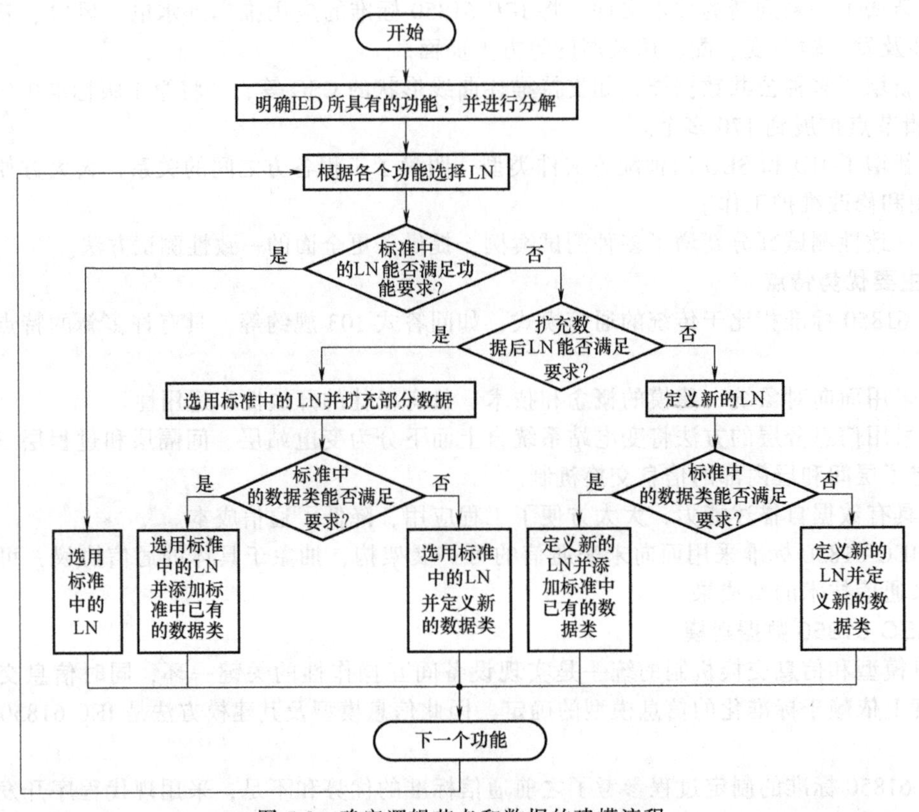

图 5-2　确定逻辑节点和数据的建模流程

下面以 GIS 设备在线监测参数的建模为例，介绍如何用 IEC 61850 进行参数建模。

(1) IEC 61850 模型结构方案

依据 IEC 61850-8-1 标准，本项目中的 GIS 在线监测 IED 与在线监测系统后台软件之间的通信被映射到 ISO/IEC 9506 制造报文规范 MMS。MMS 通信采用客户端/服务器模式。客户端一般是运行监视系统、控制中心等，服务器则指一个或者几个实际设备或子系统。在本项目中，客户端代表后台在线监测系统软件，服务器则代表机械状态监测 IED。整个系统的结构如图 5-3 所示。

IEC 61850 客户端软件用于与机械状态监测 IED 之间建立通信，从而从 IED 收集包含 GIS 母线温度测量值、SF_6 气体状态测量值、局部放电测量值、故障报警、动作事件、机械录波等信息的 MMS 报文，并从客户端向 IED 设置故障报警阈值、发送设备动作命令。

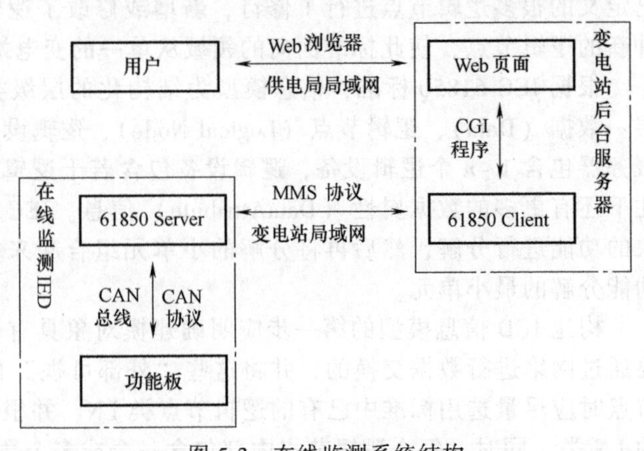

图 5-3　在线监测系统结构

(2) 逻辑节点配置方案

根据 IEC 61850 标准，IED 的信息模型为分层的结构化的类模型。据此，

本项目中的 GIS 在线监测 IED 分层模型自上而下分为 4 个层级：SERVER（服务器）、LOGICAL-DEVICE（逻辑设备）、LOGICAL-NODE（逻辑节点）和 DATA（数据）。上一层级的类模型由若干个下一层级的类模型“聚合”而成，位于最底层级的 DATA 类由若干 DataAttribute（数据属性）组成。

依据 IEC 61850-7-4 标准，本项目针对 GIS 在线监测 IED 共建立 6 个逻辑节点（不包括 LN0 和 LPHD），包括 SF_6 气体状态逻辑节点、局部放电逻辑节点、GIS 母线温升逻辑节点、断路器机构逻辑节点、储能电机逻辑节点、机械录波逻辑节点。在建模过程中考虑到 61850 标准第 1 版与第 2 版关于逻辑节点的差异（版本 2 中在在线监测方面增加了一些逻辑节点），如表 5-1 所示。

表 5-1　逻辑节点配置信息

功能	逻辑节点(Logical Node)		功能	逻辑节点(Logical Node)	
	61850 第 1 版	61850 第 2 版		61850 第 1 版	61850 第 2 版
SF_6 气体状态	SIMG	SIMG	断路器机构	XCBR	XCBR
局部放电	SPDC	SPDC	储能电机	GGIO	SOPM
GIS 母线温升	GGIO	STMP	机械录波	RDRE	RDRE

1）SF_6 气体状态逻辑节点。SF_6 气体状态测量值包括 SF_6 气体密度、湿度、温度。由于标准逻辑节点 SIMG 中没有湿度项，因此本项目在 SIMG 的基础上添加了用于 SF_6 湿度监测的数据对象（DO）。此外，为了实现 SF_6 气体状态的故障报警，还添加了用于设置报警阈值的定值项，具体如表 5-2 所示。

表 5-2　SF_6 气体状态逻辑节点 SIMG_GIS

逻辑节点名称		SIMG_GIS	逻辑节点名称		SIMG_GIS
继承的父节点		SIMG	继承的父节点		SIMG
数据对象(DO)	类型(Type)	注释	数据对象(DO)	类型(Type)	注释
Mod	INC	模式	Pres	MV	SF_6 气体压力
Beh	INS	行为	Den	MV	SF_6 气体密度
Health	INS	健康状态	Tmp	MV	SF_6 气体温度
NamPlt	DPL	铭牌信息	Hum	MV	SF_6 气体湿度
InsAlm	SPS	重新充气状态	ThrePre	ASG	SF_6 气体压力报警阈值
PresAlm	SPS	SF_6 气体压力告警	ThreDen	ASG	SF_6 气体密度报警阈值
DenAlm	SPS	SF_6 气体密度告警	ThreTmp	ASG	SF_6 气体温度报警阈值
TmpAlm	SPS	SF_6 气体温度告警	ThreHum	ASG	SF_6 气体湿度报警阈值
HumAlm	SPS	SF_6 气体湿度告警			

2）局部放电逻辑节点。IEC 61850 标准第 1 版中的 SPDC 逻辑节点没有定义目前局放监测广泛使用的超高频（UHF）法的数据对象，第 2 版中添加了 UHF 相关数据对象。使用 IEC 61850 标准第 1 版则需要扩展缺少的数据，使用第 2 版则不需要扩展，具体如表 5-3 所示。

表 5-3　局部放电逻辑节点 SPDC_GIS

逻辑节点名称		SPDC_GIS	逻辑节点名称		SPDC_GIS
继承的父节点		SPDC	继承的父节点		SPDC
数据对象(DO)	类型(Type)	注释	数据对象(DO)	类型(Type)	注释
Mod	INC	模式	OpCnt	INS	动作次数计数
Beh	INS	行为	UhfPaDsch	MV	UHF 局放水平
Health	INS	健康状态	CtrHz	ASG	中心频率(遵循 IEC 60270)
NamPlt	DPL	铭牌信息	BndWid	ASG	带宽(遵循 IEC 60270)
PaDschAlm	SPS	局放告警			

3）母线温升逻辑节点。IEC 61850 标准第 1 版中没有专门针对温度监测的逻辑节点，一般通过逻辑节点 GGIO 来扩展。第 2 版标准中增加了温度监测逻辑节点 STMP，需要根据本项目的实际情况扩展到 6 路温度监测，具体如表 5-4 所示。

表 5-4　母线温升逻辑节点 STMP_GIS（GGIO_TMP）

逻辑节点名称		STMP_GIS(GGIO_TMP)	逻辑节点名称		STMP_GIS(GGIO_TMP)
继承的父节点		STMP(GGIO)	继承的父节点		STMP(GGIO)
数据对象(DO)	类型(Type)	注释	数据对象(DO)	类型(Type)	注释
Mod	INC	模式	AlmTempAout	SPS	A 相出线温升告警
Beh	INS	行为	AlmTempBin	SPS	B 相进线温升告警
Health	INS	健康状态	AlmTempBout	SPS	B 相出线温升告警
NamPlt	DPL	铭牌信息	AlmTempCin	SPS	C 相进线温升告警
TempAin	MV	A 相进线温升	AlmTempCout	SPS	C 相出线温升告警
TempAout	MV	A 相出线温升	ThreTempAin	ASG	A 相进线温升报警阈值
TempBin	MV	B 相进线温升	ThreTempAout	ASG	A 相出线温升报警阈值
TempBout	MV	B 相出线温升	ThreTempBin	ASG	B 相进线温升报警阈值
TempCin	MV	C 相进线温升	ThreTempBout	ASG	B 相出线温升报警阈值
TempCout	MV	C 相出线温升	ThreTempCin	ASG	C 相进线温升报警阈值
AlmTempAin	SPS	A 相进线温升告警	ThreTempCout	ASG	C 相出线温升报警阈值

4）断路器逻辑节点。IEC 61850 标准第 1 版和第 2 版中均有专门用于断路器的逻辑节点 XCBR，根据在线监测的要求，本项目扩展了分闸速度、合闸速度、分闸时间、合闸时间、分闸行程、合闸行程、触头超程、分闸线圈电流、合闸线圈电流等数据。按照 IEC 61850 标准第 2 版，储能电机的相关数据应单独建模，具体如表 5-5 所示。

表 5-5　断路器逻辑节点 XCBR

逻辑节点名称		XCBR	逻辑节点名称		XCBR
继承的父节点		XCBR	继承的父节点		XCBR
数据对象(DO)	类型(Type)	注释	数据对象(DO)	类型(Type)	注释
Mod	INC	模式	AlmSpdOpn	SPS	分闸速度告警
Beh	INS	行为	AlmSpdCls	SPS	合闸速度告警
Health	INS	健康状态	AlmTimOpn	SPS	分闸时间告警
NamPlt	DPL	铭牌信息	AlmTimCls	SPS	合闸时间告警
OpCnt	INS	操作计数	AlmTraOpn	SPS	分闸行程告警
Pos	DPC	断路器开关位置	AlmTraCls	SPS	合闸行程告警
BlkOpn	SPC	分闸闭锁	AlmOverTra	SPS	超程告警
BlkCls	SPC	合闸闭锁	AlmCoiOpn	SPS	分闸线圈电流告警
CBOpCap	INS	断路器操作能力	AlmCoiCls	SPS	合闸线圈电流告警
SpdOpn	MV	分闸速度	ThreSpdOpn	ASG	分闸速度报警阈值
SpdCls	MV	合闸速度	ThreSpdCls	ASG	合闸速度报警阈值
TimOpn	MV	分闸时间	ThreTimOpn	ASG	分闸时间报警阈值
TimCls	MV	合闸时间	ThreTimCls	ASG	合闸时间报警阈值
TraOpn	MV	分闸行程	ThreTraOpn	ASG	分闸行程报警阈值
TraCls	MV	合闸行程	ThreTraCls	ASG	合闸行程报警阈值
OverTra	MV	超程	ThreOverTra	ASG	超程报警阈值
CoiOpn	MV	分闸线圈电流	ThreCoiOpn	ASG	分闸线圈电流报警阈值
CoiCls	MV	合闸线圈电流	ThreCoiCls	ASG	合闸线圈电流报警阈值

5）储能电机逻辑节点。IEC 61850 标准第 1 版中没有对储能电机的在线监测建模做出专门的规定，因此一般使用通用逻辑节点 GGIO 进行扩展。IEC 61850 标准第 2 版中则规定了用于储能电机在线监测的逻辑节点 SOPM，具体如表 5-6 所示。

表 5-6　储能电机逻辑节点 SOPM_GIS（GGIO_MOT）

逻辑节点名称		SOPM_GIS(GGIO_MOT)	逻辑节点名称		SOPM_GIS(GGIO_MOT)
继承的父节点		SOPM(GGIO)	继承的父节点		SOPM(GGIO)
数据对象(DO)	类型(Type)	注释	数据对象(DO)	类型(Type)	注释
Mod	INC	模式	MotAlm	SPS	电机运行超时告警
Beh	INS	行为	MotAlmTms	ING	电机运行超时报警阈值
Health	INS	健康状态	MotStr	INS	电机起动次数
NamPlt	DPL	铭牌信息	MotTm	MV	电机运行时间
MotOp	SPS	电机是否正在运行	MotA	MV	电机电流

6）机械录波逻辑节点。GIS 中断路器动作过程中需记录触头行程曲线和分合闸线圈电流曲线，IED 将这些曲线以录波文件的形式保存，并基于扰动事件逻辑节点 RDRE 进行建模，具体如表 5-7 所示。

表 5-7　机械录波逻辑节点 RDRE_MECH

逻辑节点名称		RDRE_MECH	逻辑节点名称		RDRE_MECH
继承的父节点		RDRE	继承的父节点		RDRE
数据对象(DO)	类型(Type)	注释	数据对象(DO)	类型(Type)	注释
Mod	INC	模式	NamPlt	DPL	铭牌信息
Beh	INS	行为	RcdMade	SPS	记录标志
Health	INS	健康状态	FltNum	INS	故障编号

5.2　基于 IEC 61850 的通信系统设计

随着智能化变电站的全面实施和推广，以及一体化监控系统的发展需求，对新一代的在线监测装置提出了多项需求和挑战。首先，在线监测装置须符合多个标准体系的要求，可接入一体化监控系统或在线监测系统，标准体系包括 IEC 61850 标准体系、《变电设备在线监测系统技术导则》《高压设备智能化技术导则》《DLT 860 标准变电站在线监测终端设备应用规范》等。其次，结构易扩展和现场安装，宜采用嵌入式分布式的系统架构。

本节介绍的在线监测系统层次示意图（见图 5-4），只为清晰介绍在线监测装置的用处，实际现场的系统结构图和网络图，可能各不相同。

从在线监测系统的设备分布观察，设备可分作三层：系统层，即作为客户端的在线监测分析系统；间隔层，即各种一次设备的在线监测装置；过程层，即分类检测的子 IED 或传感器。网络存在两层：传输 IEC 61850 服务的系统层网络和传输私有协议的过程层网络。本节设计的 252kV GIS 在线监测装置的过程层网络包括内部所有监测电路板之间的基于 CAN 总线的通信、红外温度传感器与 xc878 芯片之间基于 I^2C 总线的通信、主控板与人机交互模块的基于 RS485 总线的通信。其中 CAN 总线协议采用 29 位扩展标识符进行报文定义，RS485 总线协议采用简化的 103 规约进行定义，I^2C 总线采用主动召唤的通信方式以防止数据溢出。系统层网络以以太网为物理媒介，采用 MMS 协议来实现具体通信。

其中，在线监测分析系统作为 IEC 61850 的客户端，具备两个方面的功能，一方面是通信性能，使用标准 IEC 61850 服务能从在线监测 IED 获得所需信息；另一方面是数据管理分析性能，对在线监测数据作存储、管理、分析、挖掘、评价和人机显示。在线监测装置的通信协议分成两类，一类是支持标准的 IEC 61850 服务，例如：报告（周期或变化）、日志（长时间的历史存储）、定值、文件（波形或在线监测特征数据）等服务。另一类是不支持标准的 61850 服务，需通过在线监测数据集中装置接入系统层网络。由于一次设备种类的多样性、监

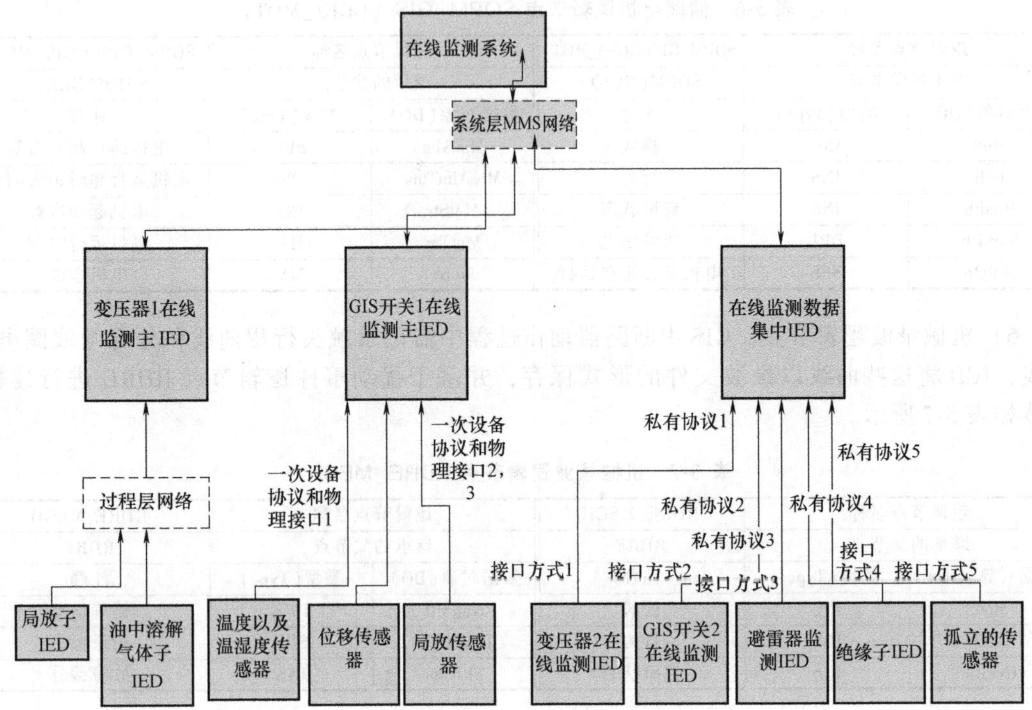

图 5-4　在线监测系统层次示意图

测的手段不同，过程层的装置存在多种形式：具备通信功能的独立子 IED、安装在一次设备的传感器（具备通信接口和直接物理量两种）等。过程层网络也可能存在多种组网形式，一种是采用 GOOSE 的过程层网络；一种是私有协议和物理接口的网络，此网络接入在线监测数据集中装置；一种是私有协议和物理接口的网络，此网络接入在线监测装置。间隔层的在线监测装置可放置在监测的小室，也可与一次设备就地放置。若就地放置，在线监测装置与过程层的子 IED 或传感器之间的过程层网络实施就可简化或弱化。若放置在小室，不具备远程传输能力的传感器或子 IED，会需加装远距离传输模块。

5.2.1　下位机主控板通信模块硬件设计

主控板的 CPU 采用 PowerPC 的 MPC8247，它是 Freescale 公司 MPC82XX 系列微处理器中的一种，主要由 PowerPC 603e 内核、系统接口单元 SIU 以及通信处理模块 CPM 组成。它支持 60x 总线，其数据线宽为 64 位，地址线为 32 位；支持 PCI/LOCAL 总线，其数据线宽为 32 位，地址线为 32 位。MPC8247 内核工作时钟最高为 400MHz，CPM 工作时钟最高为 200MHz，具体电路包含以下几个模块：

1. MCU 最小系统

如上所述，主控板以 MPC8247 为核心构建 MCU 最小系统，周遭电路包括芯片供电电路、复位电路、外部时钟电路以及外扩 NOR 型 FLASH（512K × 8bit）、NAND 型 FLASH（128Mbit）、SDRAM（4M×16×4bit）各一片。

2. 对外以太网接口电路

电路板中包括 4 个以太网接口（2 个 10M/100M 兼容接口，2 个 10Base-T），前者主要通过 LXT971（单端口 10/100M 双速快速以太网控制器）和 H1102（网络电压控制器）两种芯片实现，后者主要通过 LXT905（低电压通用 10Base-T 收发器）和 23Z467SM（网络隔离变压器）两种芯片实现。网络电压控制器的主要作用是匹配阻抗，增强信号，提高信号传输距离

以及实现电压隔离，具体电路如图 5-5 所示。

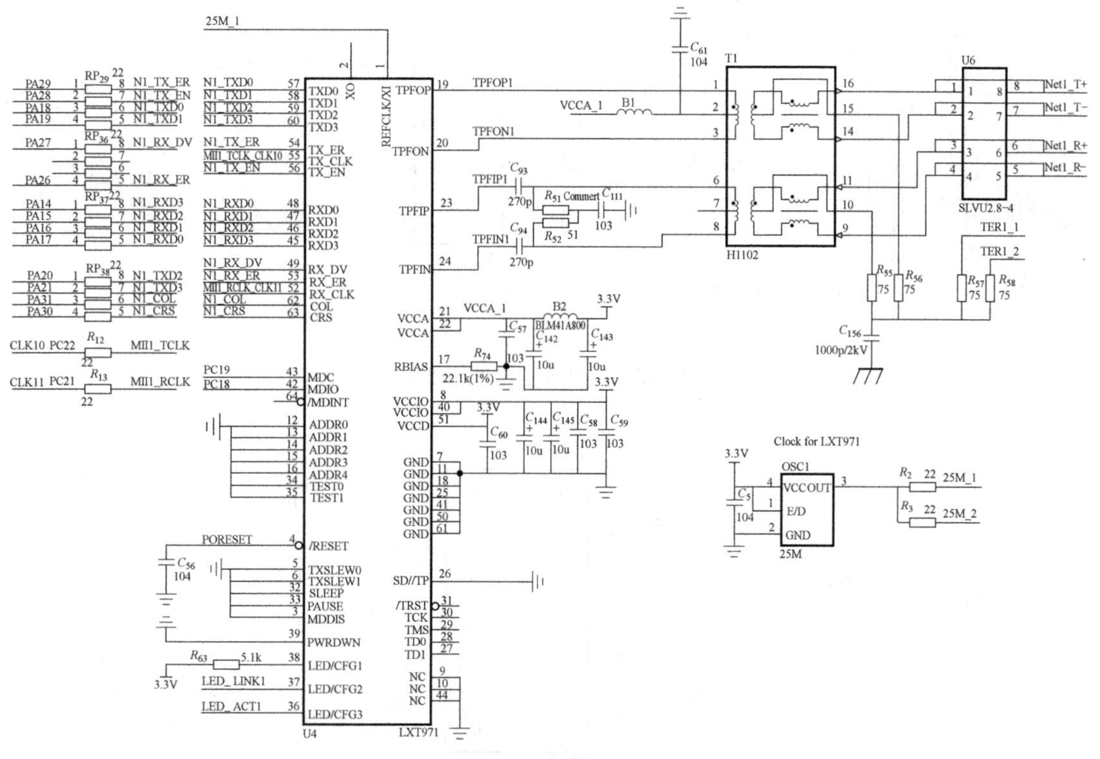

a) 10M/100M以太网接口电路原理图

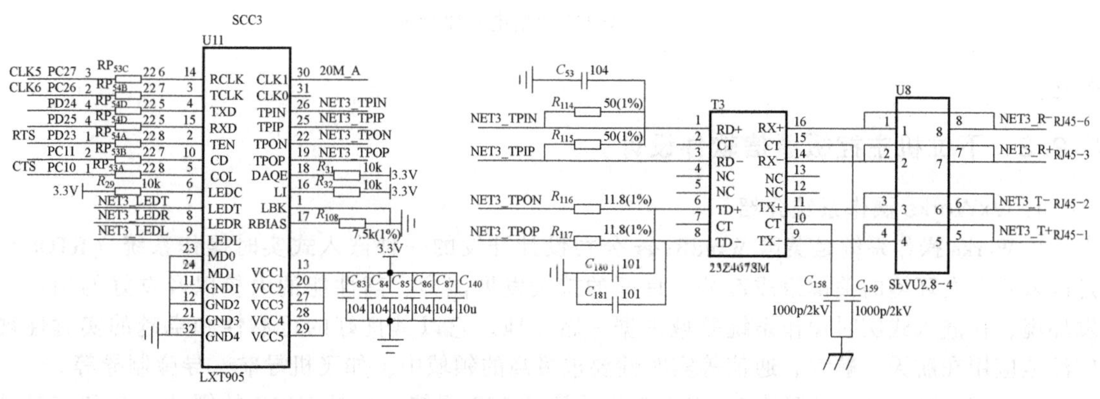

b) 10M以太网接口电路原理图

图 5-5 以太网接口电路原理图

3. CAN 和 RS485 通信电路

主控板除了有对外的 4 个以太网口，对内还有一个 CAN 总线通信接口用于与其他功能板卡进行数据通信以及一个 RS232 接口用于与人机交互设备通信，具体电路如图 5-6 和图 5-7 所示。

4. 其他电路

主控板除了以上介绍的主要模块以外，还包括 IO 口电路、并行扩展电路、SPI 口电路等模块，它们不仅支撑整个主控板功能的实现，也方便对主控板功能进行扩展，在此不再一一

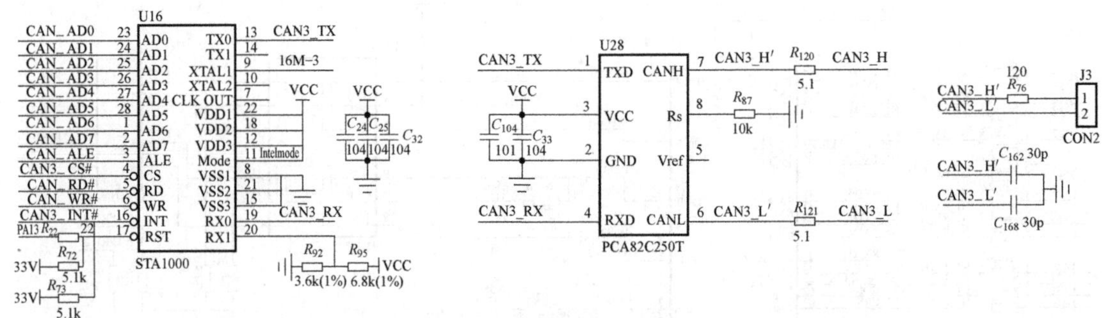

图 5-6　CAN 通信电路原理图

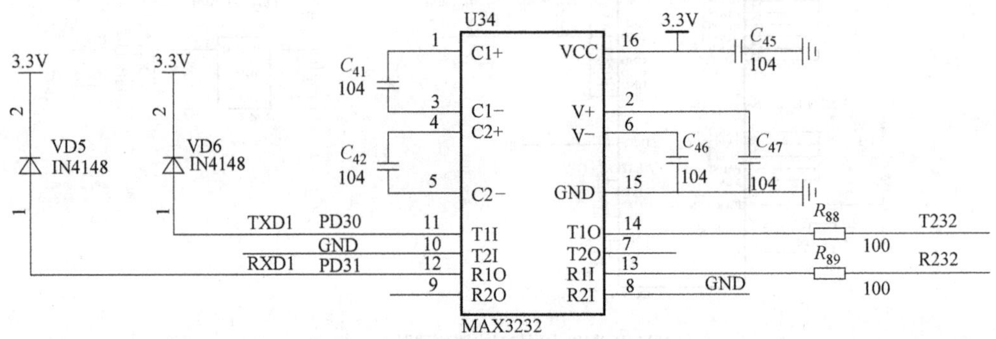

图 5-7　RS232 通信电路原理图

赘述。

5.2.2　下位机主控板通信软件设计

1. VxWorks 操作系统介绍

VxWorks 操作系统是美国 WindRiver 公司设计开发的一种嵌入式实时操作系统（RTOS），是嵌入式开发环境的关键组成部分。良好的持续发展能力、高性能的内核以及友好的用户开发环境，在嵌入式实时操作系统领域占据一席之地。它以其良好的可靠性和卓越的实时性被广泛地应用在航天、航空、通信等实时性要求极高的领域中，如飞机导航、导弹制导等。

VxWorks 提供快速灵活的与 ANSI-C 相兼容的 I/O 系统，包括 UNIX 的缓冲 I/O 和实时系统标准 POSIX 的异步 I/O。VxWorks 提供完善的网络设备驱动，VxWorks 网络能与许多运行其他协议的网络进行通信，如 TCP/IP、4. 3BSD、NFS、UDP、SNMP、FTP 等。VxWorks 可通过网络允许任务存取文件到其他系统中，并对任务进行远程调用（整个操作系统程序编写是在 Tornado 环境下进行编写的）。

2. 主控板软件功能介绍

主控 CPU 板卡软件包括：操作系统及驱动模块，内部通信模块（CAN），数据库管理模块，IEC 61850 通信模块，协议转换模块（内部协议转换为 IEC 61850），对时模块。为了实现完整的 IEC 61850 模型服务器通信程序，主控板采用操作系统 VxWorks 进行编程，处理来自监控采集板卡的数据并以 IEC 61850 协议报文转发至 PC 端的监控后台，也可将来自监控后台的数据转发至各监控采集板卡。IEC 61850 协议包括 MMS 和 GOOSE（本系统不包含实现 GOOSE

功能)。PC 端监控后台，实现完整的 IEC 61850 模型客户端程序，负责以 IEC 61850 标准与在线监测装置进行通信，通信得到的数据根据预定的接口存入数据库中，应用程序根据需要从数据库中存取数据，完成显示、告警等的引用。主控板程序结构图如图 5-8 所示，系统上电启动后，数据库管理模块接收其他监控板的数据并根据协议封装成 MMS 报文，主控板通过 MMS 网络与上位机客户端通信，将封装的报文发送给客户端，客户端也可发送数据至下位机服务器。

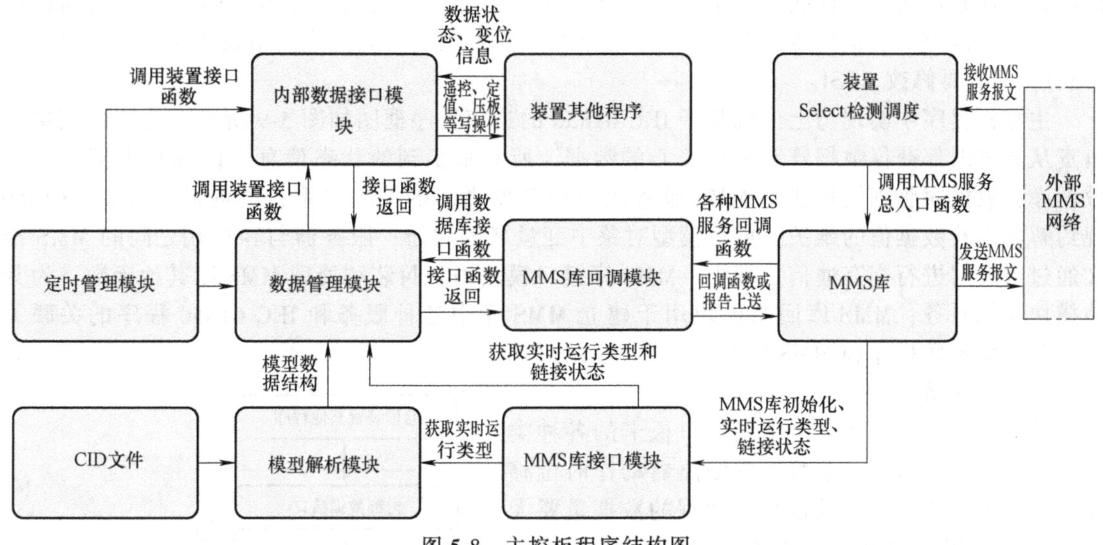

图 5-8　主控板程序结构图

主控板程序主要包含以下几个模块：

(1) IEC 61850 通信模块

在变电站自动化系统中，后台监控系统和保护、测控装置之间的通信是典型的客户端/服务器模式，客户端代表后台主机，服务器则代表保护、测控装置。在线监测装置通过站控层网络与站控层设备采用 DL/T860 协议通信，根据在线监测设备的具体应用需求，涉及的服务包括：关联服务、数据读写服务、报告服务、文件服务和日志服务。采用面向对象建模技术，一次设备被建模为一个 IED 对象，即物理装置（Physical Device，PD）。PD 作为总对象，提供数据和通信服务。每个服务器包含一个或多个逻辑设备（Logical Device，LD）。逻辑设备包含一个或多个逻辑节点（Logical Node，LN）。IEC 61850 中规定，只有逻辑节点才能交换数据，它是通信的最小单元。为了满足互操作性，逻辑节点由标准定义，具有公共属性，一共有 13 类 80 多个（第 1 版）。逻辑节点名以代表该逻辑节点组的组名字符为其节点名的第一个字符，比如断路器的逻辑节点名为 XCBR。对于分相建模（如断路器、互感器），应每项创建一个实例。

IEC 61850 通信模块的内部程序结构遵循图 5-8 的程序架构设计。在线监测装置中，需将装置内部实际数据与服务器 CID 模型数据之间实现一种映射关系，使得 IEC 61850 服务器可以通过该映射文件实现装置对外通信。

IEC 61850 总结了电力生产过程的特点和要求，在 IEC 61850-7-2/3/4 部分定义了抽象的信息模型和服务，并设计了抽象通信服务接口（ACSI），使信息模型和服务独立于底层通信协议和网络类型。抽象意味着 ACSI 着重于描述所提供的服务，而与设备具体的协议栈无关。为了实现具体的互操作，通过特殊通信服务映射（SCSM），IEC 61850 将 ACSI 信息模型和服务映射到所采用的具体的通信协议，这里采用的是应用层协议 MMS。

MMS（制造报文规范）位于ISO/OSI中的第七层应用层，它是一个非常庞大的协议集。电力系统中各种装置运行着不同的操作系统和通信协议，是一个典型的异构系统，存在互操作和信息孤岛问题。映射到MMS的IEC 61850标准规范了多厂商设备间的通信，实现了不同厂商设备之间的互操作。与IEC 61850标准类似，MMS通信采用客户端/服务器模式，客户端一般是运行监视系统、控制中心等，服务器指一个或者几个实际设备或子系统。MMS也采用面向对象的建模方法，每个对象或对象类均应包含属性和服务两大要素。采用ACSI和SCSM技术，将抽象定义和具体底层网络技术分开，使得信息模型及其服务不依赖于具体的通信协议栈。这使得IEC 61850具有前瞻性，可随网络技术发展而发展。当网络技术发展时只要改动SCSM，不需要修改ACSI。

主控板程序中实现与上位机基于IEC 61850的通信程序框图如图5-9所示，内部数据接口负责从装置内部获得数据管理模块关心的数据，所有采集到的状态信息经内部数据接口存入数据库，数据库管理模块建立MMS服务跟模型对象之间的关联关系，负责报文组装、61850规约解释以及数据值的维护，负责模型对象中变量名的注册；服务器与客户端之间的MMS报文通过以太网进行交互通信。其中，MMS库接口模块用于封装和处理MMS库其他函数，为其他模块提供服务；MMS库回调模块用于建立MMS库中各种服务和IEC 61850程序的关联关系，起着联系数据库和MMS库的作用。

（2）数据库模块

数据模块负责管理各个采集接口板卡的各种类型的数据。由于机械状态数据中断路器动作时位移曲线以及电流曲线相对其他状态数据的数据量要大得多，为了将大量数据存储在主控板的Flash上，方便数据存储管理以及上位机召唤数据，需对位移数据和电流数据进行录波，以.DAT格式作为独立文件进行存储。对数据进行录波时，应遵循COMTRADE标准。COMTRADE是IEEE标准电力系统暂态数据交换通用格式，为电力系统中的暂态波形和事故数据的文件定义了一种格式，提供一种易于解释的数据交换通用格式。每个COMTRADE记录最多包含以下4个文件：①配置文件（xxx.CFG）；②数据文件（xxx.DAT）；③标题文件（xxx.HDR）；④信息文件（xxx.INF）。本系统设计中主要用到了配置文件和数据文件：配置文件用于正确地说明数据（.DAT）文件的格式，诠释了数据文件所包含的信息，其中包括诸如采样速率、通道数量、频率等信息。数据文件中包含记录了每个输入通道的采样值。数据文件包含一个顺序号和每次采样的时间标志。采样值除记录模拟输入的数据外，也记录状态，即表示开/关信号的输入。

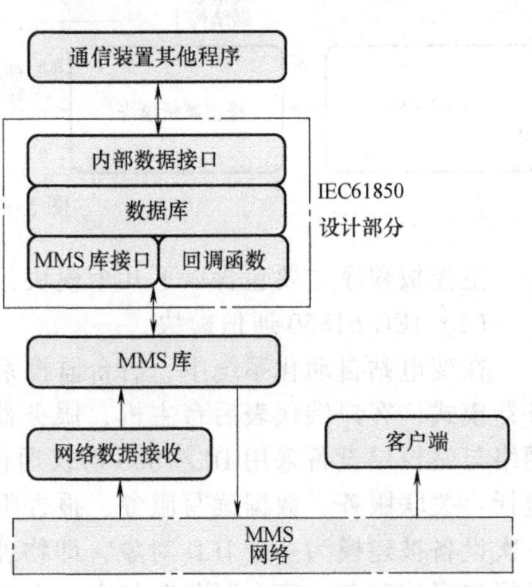

图5-9　IEC 61850模块应用框图

图5-10和图5-11所示为文件系统样例文件，文件系统配置文件里定义了8个通道的数据，前7个为模拟数据通道（位移、电流、动作时间、速度、行程、超程、电流有效值），最后一路为数字信号通道，包含分合闸状态信息。文件系统数据文件中，第一列表示数据序号，第二列表示采样时间间隔，这里是以500μs即0.5ms为采样间隔。第3~10列是配置文件中定义的数据类型的具体值，其中3、4列为位移值和电流值，各200点的采样值。动作时间、速度等参数只有一个数据，所以只在第一行有数据。

（3）内部CAN通信模块

内部板卡之间的通信：内部CAN通信是实现主控板与各状态监测功能板之间数据通信

的，采用标准的CAN总线通信，通信速率最高达1MB/s。数据帧采用29位扩展标识符，每一位具体定义如表5-8所示。

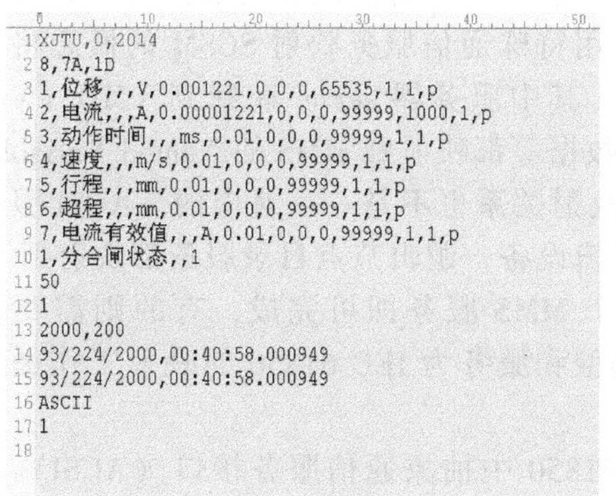

```
XJTU,0,2014
8,7A,1D
1,位移,,,V,0.001221,0,0,0,65535,1,1,p
2,电流,,,A,0.00001221,0,0,0,99999,1000,1,p
3,动作时间,,,ms,0.01,0,0,0,99999,1,1,p
4,速度,,,m/s,0.01,0,0,0,99999,1,1,p
5,行程,,,mm,0.01,0,0,0,99999,1,1,p
6,超程,,,mm,0.01,0,0,0,99999,1,1,p
7,电流有效值,,,A,0.01,0,0,0,99999,1,1,p
1,分合闸状态,,1
50
1
2000,200
93/224/2000,00:40:58.000949
93/224/2000,00:40:58.000949
ASCII
1
```

图5-10　文件系统配置文件

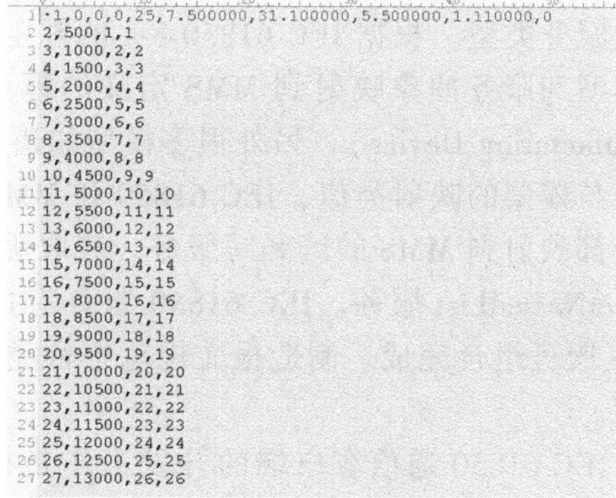

```
1,0,0,0,25,7.500000,31.100000,5.500000,1.110000,0
2,500,1,1
3,1000,2,2
4,1500,3,3
5,2000,4,4
6,2500,5,5
7,3000,6,6
8,3500,7,7
9,4000,8,8
10,4500,9,9
11,5000,10,10
12,5500,11,11
13,6000,12,12
14,6500,13,13
15,7000,14,14
16,7500,15,15
17,8000,16,16
18,8500,17,17
19,9000,18,18
20,9500,19,19
21,10000,20,20
22,10500,21,21
23,11000,22,22
24,11500,23,23
25,12000,24,24
26,12500,25,25
27,13000,26,26
```

图5-11　文件系统数据文件

表5-8　内部CAN报文标识符定义

数据位	数据位定义	数据位	数据位定义
28~26	报文类型	11~8	源地址
25~23	数据类型	7	帧结束位
22~16	条目编号	6~0	帧序数
15~12	目的地址		

报文类型分报警、事件、召唤等多种，具体定义如表5-9所示。

表5-9　报文类型定义

报文编号	报文类型
000	报警 alarm(主要是故障报警)
001	事件 event(主要是断路器动作)
010	事件顺序记录 soe(主要是开入变位)
011	遥测数据(循环上送用于刷新数据结构体)
100	召唤(主控板向功能板召唤数据)
101	控制(主要是开出命令)
110	下载(主控板向功能板下载阈值信息、时间信息)
111	录波文件

源地址/目的地址定义了各功能板的ID，具体定义如表5-10所示。

表5-10　地址定义

地址编号	地址含义	地址编号	地址含义
0000	主控板	0011	温度板
0001	机械板	0100	绝缘板
0010	IO板		

帧结束位表示此帧是否一帧的结尾，是则取1，否则取0；帧序数代表该帧为报文中的第几帧。

(4) 对时模块

提供秒脉冲对时功能，保证板卡之间的同步协调工作。

(5) 人机接口模块

如果需要人机交互接口模块的话，主控CPU板应包括该模块。

5.2.3 上位机通信软件（MMS通信客户端）的设计

IEC 61850和制造报文规范都采用了面向对象的思想，都具有层次化的数据对象和种类很多的服务类型。根据IEC 61850-8-1的规定，可以利用特殊通信服务映射SCSM的概念将本标准模型和服务抽象映射到MMS定义的模型和服务。其中服务器server映射到VMD（Virtual Manufacturing Device），另外很多模型如逻辑节点、数据等都映射到MMS的Named Variable。

与模型的映射类似，IEC 61850和MMS的服务映射关系也不是一一对应的。ACSI服务大部分都映射到MMS的读和写服务。获取服务器、逻辑设备、逻辑节点目录服务都映射到MMS中GetNamedList服务。IEC 61850服务有的需要一个MMS服务即可完成，有的则需要多个MMS服务组合完成。制造报文规范中种类丰富的模型和服务为IEC 61850的映射工作提供了可能。

IEC 61850通信客户端的开发工作是根据IEC 61850中抽象通信服务接口（ACSI）的概念，基于SISCO公司的MMS-EASE Lite软件包，采用MMS+TCP/IP+以太网的方式予以实现的。MMS客户端通过通用网关接口（CGI）和WEB远程发布软件进行信息交互，将用户的命令发送到监测系统，并将返回的结果反馈给WEB发布系统进行处理。MMS客户端作为上位机软件系统的核心部分，采用了C/C++编程语言，在Microsoft Visual Studio 2010平台上编写调试，基于Qt框架和MySQL数据库予以实现。配合WEB软件和下位机IED共同实现监测量实时上传、报警事件上传、机械录波、阈值下载、接地刀/底盘车远程操作等功能。

1. MMS客户端总体设计

MMS客户端采用了跨平台应用程序Qt框架，保证了其可以在跨不同桌面和操作系统时的稳定工作。通信客户端作为上位机监测系统的核心部分，在和一套或多套下位机IED进行实时通信的同时，也需要随时准备好接收用户在WEB界面发出的操作指令并进行返回，所有数据皆存储在数据库中。基于此，MMS客户端采用多线程并发执行的技术，如图5-12所示。

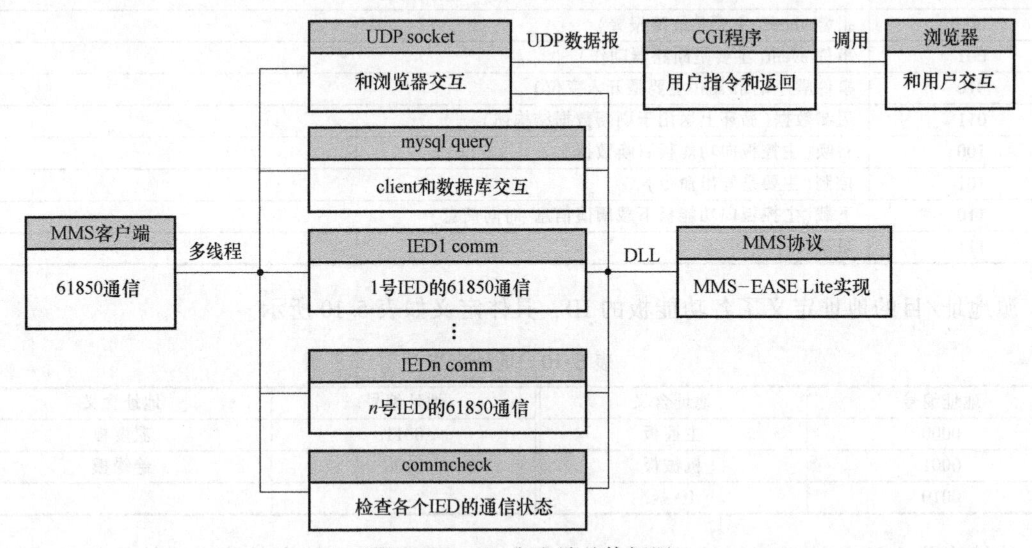

图5-12 MMS客户端总体框图

各线程中具体函数的功能执行都需要调用相应的ACSI核心服务，在此MMS客户端中实际调用的是所映射的MMS服务和模型，如此才能实现具体的通信服务。本监测系统中ACSI接口函数库通过动态链接库DLL的形式被各线程函数调用，此部分相关内容见3.2.2节。

现对各类线程简述如下：

（1）与各监测 IED 的通信线程

本 MMS 客户端针对与每一台监测 IED 之间的通信都建立了一个独立线程，保证了其与各个 IED 通信的相对独立。对于其中任一线程，在与某监测 IED 建立通信连接时，都先要进行客户端的初始化工作，然后才能开始执行 ACSI 服务和发送/接收报文等具体通信任务。初始化的具体过程大致可以分为以下七步：①连接服务器→②请求服务器标识信息→③请求服务器状态信息→④获取逻辑设备名称→⑤获取逻辑节点列表→⑥获取数据集变量列表→⑦初始化完成，开始执行服务和报文。在初始化过程中的任一环节返回 FALSE，该线程立即终止。此线程是监测系统工作的基础，所以设置了一个 commcheck 线程来实时监测此线程的正常工作。

（2）UDP 通信线程

用户通过 WEB 发布系统进行诸如远程控制接地刀合闸等操作时，相关的指令需要经过后台运行的 MMS 客户端并下送到监测 IED 中进行执行，执行结果的响应也需要经过 MMS 客户端反馈给 WEB 发布系统。为此，MMS 客户端软件建立了一个 UDP 通信线程专门针对与 WEB 发布系统之间的信息交互工作。WEB 发布软件中的相关软件和 MMS 客户端都是基于 Qt 框架的，这里利用 Qt 中定义的 QUdpSocket 类可以用来发送和接收 UDP 数据报（Datagram）。UDP 是一种面向数据报的协议，比 TCP 更加小巧轻便，所以其常被一些应用层协议使用。

如果只着眼于 MMS 客户端和 WEB 发布系统之间的 UDP 通信，则 WEB 发布系统相当于"客户端"，而 MMS 客户端则承担着"服务器"的角色。在"服务器"端，建立一个接收功能 UDP Socket 和一个发送功能 UDP Socket，并各自绑定固定端口。本"服务器"绑定的负责接收/发送 UDP Socket 的端口号分别为 8899、8890，对应"客户端"定义的负责接收/发送 UDP Socket 的绑定端口号分别为 8890、8899，可以看到两组端口号是分别对应一致的。MMS 客户端用 Qt 中"信号与槽"的方式进行监听是否有数据从 WEB 系统到来。如果有，接收其数据并分析数据的消息类型，进行相应的功能操作。最后"服务器"根据操作的结果将发送约定的数据报到"客户端"，即 WEB 发布系统。WEB 发布系统显示给用户本次操作是否成功。到此，一个典型的 UDP 通信便完成了。

本监测系统使用 UDP 通信的相关功能为启动 61850 通信服务、断开 61850 通信服务、接地刀/底盘车远程操作、监测量阈值下载等。其中，除了启动 61850 通信服务外，其他三种功能在 WEB 系统和 MMS 客户端之间的 UDP 通信过程都如以上所述。本书 WEB 发布系统使用了调用通用网关接口 CGI 程序的方式，和 MMS 客户端之间收发 UDP 数据报。

（3）与数据库交互线程

本书选用 MySQL 数据库进行所有数据的存储。下位机监测 IED 在和上位机系统中的 MMS 客户端进行通信时，会根据监测 IED 数据建模文件中报告控制块的配置信息进行报文上传，每次报文发送规定的某个数据集（Dataset）内的具体数据。MMS 客户端接收到报文后会先进行报文解码，提取相关信息，并对数据库内相关表进行数据存储或刷新等操作。

本系统共有监测量周期上传量报文、机械特性报文、断路器等变位报文、报警报文、事件报文等 5 种报文类型。每条报文都带有 server ID（监测 IED 的标识 ID）、rpt_type（本次报文类型）和 timeStamp（utc 时标）等信息，方便 MMS 客户端进行识别处理和插入到数据库等操作。WEB 远程发布系统的开发也是基于 MySQL 数据库，主要相关工作内容是取出 MMS 客户端存入到数据库中的数据，进行进一步的处理显示，此外也有刷新数据库中某表数据等其他操作。

（4）通信检查线程

设置此线程的目的是使用户可以实时掌握上位机监测系统和每台监测 IED 之间的通信情况。采用"信号与槽"的概念，每隔 10 秒执行一次 checkHealth 函数。checkHealth 具体流程如图 5-13 所示。

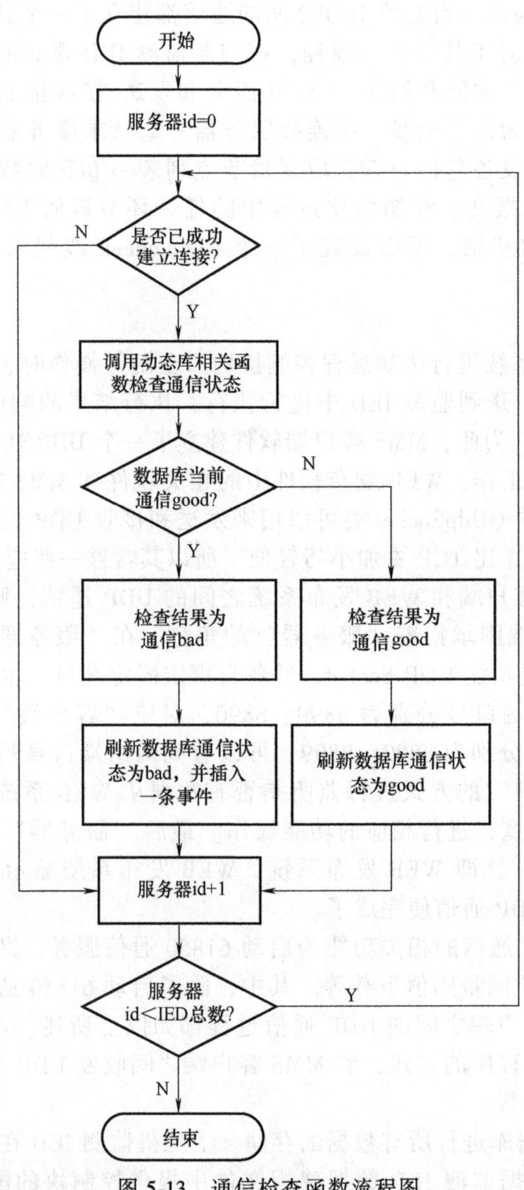

图 5-13　通信检查函数流程图

2. MMS 客户端通信实现

MMS 客户端通信是基于 MMS-EASE Lite 开发包提供的基本 MMS 协议处理框架和 API 接口实现的。MMS 客户端负责实现 ACSI 到 MMS 的视图转换，服务器只需提供 MMS 服务即可，因此服务映射主要在客户端进行。而客户端与服务器都要维护自己的数据结构，因此数据映射在两侧都要进行。

对于数据映射，MMS 服务器在初始化过程中已经完成了对配置文件的解析工作并建立了相应的 MMS 对象，同时为它们分配了内存。为了减少不必要的内存浪费和维持数据同步，数据映射采用地址关联的方法直接使相应的数据结构指向 MMS 对象的内存。对于服务映射，主要有读/写服务、报告服务和控制服务等。

MMS 客户端工作时要先将 ACSI 服务映射为相应的 MMS 服务，进行具体的编码传送后，

在服务器端进行响应并返回，MMS 客户端对返回进行处理后，便完成了一个典型的 ACSI 服务。具体的通信流程如图 5-14 所示。

为了完成 ACSI 服务，实现 IEC 61850 规定的通信，MMS 客户端具有以下三大功能部分：分别为特殊通信服务映射（SCSM）部分、消息库部分和 MMS 协议机（MMPM）部分。MMS 客户端采用的是 MMS 函数异步执行的模式，消息库部分的设置保证了其上下两个进程的相对独立进行。如图 5-15 所示，SCSM 部分中含有 MMS 接口库函数，ACSI 服务在 SCSM 处理器的管理下可以选择相关 MMS 函数并予以调用。MMS 函数会发出相应的 MMS 服务请求到消息库模块的队列中。当 MMS 接口库函数的 MMS 服务请求由 MMPM 部分接收后，会进入服务执行模块。服务执行模块会根据服务请求的类型和参数，选择所需要的 MMS 模型和服务，并在应用层关联控制服务单元（ACSE）处理下，根据数据和服务生成相应报文并发送至服务器。

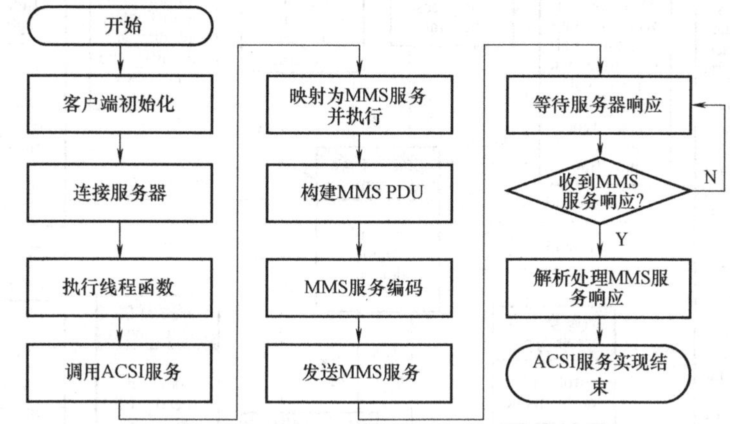

图 5-14　MMS 客户端 ACSI 服务通信流程

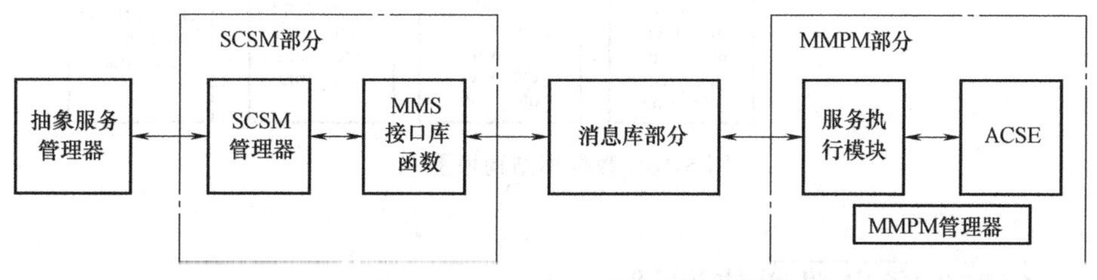

图 5-15　MMS 客户端通信实现框图

3. 数据库开发

本系统选用 MySQL 数据库进行各类监测量、实时状态等多种数据信息的存储。MySQL 是一个小型关系型数据库管理系统，开发者为瑞典 MySQL AB 公司。MySQL 能够在包括 Linux、OpenBSD、Windows 在内的多种操作系统上运行，支持多种存储引擎，可用于处理上千万记录的大型数据库。此外由于其体积小、速度快、总体拥有成本低，尤其是开放源码这一特点，许多企业将 MySQL 作为首选数据库。

根据配置文件各数据集的建模内容，数据库中应包含周期上传量（如环境温湿度、温升、泄漏电流，避雷器）、断路器接地刀底盘车位置信息、报警信息、事件信息、机械录波、报警阈值等相关数据表。具体框图如图 5-16 所示，本系统建立的数据库共包含 16 个各类数据表。存储历史采样值数据的如 samp_temp、samp_mech、samp_light、samp_insu 等数据表采用 dev_id（dev_id 代表不同的监测 IED）加时间戳（utc_secs、utc_frac）的组合主键。存储实时状态的数据表如 info_dev 等，则采用单主键 dev_id。

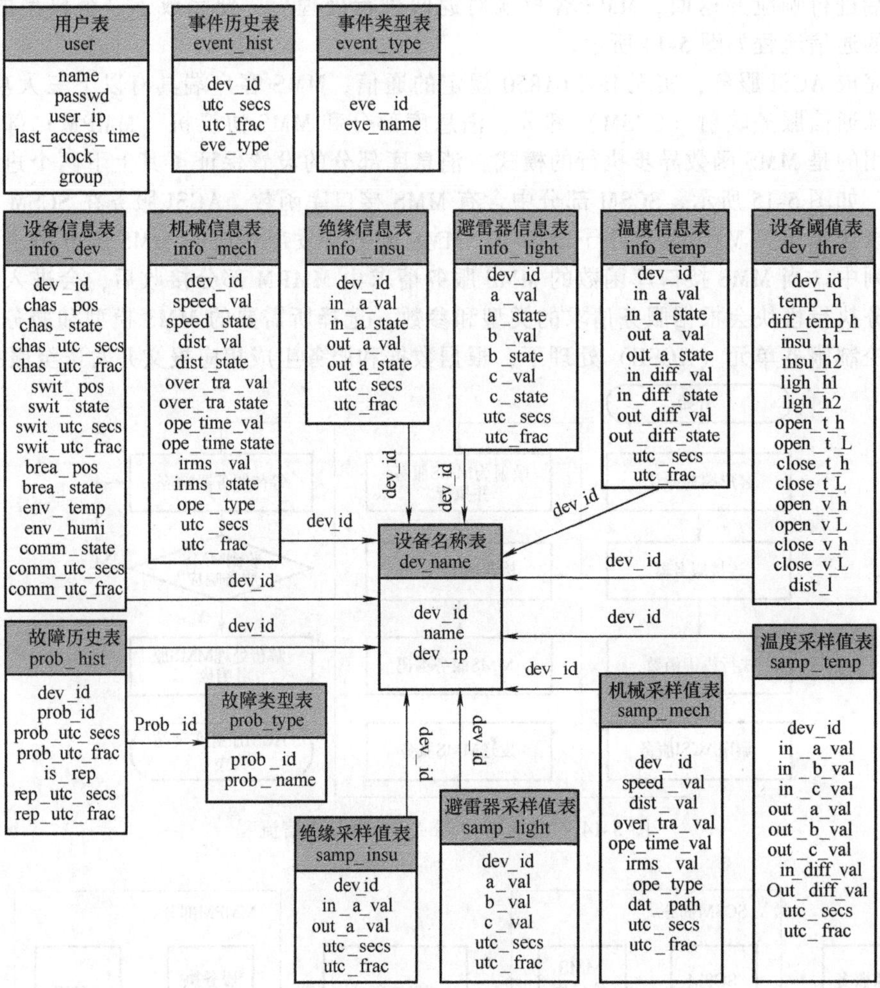

用户表 user: name, passwd, user_ip, last_access_time, lock, group

事件历史表 event_hist: dev_id, utc_secs, utc_frac, eve_type

事件类型表 event_type: eve_id, eve_name

设备信息表 info_dev: dev_id, chas_pos, chas_state, chas_utc_secs, chas_utc_frac, swit_pos, swit_state, swit_utc_secs, swit_utc_frac, brea_pos, brea_state, env_temp, env_humi, comm_state, comm_utc_secs, comm_utc_frac

机械信息表 info_mech: dev_id, speed_val, speed_state, dist_val, dist_state, over_tra_val, over_tra_state, ope_time_val, ope_time state, irms_val, irms_state, ope_type, utc_secs, utc_frac

绝缘信息表 info_insu: dev_id, in_a_val, in_a_state, out_a_val, out_a_state, utc_secs, utc_frac

避雷器信息表 info_light: dev_id, a_val, a_state, b_val, b_state, c_val, c_state, utc_secs, utc_frac

温度信息表 info_temp: dev_id, in_a_val, in_a_state, out_a_val, out_a_state, in_diff_val, in_diff_state, out_diff_val, out_diff_state, utc_secs, utc_frac

设备阈值表 dev_thre: dev_id, temp_h, diff_temp h, insu_h1, insu_h2, ligh_h1, ligh_h2, open_t_h, open_t_L, close_t_h, close_t_L, open_v_h, open_v_L, close_v_h, close_v_L, dist_l

设备名称表 dev_name: dev_id, name, dev_ip

故障历史表 prob_hist: dev_id, prob_id, prob_utc_secs, prob_utc_frac, is_rep, rep_utc_secs, rep_utc_frac

故障类型表 prob_type: prob_id, prob_name

绝缘采样值表 samp_insu: dev id, in_a_val, out_a_val, utc_secs, utc_frac

避雷器采样值表 samp_light: dev_id, a_val, b_val, c_val, utc_secs, utc_frac

机械采样值表 samp_mech: dev_id, speed_val, dist_val, over_tra_val, ope_time_val, irms_val, ope_type, dat_path, utc_secs, utc_frac

温度采样值表 samp_temp: dev_id, in_a_val, in_b_val, in_c_val, out_a_val, out_b_val, out_c_val, in_diff_val, Out_diff_val, utc_secs, utc_frac

（各表通过 dev_id 关联至设备名称表 dev_name；故障历史表通过 Prob_id 关联至故障类型表 prob_type）

图 5-16　数据库结构框图

5.3　IEC 61850 客户端通信调试

1. 建立客户端通信调试平台

本调试平台由安装虚拟机的计算机、IEC 61850 服务器模拟工具软件和网络协议分析软件三部分组成。其中，虚拟机软件选择 VirtualBox，版本为 VirtualBox-4. 3. 18-96516-Win；IEC 61850 服务器模拟工具软件选择 Triangle MicroWorks（TMW）公司的 IEC 61850 Test Suite 软件，其功能强大，可以基于配置文件模拟 IEC 61850 服务器或客户端，还可以生成 61850 SCL 文件。网络协议分析工具选择世界上广泛应用的网络封包分析软件 Wireshark，产品版本为 1. 8. 4。调试平台运行在 windows 系统下。试验平台建立步骤如下：

1）在 PC 主机上正确安装 VirtualBox 虚拟机和 Wireshark 抓包软件。

2）在 VirtualBox 虚拟机中安装 TMW 公司的 IEC 61850 Test Suite 软件。

3）设置主机和虚拟机在同一网段，本平台设置的主机 IP 为 192. 168. 1. 111，虚拟机 IP 为 192. 168. 1. 100，并互相通信。

4）在虚拟机中运行 IEC 61850 Test Suite 软件中的 Anvil 功能部分，选择第 2 章中建立的

ICD 建模文件创建模拟服务器，填写数据变化周期并运行。

5）在主机上打开 Wireshark 抓包软件，设置抓包 Interface 和 MMS 过滤器并开始运行网络抓包功能。

到此，本客户端通信调试平台便建立成功了，下一步只需运行 MMS 客户端，并建立和虚拟机上运行的 61850 模拟服务器之间的通信连接，便可以通过 Wireshark 中捕捉到的 MMS 协议数据包进行通信试验和分析了。

2. 客户端通信调试验证

本系统客户端软件在编程时加入了控制台打印语句输出，在客户端收到服务器上传的报文时，会显示报文相关的控制报告块类别。图 5-17 显示与服务器 client 与 server [remote1]，即模拟服务器正在进行通信，并正在接收监测量周期上传相关报文。

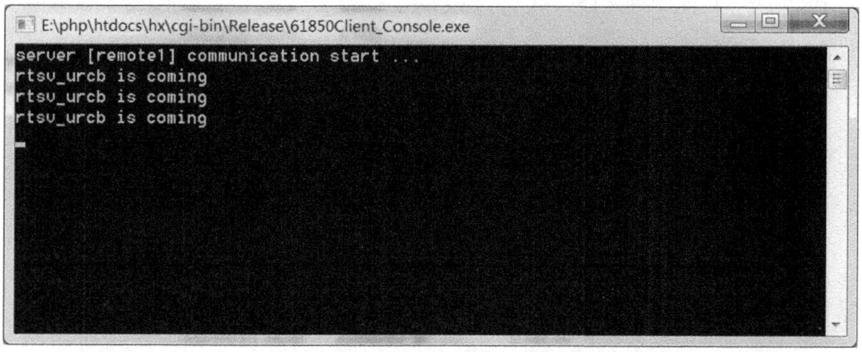

```
E:\php\htdocs\hx\cgi-bin\Release\61850Client_Console.exe
server [remote1] communication start ...
rtsv_urcb is coming
rtsv_urcb is coming
rtsv_urcb is coming
```

图 5-17　客户端与服务器连接验证

3. MMS 协议报文分析

将正在抓包运行的 Wireshark 软件的协议过滤器设置为 MMS，可以过滤非 MMS 协议的报文，便于分析工作。当 MMS 客户端和服务器建立连接后，会先进行通信初始化，然后便会进行 MMS 各类服务，其中应用最多的是各类报告（Report）服务。

4. MMS 通信初始化报文分析

MMS 客户端与服务器通信初始化首先是要执行关联服务（Associate）建立关联，之后才是读取服务器各模型信息通信服务，如读服务器目录、读逻辑设备目录、读逻辑节点目录和读数据集目录等。ACSI 中 Associate 服务映射为带确认的 MMS Initiate 服务，如图 5-18 所示。图 5-18a 为客户端向服务器发送的服务器初始化 Request 报文，图 5-18b 为服务器向客户端发送的 MMS 初始化 Response 报文。报文主要目的是将发送端自身支持或不支持的各类服务告知接收方，并建立关联。

5. 读服务器目录服务报文分析

读服务器目录（GetServerDirectory）服务用来收集各服务器中的逻辑设备和文件，如图 5-19 所示。该 ACSI 服务映射的 MMS 服务为 GetNamedList，作用的 MMS 类为 Domain。图 5-19b 中的 Response 报文返回的具体内容为 XJTU_IEDSLD_MO，即建模的逻辑设备名称。

6. ACSI 报告服务

ACSI 报告服务（Report）分有确认和无确认两种，分别用于上传不同类型的信号。本系统中有确认报告服务用于报警、事件和变位等信息的上传；无确认报告服务主要用于母线温升、泄漏电流等监测量的周期上传。图 5-20 属于无确认报告类型的监测量周期上传报文，分析报文可知执行的 MMS 服务为“informationReport”，触发的报告控制块变量为“XJTU_IEDSLD_MO/LLN0 $ RP $ rtsv_urcb”，上传的变量表中共有 29 条目录信息。

```
2 interfaces [Wireshark 1.8.4 (SVN Rev 46250 from /trunk-1.8)]
File Edit View Go Capture Analyze Statistics Telephony Tools Internals Help
Filter: mms                Expression... Clear Apply Save
No.  Time             Source          Destination     Protocol  Length Info
65   15.662768000     192.168.1.111   192.168.1.100   MMS       247 initiate-RequestPDU
66   15.664333000     192.168.1.100   192.168.1.111   MMS       196 initiate-ResponsePDU
67   15.664714000     192.168.1.111   192.168.1.100   MMS       81 confirmed-RequestPDU
68   15.665856000     192.168.1.100   192.168.1.111   MMS       118 confirmed-ResponsePDU
⊞Frame 65: 247 bytes on wire (1976 bits), 247 bytes captured (1976 bits) on interface 1
⊞Ethernet II, Src: Foxconn_46:26:30 (00:01:6c:46:26:30), Dst: CadmusCo_ab:cc:bb (08:00:27:ab:cc:bb)
⊞Internet Protocol Version 4, Src: 192.168.1.111 (192.168.1.111), Dst: 192.168.1.100 (192.168.1.100)
⊞Transmission Control Protocol, Src Port: 6152 (6152), Dst Port: iso-tsap (102), Seq: 23, Ack: 15, Len: 193
⊞TPKT, Version: 3, Length: 193
⊞ISO 8073 COTP Connection-Oriented Transport Protocol
⊞ISO 8327-1 OSI Session Protocol
⊞ISO 8823 OSI Presentation Protocol
⊞ISO 8650-1 OSI Association Control Service
⊟MMS
 ⊟initiate-RequestPDU
   localDetailCalling: 32000
   proposedMaxServOutstandingCalling: 1
   proposedMaxServOutstandingCalled: 2
   proposedDataStructureNestingLevel: 5
  ⊟mmsInitRequestDetail
     proposedVersionNumber: 1
     Padding: 5
   ⊞proposedParameterCBB: f100 (str1, str2, vnam, valt, vlis)
     Padding: 3
   ⊟servicesSupportedCalling: 20000000000000000e100 (identify, fileOpen, fileRead, fileClose, informationReport)
      0... .... = status: False
      .0.. .... = getNameList: False
      ..1. .... = identify: True
      ...0 .... = rename: False
      .... 0... = read: False
      .... .0.. = write: False
0000  08 00 27 ab cc bb 00 01  6c 46 26 30 08 00 45 00   ..'..... lF&0..E.
0010  00 e9 23 1e 40 00 40 06  92 cd c0 a8 01 6f c0 a8   ..#.@.@. .....o..
0020  01 64 18 08 00 66 ad f1  ea cc da 7d 9c c8 50 18   .d...f.. ...}..P.
0030  40 25 e1 70 00 00 03 00  00 c1 02 f0 80 0d b8 05   @%.p.... ........
File: "C:\Users\Robby\AppData\Lo...  Packets: 57391 Displayed: 222 Marked: 0 Dropped: 3   Profile: Default
```

a) 客户端初始化的请求报文

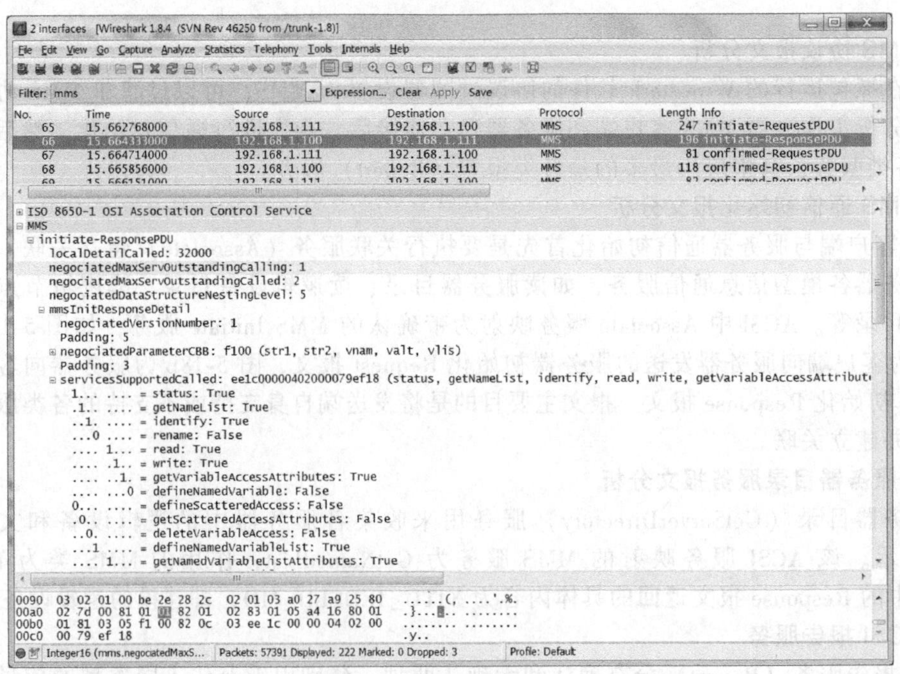

b) 服务器对初始化的响应报文

图 5-18 MMS 通信初始化服务报文

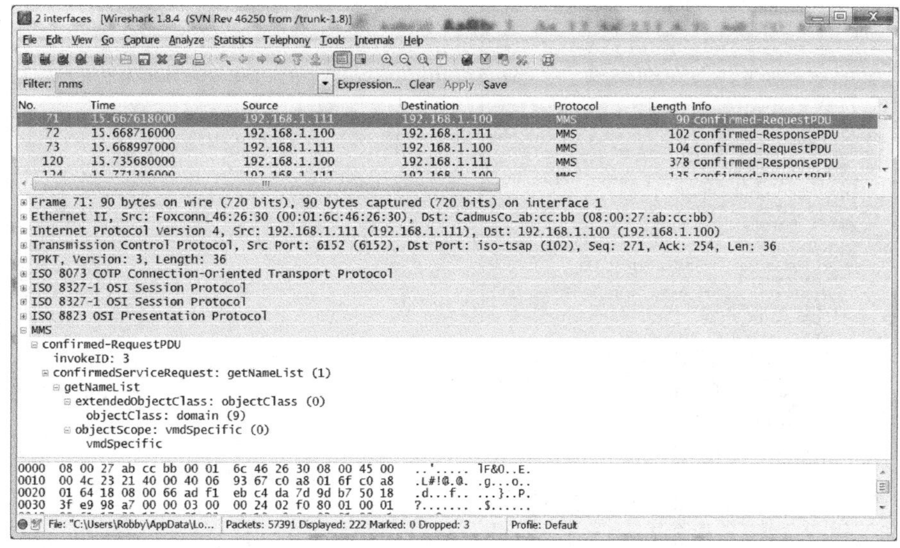

a) 客户端向服务器发出请求

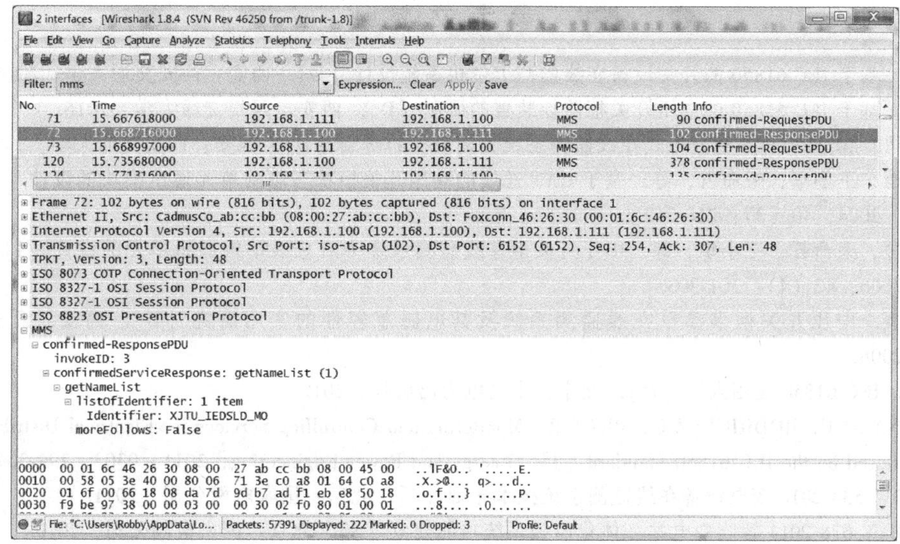

b) 服务器向客户端上传响应

图 5-19　读服务器目录的服务报文

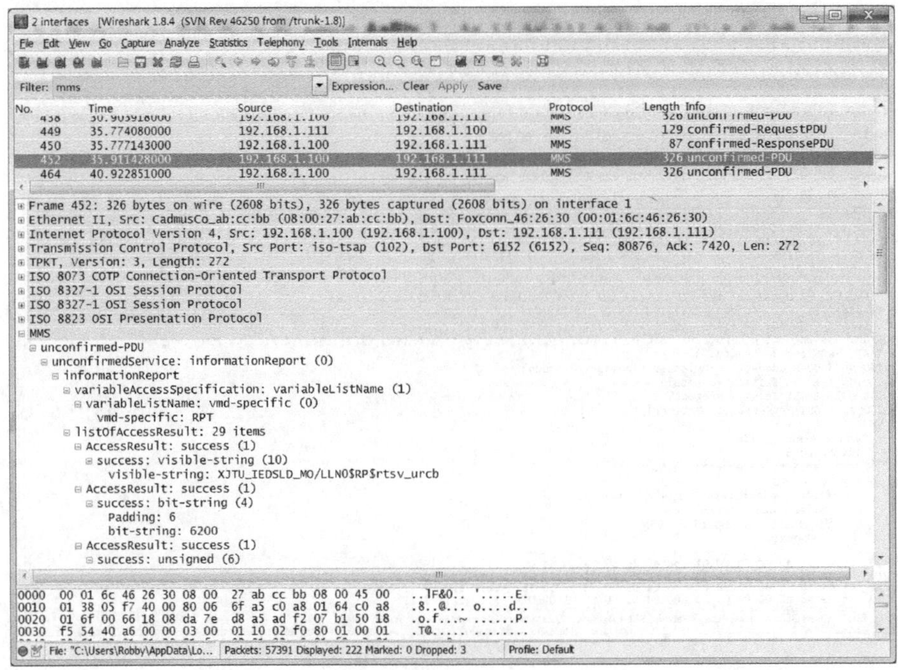

图 5-20 ACSI 报告服务报文

参考文献

[1] 苗松. 基于 IEC 61850 的开关设备在线监测上位机系统设计 [D]. 西安：西安交通大学，2016.

[2] 单超. 基于 IEC 61850 的中压开关柜监控装置的研制 [D]. 西安：西安交通大学，2016.

[3] 邹加勇. 40.5kV 开关柜分布式在线监测系统关键模块的研制 [D]. 西安：西安交通大学，2004.

[4] 邹加勇，王小华，荣命哲，等. 基于 CAN 总线的高压开关柜状态监测单元通讯模块的设计 [J]. 高压电器，2004，40 (3)：210-212.

[5] 郭媛媛，荣命哲，王小华，等. 中压开关柜在线监测系统中双总线结构通讯单元的设计 [J]. 高压电器，2006，42 (4)：301-303.

[6] 郭媛媛. 中压开关柜多参量在线监测系统及其电磁兼容性的实用研究 [D]. 西安：西安交通大学，2006.

[7] 何磊. IEC 61850 应用入门 [M]. 北京：中国电力出版社，2012.

[8] MAGNAGO F，RODRIGUEZ G，PRAT R. Monitoring and Controlling Services for Electrical Distribution Systems Based on the IEC 61850 Standard [J]. Energy and Power Engineering，2011，0303：299-309.

[9] Q/GDW 534-2010 变电设备在线监测系统技术导则 [S]. 北京：国家电网公司，2011.

[10] Q/GDW 678-2011 智能变电站一体化监控系统功能规范 [S]. 北京：国家电网公司，2010.

[11] 王小华，苏彪，荣命哲，等. 中压开关柜在线监测装置的研制 [J]. 高压电器，2009，03：52-55.

[12] 何磊. IEC 61850 应用入门 [M]. 北京：中国电力出版社，2012.

第6章 信号传输方式的研究

电器设备内部的工作环境非常恶劣，传感器工作在强电场、强磁场的条件下，如何将测量到的信号进行稳定、有效、可靠地传输是需要解决的问题。在线检测系统中，传感器测得的电器设备状态量的信号要经过传输，送入到处理系统中，对信号进行分析，确定系统的状态和电力系统运行的安全可靠性。

信号传输可以从两个方面来考虑：一是信号的处理，二是信号传输介质。在信源端，基于信号源、环境、信道等相关因素的要求，对源信号进行调制、编码、数字化等处理工作；信宿端主要进行解调、解码、恢复信号等处理；基于环境、传输速率等相关因素的要求，采取合适的信道介质，并对信源端和信宿端提出相应的要求。

在线检测传感器的信号传输方法通常有电缆传输、光纤传输、红外传输、射频传输几种方式。在线检测系统中，由于存在高低电位隔离的问题，对绝缘有严格的要求。因此本章分别讨论基于光纤、红外、射频技术的信号传输方式。

6.1 基于光纤技术的信号传输方式

1. 光纤通信特点

光纤通信与传统电通信的主要差异有两点：一是传输光波信号；二是传输光信号的介质是利用光纤。相对而言，光纤通信有如下优点：

1）光纤在工作时不导电，避免了邻近电缆之间的电磁效应引起的相互干扰，同时其他电磁信号也难以进入纤芯影响光信号。

2）众多的电器设备起停、开关的闭合、各种电弧等不会对光纤通信产生影响，其他电噪声源的电磁干扰（EMI）不会影响光频信号的能量，通信光纤自身也不会辐射干扰其他设备。

3）光纤受温度的影响小、抗化学腐蚀和抗氧化性能强。工作受恶劣环境的约束很小，光纤的寿命比铜缆长。

4）使用光纤通信不存在接地、共地的问题，安装、测试过程中没有电压、电流的干扰。

2. 光纤通信系统构成

光纤是通信网络的优良传输介质，与电缆、无线传输相比，光纤传输具有信息容量大、中继距离长、不受电磁干扰、保密性能好和使用轻便等优点。

图6-1所示为光纤通信系统的构成。它通常由光发射机、光纤和光接收机组成。光发射机的作用是把电信号转变为光信号，一般由电调制器和光调制器组成。电调制器的作用是把信息信号转换为适合信道传输的信号，如时分复用（TDM）信号或频分复用（FDM）信号。传输信息可以是模拟信号，也可以是数字信号，统称为基带信号。光调制器的作用是把电调制信号转换为适合光纤信道传输的光信号，如直接调制（IM）激光器（LD）的光强，或通过外调制器调制LD的相位。

光接收机的作用是把经光纤传输后的微弱光信号转变为电信号，对其放大并解调出原基

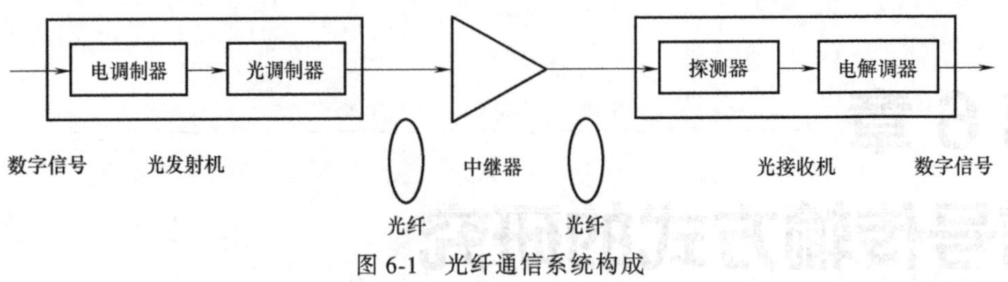

图 6-1 光纤通信系统构成

带信号。光中继器的作用是对经光纤传输衰减后的信号进行放大。光中继器有光-电-光中继器和全光中继器。

图 6-2 是 Agilent 公司生产的 HFBR-0501 系列光纤收发器应用电路图，包括发射端、接收端、连接器和光纤，带宽为 5MHz，传输距离最远可达 35m。

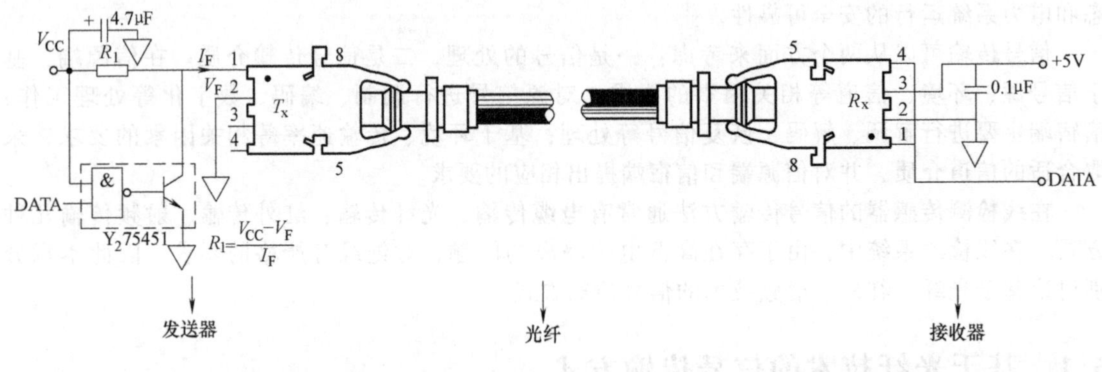

图 6-2 应用电路

3. 实验结果及分析

本节采用接触式热电偶温度传感器对电器设备内母线温度进行测量，热电偶选用 0.75 级 K 型热电偶，测温范围在 0~1200℃之间，其误差为±2.5℃，采用集成电路 AD595 对 K 型热电偶进行零点补偿。光纤收发器采用 Agilent 公司生产的 HFBR-0501 系列光纤收发器。图 6-3 是实验测试数据曲线，信号的传输距离大约为 5m。

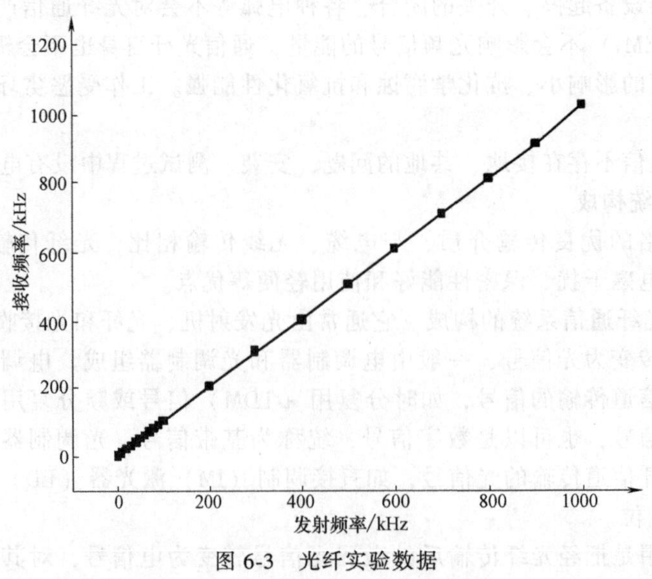

图 6-3 光纤实验数据

由于温度传感器测量到的温度信号经过 V/F 转换后的输出频率在 100kHz 以下，因此 100kHz 以下的频段测量了更多的数据。通过实验可以看出光纤传输信号的方式具有很低的误码率，其最大误差只有 2%左右，并且具有良好的线性度。但是相对而言光纤传感器的价格比较昂贵。同时，由于光纤传感器的发射端需要安装在电器设备内，在电器设备内部增加了固体介质，使得如何安装、走线成为问题，而且由于是对信号的有线传输，存在高低电位隔离的问题。

6.2　基于红外技术的信号传输方式

红外线是一种波长在 1～750mm 之间的电磁波，对障碍物的衍射能力差，抗干扰性能强。此外红外通信有着成本低廉、连接方便、简单易用和结构紧凑的特点，所以得到广泛应用。

1. 红外信号传输系统的构成

红外数据通信技术是以红外光作为载体，通过红外光在空中的传播来传输数据。实际运用中，将需要传送的数据编码调制成发射码，经红外发光二极管转换成为红外光脉冲发射到空中；红外接收二极管收到红外光后，将其解调为电脉冲，再经译码后还原成原始数据。红外数据传输作为一种数据通信的手段，实现红外数据传输的方法很多，因此在许多应用场合都成功地运用了这一技术。

红外发射接收装置电路简单，易于实现，对空间没有污染，在某些应用场合，比无线电射频通信具有更好的综合效果。在一些需要数据交换的场合，当数据量不是很大，实时性要求不是很高的情况下，使用红外通信方式，既可以得到无线通信带来的便利，又可以避开采用无线电高频电路可能引发的一些问题。

红外线装置之间的连接原理是：发射端和接收端都具有调变和解调的功能，当两个红外线装置进入彼此的作用区域后，装置可以自动检测其他连接或者通过用户请求来创建连接，并向其他装置发送连接请求（包括地址、数据速率和其他功能信息）。响应的装置充当辅助角色，并返回包含地址和功能的信息。接着，发送方和接收方将数据速率和连接参数更改为由初始信息传送定义的公用设置。最后，发送方向接收方发送数据，确认连接成功。然后连接装置在主装置的控制下开始数据传送。在两个红外数据装置间发生连接传输时，连接上的所有传输均从主（发送）装置到辅助（接收）装置。发送方的确定发生在连接建立之初，并且持续到连接关闭。图 6-4 为红外系统信号传输原理框图。

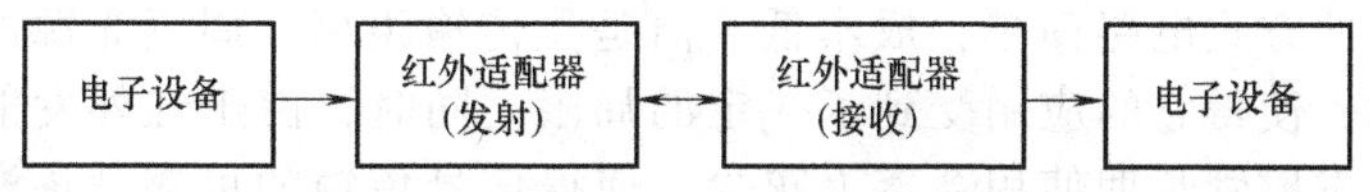

图 6-4　红外系统信号传输原理示意图

2. 红外技术应用原理图

图 6-5 为设计的红外信号传输电路。红外数据通信的硬件由发送单元和接收单元两部分组成。发送单元由放大电路、外围器件、红外发射管构成。在红外发射管的前端采用二级放大，来增加红外发射管的发射功率，可以使信号传输的距离增大。接收单元包括红外接收管、滤波电路、放大电路。将接收到的数字信号滤波、放大后输出，得到所要传输的信号。

3. 红外信号传输的实验测试

本节采用接触式热电偶温度传感器对电器设备内母线温度进行测量，并采用红外传输方式对信号进行传输。图 6-6 为经过实验得到的一组数据，传输的距离大概为 1m。得到的曲线中可以看到红外传输信号的方式在传输频率小于 200kHz 时具有良好的线性度，但是当传输的

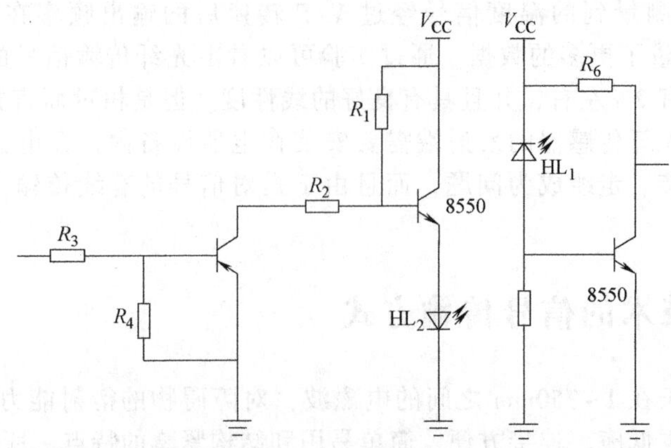

图 6-5　红外信号传输电路图

频率超过 200kHz 时，曲线产生明显弯曲，线性度变差，误码率增加。通过上面的数据可以看到在这种方案中，传输的带宽大概为 200kHz，同时在实验中发现上面所实现的方案的传输距离大概为 2.5m，超过这个距离，红外对信号的传输质量就会变得越来越差。从图 6-7 可以看出，随着传输距离的增加，红外线对信号的传输质量也会逐渐变差，误差增大。

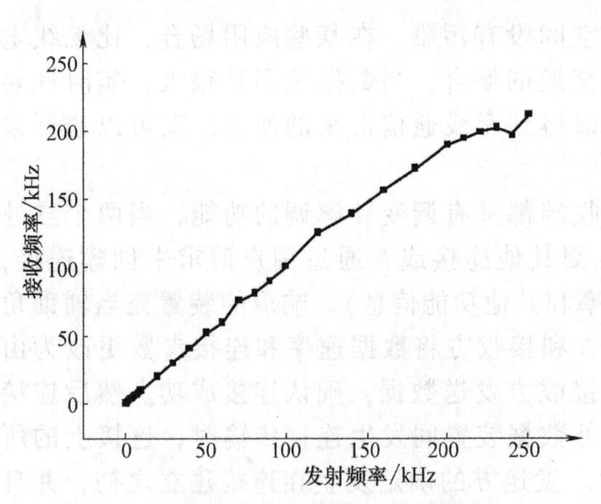

图 6-6　红外信号传输数据（传输距离 1m）

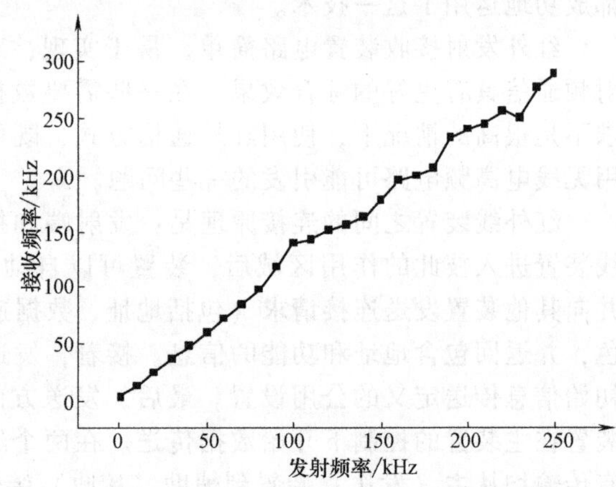

图 6-7　红外信号传输数据（传输距离 2m）

红外传输信号的方式电路简单，成本低，但是受传输距离，周围光源的影响，而且只能在一定视角内传输，使得它的应用受到了一定的局限。同时，由于红外发射端必须安装在电器设备内部，红外发射管长期使用会落上灰尘，使得信号传输的可靠性逐渐变差，这也是一个需要解决的问题。

6.3　基于射频技术的信号传输方式

1. 射频技术原理

射频（Radio Frequency，RF）是指频率范围从 30MHz~3GHz 的无线电波频率。此频率范围内的电波，可用天线辐射。射频信号传输与红外线、超声波、电力载波等方式相比，传输距离远（从几米至几公里），不受直视距离限制，不受方向限制，可绕过阻挡物，发射、接收装置较简单，频谱宽，容纳的信道多，因此技术成熟、应用更广泛。

整个射频无线传输系统可分为两大部分：发射机和接收机。它包含了高频电子线路中很

多的功能电路，如晶振、混频、调频、鉴频、滤波和功放等。通信系统中的发射机将基带信号变换成其频带适合在信道中有效传播的信号形式并送入信道，这种变换称为调制。在接收端与之相反，从信道中选取欲接收的已调波并将其变换为基带信号的过程称为解调。

发射机原理框图如图 6-8 所示。

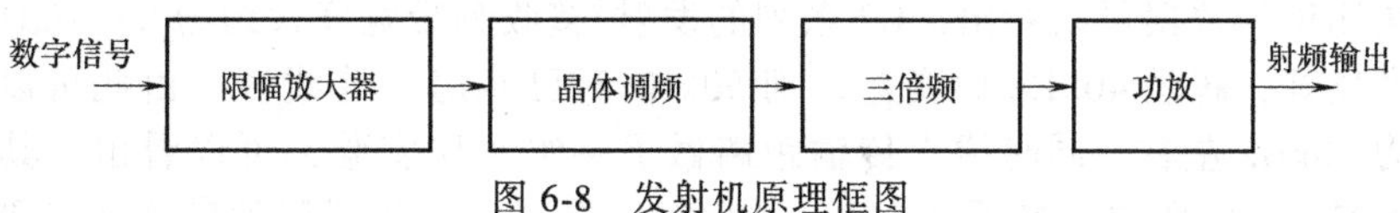

图 6-8　发射机原理框图

接收机原理框图如图 6-9 所示，是典型的二次变频超外差接收机。第一本振频率由锁相频率合成器提供，第二本振频率由晶体振荡电路产生，利用二次变频技术可以很好地抑制镜像频率干扰，提高接收机的灵敏度。鉴频部分采用正交鉴频器。如果接收机收到的是 FM 信号，鉴频后可直接得到音频信号；如果接收到的是 FSK 信号，则鉴频后需经过数据整形电路再输出。

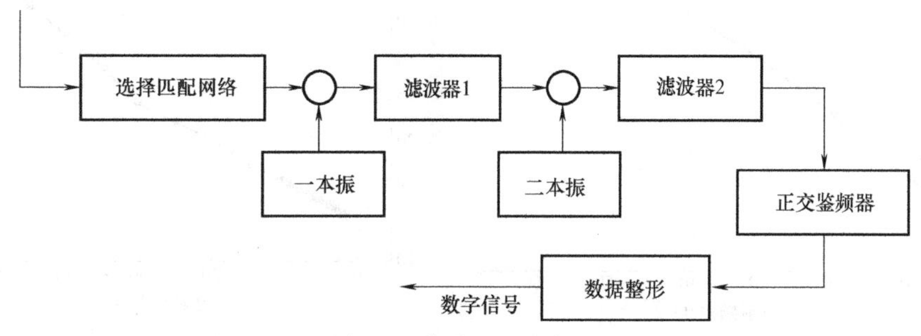

图 6-9　接收机原理框图

2. 射频传输方案设计

下面以 C2 系列收发模块为例来讲述射频信号传输方案的设计方法。

C2 系列调频发射模块（C2，C2A，C2B）是频率在 88～108MHz 范围内的无线发射器件，适用于对音频或脉冲信号的无线发送，频率稳定。C2 内置有高 Q 值的高频振荡回路和隔离性很强的射频放大器，并前置有音频输入电路，内部电路示意如图 6-10 所示，4 个引脚被设置在壳外，即电源正极 1，信号输入 2，电源负极 3，射频输出 4。

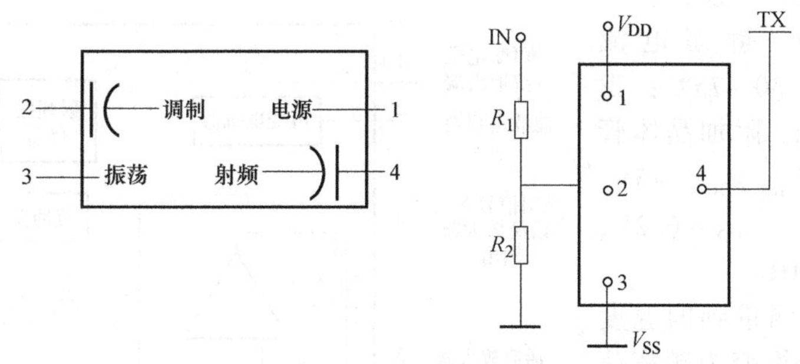

图 6-10　模块内部电路示意图和应用电路

C2 的工作电压为 1.8～9V，工作电流为 2～6mA，发射距离达数十米或更远，其决定因素有：工作电压越高，作用距离越远；天线越长，作用距离越远。C2 的工作频率在 88～108MHz 段内某一点，其频率稳定度很高，在特定条件下已接近或达到晶体稳频的电路，并具有防震和防潮特性。这决定于模块内部的高 Q 值振荡回路和线路布局以及坚实的固化工艺。

C2 发射的信号使用专用的微型接收系列模块 C2S 接收。C2S 使用 SONY 公司的 CXA1691S 芯片，并加入比较简洁的外围控制电路，它包含高频、混频、中频、低频及其所有附属电路。C2S 可用于调频制式的信号接收，或稍加改动后接收数字（方波）信号。

图 6-11 和图 6-12 所示是采用 C2 系列进行信号传输的一组实验数据，其信号源由信号发生器提供。从测试的数据可以看出，C2 系列的发射/接收频带宽度大约为 0~50kHz，在 40kHz 以下时线性度良好，超过 40kHz 后变差，到 50kHz 时已经趋于非线性。由此可以看出，其传输带宽大概为 40kHz 左右。同时增大传输距离做了一组对比实验，可以看出，其传输精度与距离无关。但是 C2 系列的载波频率在 88~108MHz 之间，与我国调频广播波段重合，更易受到无线电波的干扰，稳定性变差。

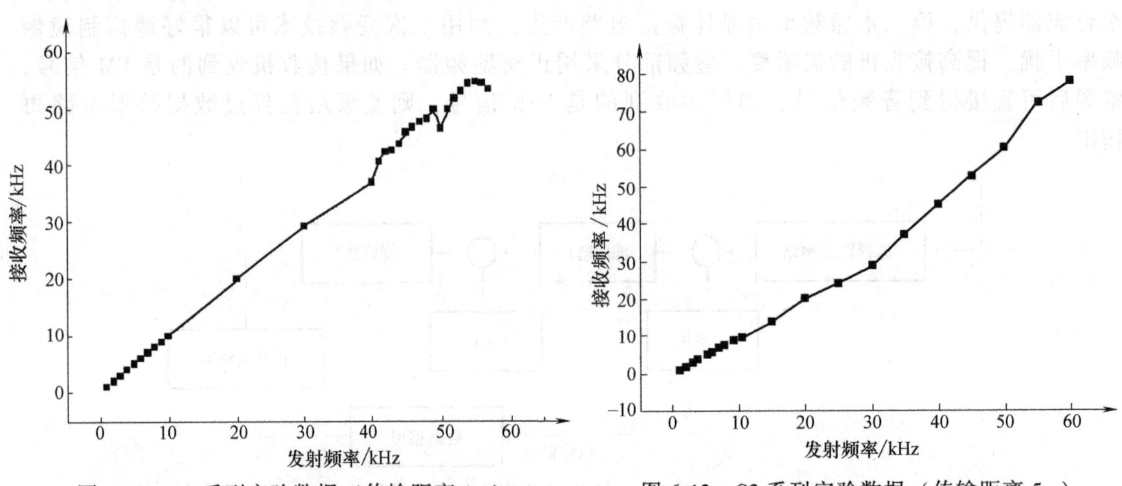

图 6-11　C2 系列实验数据（传输距离 1m）　　图 6-12　C2 系列实验数据（传输距离 5m）

3. 采用集成芯片组构成射频传输系统

射频发射、接收电路采用 Motolora 公司生产的 MC2833 和 MC3362 芯片组构成传输数字信号的通信系统。

(1) 发射电路

MC2833 由话筒放大器、可变电抗器、射频振荡器、输出缓冲器以及两个辅助晶体管构成。此芯片可应用于无绳电话和 FM 通信设备中。其内部结构和各脚定义如图 6-13 所示。

MC2833 其主要参数为：工作电压 2.8~9V，静态电流 2.9mA；工作温度 -30~75℃；工作频率小于 60MHz。附加晶体管的主要参数为：$V_{(BR)CBO}=45V$，$V_{(BR)CEO}=15V$，$V_{(BR)EBO}=6.2V$，$H_{fe}=150$，$f_T=500MHz$。

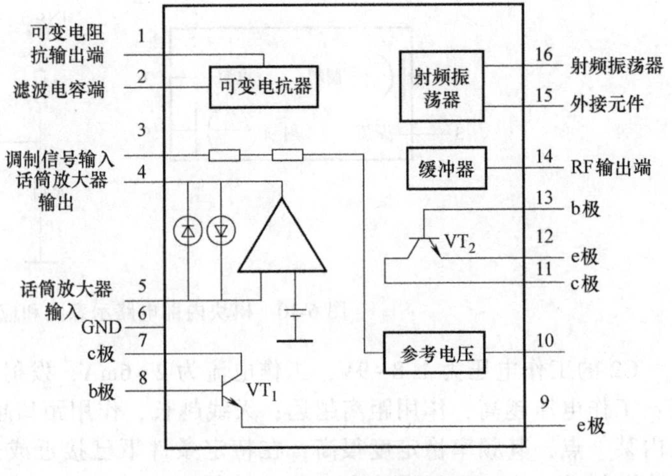

图 6-13　MC2833 内部结构图

将温度传感器测量到的温度信号，通过 V/F 转换变为频率信号，低频调制信号由引脚 5 输入，经话筒放大器放大后（放大器增益由外接电阻决定），送入可变电抗器，通过调制信号改变可变电抗，从而改变射频振荡器的频

率实现调频。射频振荡器的中心振荡频率 f_0 由引脚 1 和 16 外接晶体决定，晶体为基频晶体，经过调频后的信号由缓冲器端引脚 14 输出，缓冲器的负载为 LC 构成的并联谐振回路，谐振频率为晶体的 3 倍，不仅实现了三倍频，而且还扩展了调频频偏。倍频后的信号经电容耦合给内部晶体管 VT_1 的基极。VT_1 与电感、电容等构成高频功率放大器，电感、电容的谐振频率为晶体频率的 3 倍。经 VT_1 放大后的调频信号经电容耦合给内部晶体管 VT_2 的基极，由 VT_2 进一步放大，VT_2 与 VT_1 的电路完全相同。VT_2 放大后的信号经另一个 *LC* 电路耦合给天线向外发射。

（2）接收电路

MC3362 芯片内部集成有振荡器、混频器、正交检波器、表头驱动电路、载波检测电路以及第一、第二本地振荡器缓冲输出和一个用于 FSK 检波的比较器电路。作为包含从天线输出到音频前置放大器输出所有主要电路的 MC3362，它的低压工作的双变频电路设计使其用于窄带话音及数据链路系统时，具有功耗低、灵敏度高、镜频干扰抑制效果好等优点。

其输入带宽较宽，具有完整的双变频系统。其工作参数为：直流 $V_{CC}=2.0\sim7.0V$，当 $V_{CC}=3.0V$ 时功耗电流典型值为 3.6mA，信噪比为 12dB 时输入典型值为 0.7μV，接收信号强度指示器（RSSI）动态范围为 60dB。

图 6-14 和图 6-15 是通过实验得到的一组曲线。

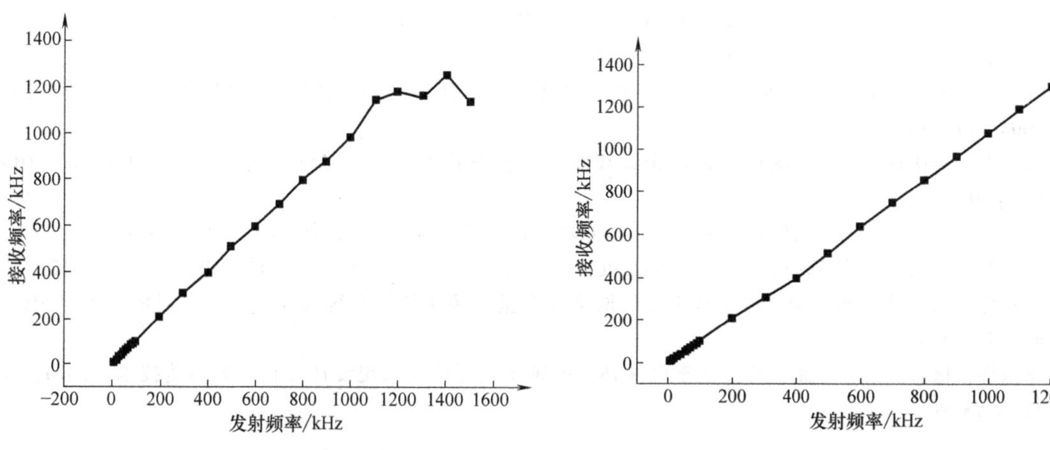

图 6-14 实验数据（无干扰，传输距离 1m）

图 6-15 实验数据（无干扰，传输距离 5m）

从图 6-14 和图 6-15 可以看出，信号传输电路的发射/接收频带宽度约为 0～1100kHz，其线性度在 800kHz 以下时良好，误码率很低，在 800k～1100kHz 时较差，超过 1100kHz 后为非线性变化。由此可以看出，此信号传输系统带宽大概为 800kHz，满足传输温度信号的要求。同时为验证传输距离对信号传输精度的影响，进行了一组对比试验，发现传输精度与传输距离远近几乎无关。

在信号传输的过程中，影响到传输精度的因素主要可能是外界的电磁信号干扰。例如大功率电器设备、各种电子设备、高频无线电广播等都会造成一定影响。而传感器射频信号的发射端安装在电器设备内部，电磁环境非常恶劣，为了验证射频信号传输系统在抗干扰的能力，给电器设备母线通过大电流，模拟电器设备内部大电流的环境，将射频传输系统置于其附近，进行实验。

图 6-16 是实验得到的一组曲线。

从上面的数据可以看出由于母线通过大电流产生的电场和磁场对射频无线信号传输系统的性能有一些影响，使数据传输的误差增大，稳定性变差。但是在 400kHz 以下的低频段，实验曲线线性度较好，说明射频系统对于信号的传输还是相当准确的。

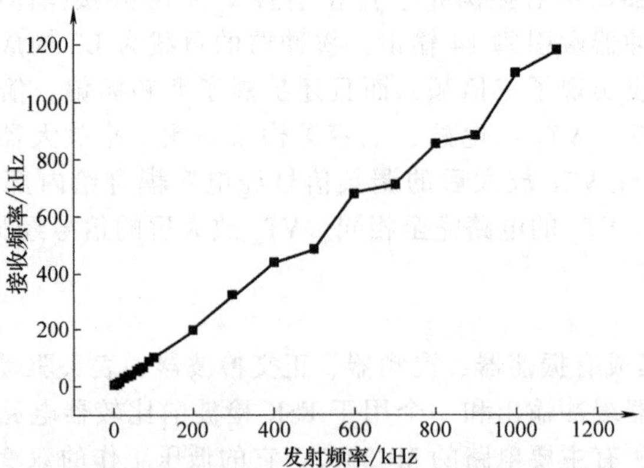

图 6-16 实验数据（大电流干扰，传输距离 1m）

参考文献

[1] 郑义. 40.5kV 及以下开关设备温度在线监测系统的研制 [D]. 西安：西安交通大学，2004.

[2] 郑义，许玉玉，王小华，等. 成套开关设备 GIS 在线监测传感器信号传输方式的开发和比较 [J]. 高压电器，2004，40（3）：170-172.

[3] 郑义，王小华，许玉玉，等. 成套开关设备温度在线检测用接触式传感器的研制 [J]. 高压电器，2004，40（1）：20-22.

[4] 柯有强，陶庆肖. 多路射频信号传输光纤线路相位补偿技术 [J]. 光纤与电缆及其应用技术，2018（4）：30-33.

[5] 杨奕，廖鸣宇，龙杨. 双信号单通道红外光传输 [J]. 激光与红外，2018，48（1）：93-98.

[6] 朱文举，陈娜. 过孔传输射频信号在多层 PCB 中的设计 [J]. 电子科技，2017，30（7）：130-132.

[7] 李东瑾，梅进杰，胡登鹏，等. 基于光纤网络的多基地频率传输系统设计 [J]. 光通信技术，2016，40（7）：5-8.

[8] 李东瑾，梅进杰，胡登鹏，等. 基于电学补偿的频率光纤传输系统设计 [J]. 光通信技术，2016，40（6）：28-31.

第7章 电器设备故障诊断专家系统

专家系统是一个具有大量专门知识的计算机智能程序系统。它应用人工智能技术，根据一个或多个人类专家所提供的特殊领域知识进行推理，以模拟人类专家做决定的过程来解决那些需要专家才能解决的问题。自1965年第一个专家系统DENDRAL问世以来，在过去的近50年里，专家系统在全球范围内已获得巨大的发展和应用。许多公司已经得出结论：专家系统的应用将明显地改善他们的工作方式和能力。

目前专家系统不仅限于解决科学问题，而且已经应用于工业、企业界，已经渗透到社会的许多领域。可以预测，在任何涉及大量经验知识的问题中，专家系统都可以发挥重要作用。专家系统的应用近年来发展迅速，它在解决复杂的、不确定性的信息处理即决策问题时的潜在优越性越来越受到人们的广泛重视。将专家系统应用于故障诊断技术领域也必将极大地提高故障诊断的技术水平。本章针对电器设备的故障诊断需求，介绍了故障诊断专家系统的组成以及实现方法。

7.1 专家系统框架的构架

专家系统是一个智能计算机程序，它利用知识和推理来解决需要大量人类专家知识才能解决的复杂问题，专家系统由知识库、数据库、推理机制、解释机制和人机界面5部分组成，专家系统结构如图7-1所示。

1. 知识库

知识库是专家知识、经验和书本知识的存储器，知识决定了一个专家系统性能的优越与否。要建立一个知识库，首先要从领域专家那里吸取知识，然后通过实验手段获得知识，并考虑用适当的形式表达知识。在知识库中，知识是以一定的形式表示的。知识的表示方法有许多种，常用的有：对象-属性-值三元组、规则、框架、语义网络、谓词逻辑等。其中以规则表示应用最为广泛。例如，领域专家的经验为如下规则：

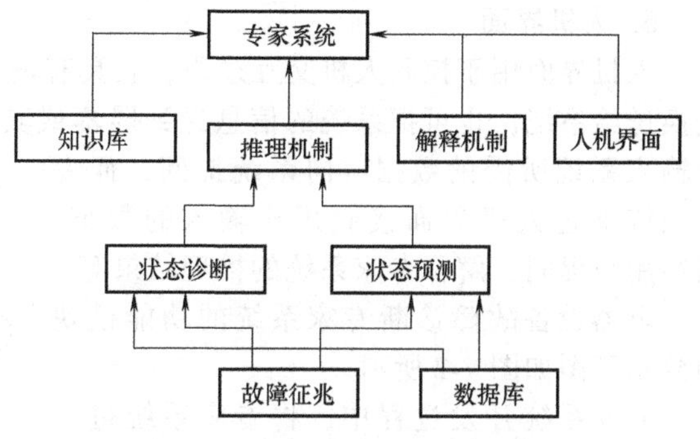

图7-1 故障诊断专家系统结构

1）if 油缓冲器漏油 then 分闸速度变大。

2）if 合闸弹簧老化 then 合闸速度变小。

3）if 分闸弹簧老化 then 分闸速度变小。

则规则以prolog语言相应表示为：

1）fault (open_speed_increase)：—— oil_shock_absorb (leakage)。

2）fault (close_speed_decrease)：——close_spring (aging)。

3）fault（open_speed_decrease）：——open_spring（aging）。

2. 数据库

数据库通常由动态数据库和静态数据库两部分构成。静态数据库存放相对稳定的参数，如断路器的出厂参数：额定工作电压、额定工作电流、固有分合闸时间、平均分合闸速度等。动态数据库用于存放继电保护和在线监测装置监测到的电器设备运行参数，如某年某月某日某时的断路器动作的平均分/合闸速度、动作时间、系统电压、系统电流等参数。动态数据还包括推理过程中用到的暂存数据等。这些数据都是推理过程中必不可少的诊断依据，它们以“事实规则”的形式表达。

3. 推理机制

推理机制协调整个专家系统的工作，根据数据库中的数据，利用知识库中的知识，按设定的推理策略去解决所研究的问题。推理机中包含如何从知识库中选择规则的策略和当有多个可用规则时如何消除规则冲突的策略。

在常见的基于规则的专家系统中，常用的推理方式有，正向推理、反向推理、正反向混合推理。正向推理就是由原始数据出发，按照一定策略，运用知识库中的专家知识，推断出结论；反向推理就是先提出结论，然后去找支持这个结论的证据，若证据不足，就重新提出新的假设；正反向混合推理就是先根据数据库中的原始数据，通过正向推理，帮助系统提出假设，再运用反向推理，进一步寻找假设的证据，如此反复这个过程。

利用神经网络实现电器设备故障诊断，可以被视为一种正向推理。首先利用人工神经网络将在线检测装置或操作人员输入的故障数据进行识别，并获得故障数据所对应的故障类型编码，然后依据专家系统知识库知识，采用正向推理，寻找到与人工神经网络输出的故障类型编码一致的匹配知识，然后提取出与故障类型编码对应的故障类型，得出故障的性质和部位，通过专家系统的解释机制反馈给用户。

4. 解释机制

解释机制用于向用户解释专家系统的行为，包括解释专家系统是如何得出该结论的、目前电器设备遇到何种故障、用户如要解决目前存在的故障需要采取哪些措施等。

5. 人机界面

人机界面用于控制人机交互过程，它具有输入/输出两大功能，可把用户输入的信息经过变换送给系统，也可把系统的信息送到屏幕或其他输出装置。换言之，用户可以通过人机界面输入系统所需的数据、向系统提问，而专家系统通过人机界面接收用户输入的数据、回答用户提问、解释专家系统的推理结果等。

电器设备故障诊断专家系统的功能模块划分示意图如图 7-2 所示。

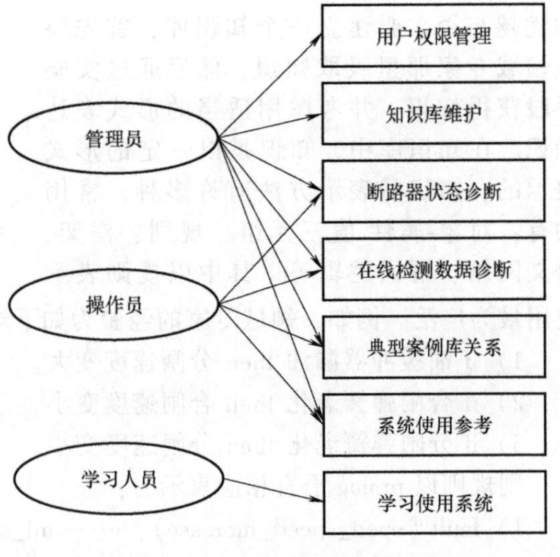

图 7-2 专家系统模块示意图

专家系统开发过程中，将专家系统进行简化，其开发原理图如图 7-3 所示。简化后的专家系统就是以知识为基础的，将领域专家的知识、经验加以总结，形成规则，存入计算机建立的知识库。采用合适的控制策略，将输入的原始数据进行推理、演绎，做出判断和决策，起到了领域专家的作用。因此将系统开发的主要工作归结到知识库和推理机的构建上。

根据求解任务的不同，可以将专家系统

分为控制、设计、诊断、教学、解释、监视、规划、预测、调试、筛选、仿真和决策等系统；根据工作原理的不同，则可以将专家系统分为基于规则的系统、基于框架的系统、基于模型的系统和基于网络的系统等。在专家系统发展的早期，基于规则的系统是专家系统的主流方向，随着近年来人工智能的蓬勃发展，基于模型的系统（包括神经网络、支持向量机和深度神经网络等）在处理复杂问题上获得了越来越多的关注。目前针对断路器故障诊断专家的研究还处于起步阶段，专家系统的知识主要来源于离线测试数据、在线检测数据、该领域专家的经验知识等，然而这些知识较为有限，需要专家系统在实际运行中不断更新和完善。

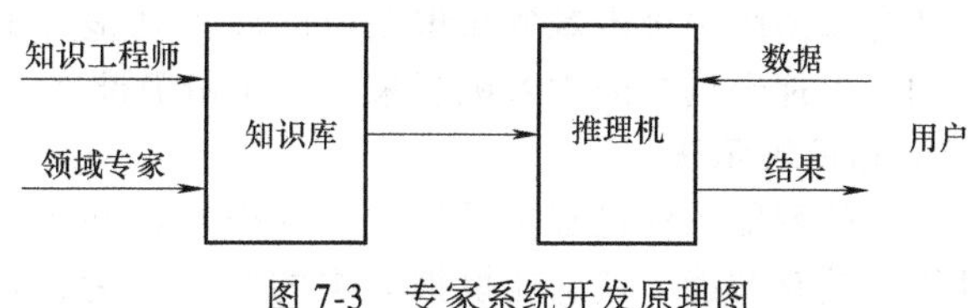

图 7-3　专家系统开发原理图

7.2　专家系统知识库的建立

建立一个专家系统的知识库，首先要通过一定的手段获取所需要的专门知识，再根据知识的适用性、可扩性、有效性选择合适的知识表达方法，把获取的知识组织起来，同时要给系统的其他模块提供方便的接口。

1. 知识的获取

知识获取一般是指从某个或某些知识源中获得专家系统问题求解所需要的专门知识，并以某种形式在计算机中存储、传输与转移。专家系统的知识获取一般是由知识工程师与专家系统知识的获取机构共同完成的。它的基本任务是为专家系统获取知识，建立起健全、完善、有效的知识库，以满足领域问题求解的需求。下面介绍几种常用的知识获取方法。

（1）手工知识获取

该方法是知识工程师与领域专家合作，对有关领域知识和专家知识，进行挖掘、搜集、分析、综合、整理、识别、理解、筛选、归纳等处理后将有关知识抽取出来，以便用于知识库的建立。专家系统中的知识可能来自多个知识源，如报告、论文、课本、数据库、实例研究、经验数据以及系统自身的运行实践等，其中主要知识源是领域专家。知识工程师通过与专家的直接交互来获取知识，这种交互包括一系列深入、系统、持久地面谈。在实际专家系统的建造中，知识工程师的大多数工作是由专家系统的设计及建造者担任。

（2）半自动获取

该方法是利用某种专门的知识获取系统（如知识编辑软件），采取提示、指导或问答的方式，帮助专家提取、归纳有关知识，并自动记入知识库。知识工程师所起的作用是主动的而不是被动的。

（3）自动知识获取

自动获取又可分为两种形式：一种是系统本身具有一种机制，使得系统在运行过程中能不断地总结经验，并修改和扩充自己的知识库；另一种是开发专门的机器学习系统，让机器自动从实际问题中获取知识，并填充知识库。它不仅可以直接与领域专家对话，从专家提供的原始信息中学习专家系统所需要的知识，而且还能从系统运行实践中总结、归纳出新的知识，发现和改正自身存在的错误，并通过不断地自我完善，使知识库逐步趋于完整、一致。

人工神经网络是一种具有学习、联想和自组织能力的智能系统。在专家系统中，可利用人工神经网络的学习、联想、并行分布等功能解决专家系统开发中的知识获取、表达和并行推理等问题。建立人工神经网络专家系统不需要组织大量的规则，也不需要进行树的搜索，而且，通过神经网络可使机器进行自组织、自学习，不断地充实、丰富专家系统中原有的知识

库，使专家系统中最困难的知识获取问题得到很好的解决。在范例十分丰富的情况下，还可以借助人工神经网络的学习机制来解决非精确推理中构造知识库的问题。

2. 知识表示法

人类的智能活动过程主要是一个获得知识并运用知识的过程，知识是智能的基础。为了使计算机具有智能，使它能模拟人类的智能行为，就必须使它具有知识。但是，需要把人类拥有的知识采用适当的模式表示出来，才能存储到计算机中去，这就是用知识表示要解决的问题。知识表示是对知识的一种描述，或者说是一种约定，是一种计算机可以接受的、用于描述知识的数据结构，对知识进行表示就是把知识表示成便于计算机存储和利用的某种数据结构。知识表示方法又称为知识表示技术，其表示形式称为知识表示模式。目前使用较多的知识表示方法主要有：对象-属性-值三元组、规则表示法、框架表示法、语义网络表示法、谓词逻辑表示法、基于人工神经网络的知识表示法等。下面着重以基于规则表示法的产生式系统来说明知识的表示和使用过程。

产生式（Production）一词最早是由美国数学家波斯特（E. Post）于 1943 年根据串替换规则提出的一种称为 Post 机的计算模型。Post 机的目的在于证明它和“图灵机”具有相同的计算能力。Post 的产生式系统对于符号变换是有用的，但由于缺乏控制策略，不适合开发实际的应用系统。1954 年，Markov 对 Post 的产生式系统做了改进，提出了产生式系统的控制策略，根据规则的优先级来确定其执行的顺序。1957 年 Chomskey 利用一系列产生式规则来描述每层文法的语言生成规则。1972 年，纽厄尔和西蒙在研究人类的认知模型中开发了基于规则的产生式系统。目前，产生式表示法已成为人工智能中应用最多的一种知识表式模式。

产生式的结构和组成一般形式为“前件+后件”。前件就是前提，后件是结论或动作，前件和后件可以是由逻辑运算符 AND、OR、NOT 组成表达式。给定一组事实后，可用匹配技术寻找可用产生式，将已知事实代入产生式的前件，如果前件满足，则可得结论或者执行相应的动作，即后件由前件来触发。前件为命题公式时，匹配较简单；前件为谓词公式时，匹配较复杂。

产生式包括各种操作、规则、变换、算子、函数等。产生式描述了事物之间的一种对应关系（包括因果关系和蕴含关系），其外延十分广泛。例如，状态转换规则和问题变换规则都是产生式规则。数学中的微分和积分公式、化学中分子结构式的分解变换规则，甚至体育比赛中的规则、国家的法律条文、单位的规章制度等，也都可以表示成产生式规则，用产生式不仅可以进行推理，而且还可以实现操作。

产生式表示法可以很容易地描述事实、规则以及它们的不确定性度量。事实可以看作是断言一个语言变量的值或断言多个语言变量之间关系的陈述句。其中，语言变量的值或语言变量之间的关系可以是数字，也可以是一个词等。在产生式表示法中对确定性知识，一个事实可用“关系（对象，…，对象）”来表示；对不确定性知识，一个事实可用“关系（对象，…，对象，置信度因子）”来表示。其中，“置信度因子”是指该事实为真的相信程度，可用一个 0~1 之间的数来表示。

在产生式系统中，从前提到结论通常也是一棵与或树，如图 7-4 所示。如果一个产生式的前提包含了几个事实，那么它的结论对应着这些事实的“与”，如图中的节点 A 和 B；如果同一个结论可由多个产生式得到，则这个结论对应着这些产生式的“或”，如图中的节点 D。实际上每

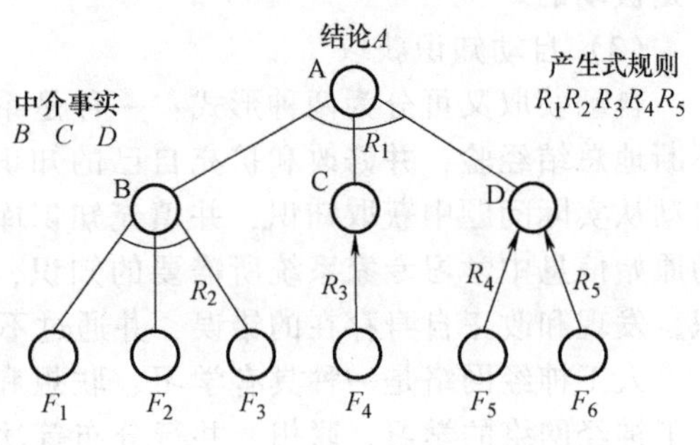

图 7-4　产生式结构和组成

个产生式系统都隐含着许多这样的“与或”树。

一个产生式系统的基本结构包括全局数据库、规则库和控制系统这三个主要部分。它们之间的关系如图 7-5 所示。

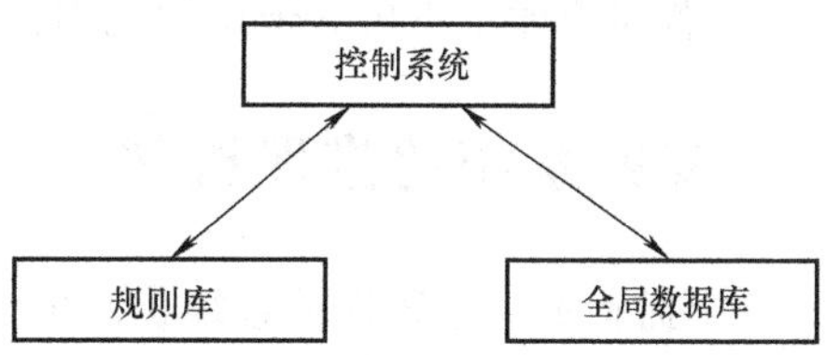

图 7-5　产生式系统的基本结构

（1）全局数据库

全局数据库也称为综合数据库、动态数据库、工作存储器、上下文、黑板等。它是一个动态数据结构，是一个用来存放与求解问题有关的各种当前信息的数据结构。它可以是简单的数字或数字阵，也可以是非常庞大的文件结构。例如，问题的初始状态、输入的事实、推理得到的中间结论及最终结论等。在推理过程中，当规则库中某条规则的前提可以和全局数据库中的已知事实相匹配时，该规则被激活，由它推出的结论将被作为新的事实放入综合数据库，成为后面推理的已知事实。

（2）规则库

规则库是作用在全局数据库上的一些规则（算子，操作）的集合。它包含了将问题从初始状态转换成目标状态所需要的所有变换规则。这些规则描述了问题领域中的一般性知识。每条规则都有一定的条件，满足这样的条件，就可以调用这条规则。可见，规则库是产生式系统进行问题求解的基础，其知识的完整性、一致性、准确性、灵活性，以及知识组织的合理性等，对规则库的运行效率都有重要影响。

在设计规则库时，应考虑规则的表达能力。规则应能有效地表达关于解决某问题的过程性知识。一般情况下，一条规则的结论部分既可以是一些与问题解有关的结论，也可以是所产生的一系列的行动，这些行动当然与求解有密切关系。规则不一定是绝对严格的规律，只要在其应用范围内有效即可。产生式系统广泛地应用在专家系统中，需要考虑专家经验知识的表达方法，涉及如何用规则描述不确定性知识问题。对规则库进行适当的管理也不可忽视。采用合理的结构形式，能够避免访问那些与当前问题无关的规则，有利于提高解题效率。

（3）控制系统

控制系统是负责选择规则的决策系统，对应着的是控制性知识，任务是对规则集与事实库的匹配过程进行控制，决定问题求解过程的推理线路，使产生式系统能有效地进行问题求解。通常要考虑以下问题：①如何选取将规则与事实进行匹配的顺序；②如何解决“冲突”协调问题。当有多条规则能与事实库相匹配时，如何选择适当的规则；③推理方法的组织，包括如何利用启发知识等。围绕这些问题，人们已提出各种控制策略，如：数据驱动、目标驱动、混合控制及元控制等。

下面是产生式系统问题求解的基本过程：

1）初始化全局数据库，把要解决问题的已知事实送入全局数据库中。

2）检查规则库中是否存在尚未使用过的规则，若有，则执行 3）；否则转 7）。

3）检查规则库的未使用规则中是否存在其前提与全局数据库中已知事实相匹配的规则，若有，则从中选择一个；否则转 6）。

4）执行当前选中规则，并对该规则作上标记，把执行该规则后所得到的结论作为新的事实放入全局数据库；如果该规则的结论是一些操作，则执行这些操作。

5）检查全局数据库中是否包含了该问题的解，若已包含，则说明已求出解，问题求解过程结束；否则转 2）。

6）当规则库中还有未使用的规则，但均不能与全局数据库中的已有事实相匹配时，要求用户进一步提供关于该问题的已知事实，若能提供，则转 2），否则，说明该问题无解，终止问题求解过程。

7）若知识库中不再有未使用规则，也说明该问题无解，终止问题求解过程。

7.3 专家系统的推理机制

一个拥有了大量知识的系统仍不能解决专业领域问题，还必须具有应用知识的能力，即推理的能力。推理机制就是依据一定的搜索策略从知识库中选择有关知识、对已知或用户提供的证据进行不断的推理，直到得出结论为止。推理机制研究包括三大部分内容：规划、搜索和推理。

规划——将原问题分解成适当的子问题，规定出子问题的求解顺序，并且解决子问题解的综合问题。

搜索——研究如何从一定的知识空间中搜索满足给定条件或要求的特定对象。当满足同一条件的知识多于一条时，还要解决冲突判断策略问题。

推理——搜索到满足特定条件的知识时，解决如何从前提条件得到结论，即前提与结论的逻辑关系及其置信度的传递规则等。

它们之间的关系如图 7-6 所示。

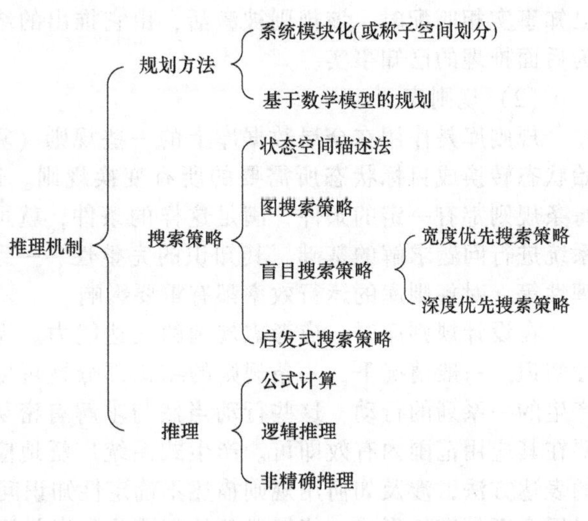

图 7-6　专家系统推理机制三大内容的关系图

人们在解决生产实际问题时，从已知条件到结论，通常采用 3 种办法：①公式计算；②逻辑推理；③猜想或设想（科学幻想）。对应着基于数学模型的推理、逻辑推理、不确定推理。

其中基于数学模型的推理是以数学公式为基础，通过数学推导由已知得出结论。而逻辑推理是以数理逻辑为基础，所处理的事实与结论之间存在着确定的因果关系，因此有时也把逻辑推理称为确定性推理。与之对应的是不确定性推理，该类推理所处理的事实与结论之间存在着某种不确定性的因果关系，如工程中类似“很可能是”“可能是”等一类的问题，工程中很多问题是非确定性的。精确问题可以是非精确问题的特例。

基于实例推理（Case Based Reason，CBR）是 AI 中新兴的一种推理技术，是一种使用过去的经验实例指导解决新问题的方法。它来源于逻辑推理中的归纳推理。当问题可以用数学公式描述时，则用求解数学公式的办法解决问题。当问题无法用数学公式描述，但可以用逻辑推理描述时，则借助于逻辑推理得出结论。当逻辑推理方法条件也不成立时，则借助于猜想和经验去得出结论。从置信度上讲，公式计算最使人信服，逻辑推理次之，科学猜想可信程度最低。因此，从人工智能意义上讲，数学公式求解也是推理的一种，而且是最高级、最精确的一种，但数学公式必须能够客观描述问题。

1. 逻辑推理

（1）谓词演算

人工智能发展初期，推理机制就是逻辑推理。在逻辑表示中与专家系统关系最密切的就是命题逻辑和谓词演算，其中谓词逻辑允许表达命题逻辑所无法表达的复杂问题。具体地，谓词演算是一种形式语言，其根本目的是把数学中的逻辑论证符号化。为了用谓词演算来处

理知识，最基本的就是要能从一个给定的事实和规则的集合中，推出新的事实和规则。

举一个简单的例子，首先定义两个谓词：

Manages(X，Y)——X 管理 Y；

reports-to(Y，X) ——Y 向 X 报告。

下面定义知识库中的事实。

事实 1：Manages（peter，john)；

事实 2：Manages（john，ann)；

事实 3：Manages（ann，fred)。

知识库中的规则表示为：

规则 1：∀(X，Y)(manages(X，Y))→reports-to(Y，X))；

规则 2：∀(X，Y，Z)(manages(X，Y))Λ reports-to(Z，Y)→reports-to(Z，X))。

这两条规则可以被读作：

“对所有 X，Y，如果 X 管理 Y，那么 Y 向 X 报告”；

“对所有 X，Y，Z，如果 X 管理 Y，Z 向 Y 报告，则 Z 向 X 报告”。

举一个例子，问题是：reports-to（fred，peter）

先用规则 1 和事实 3，产生一个中间推论：reports-to（fred，ann）

然后用这个推出的事实和规则 2、事实 2，推出：reports-to（fred，john）

再由这个事实和事实 1 以及规则 2 得出：reports-to（fred，peter）

从表面上看，为完成这个推理所用的规则知识是规则 1 和规则 2。事实上还隐含地用了两个高一级的规则，这些规则在上述推理中是如此显然，以至于人们没有注意到它们的使用。

所用的第一个这样的规则是：A→B，A ├B（“├”读作“因而”）

另一个规则是全程特指：∀(X)W(X)，A ¬W(A)

意思为，如果一类对象具有了那个特性，则在那个类里的任一个体也具有那个特性。

上述规则被称为“推理规则”，它们总是成立的。为了让计算机进行形式推理，除了建立问题领域本身的规则外，还必须将这些基本的推理规则送入知识库中，才能完成推理。在谓词演算中，类似这样的规则很多。下面给出最基本的几个规则：

R1. MPP：A→B，A ├8

R1. MTT：A→B，～B ├～A

R3. DN：A ├～(～A)

R4. INT：A，B ├A Λ B

R5. RAA：A→B，A→～B ├～A

（2）谓词演算表示法的特点和局限性

1）谓词演算表示法的特点：

① 它是一种很自然的表示方法，往往与人们对问题的直观理解相对应。这种表示法也易于改写，易于操作。

② 逻辑是精确的。

③ 逻辑是灵活的，它不受具体对象的制约。

④ 逻辑是模块化的，一个命题可以独立地插入知识库中。

2）局限性。

① 单调性（monotonic)。例如已知 A→C，A 因而有 C。当新的事实 B 添加进来后，因为 A^B = A→C，故 C 仍为真，称这种特性为单调性。然而，在现实生活中，这种单调性是不能被接受的，例如有规则：“如果母线温升过热，那么断路器立即分闸”。但如果添加一条事实，

“母线过载运行”，这时，规则“如果母线温升过热，那么断路器立即分闸”就不对了。当新的事实出现时，经常需要修改结论，能够做到这一点的形式系统称为非单调系统（Unmonotonic）。

② 组合爆炸。在自动谓词演算中，盲目地使用推理规则，会造成规则触发太多，以致于无法得到结论，这种现象称为组合爆炸。

③ 智能程度低。谓词演算只是简单地按一种原则使用规则，智能程度很低。

④ 缺少非精确推理。谓词逻辑只能处理具有精确定义的问题，对现实生活中的模糊问题却无能为力。

2. 不确定推理

对于机械故障诊断等较为复杂的问题，往往含有较多的不确定性与模糊性，产生式系统或者逻辑推理往往难以处理这样的问题，因此要求专家系统的设计者能够建立起非精确的计算和推理过程，建立起具有不确定推理能力的专家系统处理这类问题。不确定性系统的不确定性往往来自于两个方面，即证据的不确定性和结论的不确定性。

（1）证据的不确定性

在开关设备的机械故障诊断中，有很大一部分数据来源于传感器测量数据，包括行程曲线、线圈电流曲线、气压计和湿度计读数等，由于不可避免的系统误差以及偶然误差，测量结果往往与真实情况存在一定的偏差，都会导致证据的不确定性。目前处理不确定性问题常常采用一些启发性方法，在理论上往往不是十分严格，在实际应用中要根据具体问题选用。

1）以模糊集理论为基础的方法。模糊集理论是通过隶属度函数描述现实世界中各种问题的理论。设 U 为一些对象的集合，称为论域；u 表示 U 的元素，记作 $U=\{u\}$。论域 U 到［0，1］区间的映射 u_f 都确定论域 U 下的一个模糊子集 F，u_f 称为 F 的隶属度函数，即表示 u 属于模糊子集 F 的程度。在论域 U 中，可把模糊子集表示为元素 u 与其隶属度函数 u_f 的集合，记为

$$F=\{u,\ u_f(u)\mid u\subset U\} \tag{7-1}$$

模糊集有其运算规则，记 A 或 B 为论域 U 中的两个模糊集，其隶属度函数分别为 u_A 和 u_B，则对所有的 $u\subset U$，存在以下隶属度函数运算：

① A 与 B 的并（逻辑或）记为 $A\cup B$，其隶属度函数定义为

$$u_{A\cup B}(u)=u_A(u)\vee u_B(u)=\max\{u_A(u),\ u_B(u)\} \tag{7-2}$$

② A 与 B 的交（逻辑与）记为 $A\cap B$，其隶属度函数定义为

$$u_{A\cap B}(u)=u_A(u)\wedge u_B(u)=\min\{u_A(u),\ u_B(u)\} \tag{7-3}$$

③ A 的补（逻辑非）记为 $\overline{A}$，其隶属度函数有以下运算规则：

$$u_{\overline{A}}(u)=1-u_A(u) \tag{7-4}$$

根据此运算规则，假设存在三个证据的规则，其每个证据的置信度分别为 0.5、0.6 和 0.8，则根据模糊集的交集运算规则，取其置信度最小的为最终置信度，记为 0.5。

2）以概率为基础的方法。这种方法同样赋予每个证据以置信度，当存在多个证据时，其总的置信度取决于各个置信度的乘积，上文例子中对于最终命题的置信度为 0.5、0.6 和 0.8 的乘积，即 0.24。

3）DS 证据理论。DS 证据理论也是专家系统中常用的处理不确定性信息的方法，具有处理不确定信息的能力。其要求满足的条件比贝叶斯概率论更弱，具有直接表达“不确定”和“不知道”的能力，被广泛用来处理不确定数据。

DS 证据理论中的一个基本概念是基本概率分配，在识别框架 Θ 上的基本概率分配是一个从 $2^{\Theta}\rightarrow[0,1]$ 上的函数 m，被称为 mass 函数，其满足：

$$m(\varnothing)=0 \tag{7-5}$$

$$\sum_{A\subseteq\Theta} m(A)=1 \tag{7-6}$$

对于$\forall A\subseteq\Theta$，识别框架Θ上的有限个 mass 函数m_1，m_2，…，m_n的 Dempster 合成规则为

$$(m_1\oplus m_2\oplus\cdots\oplus m_n)=\frac{1}{K}\sum_{A_1\cap A_2\cap\cdots\cap A_n=A} m_1(A_1)\cdot m_2(A_2)\cdots m_n(A_n) \tag{7-7}$$

式中，K为归一化系数。

$$K=\sum_{A_1\cap A_2\cap\cdots\cap A_n\neq\varnothing} m_1(A_1)\cdot m_2(A_2)\cdots m_n(A_n) \tag{7-8}$$

通过 mass 函数可以计算信任函数 Bel(A) 和似然度函数 PL(A)，构成置信区间 [Bel(A)，PL(A)]，表示对某个命题的信任程度。信任函数和似然度函数的计算方法分别为：

$$\mathrm{Bel}(A)=\sum_{B\subseteq A} m(B) \tag{7-9}$$

$$\mathrm{PL}(A)=\sum_{B\cap A\neq\varnothing} m(B) \tag{7-10}$$

对于上面的例子，其每个证据的置信度分别为 0.5、0.6 和 0.8，则不可信的概率分别为 0.5、0.4 和 0.2，如表 7-1 所示。

表 7-1　置信度表格

	m_1	m_2	m_3
A	0.5	0.6	0.8
B	0.5	0.4	0.2

根据 Dempster 合成规则，首先计算归一化常数：

$K=m_1(A)\cdot m_2(A)\cdot m_3(A)+m_1(B)\cdot m_2(B)\cdot m_3(B)=0.28$。

关于命题A的 mass 函数为$m_1(A)\cdot m_2(A)\cdot m_3(A)/K=0.86$。关于命题$B$的 mass 函数为$m_1(B)\cdot m_2(B)\cdot m_3(B)/K=0.14$。在这个简单例子中，$\mathrm{Bel}(A)=\mathrm{PL}(A)=\mathrm{mass}(A)$，因此根据 DS 证据合成理论，最终命题的置信度为 0.86。

（2）结论的不确定性

在基于规则的系统中，关于结论的不确定性是指当规则的条件被完全满足时，产生的某种结论的不确定性。例如，有以下规则：

如果：开关腔体内微水超标

那么：密封圈出现问题的可能性是 0.7

以上规则表示，如果“开关腔体内微水超标”完全可信，即置信度为 1 时，则密封圈出现问题的概率是 0.7。当规则的条件不完全确定，即证据本身也具有不确定性时，如何确定置信度有以下两种方法：

1）基于概率的方法。以概率为基础的方法依据为贝叶斯定理。当存在多层的复杂规则时，可以进一步通过贝叶斯网络对问题进行建模。贝叶斯定理是关于事件A和事件B的条件概率的一则定理：

$$P(A|B)=\frac{P(A)\times P(B|A)}{P(B)} \tag{7-11}$$

其中$P(A|B)$被称为后验概率，$P(A)$为A的先验概率，$P(B|A)$为条件概率。因此，上述证据的不确定性在贝叶斯定理中可以被条件概率描述。根据贝叶斯定理建立的有向无环图被称为贝叶斯网络，令$G=(I,E)$表示一个有向无环图，其中I和E分别代表图中节点和边的集合，令$X=(X_i)_{i\in I}$为某一节点i所代表的随机变量，则网络的联合概率可以记为：

$$P(x)=\prod_{i\in I}P(x_i|x_{pa(i)}) \tag{7-12}$$

式中，$pa(i)$ 为节点 i 的父节点。

取结论为条件置信度与上述系数的乘积，在上文的例子中，假设条件本身的置信度为0.8，则最终的置信度为0.7×0.8=0.56。事实上，上文在讨论证据的不确定性时以概率为基础的方法也可以被视为在条件概率为1时贝叶斯网络的特例。

2）假设条件的置信度与结论的置信度存在某种特定的函数关系。除根据概率原则进行计算，还可以根据先验知识构造某种特定的函数关系来判断条件的置信度与结论的置信度之间的关系。

3）神经网络。当使用神经网络作为专家系统的推理模型时，即使证据不存在不确定性，结论也是不确定的。这与神经网络的输出层常采用的 softmax 函数有关：

$$\sigma(z)_j=\frac{e^{z_j}}{\sum_{k=1}^{K}e^{z_k}}\quad j=1,\cdots,K \tag{7-13}$$

Softmax 函数又被称为归一化指数函数，它能将一个含任意实数的 K 维向量 z_j 转化为另一个 K 维实向量 $\sigma(z_j)$ 中，使得每一个元素的范围都在［0，1］之间，并且所有元素的和为1，此时神经网络对每一个命题的支持都是一个小于1的概率表示。在这种情况下，往往忽略结论的不确定性，直接使用概率最大的输出作为模型的最终输出。

7.4 专家系统数据库及其配置

不同类型、不同规格的电器设备，甚至不同的断路器将具有不同的运行、工作介质等设计参数。这些参数都是诊断故障的依据，均存放在静态数据库中。断路器工作参数、推理的中间结果等不断变化的参数均存放在动态数据库中，断路器测点的布局、静态数据库内容的扩充等任务由配置系统完成。

7.4.1 数据库

数据库分两类：静态数据库和动态数据库。所谓静态数据，是断路器定了以后，基本上不需再改的参数。而动态数据是断路器在不同运行状态将有不同值的参数。

1. 静态数据库

一台断路器静态数据库分两类：状态参数，机构参数。

(1) 静态数据表示形式

静态数据库可以由两种表示形式：浮点数数组的形式和数据结构的形式。当采用浮点数数组的形式时，程序中定义两浮点数组：float designstate［N］，float designmech［M］。

这种形式需约定好数据存放顺序，如 designstate[0]=平均分闸速度，designstate[1]=平均合闸速度，designstate[2]=分闸线圈电流（RMS），designstate[3]=合闸线圈电流（RMS）等。

当采用数据结构时，则在结构中将意义定义清楚，如：

```
Struct designstate {double, open_ speed,
                    double, close_ speed,
double, open_ current,
double, close_ current,
}
```

(2) 静态数据存放形式

专家系统中的管理静态数据库存放在硬盘中，安装一套诊断专家系统，运行一次配置系统建立一静态数据库。以后在运行过程中不再更改。

C：diag \ lib \ static \ desta. dba

C：diag \ lib \ static \ demech. dba

数据结构型静态数据库的管理同浮点数组型一样，只是数据文件存储的是结构。

2. 动态数据库

本部分介绍了电器设备的环氧绝缘：

1）断路器工作状态参数，如：实际分、合闸速度，实际分、合闸线圈电流等。

2）本次大修后断路器运行状态特征，如动触头行程，主轴角位移行程等。

3）前一次诊断时，断路器机械状态特征，如：动触头行程，主轴角位移行程、诊断结果等。

动态数据库的表示形式同静态数据库，只是更改频繁而已。动态数据库存放形式与静态数据库类同，在安装专家系统时需配置一次，每次起动专家系统时需要调入动态数据库。而每次退出时要将最新数据存放，这点不同于静态数据库。在硬盘上可以采用如下形式：

C：diag \ lib \ dynamic \ desta. dba

C：diag \ lib \ dynamic \ demech. dba

7.4.2　配置系统

配置系统有时也称为组态系统，是将通用性较强的设备故障诊断专家系统赋予特定的参数和知识，使其能更好地适应断路器的条件。比如，一个专家系统包含多类机械故障诊断的知识库：断路器操动机构，脱扣部件，电动机，分、合闸线圈等。知识的表示、知识库组织及推理机制均一样。配置系统根据被诊断对象，选定相应的知识库，建立相应的静态、动态数据库，及用户所需要的功能块。这样，专家系统在配置完后，就成为适应该断路器的故障诊断系统了。

7.5　基于模型的诊断专家系统

故障诊断已成为现代自动控制中非常重要的研究热点，它是系统有效性、可靠性的先决条件。20多年来，基于解析方法的故障诊断方法在理论研究及应用领域引起广泛重视。但传统的故障诊断方法过分依赖物理模型，缺乏鲁棒性。随着现代化控制系统复杂性的增加，使许多控制系统很难获得精确完善的系统物理模型。此外，以基于规则的系统为代表的早期诊断专家系统常常是以规则逻辑为基础建立的，其缺陷可以总结为以下几点：

1）知识获取困难。

2）知识可用领域窄，缺乏联想记忆功能。

3）专家系统结构复杂、效率不高。

随着人工智能技术的发展，采用神经网络、支持向量机、概率模型等进行非精确的推理方式，能够处理更为复杂的非线性和非确定性问题。这类数学模型往往与知识密切相关，在模型的训练过程中自然包络了知识的提取和使用。这类专家系统可以被看作一些以模型为核心，被称为基于模型的专家系统。具有代表性的基于模型的专家系统有故障树分析诊断方法、基于神经网络的故障诊断、基于小波神经网络的故障诊断、基于粗糙集理论的故障诊断等。

将人工神经网络等机器学习方法应用于专家系统的故障诊断，主要是利用其优越的状态识别能力和自学习能力来诊断故障类型。基本思想是将设备正常状态和故障状态的参数经过分类后用可以准确地表征设备状态的特征量来表示，不同的特征量对应于不同的状态类型，状态类型通过状态类型编码来表示。利用机器学习模型的学习功能，实现状态特征量跟状态类型编码之间的映射关系。通过相应的训练后，就可以将输入的不同状态特征量准确地与实际状态类型编码相对应，从而判断出设备状态特征量所对应的状态类型。与传统专家系统相比，以神经网络为代表的基于模型的专家系统具有以下优点：

1）从实例中自动提取知识的能力。

2）学习和更新的能力。

3）较好的容错性。

4）对于神经网络而言，其还具有固有的并行性和分布式存储能力，可通过专用硬件加速实现。

下面将以径向基神经网络、支持向量机和深度学习方法为例，说明基于模型的专家系统的工作原理。

1. 径向基神经网络

（1）径向基神经网络的结构

径向基神经网络是一种以径向基函数（Radial Basis Function，RBF）作为激活函数的三层神经网络。每个径向基函数有一个中心 $\boldsymbol{c}_i \in R^n$，函数具有以下形式 $R_i(\boldsymbol{x}, \boldsymbol{c}_i)=\Phi(\|\boldsymbol{x}-\boldsymbol{c}_i\|)$，其中 x 为径向基函数的输入，其维度与 c_i 相同。径向基函数有多种形式，但最常用的是高斯函数，如式（7-14）：

$$R(\boldsymbol{x}, \boldsymbol{c}_i)=\exp\left[-\frac{\|\boldsymbol{x}-\boldsymbol{c}_i\|^2}{2\sigma_i^2}\right] \quad i=1,2,\cdots,m \tag{7-14}$$

式中，$\boldsymbol{x}$ 为 n 维向量；$\boldsymbol{c}_i$ 为 n 维向量第 i 个基函数的中心；$\boldsymbol{\sigma}_i$ 为 n 维向量第 i 个高斯核的宽度；m 为感知单元的个数。

式（7-14）中，$\boldsymbol{\sigma}_i$ 决定了第 i 个基函数围绕中心点的宽度，$\boldsymbol{\sigma}_i$ 越小，径向基函数的宽度就越小，基函数就越具有选择性；$\|\boldsymbol{x}-\boldsymbol{c}_i\|$ 是向量 $\boldsymbol{x}-\boldsymbol{c}_i$ 的范数（常使用欧氏距离）。

径向基函数的典型应用为函数插值。图 7-7 给出了一个输入为一维向量的径向基函数插值的例子。为了对图 7-7 a 中的散点进行插值，首先，如图 7-7 b 所示，以每一个点 $\boldsymbol{x}_i$ 为中心放置一个高斯函数 $R(\boldsymbol{x}, \boldsymbol{x}_i)$，即基函数中心的选择为 $\boldsymbol{c}_i=\boldsymbol{x}_i$；其次，插值函数由每一个高斯函数乘以一个相应的权值 w_i 并累加得到，如图 7-7c 所示，形成式（7-15）所示表达式：

$$y(x)=\sum_{i=1}^{N} w_i R(\boldsymbol{x}, \boldsymbol{x}_i) \tag{7-15}$$

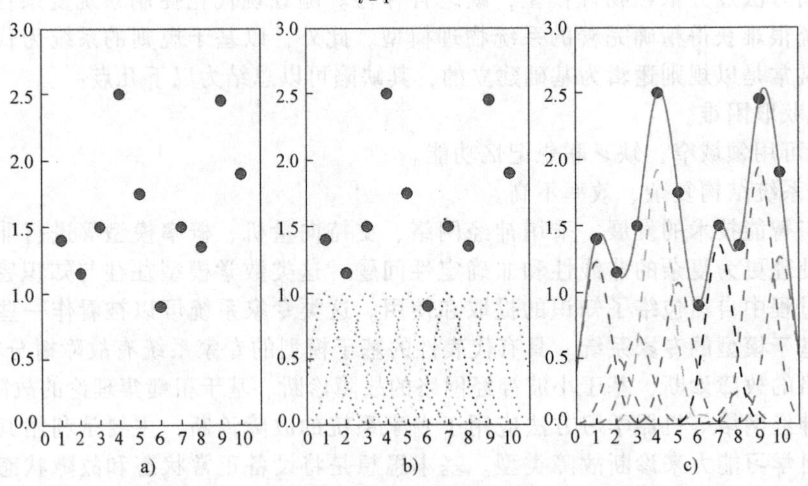

图 7-7 径向基函数插值

插值函数的结构可用图 7-8 表示，其求解过程比较简单，直接将插值条件，即各个点的输入和输出值代入可以得到，如式（7-16）所示，即

$$\begin{cases} w_1R(x_1, x_1)+w_2R(x_1, x_2)+\cdots+w_NR(x_1, x_N)=y_1 \\ w_1R(x_2, x_1)+w_2R(x_2, x_2)+\cdots+w_NR(x_2, x_N)=y_2 \\ \cdots \\ w_1R(x_N, x_1)+w_2R(x_N, x_2)+\cdots+w_NR(x_N, x_N)=y_N \end{cases} \tag{7-16}$$

式中，N 为全部样本的个数。

式（7-16）可用矩阵简化方式表示，即为 $\boldsymbol{RW}=\boldsymbol{Y}$，$\boldsymbol{R}\in R^{N\times N}$，$\boldsymbol{W}\in R^{N\times 1}$，$\boldsymbol{Y}\in R^{N\times 1}$，解得权重为 $\boldsymbol{W}=\boldsymbol{R}^{-1}\boldsymbol{Y}$。实际上，式（7-15）所示插值函数就可以被看作有 1 个输入节点、N 个隐含节点和 1 个输出节点的径向基函数神经网络，每个隐含节点表示一个径向基函数。若将输入和输出都扩展到多维，就可以得到一般的径向基函数神经网络。

一般的径向基函数神经网络为三层结构，包括输入层、隐层和输出层。图 7-9 所示为一个 n-m-p 结构的径向基神经网络示意图，即神经网络有 n 个输入，m 个隐层节点，p 个输出。其中，单个样本的输入 $\boldsymbol{x}=(x_1, x_2, \cdots, x_n)^{\mathrm{T}}\in R^n$ 为输入矢量。输入层节点只起信号传递作用，即将状态量传递到隐层，输入节点的个数应等于状态量的维度；隐层节点处于输入层和输出层之间，由基函数构成，第 i 个节点的基函数 $R_i(x)$ 为上面提到的径向基函数，每个基函数有一个中心 $c_i\in R^n$，具有径向基函数形式 $R_i(x, c_i)=\Phi(\|x-c_i\|)$，负责对输入层传递的状态量在局部产生响应。在靠近基函数的中央范围时，隐层节点将产生较大的输出，由此看出这种神经网络具有局部逼近能力，所以径向基函数网络也称为局部感知场网络；输出层节点通常是简单的线性函数。

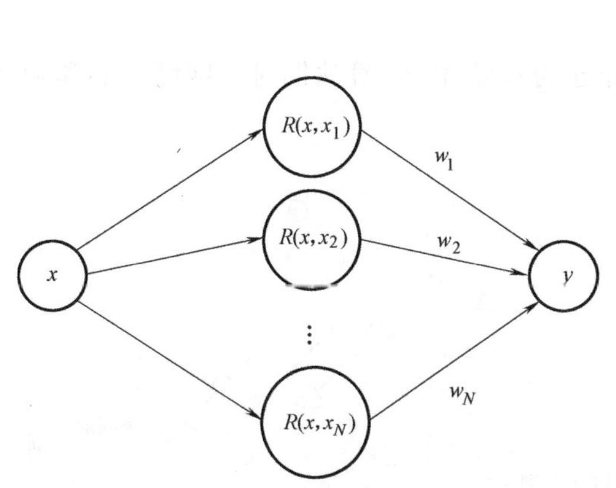

图 7-8　径向基神经网络插值结构图

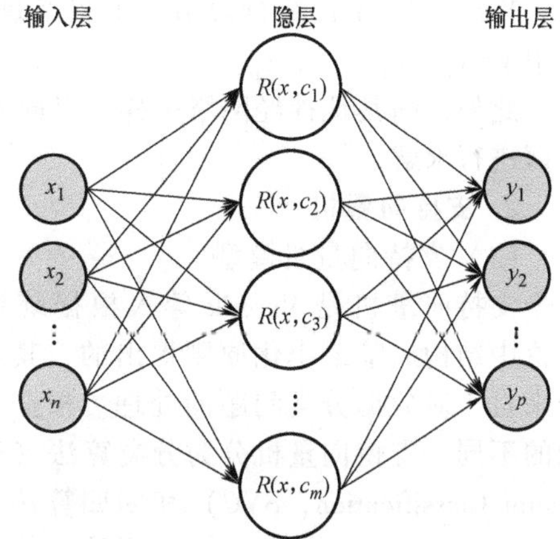

图 7-9　径向基神经网络结构示意图

如图 7-9 所示，隐含层实现从 x 到 $R_i(x, c_i)$ 的非线性映射，输出层实现从 $R_i(x, c_i)$ 到 y_k 的线性映射，即

$$y_k=\sum_{i=1}^{m} w_{ik}R_i(x,c_i)\quad k=1, 2, \cdots p \tag{7-17}$$

式中，p 为输出节点数；w_{ik} 为第 i 个隐层神经元到第 k 个输出神经元的权值。

将式（7-14）代入式（7-17）可得式（7-18）。输出节点的数应等于全部的故障及正常状态的种类数。

$$y_k = \sum_{i=1}^{m} w_{ik} \times \exp\left[-\frac{\| x-c_i \|^2}{2\sigma_i^2}\right] \quad k=1, 2, \cdots, m \tag{7-18}$$

（2）径向基神经网络的学习

1）神经网络中心的学习。与图 7-7 所示例子中每个样本都作为径向基函数的中心不同，为防止过拟合，径向基神经网络的隐含层节点数一般小于样本数。对于径向基函数的中心 c_i 可由自动聚类算法确定初始值，然后利用对称距离方法对初始值进行优化。当获得新的样本时，可由式（7-19）进行在线更新，每次修正使用新的 c_i 值代替旧的 c_i 值；σ_i 可以通过式（7-20）计算得到。

$$c_i(\text{new}) = \frac{t \cdot c_i(\text{old}) + x}{t+1} \quad i=1, 2, \cdots, m \tag{7-19}$$

式中，t 为该参数被修正的次数，依次为 1，2，3…。

$$\sigma_i = \frac{1}{r}\left(\sum_{j=1}^{r} \| c_i - c_j \|^2\right)^{\frac{1}{2}} \tag{7-20}$$

式中，c_i 和 c_j 分别是最近的第 i 和第 j 个基函数的中心；r 为相邻基函数中心的个数，若取值为 2，则 σ_i 的取值仅与 c_i 最近的一个径向基中心相关，若大于 2，则 σ_i 的取值为 c_i 最近的 r 个径向基函数中心的平均值。

2）神经网络权值的学习。对于一般径向基神经网络，由于隐含层节点数量不等于样本数，可以使用最小二乘法求连接权值，如式（7-21）：

$$\boldsymbol{W} = (\boldsymbol{R}\boldsymbol{R}^{\mathrm{T}})^{-1}\boldsymbol{R}\boldsymbol{Y}^{\mathrm{T}} \tag{7-21}$$

式中各个变量的意义同式（7-16），只是由于输入节点和输出节点分别扩展到 n 维和 p 维，导致权值矩阵 $\boldsymbol{W} \in R^{m \times p}$；$\boldsymbol{R}$ 为隐含层构成的矩阵，$\boldsymbol{R} \in R^{m \times N}$；$\boldsymbol{Y}$ 为代入全部样本的网络输出，$\boldsymbol{Y} \in R^{p \times N}$、$\boldsymbol{Y}$ 的每行表示一个状态量向量 $\boldsymbol{x}$ 输入径向基神经网络得到的诊断结果向量 $\boldsymbol{y}$，其中 $\boldsymbol{y} = y_1, y_2, \cdots, y_p$。

此外，同其他神经网络一样，径向基神经网络也可以使用 BP 算法同时对网络中心和网络权值进行求解。

2. 支持向量机

（1）支持向量机模型

支持向量机是 Vapnik 等人根据统计学习理论中结构风险最小化原则提出的，其理论最初来自于对数据分类问题的处理。根据解决问题的不同，支持向量机分为分类算法（Support Vector Classification，SVC）和回归算法（Support Vector Regression，SVR）两种，其中分类算法是回归算法的基础。不同于神经网络方法，支持向量机分类算法考虑寻找一个满足分类要求的分割平面，并使训练集中的点距离该分割面尽可能远，其示意图如图 7-10 所示，也就是寻找一个分割面，使其两侧的空白区域最大，该分割面称为最优超平面。

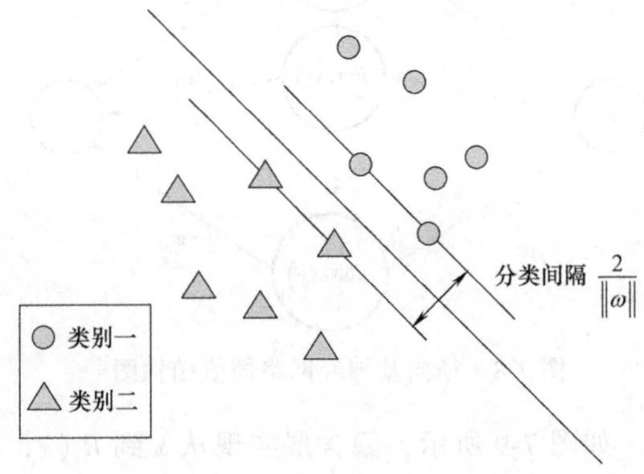

图 7-10 支持向量机分类示意图

以最大化间隔为优化目标，支持向量机算法可以被转化为一个最优化问题，其目标函数为

$$\min_{\omega, b, \xi} \frac{1}{2} \| \omega \|^2 + C \sum_{i=1}^{l} \xi_i \tag{7-22}$$

以线性支持向量机为例，其满足的约束条件为

$$y_i((\omega \cdot x_i)+b) \geqslant 1-\xi_i \quad i=1, \cdots, l \tag{7-23}$$

$$\xi_1 \geqslant 0 \tag{7-24}$$

式中，ω 为分界线系数；$\xi=(\xi_1, \cdots \xi_l)^{\mathrm{T}}$ 为松弛变量；C 为惩罚因子。

目标函数的两项意味着同时要满足最小化 $\|\omega\|^2$，即最大化间隔，又要最小化松弛变量和，即对破坏规则的点的惩罚程度；参数 C 的大小显示了对二者重视程度的区别。约束条件的意义体现线性分类器的分类特征。

在支持向量机算法构造超平面的过程中，核函数起到很重要的作用。采用适当的核函数 $K(x_i, y_i)$ 就可以实现某一非线性变换后的线性分类。其原理在于，低维空间中线性不可分的问题，被映射到更高维空间内可能变成可分的。一个简单的例子如图 7-11 所示，图 7-11a 中两类样本点在二维空间是不可分的。然而，当在 z 轴引入一个新的维度 $z=x^2+y^2$，将二维平面的点映射到三维空间中，如图 7-11b 所示，则这两类样本点可以被平面 $z=0.5$ 进行线性区分。即二维空间中线性不可分的问题，在三维空间中变得线性可分了。在支持向量机运算法则中，是通过核函数将 N 维向量 $\boldsymbol{x}$ 映射到 K 维空间（$K>N$），即把数据映射到高维空间，并在高维空间建立决策函数。

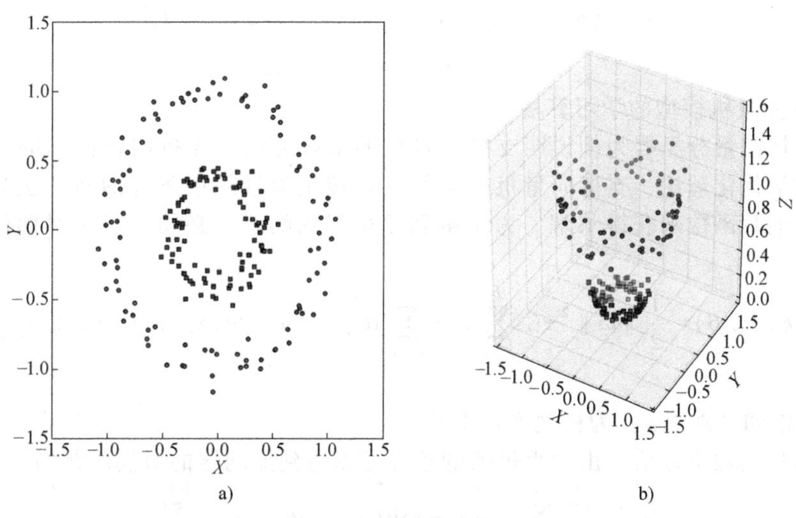

图 7-11　高维空间映射示意图

在引入高维映射函数之后，原有的优化问题的第一个约束函数变为

$$y_i((\omega \cdot \phi(x_i)+b)) \geqslant 1-\xi_i \quad i=1, \cdots, l \tag{7-25}$$

在实际的运算中，一般不直接使用映射函数，而使用的是样本之间成对关系定义核函数，这种规定的依据会在下文支持向量机的求解中讲到。常用核函数 K 的种类主要有以下几种。

Linear 核函数：

$$K(x, x_i)=x^{\mathrm{T}}x_i \tag{7-26}$$

Polynomial 核函数：

$$K(x, x_i)=(\gamma x^{\mathrm{T}}x_i+r)^d, \ \gamma>0 \tag{7-27}$$

Radial Basis Function（RBF）核函数：

$$K(x, x_i)=\exp(-\gamma\|x-x_i\|^2), \ \gamma>0 \tag{7-28}$$

Sigmoid 核函数：

$$K(x, x_i)=\tanh(\gamma x^{\mathrm{T}}x_i+r) \tag{7-29}$$

式中，γ、r、d 为核函数参数。

与支持向量机分类器不同，支持向量机回归算法本质上是寻找拟合函数的过程。用数学语言描述如下：通过回归函数 $f(x)=w\cdot x+b$ 寻找自变量 $x=\{x_1, \cdots, x_i\}$ 和因变量 $y=\{y_1, \cdots, y_n\}$ 之间的拟合关系，其中 $i=1, \cdots, n$；$x_i\in R^d$；$y_i\in R$。

支持向量机回归是基于支持向量机分类器而得到的。如图 7-12 所示，待回归的集合为 A，将集合 A 的每个元素都上下浮动 ξ 和 ξ^* 得到，分别的搭配集合 A^+ 和 A^-。此时曲线拟合问题被描述为求一条曲线，使之能够成功地将两类 A^+ 和 A^- 区分开来。

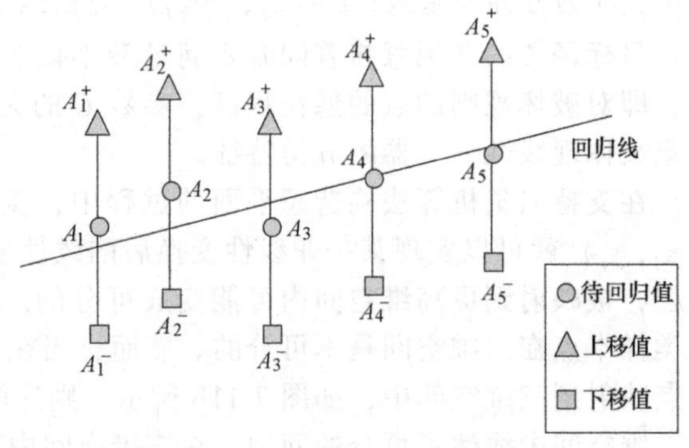

图 7-12　支持向量回归示意图

因此，类似地，支持向量机回归问题被描述为

$$\frac{1}{2}\|\omega\|^2+C\sum_{i=1}^{l}(\xi_i+\xi_i^*) \tag{7-30}$$

约束条件是：

$$((\omega\cdot\Phi(x_i))+b)-y_i\leqslant\varepsilon+\xi_i \quad i=1, \cdots, l, \tag{7-31}$$

$$y_i-((\omega\cdot\Phi(x_i))+b)\leqslant\varepsilon+\xi_i^* \quad i=1, \cdots, l, \tag{7-32}$$

$$\xi_i, \xi_i^*\geqslant 0 \quad i=1, \cdots, l, \tag{7-33}$$

（2）支持向量机模型的学习算法

下面以支持向量分类器为例说明支持向量机的求解方法，支持向量回归的求解方式与此类似。根据数学优化理论，支持向量机的求解可以转化为带约束条件的凸二次规划问题，并通过引入拉格朗日函数来获得求解。为了得到原始问题的解，必须先引出对偶问题。引进拉格朗日函数：

$$L(\omega, b, \xi, \alpha, \beta)=\frac{1}{2}\|\omega\|^2+C\sum_{i=1}^{l}\xi_i-\sum_{i=1}^{l}\alpha_i(y_i((\omega\cdot\Phi(x_i))+b)-1+\xi)-\sum_{i=1}^{l}\beta_i\cdot\xi \tag{7-34}$$

式中，α 为拉格朗日乘子；β 为松弛变量乘子。

对拉格朗日函数求极值，由取得极值的条件可以得到原问题的对偶问题为

$$\min_{\alpha}\frac{1}{2}\sum_{i=1}^{l}\sum_{j=1}^{l}y_iy_j\alpha_i\alpha_j(\Phi(x_i)\cdot\Phi(x_j))-\sum_{j=1}^{l}\alpha_j \tag{7-35}$$

满足约束条件为

$$\sum_{i=1}^{l}y_i\alpha_i=0, \tag{7-36}$$

$$0\leqslant\alpha_i\leqslant C, i=1, \cdots, l, \tag{7-37}$$

通过式（7-35）可以看出，在支持向量机的求解过程中，使用的是高维映射函数的内积而非映射函数本身。因此在支持向量机中，核函数被直接定义为两个样本之间的关系

$$K(x_i, x_j)=\Phi(x_i)\cdot\Phi(x_j) \tag{7-38}$$

在求解此对偶问题后，决策函数的常量值可以根据式（7-39）计算

$$b^*=y_j-\sum_{i=1}^{l}y_i\alpha_i^*(\Phi(x_i)\cdot\Phi(x_j)); \tag{7-39}$$

最终得到的决策函数为

$$g(x)=\sum_{i=1}^{l}y_i\alpha_i^*(\Phi(x_i)\cdot\Phi(x))+b^* \tag{7-40}$$

3. 深度学习

深度学习是一类基于多层次结构的神经网络方法的统称，包含深度置信网络、递归神经网络、循环神经网络、卷积神经网络等一系列算法，而不特指一种算法，可被用于监督、半监督或者无监督问题。依赖于其深层结构，深度学习能够逐渐将输入的“底层”特征转化为“高层”特征使用，经过提取“高层特征”后，在最后一层使用“简单模型”即可完成复杂的分类等学习任务。因此，深度学习可以被理解为“表示学习”的一种，其能够自动抽取设备的特征，而不像传统机器学习方法过于依赖特征工程。其在计算机视觉、自然语言处理、语音识别、社交网络挖掘、医学图像分析、自动驾驶等领域都获得了广泛的应用，所产生的结果可与人类专家相媲美，甚至在某些特定任务上超过人类专家。

依据神经网络结构的不同，其对应的任务也有所侧重。例如，卷积神经网络常被用于图像识别，而循环神经网络则在序列任务中有更好的表现。然而，各种深度学习模型的学习任务并不是一成不变的，卷积神经网络同样可以被用于序列处理；近年来，各种新结构、新方法也层出不穷。随着工业大数据的快速发展，深度神经网络在机械设备的故障识别，寿命预测和维护决策中也受到越来越广泛的应用。本小节将以深度学习中的循环神经网络为例，说明其在高压开关设备剩余寿命预测中的作用。

（1）循环神经网络的结构

循环神经网络（Recurrent Neural Networks，RNN）是序列建模中的常用方法，在语音识别，视频处理，自然语言处理等任务中获得了超过传统方法的表现。如图 7-13 所示，在循环神经网络中存在一个隐含单元，在每个时间步 t 后，隐含变量 h_t 基于上一个时刻的隐含变量 h_{t-1} 当前状态的输入 x_t 被更新

$$h_t=\tanh(Wx_t+Uh_{t-1}+b) \tag{7-41}$$

式中，上一个时刻的隐含状态 h_{t-1} 是一个 d 维向量；b 为偏置；W 和 U 为模型权重，tanh 是激活函数。与隐马尔科夫模型等序列模型不同，循环神经网络并不假设当前状态仅与上一个或上几个状态相关，在理论上能够处理更长时间的记忆行为，因此应具有较强的表达能力。然而，在实际应用中，循环神经网络在处理长期记忆性方面遇到了较大困难。因此，长短时记忆神经网络（LSTM）作为循环神经网络的一个分支，引入了记忆单元保存信息，解决了循环神经网络中容易发生的梯度爆炸或者梯度衰减问题。如图 7-13 所示，长短时记忆神经网络可以被看作有输入 x_t、记忆单元 c_t 和隐含单元 h_t 等三个基本单元，其间信息的传递由输入门 i_t、遗忘门 f_t 和输出门 o_t 控制，其中各控制门由输入、上一步的隐含状态和相应的模型权重所决定

$$i_t=\sigma(W^{(i)}x_t+U^{(i)}h_{t-1}+b^{(i)}) \tag{7-42}$$

$$f_t=\sigma(W^{(f)}x_t+U^{(f)}h_{t-1}+b^{(f)}) \tag{7-43}$$

$$o_t=\sigma(W^{(o)}x_t+U^{(o)}h_{t-1}+b^{(o)}) \tag{7-44}$$

式中，$W^{(i)}$、$U^{(i)}$、$W^{(f)}$、$U^{(f)}$、$W^{(o)}$、$U^{(o)}$ 是神经网络单元的权重；$b^{(i)}$、$b^{(f)}$、$b^{(o)}$ 是模型的偏置；σ 为 sigmoid 激活函数。通过相应的控制门，神经网络获取新的记忆单元

$$u_t=\tanh(W^{(u)}x_t+U^{(u)}h_{t-1}+b^{(u)}) \tag{7-45}$$

$$c_t=i_t\odot u_t+f_t\odot c_{t-1} \tag{7-46}$$

其中 $W^{(u)}$ 和 $U^{(u)}$ 为相应的模型权重，⊙表示点乘。通过式（7-47）可以看出，长短时记忆网络能够根据输入值和当前隐含状态选择性地对所存储信息进行“遗忘”，并组合新的信息结合成为新的记忆单元。通过在不同时间步调整模型权重，长短时记忆神经网络能够根据损失函数保留对任务最有价值的信息。

如图 7-14 所示，虽然循环神经网络仅有一个结构单元，但是如果依照时间步展开，网络

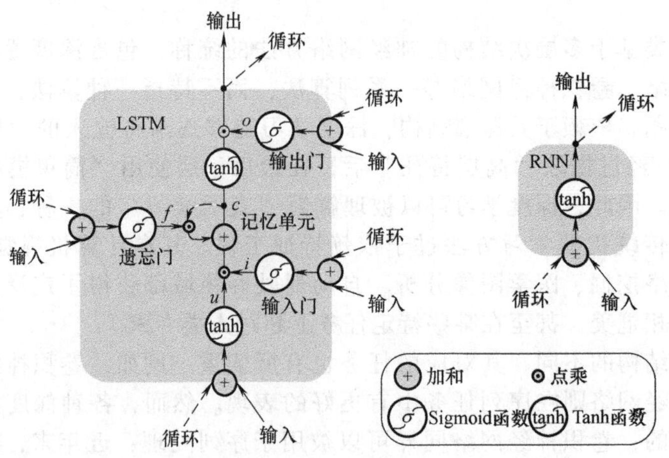

图 7-13 循环神经网络的结构

便具有序列状的深度结构。这也是循环神经网络被划归为深度学习的原因。

(2) 循环神经网络的学习

与一般的神经网络类似，循环神经网训练算法同样也是反向传播算法，主要有下面三个步骤：

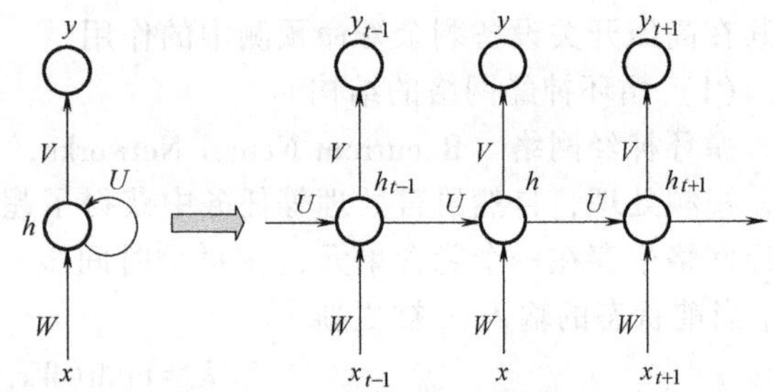

图 7-14 循环神经网络展开

1) 前向计算每个神经元的输出值，并计算模型损失函数。

以交叉熵损失函数为例，其单个时间步的损失函数为

$$L_t(y_t, \hat{y}_t) = -y_t \lg \hat{y}_t \tag{7-47}$$

式中，y_t 为真实输出；$\hat{y}_t$ 为神经网络输出。考虑全部的时间步，其损失函数为

$$L(y, \hat{y}) = \sum_t L_t(y_t, \hat{y}_t) \tag{7-48}$$

若训练数据集存在多个序列，则损失函数还应将多个时间序列的损失函数相加。

2) 反向传播误差。与一般神经网络不同，循环神经网络误差项的反向传播包括两个方向：一个是沿时间的反向传播，即从当前 t 时刻开始，计算每个时刻的误差项；另一个是将误差项向上一层传播。这种反向传播算法被称为时序反向传播算法（Back Propagation Through Time，BPTT）。以较为简单的通用循环神经网络为例，其第 t 个时间步的损失对模型权重 U 的倒数为

$$\frac{\partial L_t}{\partial U} = \sum_{k=1}^{t} \frac{\partial L_t}{\partial h_k^*} \times \frac{\partial h_k^*}{\partial U} = \sum_{k=1}^{t} \frac{\partial L_t}{\partial h_k^*} \times h_{k-1}^{\mathrm{T}} \tag{7-49}$$

式中，$h_k^* = Wx_k + Uh_{k-1} + b$。

类似的，可以得到单步损失对权重 W 的梯度为

$$\frac{\partial L_t}{\partial W} = \sum_{k=1}^{t} \frac{\partial L_t}{\partial h_k^*} \times \frac{\partial h_k^*}{\partial W} = \sum_{k=1}^{t} \frac{\partial L_t}{\partial h_k^*} \times x_k^{\mathrm{T}} \tag{7-50}$$

其中，局部梯度可以通过递归计算

$$\frac{\partial L_t}{\partial h_{k-1}^*}=\frac{\partial L_t}{\partial h_k^*}\times\frac{\partial h_k^*}{\partial h_{k-1}^*} \tag{7-51}$$

相应的技术细节有兴趣的读者可查阅相关文献。

3）根据相应的误差项，计算每个权重的梯度。并使用随机梯度下降等算法对模型权重进行更新。

7.6　基于神经网络的故障诊断专家系统实例

在使用机器学习等方法建立专家系统时，要根据问题的具体要求调整模型结构。本节将RBF人工神经网络算法做了进一步改进，将其应用于专家系统的故障类型诊断，结合传统的正向推理机制，既可以对在线检测装置获取的故障信号进行快速故障诊断，又可以利用已有的专家经验对故障类型进行确诊。对于确诊出的新故障类型，通过一定的操作程序，作为新知识添加到知识库中，在一定程度上解决了专家系统的知识获取瓶颈问题。

1. 改进型径向基函数神经网络算法

经过改进后的用于高压断路器故障诊断的人工神经网络实现算法描述如下：

1）输入向量（样本）的归一化处理。因为RBF神经网络能处理的数据范围为［-1，1］之间，而且对输入神经网络的数据进行归一化处理将大大提高神经网络的学习速度。这里的归一化处理是将输入样本向量变换到［0，1］之间。具体实现方法为：将输入列向量各个分量除以该列向量的最大值，并取绝对值。

2）将设备的不同状态类型对应于相应的二进制状态编码。假设有Q种不同的状态类型，则其第i种状态类型的二进制状态编码为

$$S_i=Out_{ij}=\begin{cases}0 & j\neq Q-i\\1 & j=Q-i\end{cases} \tag{7-52}$$

式中，$j=1，2，\cdots，Q$。

3）构造广义径向基函数神经网络。

4）将输入样本和与其对应的二进制故障编码作为训练样本对输入神经网络进行训练，直至神经网络输出满足精度要求。

5）将从在线检测装置传送过来的故障数据处理后输入神经网络进行故障诊断，并求取神经网络输出的故障编码的最大分量值γ，该值定义为新故障类型置信度。如果γ小于给定的阈值A（在这里，通过实验测试，$A=0.7$），则认为此故障类型为新故障类型，将新故障类型标志置位，并和故障类型编码一起反馈给专家系统；否则，转第8步。

6）通过专家系统干预，如果确定有新故障类型，则将新故障编码及相应的新故障类型存入知识库中，并将新故障类型标志、故障特征量和故障编码送入神经网络接口文件；如果没有新故障类型，则转第8步。

7）将确定为新故障类型的故障特征量作为神经网络输入样本，与原样本一起重新归一化处理，重新构造神经网络并进行训练，直至重新训练后的神经网络满足故障识别精度要求。

8）将识别出的故障类型编码传给专家系统。

通过专家系统干预，采用上述算法实现的人工神经网络具有网络结构自更新功能，专家系统的操作人员不需要对神经网络做深入了解，只需熟悉其外部数据处理过程即可。

2. 基于人工神经网络的故障诊断专家系统实例分析

本书所研究的基于神经网络的专家系统主要应用于变电站内断路器的故障诊断。所以，在本章的分析中，采用通过ADAMS软件仿真真空断路器的合闸过程机械故障得到的动触头行

程曲线在不同阶段的斜率（v_1、v_2、v_3、v_4）作为神经网络的训练样本和测试样本。在专家系统的实际应用中，在线检测装置通过检测断路器分合闸操作过程中主轴转角的位移，可以计算出专家系统故障诊断所需的故障类型特征量。经过分析比较，采用动触头在合闸过程中不同阶段的运动速度作为表征断路器机械故障的特征量。动触头运动速度通过动触头行程曲线求得，而动触头行程又可由安装在断路器主轴上的角位移传感器输出的主轴转角信号换算得到。

经过数据分析后，输入神经网络的表征动触头运动特性的特征量如表 7-2 所示。

表 7-2 故障类型特征向量表

故障类型	故障	v_1	v_2	v_3	v_4
1	正常情况	159.8	-26.1	15.4	-231.7
2	一根合闸弹簧力减小 5%	172.9	-24.9	11.4	-188.1
3	一相分闸弹簧故障	187.8	-11.8	30	-345.2
4	摩擦力增大 5%	156.1	-25.9	12.7	-200.9
5	一相触头弹簧故障	173	-175.7	14.8	-332.8

与其相对应的故障类型编码如表 7-3 所示。

表 7-3 故障类型编码表

故障类型	故障	故障类型编码
1	正常情况	1 0 0 0 0
2	一根合闸弹簧力减小 5%	0 1 0 0 0
3	一相分闸弹簧故障	0 0 1 0 0
4	摩擦力增大 5%	0 0 0 1 0
5	一相触头弹簧故障	0 0 0 0 1

经过采用上述提出的算法进行神经网络训练后，神经网络的输出已经满足预先设定的精度要求。将神经网络的表 7-2 中训练样本和表 7-4 中测试样本输入神经网络进行测试，神经网络的输出如表 7-5 所示。

表 7-4 故障类型测试向量表

故障类型	故障	v_1	v_2	v_3	v_4
1	一根合闸弹簧力减小 6%	172	-23.6	11	-178
2	摩擦力增大 8%	155.3	-26.2	11.3	-190
3	A 相触头和分闸弹簧同时发生故障	172	-204.3	28.5	-557.6

表 7-5 人工神经网络训练后的测试结果

故障类型	故障类型编码					
1	0.9992	0.0000	0.0000	0.0008	0.0000	0.0000
2	0.0000	0.9925	0.0000	0.0075	0.0000	0.0000
3	0.0000	0.0000	1.0000	0.0000	0.0000	0.0000
4	0.0008	0.0075	0.0000	0.9917	0.0000	0.0000
5	0.0000	0.0000	0.0000	0.0000	1.0000	0.0000
2′	0.0000	0.9975	0.0000	0.0025	0.0000	0.0000
4′	0.0000	0.0786	0.0000	0.9214	0.0000	0.0000
*	0.1109	0.000	0.2982	0.000	0.5909	0.0000

其中，2′和 4′表示测试数据诊断出来的故障类型，* 表示识别出的新故障类型，最右边列（背景为灰色）表示由于出现新的故障类型，神经网络输出结果自动扩展一维。

由表 7-5 可以看出，经过训练后的人工神经网络可以准确地识别出与训练样本具有相似故障特征规律的故障类型。所得到的故障类型编码采用简单的算法就可以得到与知识库中相对

应的故障类型编码，通过正向推理得到故障类型的诊断结果，并送给专家系统解释机制。但对于与训练样本相差较大的新故障类型（例中为两故障类型的结合），神经网络输出结果反映了实际情况，神经网络认为故障类型可能是第 5 类（59. 09%的概率）和第 3 类故障（29. 82%的概率），但两类故障都没有达到确定故障类型的阈值，故给出了出现新故障类型的结论。

在专家系统进行故障诊断的过程中，如果神经网络诊断出新的故障类型，则神经网络自动调整故障类型编码的维数，并将诊断结果送给专家系统，让相关人员确定是否为新的故障类型。如果相关人员确认是新故障类型，则在专家系统返回新故障类型标志给神经网络，神经网络判断到标志置位后执行自动更新程序，更新神经网络的网络结构和权值，使其具备原来故障类型的识别功能。

更新后的神经网络对表 7-2 和表 7-4 的故障类型进行故障诊断后的输出如表 7-6 所示。

表 7-6　自动更新后人工神经网络的测试结果

故障类型	故障类型编码					
1	0. 9933	0. 0000	0. 0000	0. 0067	0. 0000	0. 0000
2	0. 0000	0. 9892	0. 0000	0. 0108	0. 0000	0. 0000
3	0. 0000	0. 0000	1. 0000	0. 0000	0. 0000	0. 0000
4	0. 0066	0. 0107	0. 0000	0. 9827	0. 0000	0. 0000
5	0. 0000	0. 0000	0. 0000	0. 0000	1. 0000	0. 0000
6	0. 0000	0. 000	0. 0000	0. 000	0. 0000	1. 0000
2′	0. 0000	0. 9805	0. 0000	0. 0195	0. 0000	0. 0000
4′	0. 0000	0. 0748	0. 0000	0. 9252	0. 0000	0. 0000

从表 7-6 可以看出，经过自动更新后的人工神经网络可以准确地识别出原来的新故障类型，而对其他故障类型的识别精度仍然很高。

7.7　基于支持向量机的寿命预测专家系统实例

高压断路器的触头行程曲线和脱扣线圈电流曲线可以有效地表征断路器的机械状态。本节利用高压断路器前几次动作获得的触头行程曲线参数和操作线圈电流曲线参数来预测下一次或者后几次动作的机械曲线。通过对预测的机械动作数据进行故障识别，即可发现潜在的故障，从而实现机械状态预测。

1. 滑动时间窗法构造训练数据集

随着断路器动作次数的增多，动作产生的数据量不断增加，如果数据积累太多，不仅会受到存储容量的限制，还会增加 SVR 算法的运行时间。因此在许多情况下只能用到过去观测值中的一部分来进行学习。在这种类型中通常用的是滑动时间窗（Sliding Time Window，STW）方式，其中只用到前 l 个观测值，这里 l 是滑动窗的长度。STW 的基本思想是系统当前的状态主要由过去时刻到当前时刻的 l 组数据来描述，而与更远的过去值没有内在的联系。随着时间 t 的推移，为了保持时间窗内的数据长度 l 不变，就要进来一个新的样本，同时丢弃一个旧样本。随着动态系统的运行，数据区间不断地更新，所建模型也能准确地反映系统的当前状态。

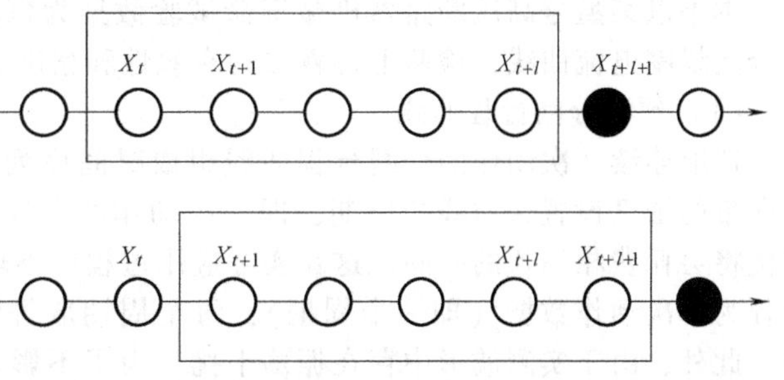

图 7-15　时间窗的示意图（实心球表示预测的数据点）

如图 7-15 所示，假设当前的动

作次数为 $t+l$，建模数据为第 t 次到第 $t+l$ 次这 l 次动作的数据。首先用 l 次动作数据建立模型，并对第 $t+l+1$ 次的动作数据进行预测。到断路器第 $t+l+1$ 次动作时，将该次动作的测量值加入，第 t 次动作的数据丢弃，模型仍由第 $t+1$ 次到第 $t+l+1$ 次这 l 次动作的数据建立。

在图 7-15 中，每一个 X_t 都是一个可以表征被预测对象状态的特征向量。具体到 SVR 算法，需要确定该特征向量的维度，且为了构造训练集，还需要确定训练集矩阵的大小。特征向量的维度和训练集矩阵的大小将影响 SVR 算法的预测精度。

设时间序列 $\{x_t\}$，$t=1, \cdots, T$ 构造特征向量 $\boldsymbol{X}_t=(x_{t-(d-1)}, x_{t-(d-2)}, \cdots, x_t)$，$d$ 为特征向量的维度，对应的目标值为 $y_t=x_{t+p}$，$p>0$，p 最小为 1（考虑到断路器当前时刻往前的历史状态不一定会立刻影响到当前时刻往后的下一次动作的状态，p 是可以大于 1 的），即 X_t 与 y_t 之间存在映射关系 $y_t=f(X_t)$。从时间序列 $\{x_t\}$ 中取 n 个特征向量，组成训练集矩阵 $\boldsymbol{X}=(X_t, X_{t+1}, \cdots, X_{t+n-1})^{\mathrm{T}}$，目标值矩阵为 $\boldsymbol{Y}=(y_t, y_{t+1}, \cdots, y_{t+n-1})^{\mathrm{T}}$，通过 SVR 算法可以训练出 $\boldsymbol{X}$ 与 $\boldsymbol{Y}$ 的映射关系 $\boldsymbol{Y}=f(\boldsymbol{X})$。一旦训练出该映射关系，就可以用来预测未来的时间序列值了。具体操作如下：首先构造 X_{t+n}，通过 $f(X_{t+n})$ 预测出 y_{t+n}，将 y_{t+n} 加入已知的时间序列中，然后再构造 X_{t+n+1}，通过 $f(X_{t+n+1})$ 预测出 y_{t+n+1}，将 y_{t+n+1} 加入已知的时间序列中，如此反复，即可完成时间序列的预测。

2. 基于支持向量机的机械寿命预测算法

使用支持向量机对开关设备的机械寿命进行预测，主要是利用其在小样本下较强的泛化能力。基于支持向量机的机械寿命预测算法被描述如下：

1）输入特征向量的维度 d 和目标值参数 p（关于 d 和 p 的选择目前还需依靠多次尝试）。

2）从高压断路器的历史机械动作曲线中挑选数据点组成时间序列，构造训练集矩阵 $\boldsymbol{X}$ 和目标值矩阵 $\boldsymbol{Y}$。

3）根据需要选择是否对训练集进行归一化处理。

4）选择 SVR 回归类型和核函数类型（在通常情况下，RBF 核的效果要明显优于其他核函数，但是当特征向量的维度非常大时，选择 Linear 核更好）。

5）采用交叉验证和网格搜索法寻找最优参数。

6）利用步骤 5 找到的最优参数对训练集数据进行学习，生成一个模型。

7）利用步骤 6 生成的模型预测未来的时间序列数据，预测出来的数据即可重新组合成高压断路器的机械动作曲线。

8）计算预测误差，如果误差大于设定阈值，则从高压断路器的历史时间序列中删除旧的数据，补充新的动作数据，然后转到步骤 2 重新构造训练集矩阵，并重新训练模型。

9）对预测出来的机械动作数据进行故障识别，如果存在故障，则给预警信息，提示运行人员检修。

3. 基于支持向量机的寿命预测专家系统实例分析

本书以某型号高压断路器机械寿命试验数据为例，通过训练并预测断路器分闸行程曲线和分闸线圈电流曲线，检验上述算法的有效性和精度。

（1）预测分闸行程曲线

选取连续 3 次动作的分闸行程曲线组成时间序列，来预测未来 2 次动作的曲线数据。特征向量的维度设置为曲线的周期，即一次动作的采样点数。如果特征向量的维度过大，参数寻优将会耗费相当长的时间，这在实际应用过程中不现实。因此取每次动作后 60ms 内的触头行程为一次动作数据（即一个周期），每个周期取等时间间隔的 100 个采样点，生成时间序列。此外，由于实测波形中存在振荡干扰，为了不影响 SVR 算法的精度，在进行学习之前首先进行数字滤波。预测结果如图 7-16 所示，预测误差如图 7-17 所示，从图中可以看出，预测

误差不超过0.06%。核函数取径向基核函数（RBF核），模型参数通过网格搜索算法获得，其中，最优惩罚因子 $C=147.03$，最优核函数参数 $\gamma=0.0039$。

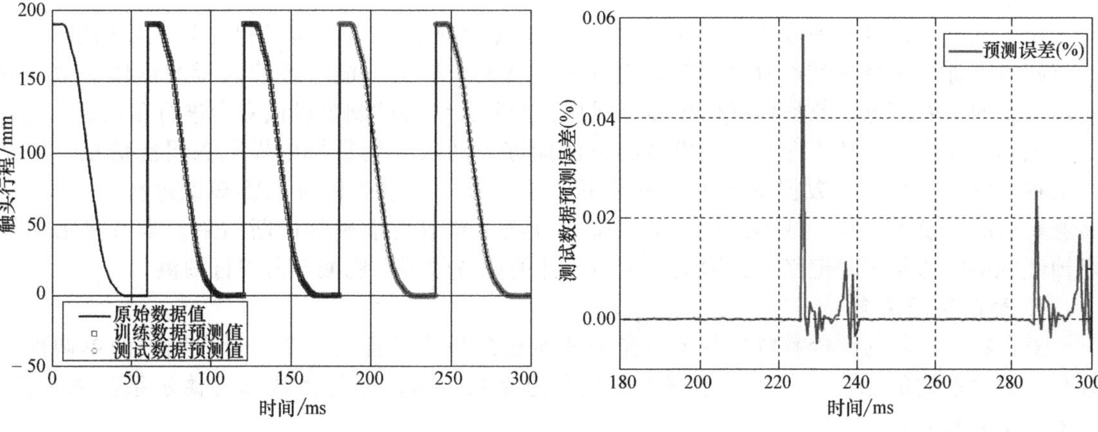

图7-16 基于SVR算法的分闸行程曲线预测

图7-17 分闸行程曲线预测误差

（2）预测分闸线圈电流曲线

取每次动作后30ms内的操作线圈电流为一次动作数据（即一个周期），每个周期取等时间间隔的100个采样点，生成时间序列。为了不影响SVR算法的精度，在进行学习之前同样进行了数字滤波。预测结果如图7-18所示，预测误差如图7-19所示，从图7-19中可以看出，只有个别点的预测误差超过1%，最大误差略高于6%。核函数同样取径向基核函数（RBF核），通过网格搜索法获得最优惩罚因子 $C=1$，最优核函数参数 $\gamma=0.0068$。

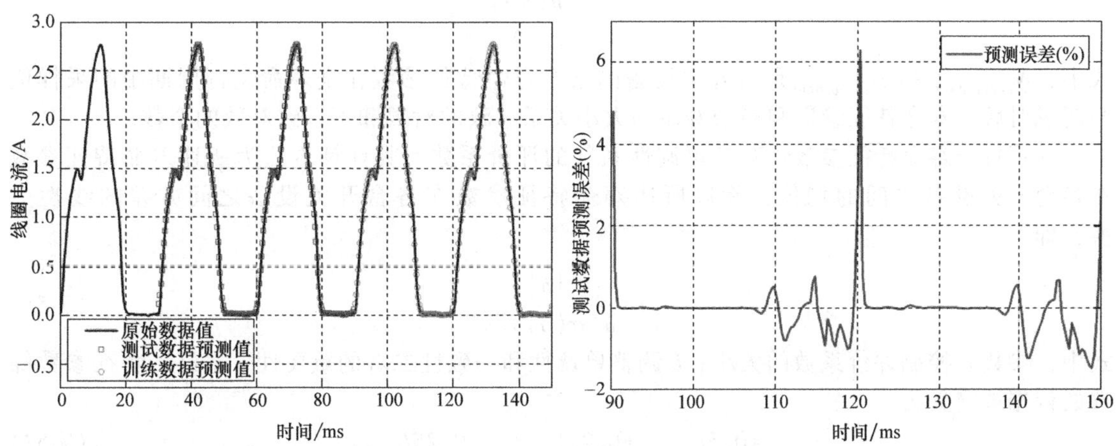

图7-18 基于SVR算法的分闸线圈电流曲线预测

图7-19 分闸线圈电流曲线预测误差

在实际应用时，对预测出来的高压断路器的行程曲线和线圈电流曲线，对其进行故障诊断，即可发现潜在的故障，从而为断路器的检修维护提供辅助决策信息。断路器故障识别的研究相对成熟，简单的方法如包络线法，通过判断预测出来的机械动作曲线是否在标准的曲线包络线内来预示是否存在机械故障；也可以通过行程曲线计算出分/合闸速度、行程等参数，联合脱扣线圈电流计算分/合闸时间，判断相关参数是否已超标或接近超标来评估是否存在机械故障；复杂的方法如人工神经网络方法，通过对大量实际样本数据进行学习，使之能够识别出故障数据。由于故障识别不是本节重点，这里不再详述。

7.8 基于循环神经网络的寿命预测专家系统实例

在上一节中，对开关设备机械寿命的表征是依靠预测之后若干步的机械特性数据进行的，本节则将设备的剩余机械寿命直接定义为开关设备的操作机构能够继续执行的操作次数，并使用设备的全周期寿命数据训练循环神经网络，对开关设备的剩余机械寿命进行预测。

虽然在理论上，基于深度学习模型的方法能够自动从原始数据中提取深层次信息，但是在工程实践中，特别当数据量较小的情况下，通过引入专家的领域先验知识进行特征提取，能够有效减少模型参数，减小过拟合的风险，有利于获取更准确的诊断结果。本节将采用循环神经网络中的长短时记忆神经网络，对高压开关设备的剩余机械寿命进行预测。

1. 寿命特征筛选

寿命特征参数的评价系数为各个寿命特征参数在开关设备全寿命运行周期中的单调性系数和一致性系数的综合，其中，单调性由皮尔逊系数、斯皮尔曼系数和肯德尔系数来表征，三者的定义如下：

$$\rho_{\text{pearson}}=\frac{\text{cov}(X,Y)}{\sigma_X\sigma_Y} \tag{7-53}$$

式中，X 为寿命特征参数；Y 为剩余机械寿命；σ 为标准差。

$$\rho_{\text{spearman}}=\frac{\text{cov}(rg_X,rg_Y)}{\sigma_{rg_X}\sigma_{rg_Y}} \tag{7-54}$$

式中，rg_X 和 rg_Y 分别为寿命特征参数和其剩余寿命的排序值；σ 为其标准差。

$$\rho_{\text{kendall}}=\frac{N_{\text{concordant}}-N_{\text{discordant}}}{\dfrac{n(n-1)}{2}} \tag{7-55}$$

式中，$N_{\text{concordant}}$ 和 $N_{\text{discordant}}$ 是将开关设备的某个寿命特征参数在全寿命运行周期中的采样值两两成对后，寿命特征参数和剩余寿命的大小关系一致的对数和不一致对数的个数。

计算每个寿命特征参数针对各单调性系数的评价系数，其计算方法为所述寿命特征参数在各台开关设备之间的均值，除以所述寿命特征参数在各台开关设备之间方差的线性变换，即

$$I=\frac{|\bar{\rho}|}{a(\sigma(\rho)+b)} \tag{7-56}$$

式中，参数 a 控制评价系数的大小；b 调整单调性和一致性二者的重要性。最终，特征参数筛选的依据被定义为

$$I=0.5I_{\text{pearson}}+0.25I_{\text{spearman}}+0.25I_{\text{kendall}} \tag{7-57}$$

2. 循环神经网络的损失函数定义

与分类问题不同，预测问题需要重新定义损失函数。在寿命预测问题中，损失函数常有两种定义方法，其中较为简单的定义方法为真实剩余寿命与预测剩余寿命的均方误差，即

$$L=\sum_t(y_t-\hat{y}_t)^2 \tag{7-58}$$

式中，y_t 为当前时间点设备的真实剩余机械寿命；$\hat{y}_t$ 为模型输出的剩余机械寿命。使用均方误差定义损失函数，其隐含假设是预测的剩余寿命符合高斯分布。在生存分析中，威布尔分布、逆高斯分布等也常被用来对剩余寿命进行建模，因此也可以通过极大似然估计构造损失函数。以威布尔分布为例，其概率密度函数为

$$f(t)=\frac{\beta}{\alpha}\left(\frac{t}{\alpha}\right)^{\beta-1}\exp\left(-\left(\frac{t}{\alpha}\right)^{\beta}\right) \tag{7-59}$$

因此，假设寿命分布满足威布尔分布，使用极大似然估计的损失函数可以被定义为

$$L=\sum_{t}u[\beta[\lg(\hat{y}_t)-\lg(\alpha)]+\lg(\beta)]-\left(\frac{\hat{y}_t}{\alpha}\right)^{\beta} \tag{7-60}$$

式中，u 表示数据是否截尾，若 u 为 1，则表示该序列为截尾数据。因此，在进行特征筛选后，将历史数据输入长短时记忆神经网络，并使用式（7-59）或式（7-60）作为损失函数进行神经网络的训练，对新加入设备的剩余寿命进行诊断。长短时记忆神经网络能够处理任意长度的在线监测数据，预测精度会随着数据量的增加而增加。

3. 基于循环神经网络的高压开关设备剩余机械寿命预测算法

本书选择长短时记忆网络对设备剩余寿命进行预测，其主要是利用长短时记忆网络能够处理长时间序列数据的特性。基于长短时记忆网络的剩余机械寿命预测算法可以被描述如下：

1）从训练数据中提取特征值，并根据单调性和一致性准则对特征筛选出 1 个特征。

2）根据需要选择是否对训练进行归一化处理。

3）构造长短时记忆神经网络。其每个节点的输入维度 d 应与所筛选的特征个数 l 相同，其损失函数根据威布尔损失函数式（7-60）定义。

4）使用所构造的损失函数，应用随机梯度下降法对长短时记忆神经网络进行训练。

5）计算模型预测误差，如果误差大于设定阈值，则补充新的历史数据或调整神经网络结构，然后转到 1）重新构造神经网络模型，直到模型满足精度要求。

6）将待诊断设备的历史数据输入 4）构造的长短时记忆神经网络，并预测设备的剩余可操作次数。将剩余可操作次数与预警值 γ 进行比较，若预警值低于 γ，则通知维护人员对设备进行检修。

4. 基于循环神经网络的高压开关设备剩余机械寿命预测实例

使用五台高压开关液压机构的全寿命周期所采集的机械特性数据构造数据集，对提出的开关设备的剩余寿命预测算法进行检验。所采集的机械特性数据包括触头行程曲线和线圈电流曲线，五台设备进行连续的分合闸操作，实验中止时的操作记录分别为 18376、20000、13200、20000、20000 次，实验过程中每 250 次记录一次机械特性数据。使用前四台设备的机械特性数据训练长短时记忆神经网络，使用威布尔分布构造损失函数，对第五台设备的剩余寿命进行诊断。

首先，与上一节类似，对机械特性数据提取关键点并构造对应的特征，在全部的特征集中，所提取的特征值如表 7-7 所示。

表 7-7 用于断路器机械寿命寿命的特征值

提取特征	线圈电流	故障类型编码
特征值	起始时间 t_0 第一个局部极大点时间 t_1 和对应电流值 c_1 峰值到达时间 t_2 和对应电流值 c_2 结束时间 t_3 时间差 $t_1-t_0, t_2-t_0, t_3-t_0$ 周期内等间隔采样点的电流值 s_1, s_2, s_3, s_4	三阶段斜率 v_1, v_2, v_3 平均速度$(v_1+v_2+v_3)/3$ 三个阶段终止时刻 t_4、t_5、t_6 和行程值 d_1、d_2、d_3 周期内等间隔采样点的电流值 s_5、s_6

经过筛选，选出 6 个具有较好单调性和一致性的参数，分别是：电流起始时间 t_0，峰值到达时间 t_2，结束时间 t_3，采样点 s_1，第一阶段中止时的行程 d_1。模型损失函数选择威布尔

损失函数，训练长短时记忆神经网络，对测试开关设备的剩余机械寿命预测结果如图 7-20 所示。

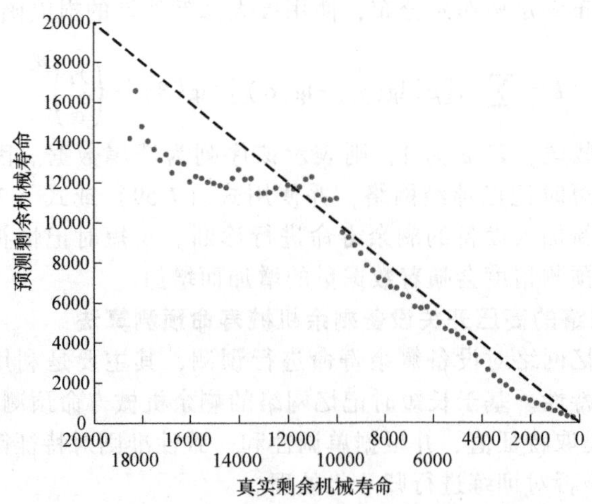

图 7-20 高压开关设备机械寿命预测结果

从图 7-20 中可以看出，随着收集数据的增多，所预测的设备剩余机械寿命与真实值越来越接近。当剩余操作次数小于预设的阈值时，应及时通知检修人员检修，并视具体情况采取维护行动。

参考文献

[1] 关惠玲，韩捷. 设备故障诊断专家系统原理及实践［M］. 北京：机械工业出版社，2000.

[2] 王小华. 真空断路器机械状态在线识别方法的研究［D］. 西安：西安交通大学，2006.

[3] 袁志兵. 12kV 真空断路器的凸轮机构优化设计及故障诊断专家系统开发［D］. 西安：西安交通大学，2010.

[4] 李东妍. GIS 设备机械故障诊断和预测方法研究［D］. 西安：西安交通大学，2016.

[5] 李锡. 基于超高频信号时频分布特征与 Chromatic 参数的 GIS 局部放电模式识别与定位方法研究［D］. 西安：西安交通大学，2018.

[6] 邓乃扬，田英杰. 支持向量机：理论、算法与拓展［M］. 北京：科学出版社，2009.

[7] LI G Y, WANG X H, YANG A J, et al. Failure Prognosis of High Voltage Circuit Breakers with Temporal Latent Dirichlet Allocation［J］. Energies, 2017,（10）: 1913.

[8] LI D Y, HE W F, RONG M Z, WANG X H. On-line monitoring system for switching synchronization of ultra-high voltage circuit breaker in GIS［C］. WUHAN: Proceedings of 2011 Asia-Pacific Power and Energy Engineering Conference, 2011.

[9] 蔡自兴. 高级专家系统［M］. 北京：科学出版社，2014.

[10] RONG M Z, LI D Y, WANG X H, et al. Research on mechanical fault recognition of circuit based on SVM［J］. IEICE Technical Report, 2009, 109（287）: 149-152.

[11] WANG X H, RONG M Z, QIU J, et al. Research on Mechanical Fault Prediction Algorithm for Circuit Breaker Based on Sliding Time Window and ANN［J］. IEICE Transactions on Electronics, 2008（8）: 1299-1305.

[12] 赵书涛，王亚潇，孙会伟，等. 基于自适应权重证据理论的断路器故障诊断方法研究［J］. 中国电机工程学报，2017, 37（23）: 7040-7046.

[13] 张卫正，李永丽，姚创. 基于最小二乘支持向量机的高压断路器故障诊断［J］. 高压电器，2015, 51（12）: 79-83.

[14] RONG M Z, WANG X H, YANG W. Mechanical condition recognition of medium-voltage vacuum circuit

breaker based on mechanism dynamic features simulation and ANN [J]. IEEE Transactions on Power Delivery, 2005, 20 (3): 1904-1909.

[15] 程序, 关永刚, 张文鹏, 等. 基于因子分析和支持向量机算法的高压断路器机械故障诊断方法 [J]. 电工技术学报, 2014, 29 (07): 209-215.

[16] 李东妍, 荣命哲, 王婷, 等. 超高压 GIS 剩余寿命评估方法综述 [J]. 高压电器, 2011, 47 (10): 87-92.

[17] 王小华, 荣命哲, 吴翊, 等. 高压断路器故障诊断专家系统中快速诊断及新知识获取方法 [J]. 中国电机工程学报, 2007, 27 (3): 95-99.

[18] 黄建, 胡晓光, 巩玉楠. 基于经验模态分解的高压断路器机械故障诊断方法 [J]. 中国电机工程学报, 2011, 31 (12): 108-113.

[19] 金晓明, 邵敏艳, 王小华. 基于脱扣线圈电流的断路器机械状态预测算法研究 [J]. 高压电器, 2010, 46 (4): 47-51.

第 8 章 基于弧触头烧蚀的电寿命评估方法

高压断路器的电寿命通常指一个新设备在多次开断短路电流之后，由于触头和喷口的烧损而不能正常开断短路电流时的寿命。影响电气寿命的主要因素是电磨损，包括灭弧室、灭弧介质、触头三方面的电磨损，起决定性作用的是触头的电磨损。目前，国内外对于高压断路器电寿命评估的常用方法主要有开断电流加权累计法、相对电寿命法、时间积分电流法、模糊综合诊断法等。

IEC 62271-100 标准并未对电寿命做出明确的定义，将 E2 级断路器定义为：一种断路器，在其预期的使用寿命期间，主回路中开断用的零件不要维修，其他零件只需很少的维修（具有延长的电寿命的断路器）。GB 1984-2003《高压交流断路器》对此也有类似的定义。由上述标准可知，电寿命主要与主回路中开断用的零件相关。这些零件中，又以触头、喷口对电寿命的影响最大。

根据高压断路器运行状态的不同，可以将电寿命的预测方法分为两类，一是根据开断次数、开断电流、燃弧时间、光谱信息等参数，计算出设备的电寿命，是一种电寿命在线预测方法；二是根据动态电阻法——一种离线的、不拆卸测量技术，直接分析得到触头状态，进而预测出设备的电寿命。本章重点研究高压断路器电寿命在线预测方法。

8.1 高压断路器的弧触头烧蚀

8.1.1 高压断路器的开断过程

高压断路器是一种机械装置，具有关合、承载和开断正常额定工作电流的能力，同时具有关合、在一定时间内承载和开断故障电流的能力。在电力系统正常运行的情况下，高压断路器处于关合状态，承载线路中的正常工作电流；在电力系统发生故障或其他需要切断电流的情况下，高压断路器会被手动或自动切换到分断状态，隔离故障线路，保护电力系统的安全运行。如果在线路发生故障时，高压断路器无法快速切断故障电流，将会直接危害到整个电力系统的稳定运行，甚至引发严重事故，造成巨大的人身和财产损失。

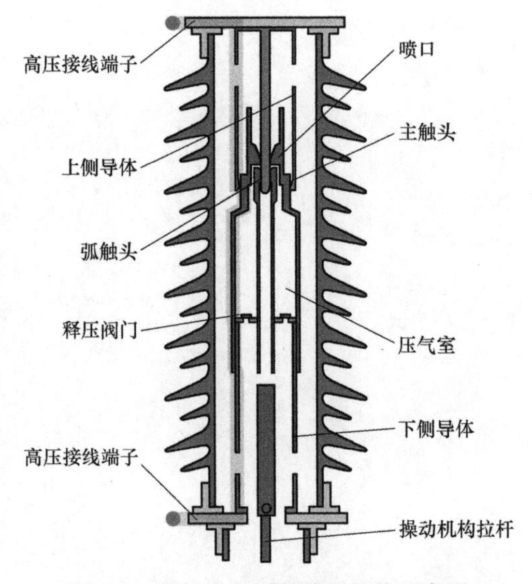

图 8-1　压气式高压断路器结构示意图

图 8-1 所示为压气式高压断路器的结构示意图，主要包含高压接线端子、导体、主触头、弧触头、喷口、压气室和操动机构拉杆等部件。值得注意的是，高压断路器内一般包含两组触头，

即主触头和弧触头。其中，主触头用于导通正常工作状态下的负荷电流（电流通路由图中阴影标出），具有较小的导通接触电阻；弧触头主要用于电流开断过程中与电弧发生直接作用，具有较强的耐烧蚀特性。

图 8-2 所示为压气式高压断路器的开断过程，主要包含以下几个过程：

1）断路器处于闭合位置，电流通过主触头导通。

2）主触头分离。断路器接到开断指令后，动触头开始移动，主触头分离，电流转移到弧触头所在导电通路。由于操动机构做工，压气室内压力逐步增大。

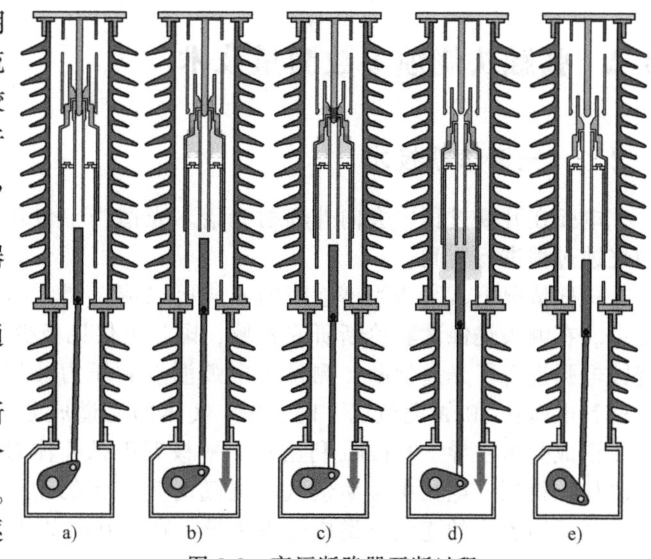

图 8-2　高压断路器开断过程

3）弧触头分离。随着动触头继续移动，弧触头分离，在弧触头之间产生电弧，压气室内压力进一步增大。

4）电弧熄灭。随着电弧电流达到过零点，压气室内的高压气体经由喷口高速喷出，对电弧进行冷却并最终熄灭电弧。

5）断路器处于完全打开位置。

8.1.2　影响弧触头烧蚀的因素

Donaldson 研究了影响触头烧蚀的各种因素，分析了不同类型的材料损失机制，并提出了当放电过程中的电荷 Q_e 转移小于 25C 时，触头的烧蚀量与 $Q_e I_p(t_p)^{1/2}$ 成比例，其中 I_p 表示放电电流，t_p 表示放电时间。

Walczuk 进一步总结了影响触头烧蚀的因素可分为物理参数、触头参数、开关参数和灭弧系统参数等，并着重讨论了开断实验次数、电弧电流和时间乘积的积分、电弧能量与触头材料损失之间的定性和定量关系。

Tcstc 通过实验研究了触头间隙的大小对烧蚀的影响，在触头间隙较大时，一方面弧根的移动性较高，另一方面触头表面受对侧触头上的等离子体射流影响较小，都降低了触头的烧蚀程度。

Borkowski 利用 ANASYS 仿真软件，对不同触头材料的烧蚀特性进行了对比，又通过实验研究了触头尺寸大小对烧蚀的影响。在电流较小和触头尺寸较大时，触头的直径对烧蚀的影响较小，但当电弧直径和触头直径相当时，触头的大小与烧蚀程度密切相关。

Shea 对比了不同比例下的 AgW 触头的烧蚀情况，理论计算与实际材料密度越接近，耐烧蚀程度越高。同时还指出，弧根的电流密度和触头的尺寸都对烧蚀有着重要的影响。Shea 在 2008 年，对 3~22kA 范围内的触头烧蚀问题进行了详尽总结，对影响烧蚀程度的参数进行了归纳，主要包含电气、触头和设备参数三个方面，详见表 8-1。

表 8-1　弧触头烧蚀的影响因素

类别	影响因素
电气参数	电弧能量、电流、分闸相位角、燃弧时间、电荷转移量等
触头参数	材料参数（熔点、沸点、密度、电导率、热导率）、材料加工方式、触头尺寸和形状、材料相数等
设备参数	分闸速度、电弧移动、触头间隙大小、灭弧方式、散热方式、气流、电弧形状等

8.2 弧触头烧蚀参数测量技术

8.2.1 光谱诊断技术

电弧在开断过程中会向外辐射光谱。光谱当中包含了丰富的信息，可以被用来对弧触头的烧蚀过程进行监测。

一般情况下，利用光谱诊断的方法可以测量得到电弧的温度、压力和粒子密度等方面的信息。在触头烧蚀试验诊断研究领域，国际上仅见极少研究报道。Okuda 对 SF_6 中的铜钨触头烧蚀电弧进行了光谱诊断，测量了电弧温度和压力数据，并以此计算得到电弧电压。同时还发现，电弧在 10kA 电流以下时，SF_6 气体的光谱成分占主导，而在 10kA 以上时，金属蒸气的光谱成分占主导。Tanaka 利用一个平板型灭弧腔体对 SF_6 弧后通道内的金属蒸气浓度进行了测量，得到了电弧中金属蒸气浓度随时间变化的动态曲线，同时还观测到，在 4500K 以上时，弧后通道内的连续光谱成分占主导，在 4500K 以下时，S_2 的光谱成分占主导。Humphries 和 Tori 利用光纤传感器，分别采用两种不同方法对电弧光谱进行直接测量，检测到在不同的触头烧蚀情况下（不同触头材料、不同电流大小），电弧光谱中特征谱线的相对强度发生改变，初步验证了利用光谱诊断方法对触头烧蚀进行定性监测的可行性。以上研究均与实际断路器差别较大，仅具理论研究意义，而不具备实用价值。

1. 试验装置

本试验平台以 ZF11-252（L）/CYT 断路器为基础（如图 8-3 所示），在保证机械强度、密封性能以及电气性能的前提下，通过装配工艺改进，达到可拆卸的目的；通过在操动机构加装位移传感器、控制回路与储能回路加装小电流传感器，结合辅助开关以及断路器断口，能够实现断路器机械特性的测量；通过在操动机构、传动部位、断路器壳体上加装振动传感器，能够实现断路器振动信号的测量；通过断路器主回路与外部直流电源、分压器等联接，搭建动态回路电阻测量回路，实现动态回路电阻的测量；通过在灭弧室内置压力传感器，实现灭弧室压力分布的测量；通过断路器主回路与外部合成回路联接，在灭弧室内置光纤探头并送入光谱仪进行诊断，实现灭弧室电弧温度和铜金属蒸气浓度的测量；通过对断路器机械特性、动态电阻、灭弧室压力、电弧温度和铜金属蒸气浓度等参数的测量，经过分析处理，为实现高压开关机械与触头烧蚀诊断提供试验基础。图 8-3 和图 8-4 分别为实验平台的实物图与原理图。图 8-4 中断路器［1］闭合且［2］打开时，可以进行机械特性、动态回路电阻测量试验；断路器［2］闭合且［1］打开时，可进行机械特性、灭弧室压力、电弧温度和光谱特性的测量试验。

测量系统原理：位移传感器、小电流传感器将监测到的断路器运行参数传送给开关设备特性测试仪，经过计算分析，能够得到断路器分合闸速度、时间、动触头行程曲线、储能电机电流、操作线圈电流幅值，储能时间等信息。相关技术参数如表 8-2 所示。

表 8-2 测量系统技术参数

序号	项目	测量精度及技术要求
1	分闸线圈电流峰值	≤2%
2	合闸线圈电流峰值	≤2%
3	分闸时间	±1ms
4	合闸时间	±2ms
5	分闸行程	≤5%
6	合闸行程	≤5%
7	电机运行电流	≤5%
8	电机运行时间	±1s

图 8-3　触头烧蚀试验平台实物图

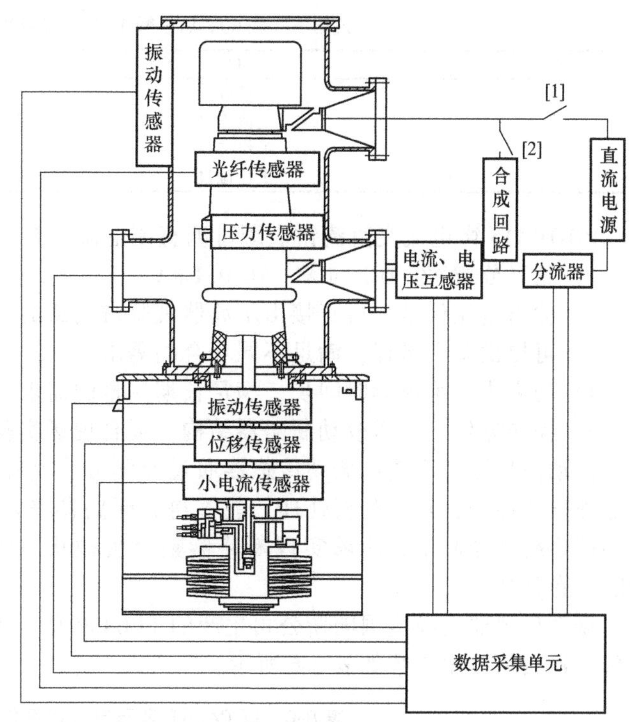

图 8-4　触头烧蚀试验平台原理图

位移传感器选择为上海盘卓自动化科技有限公司的 WDD35D4 型电阻式角位移传感器，其相关性能参数见表 8-3。

表 8-3　测量系统技术参数

序号	项目	参数
1	阻值公差	±15%
2	独立线性	≤1%
3	电器转角	345°±2°
4	独立功耗	2W(@70℃)
5	电阻温度系数	400×10^{-6}/℃
6	绝缘电阻	≥1000MΩ(DC 500V)
7	绝缘耐压	1000V(AC, RMS)1min
8	平滑性	±0.1%
9	机械转角	360°连续
10	启动力矩	≤10^{-4}N·m
11	轴承	两组滚珠轴承
12	出轴	不锈钢
13	壳体	铝合金表面氧化处理
14	机械寿命	50000000r
15	温度范围	-55~125℃
16	震动	15*g*(2000Hz)
17	冲击	50*g*(11ms)

小电流传感器采用的是台湾泰仕 PROVA15 微电流交直流钳表。PROVA15 微电流交直流钳表测量参数见表 8-4，其他性能指标见表 8-5。

表 8-4　PROVA15 微电流交直流钳表测量参数表

量程	输出	最大测量值
4A	AC100mV/A	5A
40A	AC/DC1mV/A	60A
200A	AC/DC1mV/A	400A

表 8-5　PROVA15 微电流交直流钳表其他性能表

序号	项目	参数
1	电源	1.5(UM3)×2 电池
2	电流消耗	10mA
3	工作温度	-10～50℃
4	工作湿度	≤85%

PROVA15 微电流交直流钳表既可测直流电流，亦可准确测量交流电流，特点如下：

1）超高分辨率：DC 1mA，AC 0.1mA。

2）输出电压信号，可直接由示波器观察被测量的电流波形。

3）可提供多个量程，满足不同场合的需求。

4）功率小，可持续时间长，满足长期测量的需求。

5）操作方便，不需改动断路器结构，适合现场实验。

振动信号测量系统：振动传感器通过监测分合闸操作过程中操动机构、传动部位以及断路器外壳的振动，经过分析处理，能够得到断路器操作过程中的振动信号，此系统与机械特性测试系统结合起来，能够实现断路器整个机械状态的监测。振动信号监测频率在 0.1Hz～20kHz 范围内。

振动传感器选择美国朗斯公司生产的 LC0409 型压电加速度传感器，LC0408T 型压电加速度传感器具体技术参数如表 8-6 所示。

表 8-6　LC0408T 型压电加速度传感器技术参数

序号	项目	参数
1	灵敏度	10pC/g
2	频率范围	15kHz
3	测量范围	2000g
4	谐振频率	45kHz
5	重量	15g
6	温度范围	-20～120℃

压力测量系统：在图 8-4 中，断路器［1］断开，［2］闭合，断路器主回路与外部合成回路联接，在关合或开断过程中，压力传感器通过监测断路器灭弧室内部气压，经过分析处理后，能够得到在开断或关合过程中，灭弧室内暂态 SF_6 气体压力变化过程。灭弧室气体压力测量精度≤2.5%。

压力传感器选择美国 ENDEVCO 公司的 8530B—500 型压阻式传感器，8530B—500 型压阻式传感器具体技术参数如表 8-7 所示。

表 8-7　8530B—500 型压阻式传感器技术参数

序号	项目	参数
1	压力量程(绝压)	500psi(3.45MPa)
2	灵敏度	104mV/MPa
3	频率响应	750kHz
4	温度范围	-54～121℃
5	振动极限	1000g
6	冲击极限	20000g
7	电源电压	DC10V
8	最大热零点漂移	±3%FSO
9	最大热灵敏度漂移	±4%
10	最大零点输出	±10mV

灭弧室电弧温度和铜金属蒸汽浓度测量系统：本测试系统中，断路器［1］断开，［2］闭合，断路器主回路与外部合成回路联接，在关合或开断过程中，利用本项目已描述的光谱

诊断技术，得到电弧温度和铜金属蒸气浓度。

SR-OPT-8027 型光纤探头是用来将采集到的光谱信号送入光谱仪，特点如下：

1）总长度 2m。

2）光纤芯径 200μm。

3）可应用于近红外与可见光谱测量。

4）入端接口为 SMA905 标准接头。试验平台的技术参数如下：

光谱仪：焦距 750mm；光圈 f/9/8；测量波长范围 190nm～10μm；分辨率 0.03nm；测量精度±0.2nm；合成回路电压 126kV，最大输出电流 50kA。

在关合或开断过程中，由于燃弧瞬间产生高温、高压力，且灭弧室内部结构紧凑，如何保证传感器安全、可靠是一个难点。内部传感器有压力传感器与光纤探头，具体保护措施为对压力传感器前端套一段长度 15cm 的聚四氟导气管，导气管前端连接到喷口，使气压能通过导气管传到传感器，同时使传感器与电弧之间的距离变大，对传感器进行保护，具体安装如图 8-5 所示。

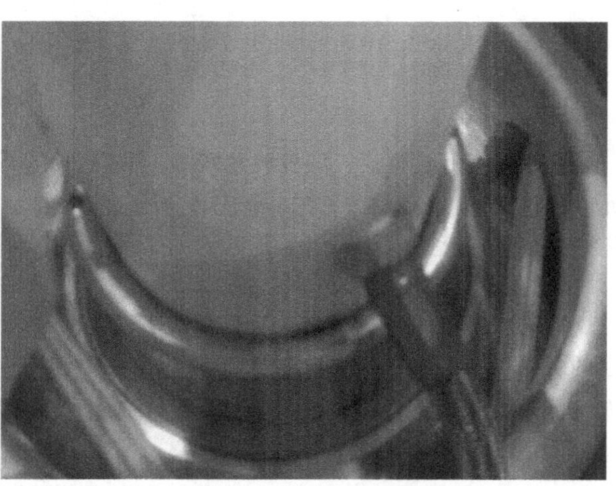

图 8-5　压力传感器导气管

光纤探头连接系统是由喷口密封螺栓、盖板密封法兰、内部接头与 SMA905 外部接头组成。喷口密封螺栓由前端透光石英片、禁锢件、密封圈以及聚四氟螺栓等部件组成，用于喷口的密封、对探头的保护以及信号光的透过；内部接头是一个直径为 4mm 空心不锈钢圆棒，插入 PTFE 罐体上的保护螺栓中，用于信号光的接收以及对探头的保护；盖板密封法兰安装在盖板上利用密封垫实现气密；外部接头为标准的 SMA905 接头，示意图如图 8-6 所示。

试验所用断路器的触头结构如图 8-7 所示，其中上侧为空心梅花触头，下侧为柱状触头，最大开距为 100mm。分闸机构为液压机构，最大分闸速度为 5m/s。为了便于通过称重获得触头金属的烧蚀量，梅花触头和柱状触头均进行了特殊设计，便于在每次燃弧实验之后拆卸称量。

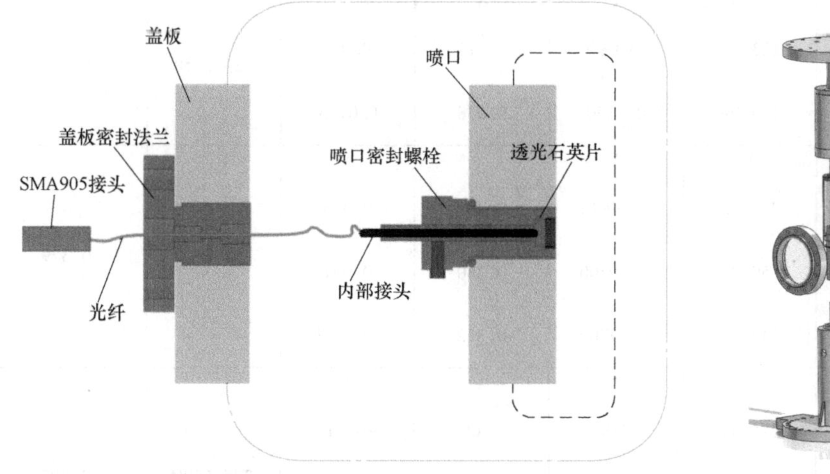

图 8-6　光纤连接示意图

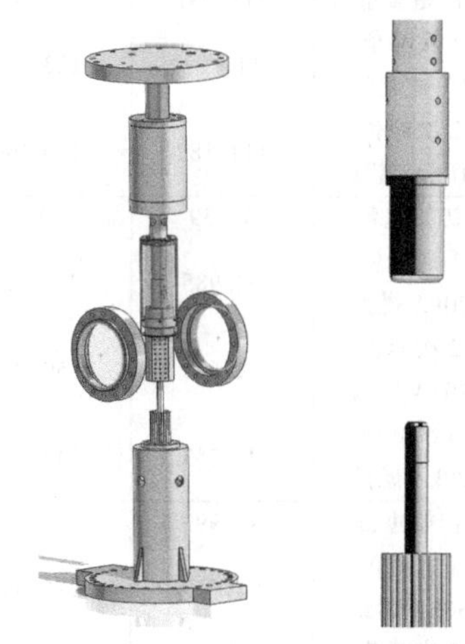

图 8-7　试验用触头结构示意图

试验的电弧电压可由高压探头测得，电弧电流通过与断口串联的分流电阻（1.19mΩ）测得。实验时序通过一个中央触发控制单元进行精确控制，最小时间间隔可以达到 1μs，实际操作时序如图 8-8 所示。

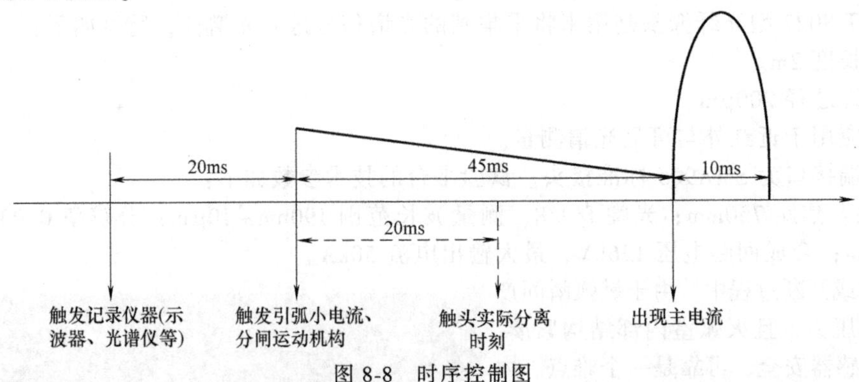

图 8-8 时序控制图

按下触发开关之后，随机触发所有记录仪器（示波器、高速光谱仪、高速摄像机）的触发单元，经过 20ms 之后触发引弧小电流和分闸运动机构，再经过 20ms 的触头运动，动、静触头实际分离。引、弧电流持续 45ms，紧随其后的是持续一个半波的主电流，时间约为 8~10ms。

2. 测试结果分析

表 8-8 为不同开断电流下触头材料质量损失情况，图 8-9 为触头材料质量损失情况跟电荷通量的关系。从表 8-8 可以看出，10kA 以下小电流下触头的质量损失可以忽略不计；20kA 以上的大电流下，触头的质量损失显著增加。可见，触头的烧蚀量跟电流的大小并不是正比关系。

表 8-8 触头损失情况表

	重量/g	电荷通量/C	电荷通量误差/C	触头质量损失/g	触头质量损失误差/g	平均电荷通量/C	触头质量损失/g
初始重量	111.268	\	\	\	\		
1 次峰值 5kA 燃弧	111.262	62.65	-0.8067	0.006	-0.0063		
2 次峰值 5kA 燃弧	111.254	64.45	0.9933	0.008	-0.0043	63.4567	0.0123
3 次峰值 5kA 燃弧	111.231	63.27	-0.1867	0.023	0.0107		
初始重量	111.231	\	\	\	\		
1 次峰值 10kA 燃弧	111.22	123.42	-0.8350	0.011	-0.0135	124.2550	0.0245
2 次峰值 10kA 燃弧	111.182	125.09	0.8350	0.038	0.0135		
初始重量	93.39	\	\	\	\		
1 次峰值 20kA 燃弧	92.985	254.25	2.9900	0.405	0.026		
2 次峰值 20kA 燃弧	92.605	250.24	-1.0200	0.380	0.001	251.2600	0.379
3 次峰值 20kA 燃弧	92.253	249.29	-1.9700	0.352	-0.027		
初始重量	91.999	\	\	\	\		
1 次峰值 30kA 燃弧	91.319	376.36	0.7000	0.68	-0.217		
2 次峰值 30kA 燃弧	90.294	376.09	0.4300	1.025	0.128	375.6600	0.897
3 次峰值 30kA 燃弧	89.307	374.53	-1.1300	0.987	0.09		

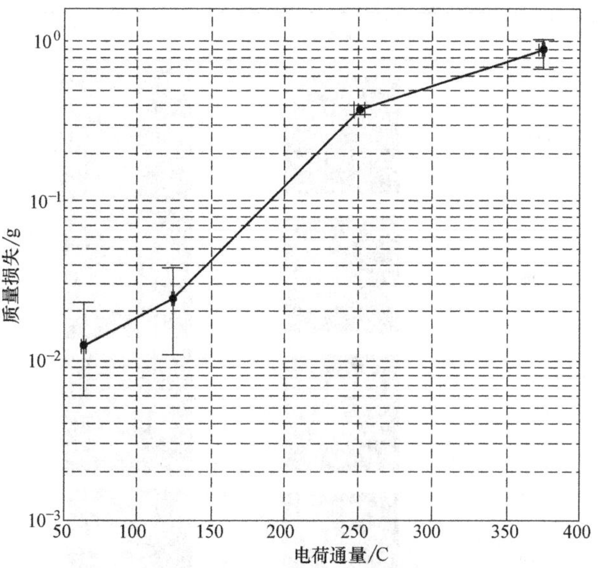

图 8-9　触头材料质量损失与电荷通量的关系曲线

两组高速摄影机图像如图 8-10 所示，由于高速摄像机前安装了 522nm 波长（一条金属铜的特征谱线）滤波器，获取的动态图像可以表征铜金属蒸气的空间动态分布，可以看出，当电流峰值提高之后，电弧的稳定性和触头金属蒸发量都有大幅提高。

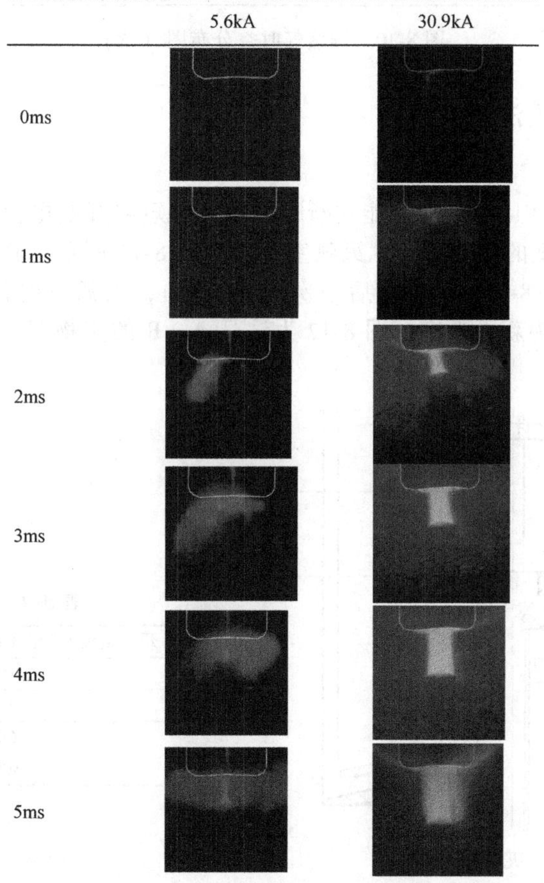

图 8-10　铜蒸气时空分布图

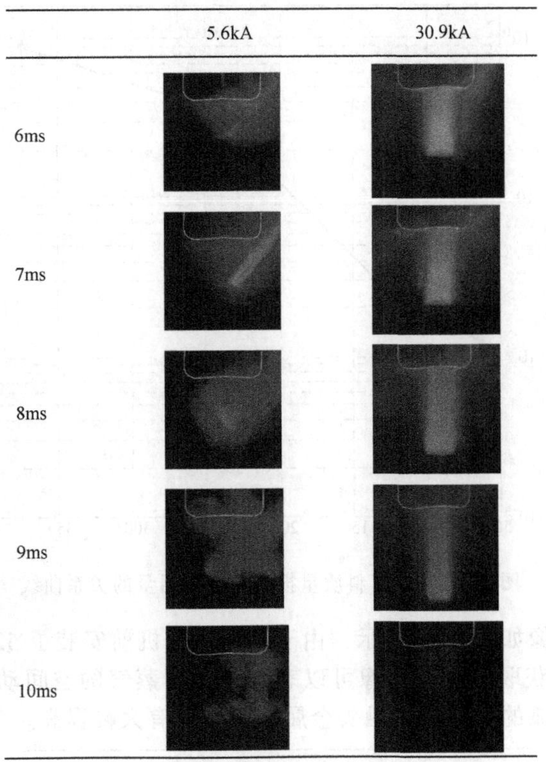

图 8-10 铜蒸气时空分布图（续）

8.2.2 动态回路电阻法

1. 试验装置

在同一台断路器（ZF12-126 型自能式断路器，额定短路开断电流下累计开断次数 20 次）上测试两套不同烧蚀程度的触头系统，灭弧室结构如图 8-11 所示。其中试品 A 累计开断次数为 60 次，开断历史如表 8-9 所示（最后一次开断失败），灭弧室内存在大量的金属氟化物，烧蚀非常严重；试品 B 为新灭弧室。图 8-12 为试品 A、B 的实物图，表 8-10 为试品 A、B 的触头尺寸参数。

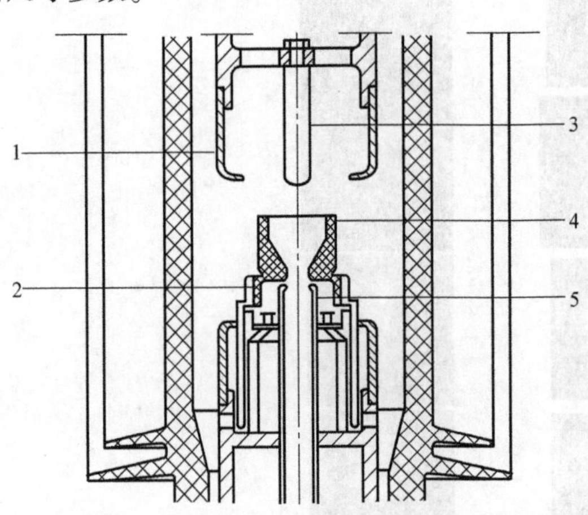

图 8-11 灭弧室结构

1—静主触头 2—动主触头 3—静弧触头 4—喷口 5—动弧触头

表 8-9 试品 A 的开断历史

开断电流/额定短路开断电流×100%	试验次数
10%	12
30%	8
60%	14
100%	26

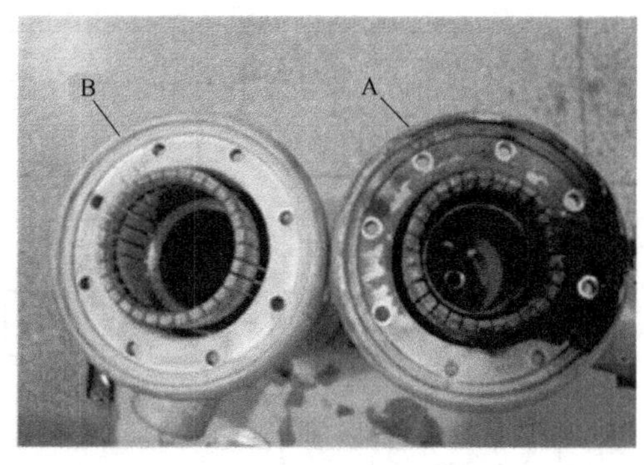

a) 静主触头

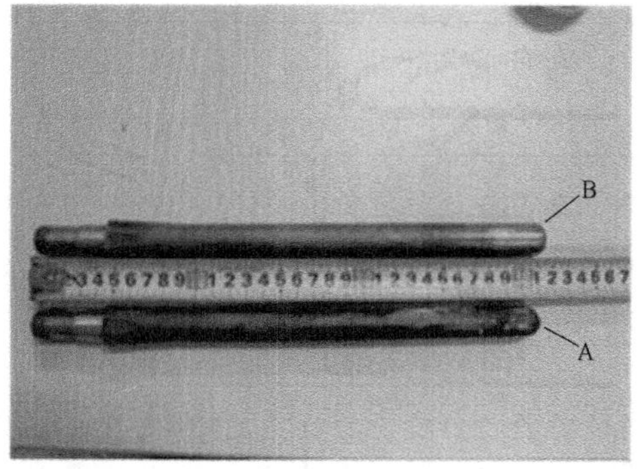

b) 静弧触头

图 8-12　试品 A、B 的触头实物图

表 8-10　试品 A、B 的触头尺寸

项目	动主触头的外径/mm	静主触头的内径/mm	动弧触头的内径/mm	静弧触头的外径/mm	静弧触头的长度/mm
试品 A	102.6	98.6	16.4	17.8	311.2
试品 B	102.3	100.5	17.0	17.9	314.5

动态电阻试验装置包括电源 U_i、开关 MCB、二极管 VD_i、采样电阻 R_1、限流电阻 R_2 以及试品 TCB，如图 8-13 所示。其中电源由三个 12V 的铅酸电池 $U_1 \sim U_3$ 并联组成，二极管 $VD_1 \sim VD_3$ 用于保护电池；R_1 为 5mΩ 的分流器，用于测量电流；R_2 为自制的康铜电阻，变化范围为 10~60mΩ，用于调节测量电流的大小；TCB 为试验断路器。示波器的分辨率是 12 位，采样频率为 1MHz。在不同电流下分别测试了试品 A 与试品 B 的动态电阻。为了防止试验电流损伤触头电阻，试验电流均小于 1kA，电流等级包括 140A、240A、370A、460A、600A、700A、800A、870A 共 8 个电流等级，每个试品在相同电流等级下分别进行了 5 次试验。

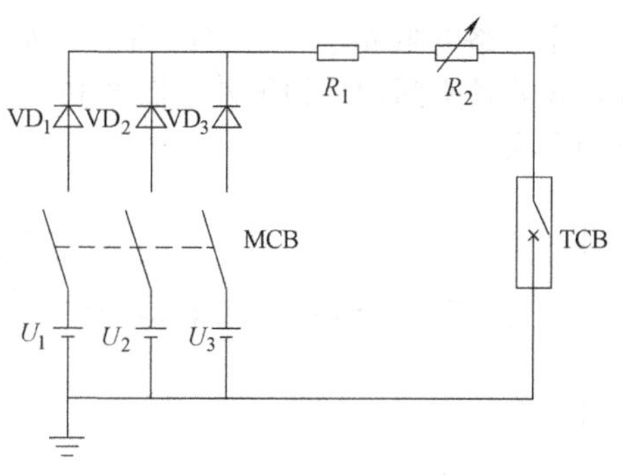

图 8-13　试验回路

2. 动态电阻的变化规律

在不同电流等级下分别对试品 A、B 进行动态电阻试验，观察两者在不同试验电流下的行程—动态电阻曲线，分析弧触头行程 l_{arc}、主回路电阻 R_s、动态回路电阻 R_d 与弧触头电阻 R_{arc} 等重要特征量，并观察特征量的分散度。

（1）行程—动态电阻信号

行程—动态电阻曲线的横坐标为断路器行程，纵坐标为动态电阻，它可以直观地反映触头在不同位置上的电阻值，进而发现弧触头过短、触头接触不良等缺陷。图 8-14 是试品 A 与试品 B 的行程—动态电阻信号。可以看出随着试验电流的增大，动态电阻信号的幅值减小，信号的波动也变小，并且主触头的分离时刻更容易区分。此外，试验电流对试品 A 的影响小于试品 B。

（2）动态电阻的特征量

弧触头行程 l_{arc} 是指主触头开断后弧触头的接触行程，是评估触头烧蚀情况的重要指标。弧触头行程过小会妨碍电流由主触头向弧触头转移，电弧在动静主触头之间燃烧，使得灭弧

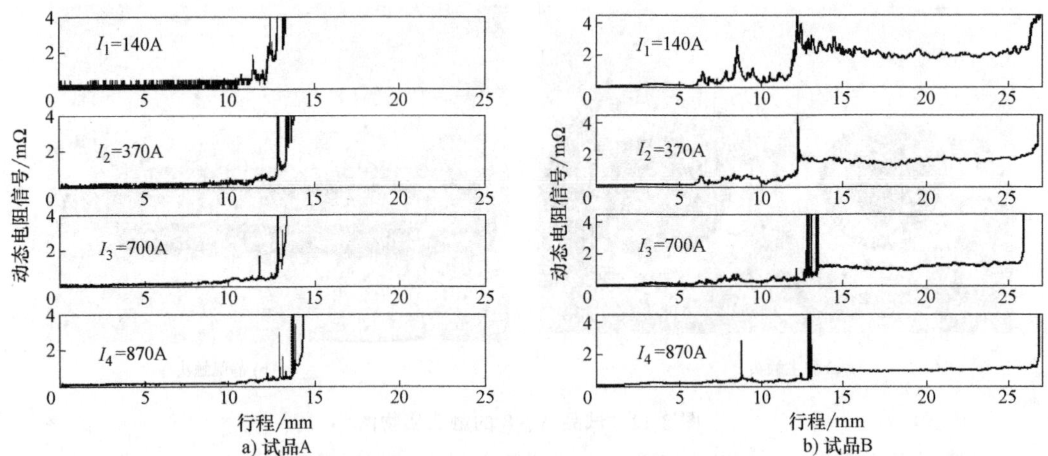

图 8-14 不同试验电流下的行程—动态电阻信号

室失去作用，最终会造成断路器爆炸。主触头分离后电阻会变大，阻值从几百微欧上升到几毫欧，这也是主触头分离的判据。试验发现试验电流越大，主触头的分离越容易区分（见图 8-14b），因此弧触头行程的计算越准确。图 8-15 是试品 A 与试品 B 在不同试验电流下的弧触头行程，可以看出，随着试验电流的增大，特征量的分散度减小。

主回路电阻 R_s、动态主回路电阻 R_d 以及弧触头 R_{arc} 可以反映触头的接触情况，电阻值过大意味着触头间的接触很差。图 8-16 是试品 A、B 的主回路电阻，主回路电阻受测量电流的影响不大。

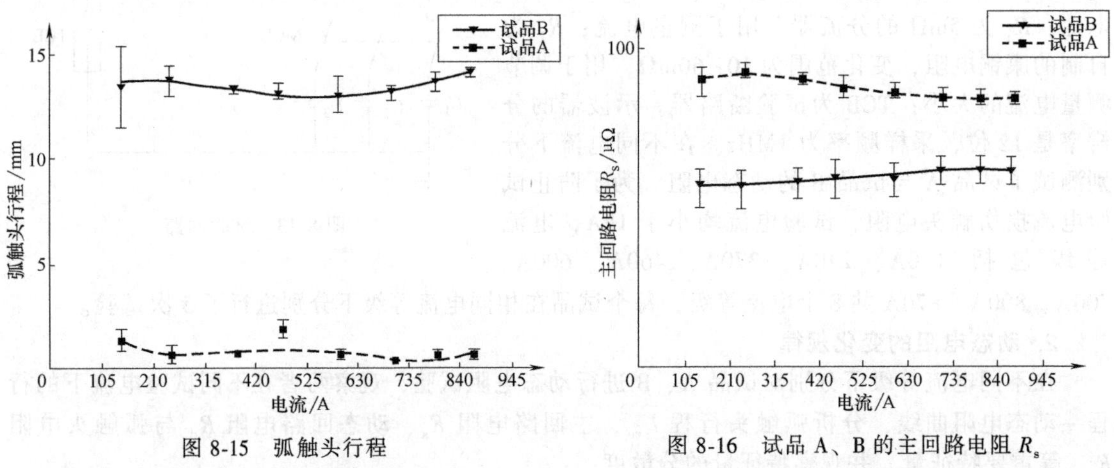

图 8-15 弧触头行程

图 8-16 试品 A、B 的主回路电阻 R_s

图 8-17 是试品 A、B 的动态主回路电阻 R_d。图中可以看出试验电流对试品 A 的影响不大；随着试验电流的增大，试品 B 的弧触头电阻 R_d 减小，试验结果的分散度降低。当试验电流大于 800A 时，试验结果趋于稳定。由图 8-16 和图 8-17 可以看出，试品 A 的主回路电阻大于试品 B，但是它的动态回路电阻小于试品 B。

试品 A 的弧触头烧蚀极其严重，事实上试品 A 的弧触头电阻接触很差，已经没有计算比较的必要了，因此这里只展示了试品 B 的弧触头电阻参数。由图 8-18 可以看出，随着试验电流的上升，试品 B 的弧触头电阻 R_{arc} 下降，并且特征量的分散度有所降低。

3. 动态电阻测量条件的试验总结

通过试验分析，得出以下结论：

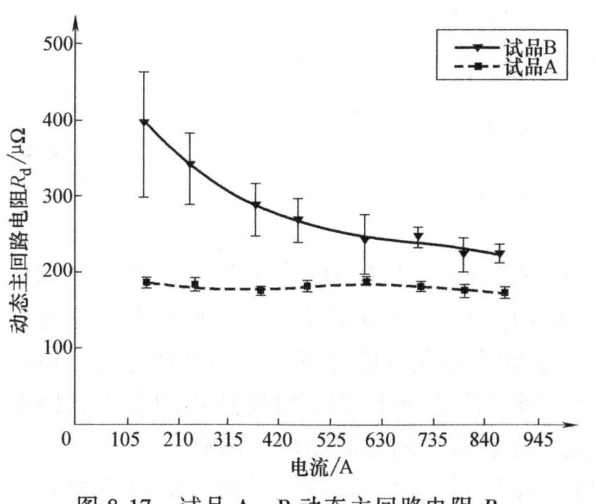

图 8-17　试品 A、B 动态主回路电阻 R_d

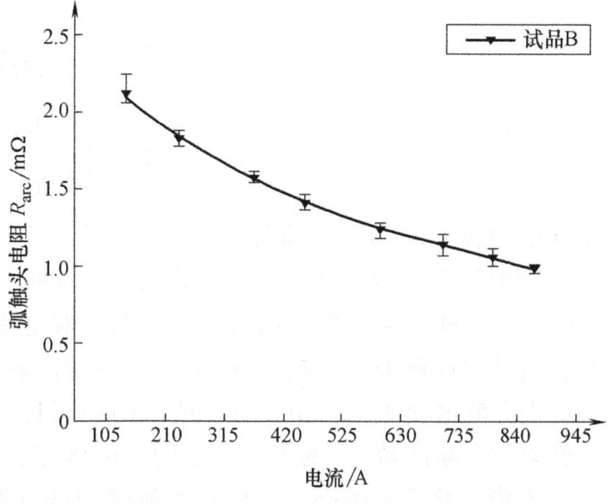

图 8-18　试品 B 的弧触头电阻 R_{arc}

1）提高试验电流有 4 个优点：一是有利于弧触头行程的计算；二是可以降低动态主回路电阻与弧触头电阻；三是可以减小动态电阻曲线的波动；四是可以降低试验结果的分散度，即提高试验的重复性。

2）随着试验电流的增大，上述特征量的变化逐渐减小。当试验电流在 800A 及以上时，特征量趋于稳定。根据上述现象，建议 ZF12-126 断路器的试验电流应当不小于 800A，且最好小于 1kA，以免损害触头。此时试验结果不仅能够尽量反映触头在正常工作条件下的性能，且测量结果的分散度较小，利于比较分析。

8.3　电寿命数值计算评估方法

目前常用的数值计算方法有：模糊综合诊断法、电荷量法（Time-Integrated Current）、相对电磨损量法、开断电流加权累计法以及计及燃弧时间的开断电流加权累计法。动态电阻曲线里包含了丰富的触头信息，目前常用的办法是结合行程曲线，计算出 $t_{DRM,2}$—$t_{DRM,3}$ 期间动弧触头的运动距离 L，并根据 L 来衡量断路器的电寿命。下面将对上述方法分别进行介绍。

沈阳工业大学林莘教授提出了模糊综合诊断法。该方法有 6 个输入量，分别是以首开相燃弧时间、第一序号后开相燃弧时间、第一序号开距为 4mm 时平均开断速度（m/s）、第一序号开断时间（ms）、第一序号首开相在三相中分布均匀度、第一序号等效开断电流的电磨损系数。据此建立评判集，并确定隶属函数，最后利用模糊运算，得到断路器的电寿命。该方法物理解释不明确，隶属函数的确定必须依赖专家的经验。

Stoving P N 等人利用电荷量积分法计算断路器的电寿命，计算公式见式（8-1）。它的核心思想是利用累计的燃弧能量来衡量电寿命，且在忽略电流等级的情况下，电弧电压基本为常数，因此可以利用累计的电荷量来评估电寿命。

$$Q = \sum_{n} \int_{0}^{t_n} i_n \mathrm{d}t \tag{8-1}$$

然而根据实验结果，利用累计的燃弧能量来衡量电寿命存在较大偏差。

沈阳工业大学的贾继钧教授等人提出基于触头磨损量与喷口磨损量的电耐受能力的研究。他们经过大量的试验，得到了触头磨损量与喷口磨损量与开断电流之间的关系。利用该公式来计算断路器的触头磨损量与喷口磨损量，并根据厂家提供的磨损量阈值来判断断路器的电耐受能力。

$$\Delta m=\begin{cases}0.08I_c^{3.79} & I_c<10\text{kA}\\ 0.97I_c^{1.78} & I_c\geqslant 10\text{kA}\end{cases} \tag{8-2}$$

$$\Delta m=\begin{cases}0.02I_c^{3.48} & I_c<11\text{kA}\\ 1.07I_c^{1.78} & I_c\geqslant 11\text{kA}\end{cases} \tag{8-3}$$

该方法的普适性尚有待验证。

法国高能实验室（EDF）和意大利工程指导公司（ENEL）在对 SF_6 断路器电寿命研究和试验中找到一种适合工程应用的触头损耗等效定律 $N_s=f(I_{sn}/I_b)$，该定律表达了不同开断电流对触头烧损量的折算关系。式中 N_s 为等效开断次数，I_{sn} 为额定短路开断电流，I_b 为开断电流。该定律认为开断电流 $I_b<0.35I_{sn}$ 时，造成的磨损远小于开断电流 $I_b\geqslant 0.35I_{sn}$ 时所造成的磨损，因此计算等效开断次数 N_s 的表达式不同。但该方法未能考虑燃弧时间对磨损量的影响。

清华大学关永刚提出了计及燃弧时间的开断电流加权累计法，该方法是对开断电流加权累积法的改进，利用触头电磨损量来表征断路器的电寿命，并计及了燃弧时间对磨损量的影响，但是其燃弧时间的测量比较复杂。此外，电流与触头磨损量并不是简单的指数关系，当开断电流小于阈值时，电流的权数会变化，而计及燃弧时间的开断电流加权累计法忽略了这一点。

清华大学王旭昶根据动态回路电阻信号计算出静态回路电阻、弧触头接触时间的回路电阻与弧触头有效接触时间，并结合从其他信号提取出来的特征参量，建立了一个简单的故障预测系统。西安交通大学的李六零等人提出用行程、弧触头比主触头的长度以及弧触头允许烧损的长度来判断断路器的运行状况。

加拿大魁北克水电研究院的 Michel Landry 等人提出利用以下 5 个参量来预测断路器电气故障：主触头的平均电阻、弧触头的平均电阻、主触头的磨损长度、弧触头的磨损长度、弧触头部分的触点位置。以动触头行程为横坐标，以动态电阻为纵坐标，计算弧触头单独运动时间内，动态电阻曲线下的面积。当面积大于阈值时，则认为断路器故障。由于开断电流比较大，所以增加了测试的难度。

8.4 基于弧触头单独接触行程的电寿命评估方法

我国国家标准 GB 1984—2003《高压交流断路器》规定：额定电压 72.5kV 及以上的 SF_6 断路器的电寿命试验，采用标准中第 11 页表 4 的试验程序进行；额定短路开断电流≥50kA，采用 1~4 序号满容量操作总次数为 12 次。但在目前实际应用中，高压开关设备更多地进行远小于额定短路开断电流大小的电流开断，额定短路电流开断次数远达不到电寿命的总开断次数。因此，国内外提出采用开断电流加权累计法来评估高压开关设备的电寿命［如式（8-4）和式（8-5）所示，我国国家电网公司采用的系数为 1.8］，该方法是考虑高压开关设备开断次数达到相当数量的情况下，根据统计学概率，可以忽略燃弧时间 t 的分散性影响。该方法在评估开断操作比较频繁的中低压开关设备的电寿命方面具有一定的效果，但在操作次数较少的高压开关设备电寿命评估方面准确度不高。

$$Q=\sum_{i=1}^{N} I_{ikd}^2 \tag{8-4}$$

$$Q_L=Q-\sum_{i=1}^{n} I_{ikd}^2 \tag{8-5}$$

实际上，影响高压开关设备电寿命的是触头开断过程中产生的电弧，电弧对灭弧室中弧触头的烧蚀是导致高压开关设备电寿命终止的关键因素。电弧对弧触头的烧蚀，与电弧的燃

弧时间直接相关。因此，高压开关设备的电寿命评估应该根据考虑燃弧时间来进行加权累计。因此，根据影响高压开关设备电寿命的实际因素，将上述公式修正为如下两个计及燃弧时间的公式：

$$Q = \sum_{i=1}^{N} I_{ikd}^{2} t \tag{8-6}$$

$$Q_L = Q - \sum_{i=1}^{n} I_{ikd}^{2} t \tag{8-7}$$

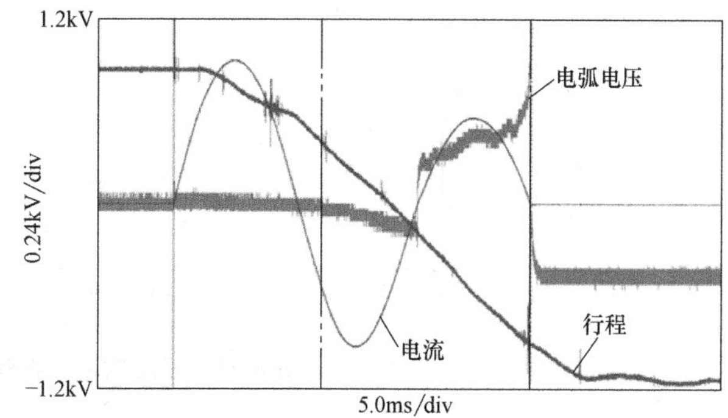

图 8-19　短路电流、电弧电压和动触头行程曲线

图 8-19 所示分别为短路电流、电弧电压和动触头行程曲线。通过本项目研究可以获得动、静弧触头分离时刻所对应的动触头行程曲线位置，由此可设定燃弧的起始时刻，再利用选相合闸 IED 获得短路电流波形，利用短路电流波形的最后一个过零点获得燃弧终止时刻，由此可以计算得到燃弧时间 t。由于随着高压开关设备开断电流次数的增加，静弧触头会缩短，从而使得采用固定的动触头行程曲线位置判断燃弧起始时刻存在偏差，因此在实际应用中经过一定次数的开断后，需要采用离线测试动态回路电阻的方法对燃弧起始时刻判据进行修正。即采用离线方法测量动触头行程曲线和动态回路电阻，根据动态回路电阻法所获得的动、静弧触头接触时刻修正动触弧触头分离时刻动触头行程曲线上的位置数据。

本实验是通过对 ZF12-126 型组合电器（额定短路电流 $I_e = 31.5\text{kA}$）进行测试的（动态回路电阻测试用试验电流为 800A），试验装置请参考 8.2.1 所述，此处不再赘述。

图 8-20 所示为利用电容器充放电回路实施的 ZF12-126 组合电器在短路电流开断条件下（电流和电压波形如图 8-21 所示）进行开断试验，利用获得 $\sum I^2 t$（累积等效能量）与弧触头单独接触行程（弧触头单独接触行程定义为：主触头分离后的弧触头单独接触的距离）的对应关系。

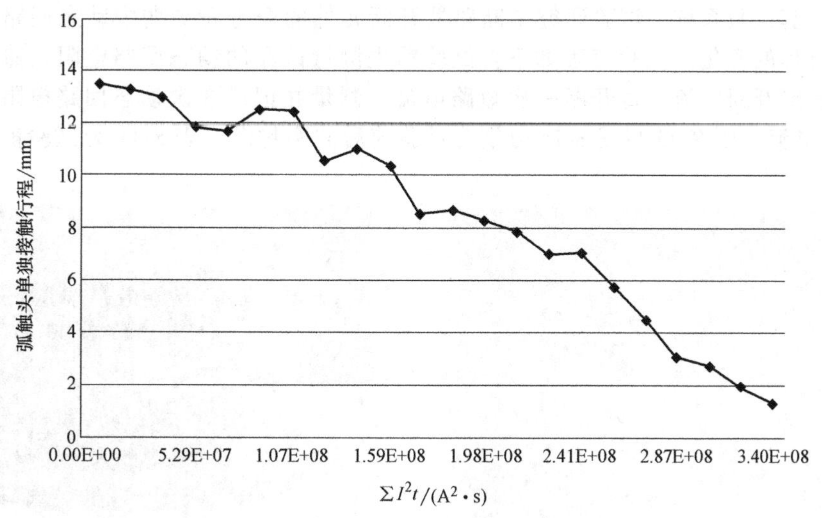

图 8-20　$\sum I^2 t$ 与弧触头单独接触行程的关系

图 8-20 中可以看出，弧触头的单独接触行程在试验的前期减少的比较慢，后期减少的比较快。经过本实验的研究发现，在测试过程中，弧触头的形状变化如图 8-22 所示，弧触头先烧蚀成圆台，再烧蚀成圆柱，再烧蚀成圆台，如此循环往复。

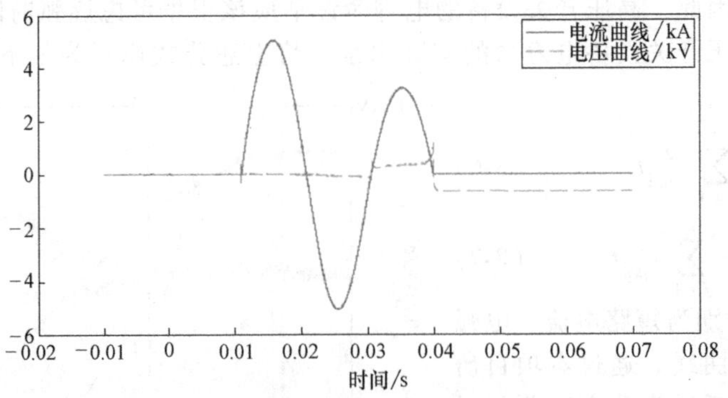

图 8-21　短路电流和电弧电压波形

由上述分析可见，基于$\sum I^2t$（累积等效能量）的方法，考虑了燃弧时间长短对弧触头的烧蚀影响，更能反映实际弧触头烧蚀过程，从原理上也比$\sum I^2$（开断电流加权累计法）方法更具科学性。考虑到 SF_6 断路器在燃弧过程中的弧触头烧蚀非常复杂，单独采用考虑$\sum I^2t$的方法，仍然难以准确获得 SF_6 断路器的电寿命。

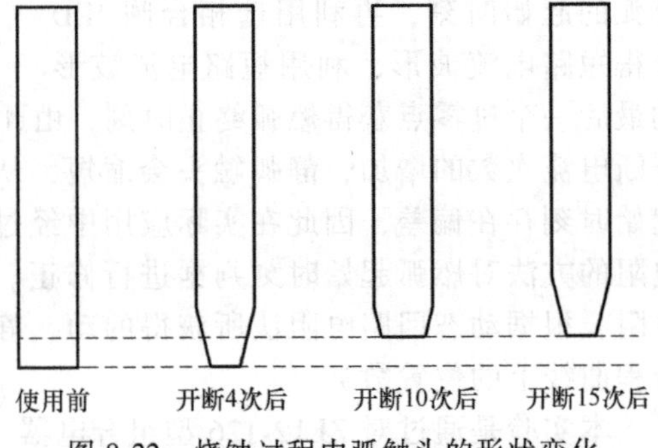

图 8-22　烧蚀过程中弧触头的形状变化

为此，对 SF_6 断路器电寿命的评价方法开展了进一步的研究。根据研究发现，SF_6 断路器开断电流后，其动态回路电阻会发生一定的变化，同时弧触头的单独接触行程会变短。弧触头单独接触行程可反映断路器开断性能，如果弧触头单独接触行程为零，则表示在断路器开断过程中主触头将承担开断电路任务，会导致开断失败。在研究过程中，通过测量断路器开断过程中，当动、静主触头分离后，动、静弧触头单独行程是否为零作为断路器灭弧室电寿命是否终止的判据。

利用同一套试验系统，试验研究了断路器开断元件的全寿命周期中动态回路电阻信号与弧触头接触行程的变化。试验流程如下：试验前先测量试品的动态回路电阻，然后让试品多次开断额定短路开断电流，每开断一次短路电流，测量并记录 3 次动态回路电阻，一共开断了 21 次短路电流。图 8-23 与图 8-24 分别为试验前后的实物图，表 8-11 为试验前后的触头尺寸参数。

a) 试验前

b) 试验后

图 8-23　动弧触头的实物图

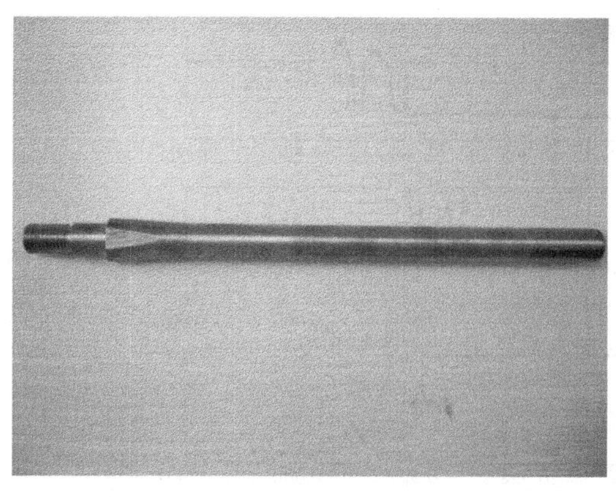

a) 试验前

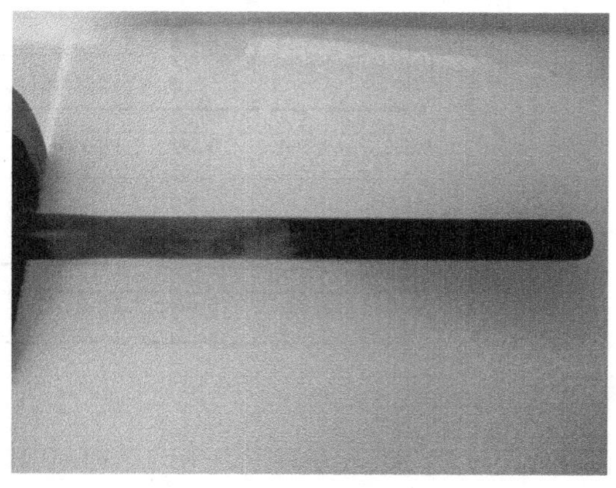

b) 试验后

图 8-24　静弧触头的实物图

表 8-11　试品试验前与试验后的尺寸

项目	动主触头的外径/mm	静主触头的内径/mm	动弧触头的内径/mm	静弧触头的外径/mm	静弧触头的长度/mm
试验前	102.3	100.5	17.0	17.9	314.5
试验后	101.9	100.2	16.48	18.0	312.3

由表 8-11 可以计算出，试验后，静弧触头的长度缩短了 2.2mm（l_{arc} = 314.5mm－312.3mm = 2.2mm）。同时利用采集得到的电弧电压和电流波形，21 次开断的平均电流有效值为 31.2kA（与额定短路电流 31.5kA 接近），计算得到总的燃弧时间为 366ms，21 次开断试验的平均燃弧时间 17.4ms，总的 $\sum I^2t$ 为 340.08$MA^2 \cdot s$。

试验记录了触头整个试验过程中的动态回路电阻信号，比较了动态回路电阻的特征量，包括主回路电阻、动态主回路电阻、弧触头电阻。图 8-25 展示了历次开断的动态回路电阻曲线。

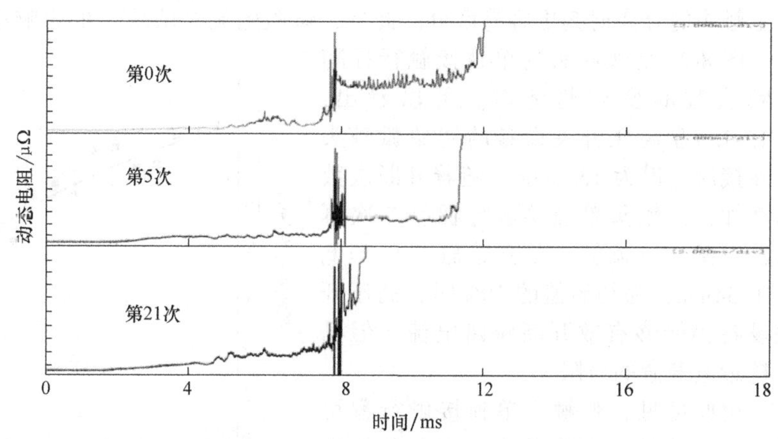

图 8-25　历次开断的动态回路电阻曲线

进一步对试品 A（试验后）、B（试验前）进行动态回路电阻试验，观察两者在不同试验电流下的行程—动态回路电阻曲线，重点分析弧触头行程 l_{arc} 的变化规律。图 8-26 所示为试验过程测到的电压、电流和动触头行程信号。弧触头单独接触行程 l_{arc} 是指主触头开断后弧触头的接触行程。通过在机构上安装的行程传感器获得在弧触头接触时间段内，弧触头的运动速度；通过动态弧触头电阻变化获得弧触头接触时间，运动速度乘以运动时间计算得到弧触头接触行程。弧触头行程过小会妨碍电流由主触头向弧触头转移，电弧在动静主触头之间燃烧，使得灭弧室失去作用，最终会造成断路器爆炸。

实验获得的行程—动态回路电阻曲线如图 8-14 所示，横坐标为断路器行程，纵坐标为动

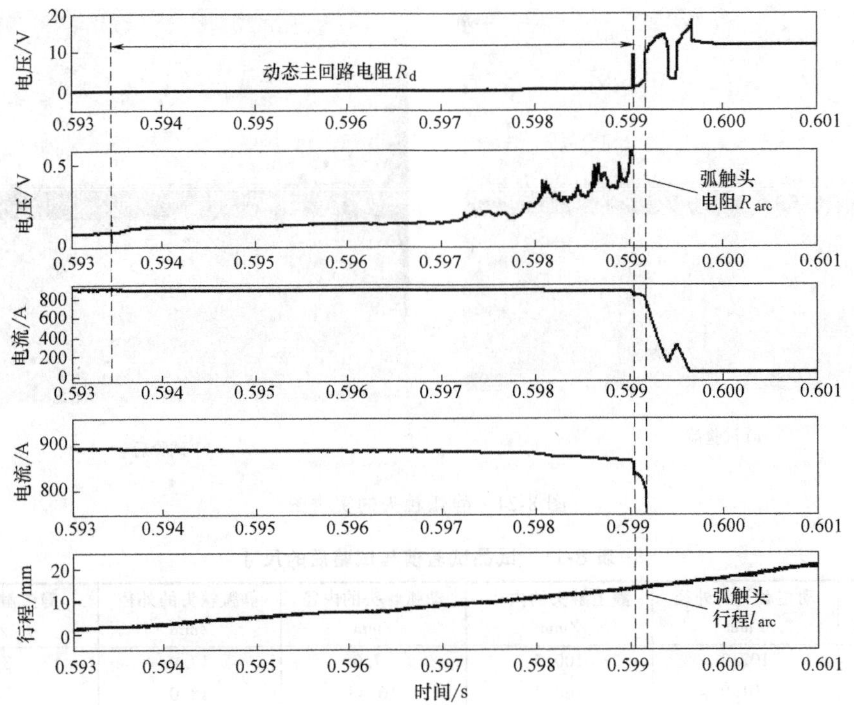

图 8-26　电压信号、电流信号以及行程信号（试品 A，870A）

态回路电阻，它可以直观地反映触头在不同位置上的电阻值，进而可发现弧触头过短、触头接触不良等缺陷。图 8-14 是试品 A（试验后）与试品 B（试验前）的行程—动态回路电阻信号。可以看出随着试验电流的增大，动态回路电阻信号的幅值减小，信号的波动也变小，并且主触头的分离时刻更容易区分。此外，试验电流对试品 A 的影响小于试品 B。

图 8-27 是弧触头的单独接触行程随开断次数的变化趋势图。可以看出，ZF12-126 型高压开关设备的初始弧触头单独接触行程为 13.6mm，随着开断次数的增加，弧触头单独接触行程呈二次幂指数下降。当弧触头单独接触行程降低到 1.34mm，为初始值的 10%时，高压开关设备仍能够有效开断短路电流，但已经接近电寿命的极限。

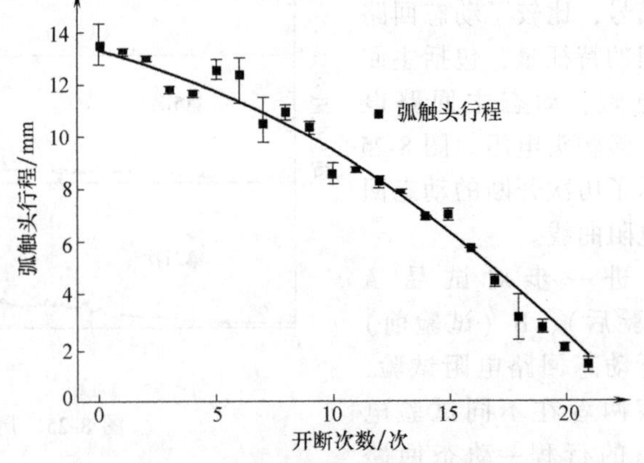

图 8-27　弧触头的单独接触行程随开断次数的变化趋势

由此可见，弧触头单独接触行程可反映断路器的电寿命状况，而且此参数在离线状态下易于测量。

为了进一步探索弧触头烧蚀严重到什么程度时 ZF12-126 型组合电器将出现开断失败，本项目进行了更深入的研究。在相同的试验条件下，对该型组合电器设备的灭弧室进行了更多次开断试验，直至开断失败。试品总共进行了 26 次满容量短路电流开断。

图 8-28 所示为弧触头在试验前后的实物图。表 8-12 为弧触头在试验前后的尺寸参数。

从图 8-28 和表 8-12 可以看出，经过了 26 次额定短路电流开断后，弧触头烧蚀了 l_{arc} = 314. 5mm−311. 2mm = 3. 3mm，此时在断路器开断过程中，因主触头先于弧触头分离，电流在

主触头开断导致开断失败。经过计算得到累积燃弧时间为 411.9ms，平均每次燃弧时间为 15.84ms。计算得到 $\sum I^2t=467.18\text{MA}^2\cdot\text{s}$。与之前试验相比，弧触头烧蚀长度增加了 3.3mm−2.2mm=1.1mm；燃弧时间增加了 411.9ms−366ms=45.9ms，$\sum I^2t$ 增加了 $467.18\text{MA}^2\cdot\text{s}-340.08\text{MA}^2\cdot\text{s}=127.09\text{MA}^2\cdot\text{s}$。

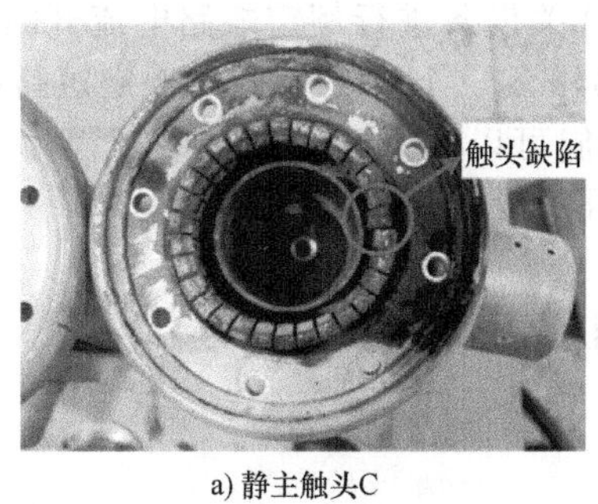

a) 静主触头C

b) 静主触头D

c) 动主触头C

d) 动主触头D

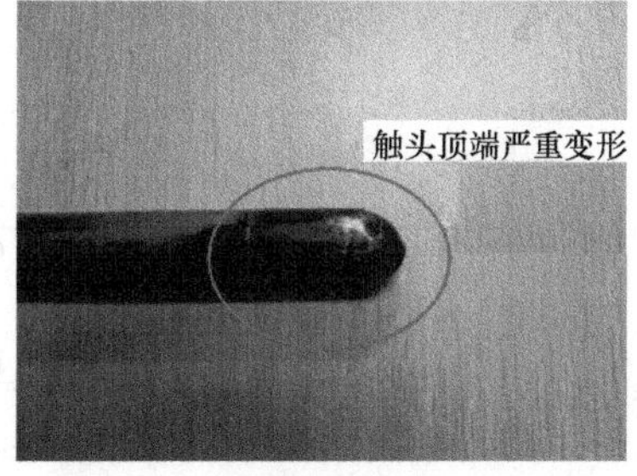

e) 静弧触头C

f) 静弧触头D

图 8-28　试品 C 与试品 D 的实物图

表 8-12　试品 C 与 D 的尺寸

项目	动主触头的外径 /mm	静主触头的内径 /mm	动弧触头的内径 /mm	静弧触头的外径 /mm	静弧触头的长度 /mm
试品 C	102.6	98.6	16.4	17.8	311.2
试品 D	102.3	100.5	17.0	17.9	314.5

在实际应用中，如果实际开断电流不是额定短路电流时，可根据我国国家标准 GB 1984—2003《高压交流断路器》和 IEC/TR 62271-310，采用表 8-13 进行等效，将实际开断电流等效为额定短路电流然后进行 $\sum I^2t$ 的累积。

表 8-13　开断操作的等效次数

开断试验方式	等效于 T60 开断操作的次数	开断试验方式	等效于 T60 开断操作的次数
T10	0.01	T30	0.25
OP2	0.15	T60	1

（续）

开断试验方式	等效于 T60 开断操作的次数	开断试验方式	等效于 T60 开断操作的次数
L75	1.5	T100s	2.4
L90	2		

根据前述结果进一步进行分析发现，当高压开关设备进行额定短路电流开断的次数为 21 次时，弧触头的单独接触行程从 13.6mm 降到 1.34mm，当进行第 26 次额定短路电流开断时，开断失败，说明主触头先于弧触头打开，此时我们可以认为弧触头接触行程为 0mm。因此，可以通过测试弧触头的单独接触行程来评估高压开关设备电寿命是否到期。

8.5 基于 chromatic 电弧光谱分析的触头烧蚀预测方法

8.5.1 波长域数据处理法

高速光谱仪捕获的电弧光谱 $S(\lambda,t)$ 既是波长 λ 的函数，同时也是时间 t 的函数。因而，通过对电弧时变光谱进行分析，不仅能获得电弧组分的信息（波长域），还能获得电弧组分随时间变化的信息（时间域）。与空间域 chromatic 分析方法不同，波长域 chromatic 数据处理使用了沿波长轴线性分布的 3 个处理器。空间域处理器（即光纤传感器）的输出由其安装位置和传感器的响应曲线决定，而波长域处理器的输出由其响应曲线决定。通常，在使用 chromatic 方法对波长域的数据进行处理时，最常用的是呈均匀分布的高斯处理器，并覆盖整个观测波长范围，如图 8-29 所示。相邻的两个处理器的重叠位置被设置为峰值的 50%，这样会得到一个相对均匀的 H 值响应。

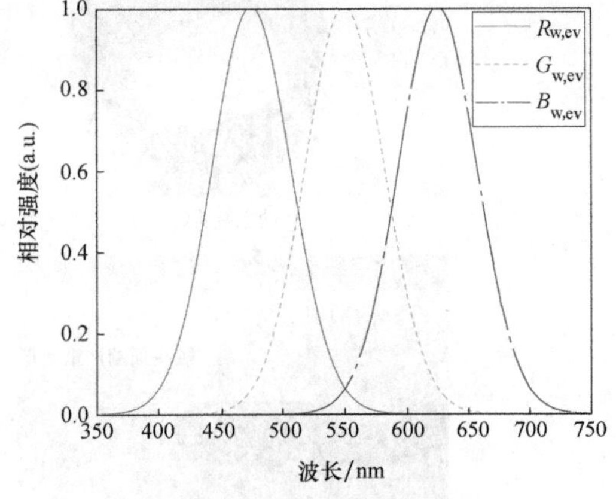

图 8-29 均匀分布的波长域处理器 $R_{w,ev}$、$G_{w,ev}$ 和 $B_{w,ev}$

波长域处理器分别使用 $R_{w,ev}$、$G_{w,ev}$ 和 $B_{w,ev}$ 来表示（下标“w”代表“波长”，“ev”代表“均匀”），这些处理器的中心分别位于 475nm、550nm 和 625nm 处。此处应该特别注意，用于表示波长域处理器的字母 R、G、B 并非代表颜色红（Red）、绿（Green）、蓝（Blue）。

波长域 chromatic 处理器的输出，即 R_0、G_0、B_0，可以通过式（8-8）计算得到，应用 HLS 变换和 xyz 变换可以分别得到波长域的 chromatic 参数 H_w、L_w、$1-S_w$（分别表示主波长，有效信号强度和等效信号宽度）和参数 x_w、y_w、z_w（分别表示 $R_{w,ev}$、$G_{w,ev}$、$B_{w,ev}$ 处理器覆盖区域内信号的相对强度）。

$$R_0 = \int S(p)R(p)\,\mathrm{d}p$$

$$G_0 = \int S(p)G(p)\,\mathrm{d}p$$

$$B_0 = \int S(p)B(p)\,\mathrm{d}p \tag{8-8}$$

式中，p 为原始信号所在的参数域；$S(p)$ 为原始信号；$R(p)$、$G(p)$ 和 $B(p)$ 分别为 R、G、B 的响应曲线。

8.5.2　时域数据处理法

在高压断路器开断过程中，电弧与弧触头的相互作用并未达到一个稳定状态，因而需要了解电弧光谱随时间的变化，为此可将波长域 chromatic 参数随时间的变化进行作图分析。电弧光谱的 chromatic 时域分析，实质上是对波长域 chromatic 参数随时间变化规律的分析，即 $x_w(t)$、$y_w(t)$、$z_w(t)$、$H_w(t)$、$L_w(t)$ 和 $1-S_w(t)$。因此，时域的 chromatic 光谱分析可以被认为是对电弧光谱数据进行的二阶处理，而波长域的 chromatic 光谱分析是对电弧光谱的一阶处理。

时域处理器的相对位置选择主要由电弧的放电时间决定。一般情况下，时域处理器需要覆盖整个电弧放电时段。根据不同实验交流电流触发时刻的不同，所用时域处理器位置略有区别，如图 8-30 所示。

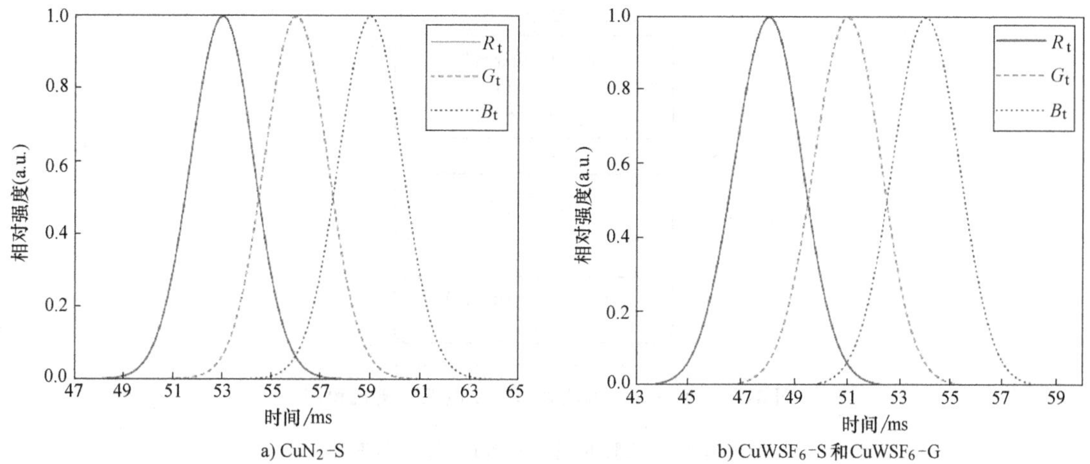

a) CuN_2-S　　b) $CuWSF_6$-S 和 $CuWSF_6$-G

图 8-30　针对不同实验组的时域 chromatic 处理器

实验组 CuN2-S 时域处理器峰值时间位置分别为 53ms、56ms 和 59ms，如图 8-30a 所示，实验组 CuWSF-S 和 CuWSF-G 时域处理器峰值位置处于 48ms、51ms 和 54ms，如图 8-30b 所示。相邻处理器之间的重叠区域同样设置为峰值的 50%。时域处理器分别由 R_t、G_t 和 B_t 来表示（下标 t 表示“时间”）。

将时域处理器作用于每个波长域 chromatic 参数时，这些处理器的输出可以由以下方程计算得到：

$$R0_{t,w} = \int_t W(t) \cdot R_t(t)\,dt$$

$$G0_{t,w} = \int_t W(t) \cdot G_t(t)\,dt$$

$$B0_{t,w} = \int_t W(t) \cdot B_t(t)\,dt \tag{8-9}$$

式中，W 代表波长域 chromatic 参数，即 x_w、y_w、z_w、H_w、L_w 或 $1-S_w$。通过使用 HLS 和 xyz 变换，可进一步获得每个波长域 chromatic 参数的 6 个时域 chromatic 参数。因此，总共可以获得 36 个时域 chromatic 数，如表 8-14 中所列。举例说明，$z_{t,hw}$ 代表波长域参数 $H_w(t)$ 被处理器 B_t 覆盖时间范围内的相对信号强度。

图 8-31 所示为使用 chromatic 方法对时间分辨光谱 $S(\lambda,t)$ 进行处理的流程图，其中 m 和 n 均可代表 x、y、z、H、L 或 S。

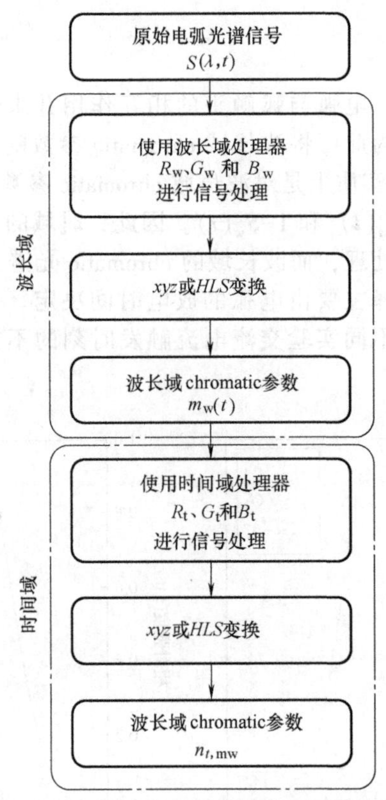

图 8-31　chromatic 方法处理时变电弧光谱流程图

表 8-14　二阶时域 chromatic 参数列表

变换方法	$x_w(t)$	$y_w(t)$	$z_w(t)$	$H_w(t)$	$L_w(t)$	$1-S_w(t)$
	$x_{t,xw}$	$x_{t,yw}$	$x_{t,zw}$	$x_{t,hw}$	$x_{t,lw}$	$x_{t,sw}$
xyz	$y_{t,xw}$	$y_{t,yw}$	$y_{t,zw}$	$y_{t,hw}$	$y_{t,lw}$	$y_{t,sw}$
	$z_{t,xw}$	$z_{t,yw}$	$z_{t,zw}$	$z_{t,hw}$	$z_{t,lw}$	$z_{t,sw}$
	$H_{t,xw}$	$H_{t,yw}$	$H_{t,zw}$	$H_{t,hw}$	$H_{t,lw}$	$H_{t,sw}$
HLS	$L_{t,xw}$	$L_{t,yw}$	$L_{t,zw}$	$L_{t,hw}$	$L_{t,lw}$	$L_{t,sw}$
	$S_{t,xw}$	$S_{t,yw}$	$S_{t,zw}$	$S_{t,hw}$	$S_{t,lw}$	$S_{t,sw}$

8.5.3　线性回归数据处理法

在以往的弧触头烧蚀研究中，通常使用弧触头的平均质量损失来表示烧蚀程度，从而无法获得单次实验的弧触头质量损失数据，在相同条件下，弧触头的质量损失存在显著差别。

利用线性回归的方法，可以建立弧触头质量损失 Δm（单位：mg）和电弧光谱 chromatic 参数之间的定量关系：

$$\Delta m=\beta_0P_0+\beta_1P_1+\cdots+\beta_nP_n+C \tag{8-10}$$

式中，β_n 是回归系数；P_n 是 chromatic 参数；下标 n 为使用参数的数量；C 为常数。

根据实际测量得到的弧触头质量损失数据和电弧光谱 chromatic 参数，利用线性回归建模方法和 SPSS 数据分析软件可以求解得到回归系数 β_n 和常数 C。

8.5.4　chromatic 光谱数据处理法

1. 电弧光谱的波长域处理

本节分别针对铜触头在 N_2 中和 SF_6 中的烧蚀进行研究。

当铜触头在 N_2 中烧蚀时，使用如图 8-29 所示波长域处理器，对实验组 CuN_2-S 电流峰值时刻 t_p 的电弧光谱（见图 8-32）进行处理，各处理器输出分别为 $R0_{w,ev}$、$G0_{w,ev}$ 和 $B0_{w,ev}$，利用 xyz 变换可以得到波长域 chromatic 参数 $x_w(t_p)$、$y_w(t_p)$、$z_w(t_p)$、$H_w(t_p)$、$L_w(t_p)$ 和 $1-S_w$

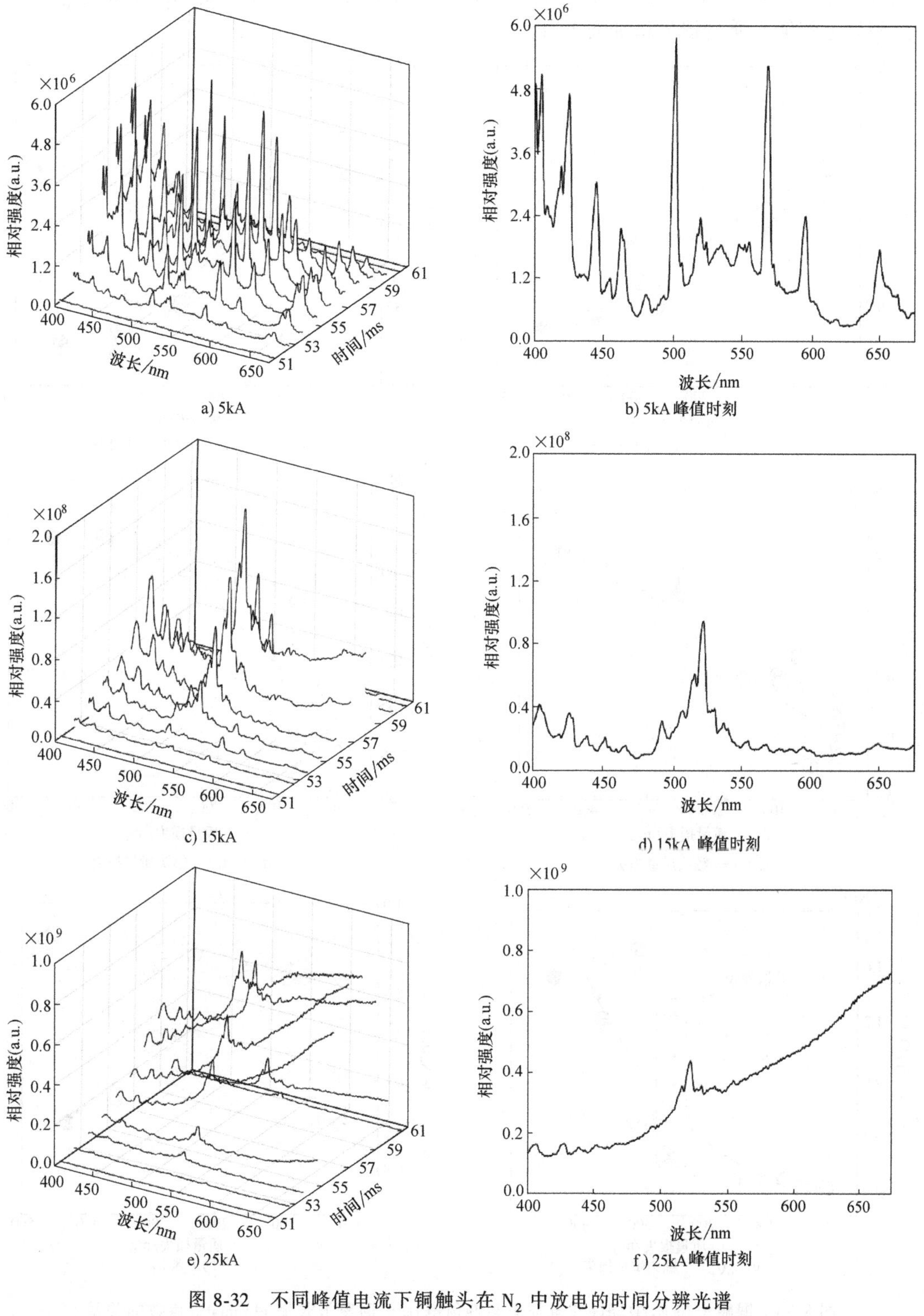

a) 5kA

b) 5kA 峰值时刻

c) 15kA

d) 15kA 峰值时刻

e) 25kA

f) 25kA 峰值时刻

图 8-32　不同峰值电流下铜触头在 N_2 中放电的时间分辨光谱

(t_p)。通过散点图的方式，可以得到 chromatic 参数与弧触头质量损失的关系，如图 8-33 所示，图中每个散点代表一次烧蚀实验（编号显示在数据点内），颜色与质量损失相对应。

如图 8-33 所示，6 个波长域 chromaitc 参数与触头质量损失均近似呈单调关系。其中，$x_w(t_p)$、$y_w(t_p)$ 和 $1-S_w(t_p)$ 整体上随触头质量损失增加而下降；相反 $z_w(t_p)$、$H_w(t_p)$ 和 $L_w(t_p)$ 整体上随触头质量损失增加而上升。

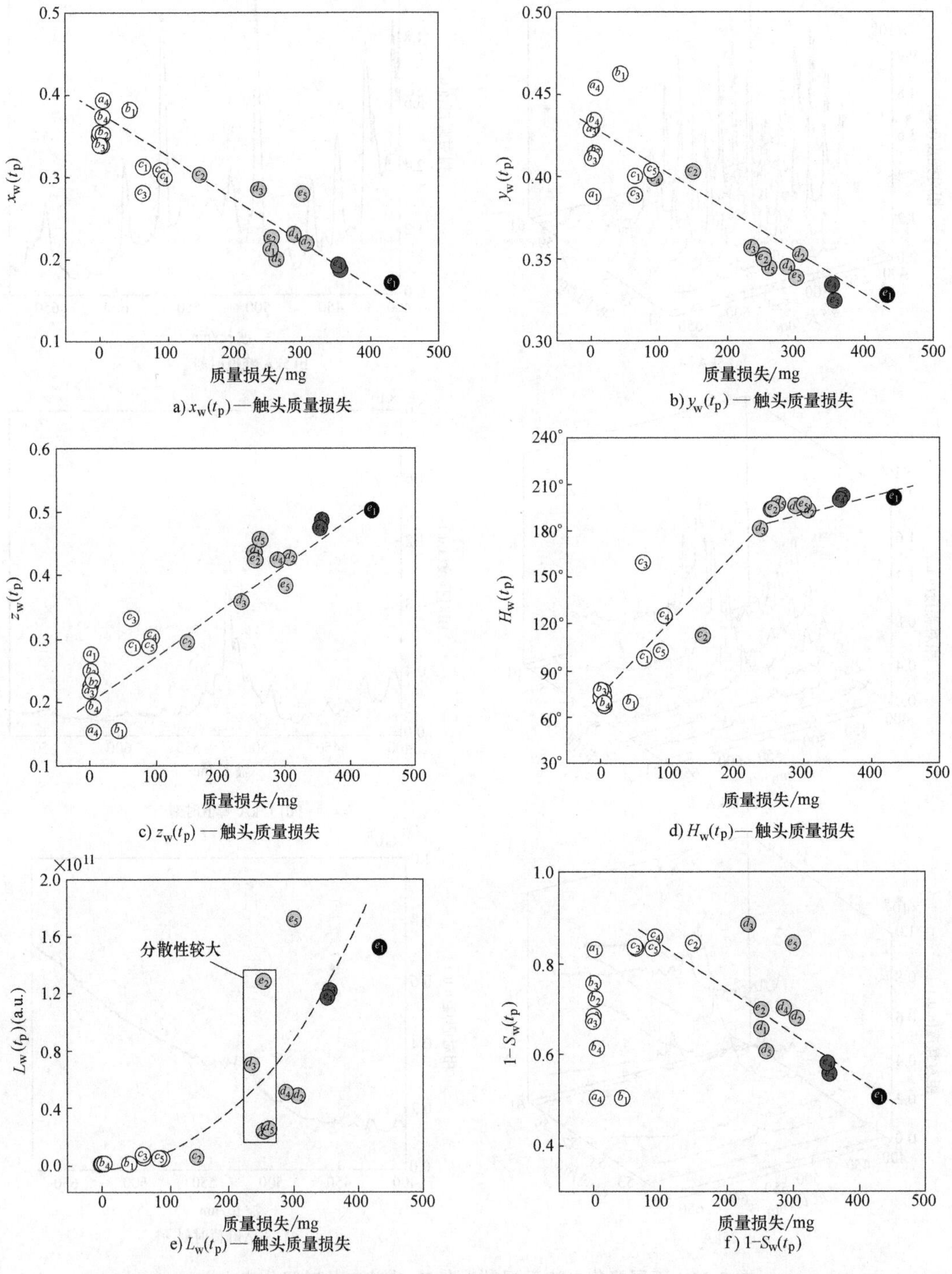

a) $x_w(t_p)$—触头质量损失

b) $y_w(t_p)$ — 触头质量损失

c) $z_w(t_p)$ — 触头质量损失

d) $H_w(t_p)$—触头质量损失

e) $L_w(t_p)$— 触头质量损失

f) $1-S_w(t_p)$

图 8-33　铜触头在 N_2 中烧蚀质量损失与峰值电流 t_p 时刻波长域 chromatic 参数的关系

具体而言，chromatic 参数 $x_w(t_p)$、$y_w(t_p)$ 和 $z_w(t_p)$ 表示不同波长域处理器覆盖波段范围中光谱的相对强度。在图 8-33a 中，$x_w(t_p)$ 的数值处在 0.17~0.40 的范围之内，表明处理器 $R_{w,ev}$ 所覆盖波长区间的相对光谱信号强度占整体的 17%~40%。在图 8-33b 中，$y_w(t_p)$ 随触头质量损失的变化趋势与 $x_w(t_p)$ 相似，其数值处在 0.32~0.46 之间。在图 8-33c 中，$z_w(t_p)$ 数值大约处在 0.14~0.51 的范围之内。由此可知，在触头质量损失较小时（约 < 200mg），电弧光谱中来自 $R_{w,ev}$ 和 $G_{w,ev}$ 覆盖波长范围的相对光谱强度高于 $B_{w,ev}$ 波段。随着触头质量损失的增加，来自与 $B_{w,ev}$ 波段的相对光谱辐射强度占到可见光范围总能量的约 51%。参考光谱的原始数据图 8-32e、f 可以推断出，参数 $z_w(t_p)$ 的增大与连续光谱辐射能量的增加有密切关系。

波长域 chromaitc 参数 $H_w(t_p)$、$L_w(t_p)$ 和 $1-S_w(t_p)$ 可以提供电弧光谱的整体变化趋势。

图 8-33d 显示主波长 $H_w(t_p)$ 在大约 70°~210°的范围内变化。在触头质量损失较小的情况下，即实验 a_1~a_5、b_1~b_5、$H_w(t_p)$ 的数值约为 70°，意味着电弧光谱的等效中心位于处理器 $R_{w,ev}$ 和 $G_{w,ev}$ 之间的位置（约 520nm），参见实验的原始光谱图 8-32a、b。在触头质量损失较大的情况下，即 d_1~d_5 和 e_1~e_5，$H_w(t_p)$ 的数值增加到约 210°，表明主波长中心位于 $G_{w,ev}$ 和 $B_{w,ev}$ 之间。参考图 8-32e、f 可以看出，连续光谱占据光谱辐射能量的绝大部分，这被认为是 $H_w(t_p)$ 发生变化的主要原因。对于实验 c_1~c_5，$H_w(t_p)$ 在一个较大的范围内发生变化，这主要由电弧弧柱在触头间隙中的扰动造成。

图 8-33e 所示为光谱的有效信号强度 $L_w(t_p)$ 与触头质量损失的关系，随着触头质量损失的增加，$L_w(t_p)$ 整体上呈增长趋势。在一定程度上，$L_w(t_p)$ 的数值大小可以用来指示实验电流的峰值大小。然而，对于触头质量损失较小的情况下，参数 $L_w(t_p)$ 分散性较大。电弧弧柱向周围环境辐射的光能与触头的质量损失无直接关联，因而单纯使用电弧弧柱的光谱有效信号强度 $L_w(t_p)$ 作为弧触头烧蚀的指征参数并不充分。

图 8-33f 所示为光谱的等效信号宽度 $1-S_w(t_p)$ 与触头质量损失的关系。在触头质量损失较小时，$1-S_w(t_p)$ 的数值较大，并且在一定范围内不随触头质量损失而变化，推断其原因是由于电弧弧根在触头表面上的移动导致电弧发射光谱与峰值电流时刻不同步。在交流半波内，电弧弧根的运动不可预测，弧根可能在任意时刻停留在触头表面任意特定位置。当电弧弧根在电流的峰值时刻前后保持固定时，将会捕获到强烈的铜原子谱线，即在 522nm 附近出现的非常明显的峰值，此时的 $1-S_w(t_p)$ 数值会较低（谱线的等效分布宽度较窄）。与此相反，如果弧根在电流峰值时刻前后并未保持固定，计算得到的 $1-S_w(t_p)$ 值将会较大。随着电流的增大（质量损失的增大），$1-S_w(t_p)$ 的数值表现出下降趋势。

从上述讨论可以看出，6 个波长域的 chromatic 参数，即 $x_w(t_p)$、$y_w(t_p)$、$z_w(t_p)$、$H_w(t_p)$、$L_w(t_p)$ 和 $1-S_w(t_p)$，分别代表电弧辐射光谱特定方面的特征。在实际应用中，往往并不直接使用这 6 个单独的 chromatic 参数来预测弧触头质量损失。为了更直观地解读 chromatic 参数中包含的信息，通常使用另外 3 个 chromatic 图来表示触头质量损失与 chromatic 参数之间的关系，如图 8-34~图 8-36 所示。

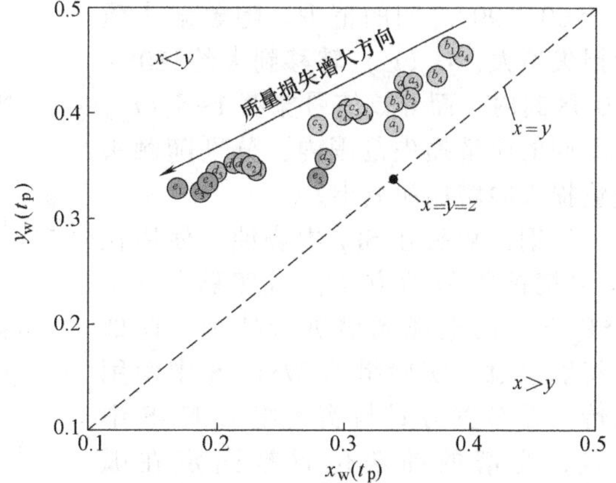

图 8-34 以 chromatic 参数 $x_w(t_p)$ 和 $y_w(t_p)$ 表示的铜触头在 N_2 中的烧蚀规律

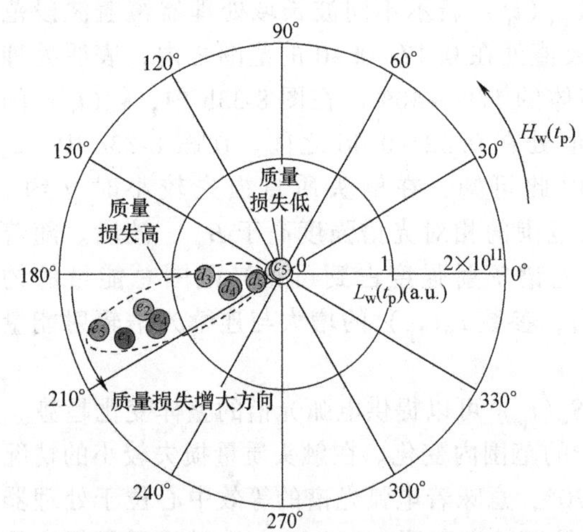

图 8-35 以 chromatic 参数 $H_w(t_p)$ 和 $L_w(t_p)$ 表示的铜触头在 N_2 中的烧蚀规律

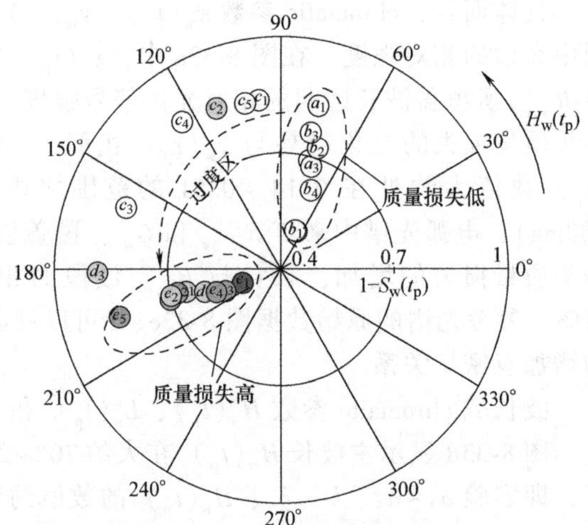

图 8-36 以 chromatic 参数 $H_w(t_p)$ 和 $1-S_w(t_p)$ 表示的铜触头在 N_2 中的烧蚀规律

对于图 8-34，首先应当特别指出，由于存在 $x_w+y_w+z_w=1$，参数 z_w 的变化趋势已经隐含在该图中。因此，通过一幅直角坐标图，即可同时表达 x、y、z 三个 chromatic 参数的变化趋势，图中散点的颜色代表弧触头的质量损失。从图中可以看出，x_w 和 y_w 的数值均随触头质量损失增加而减少。图中虚线代表 $x_w=y_w$ 位置，实心黑点代表平衡点 $x_w=y_w=z_w=0.33$ 的位置。若某次实验结果位于平衡点附近，则代表该次实验光谱谱线强度在整个可见光波长范围内相对均匀分布。与此相反，实验结果越远离平衡点，代表光谱能量在可见光范围内分布越不均衡。由此可以直观地判断和比较不同波段光谱信号的相对强度。

图 8-35 所示为 $H_w(t_p)$ 和 $L_w(t_p)$ 随触头质量损失的变化趋势。在触头质量损失较小时（即 $a_1\sim a_5$、$b_1\sim b_5$ 和 $c_1\sim c_5$），电弧光谱有效信号强度 $L_w(t_p)$ 数值很低，接近零点位置。随着触头质量损失的增加，电弧光谱有效信号强度 $L_w(t_p)$ 随之增加。此外，当触头质量损失较高时，电弧光谱主波长 $H_w(t_p)$ 随触头质量损失的增加而呈增大趋势（方向由图中实心箭头标出）。

图 8-36 所示为 $H_w(t_p)$ 和 $1-S_w(t_p)$ 随触头质量损失的变化趋势。从该图中可以看出，在触头质量损失较小时，主波长 $H_w(t_p)$ 位于 60°~90°之间的范围。随着触头质量损失增大，$H_w(t_p)$ 转移到大约180°~210°区间内。而等效信号宽度 $1-S_w(t_p)$ 在不同的质量损失范围内，分别随触头质量损失的增加而减小。

当铜钨触头在 SF_6 中烧蚀，使用在 N_2 中烧蚀类似的方法，对实验组 Cu-WSF_6-S 中的电弧光谱进行处理。此处应特别注意，实验组 CuWSF_6-S 中使用的传感器布置方式与实验组 CuN_2-S 中不同，光谱的捕获位置被固定在弧根处。

图 8-37 给出了实验组 CuWSF_6-S 波长域参数 $x_w(t_p)$ 和 $y_w(t_p)$ 的变化趋

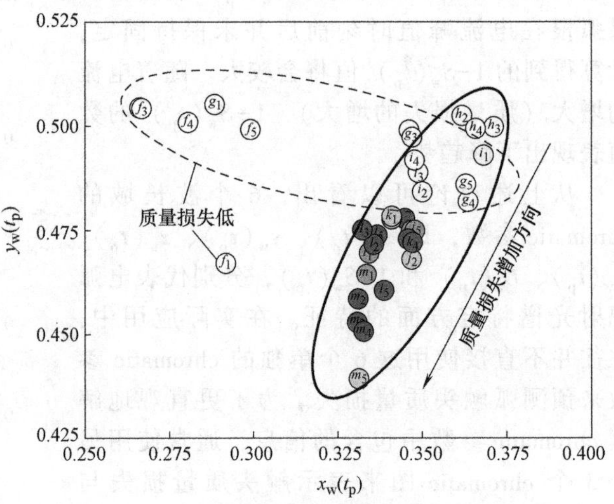

图 8-37 以 chromatic 参数 $x_w(t_p)$ 和 $y_w(t_p)$ 表示的铜钨触头在 SF_6 中的烧蚀规律

势，数据点颜色代表触头质量损失。对于不同触头质量损失等级下，chromatic 参数的变化趋势呈现出两种不同模式。

在大电流下（≥10kA，实验 $h_1 \sim m_5$），数据点基本位于实心椭圆区域，随着弧触头质量损失增加，数据点整体上沿实线箭头所指示方向移动。电弧弧根位置光谱与触头质量损失之间的关系，可由图中数据点的移动方向推导得来。首先，由于参数 $y_w(t_p)$ 处在 0.43~0.51 之间，表明波长域处理器 $G_{w,ev}$ 覆盖波长区间中的光谱辐射较强。其次，随着触头质量损失增加，参数 $x_w(t_p)$ 和 $y_w(t_p)$ 的数值均在减小（亦即 $z_w(t_p)$ 在增大），表明处理器 $B_{w,ev}$ 覆盖波段中的光谱分量在触头质量损失较大时变得显著。

在小电流下（5~10kA，实验 $f_1 \sim g_5$），数据点基本位于虚线椭圆区域，与大电流不同。通过图 8-32a、b 可以看出，铜原子谱线亮度较低，代表触头材料在开断过程中的汽化现象并不显著。在小电流下，电弧光谱的 chromatic 参数具有一定的分散性。

图 8-38 所示为波长域 chromatic 参数 $H_w(t_p)$ 和 $L_w(t_p)$ 随触头质量损失的变化趋势，实心箭头标明了触头质量损失的增加方向。随着触头质量损失增加，参数 $L_w(t_p)$ 数值不断增大，表明传感器接收到的辐射能量亦在增大。对于大部分实验，尤其在大电流下，参数 $H_w(t_p)$ 的数值维持在 80°附近，该特征代表在不同质量损失数值下，光谱整体形状基本一致。这一现象与实验组 CuN_2-S（见图 8-35）的结果存在显著差异，原因在于传感器的安装位置不同。实验组 $CuWSF_6$-S 采集范围被限制在电弧弧根区域，金属蒸气浓度最高，因此光谱中的铜原子谱线特别突出，在很大程度上决定了光谱整体形状。

图 8-39 所示为波长域 chromatic 参数 $H_w(t_p)$ 和 $1-S_w(t_p)$ 随触头质量损失的变化趋势。随着触头质量损失的增加，电弧光谱的等效宽度 $1-S_w(t_p)$ 逐渐增大，表明波长域处理器 $R_{w,ev}$ 和 $B_{w,ev}$ 覆盖波长区间的相对辐射强度不断增加。放大后观察看出，参数 $1-S_w(t_p)$ 随质量损失的增大趋势并非严格单调，例如实验 l_1 和 m_1 在触头质量损失较小的情况下，参数 $1-S_w(t_p)$ 数值明显偏大。该现象表面，直接使用波长域参数对触头质量损失进行预测，在一定情况下可能会存在较大误差，需要做进一步分析和处理。

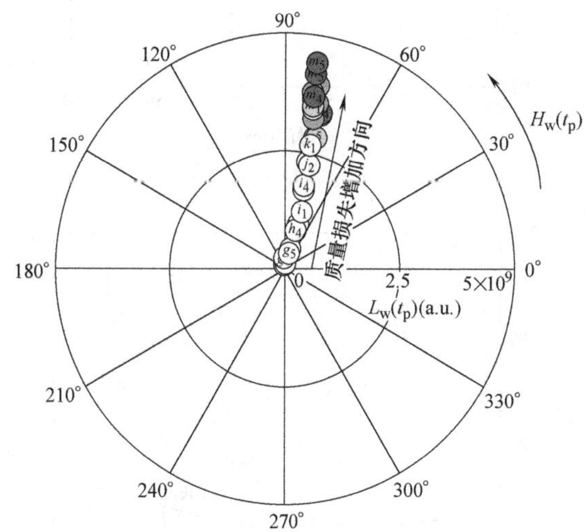

图 8-38 以 chromatic 参数 $H_w(t_p)$ 和 $L_w(t_p)$ 表示的铜钨触头在 SF_6 中的烧蚀规律

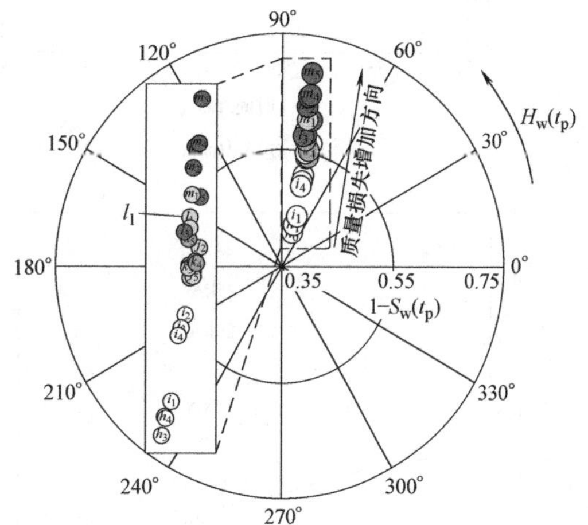

图 8-39 以 chromatic 参数 $H_w(t_p)$ 和 $1-S_w(t_p)$ 表示的铜钨触头在 SF_6 中的烧蚀规律

2. 电弧光谱的时间域处理

在上一部分中，对电弧光谱 $S(\lambda, t)$ 的波长域特征进行了处理和分析，结果表明，在不同实验条件下，电流峰值 t_p 时刻的波长域 chromatic 参数（即 $x_w(t_p)$、$y_w(t_p)$、$z_w(t_p)$、$H_w(t_p)$、

$L_w(t_p)$ 和 $1-S_w(t_p)$ 的变化趋势均与弧触头质量损失密切相关。

下面，将通过进一步对电弧光谱进行波长域 chromatic 处理，探索电弧光谱随时间的变化规律，研究与弧触头质量损失之间的关系。

当铜触头在 N_2 中烧蚀时，图 8-40 所示为不同峰值电流等级下，波长域 chromatic 参数 $x_w(t)$、$y_w(t)$、$z_w(t)$、$H_w(t)$、$L_w(t)$ 和 $1-S_w(t)$ 随时间变化的波形。

图 8-40a 所示为 chromatic 参数 $x_w(t)$ 在不同电流等级下的变化趋势。整体上，随着电流的增大，$x_w(t)$ 在不断减小。在 5kA 下，$x_w(t)$ 在整个燃弧时间段内，呈缓慢小幅上升。而在 25kA 下，$x_w(t)$ 在电弧起始阶段陡然下降，并在电流峰值时刻（约 56ms）达到极小值，而后再次缓慢上升。图 8-40b 所示为 $y_w(t)$ 的时间变化趋势。从图中可以看出，$y_w(t)$ 随电流增大而逐步减小。对于单次实验，$y_w(t)$ 随时间呈缓慢上升趋势，并在放电结束时刻达到最大值。由于 $z_w(t)=1-[x_w(t)+y_w(t)]$，$z_w(t)$ 与 $x_w(t)$、$y_w(t)$ 之和呈相反趋势，如图 8-40c 所示，即 $z_w(t)$ 随电流等级提高而增大。

图 8-40d 所示为主波长 $H_w(t)$ 随时间的变化趋势。随着电流等级增大，$H_w(t)$ 的最大值从约 70°(5kA) 增大到约 200°(25kA)。电流等级越高，参数 $H_w(t)$ 越早达到其最大值。图 8-40e 所示为光谱有效信号强度 $L_w(t)$ 随时间的变化趋势，整体上电流等级越高，$L_w(t)$ 的数值越大。图 8-40f 所示为光谱等效分布宽度 $1-S_w(t)$ 随时间的变化规律，在大电流下（即 20kA 和 25kA），$1-S_w(t)$ 在电弧的中段时间内发生陡降。

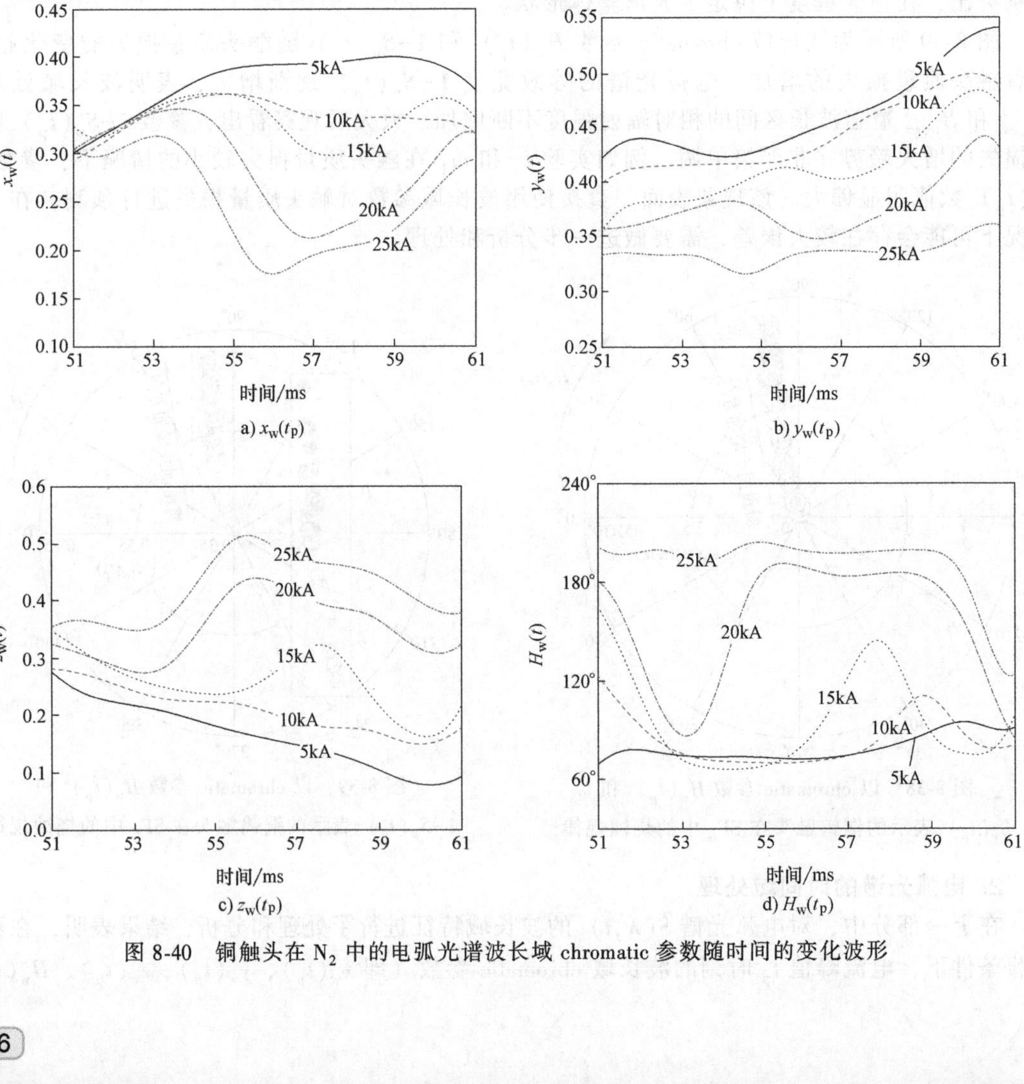

a) $x_w(t_p)$

b) $y_w(t_p)$

c) $z_w(t_p)$

d) $H_w(t_p)$

图 8-40 铜触头在 N_2 中的电弧光谱波长域 chromatic 参数随时间的变化波形

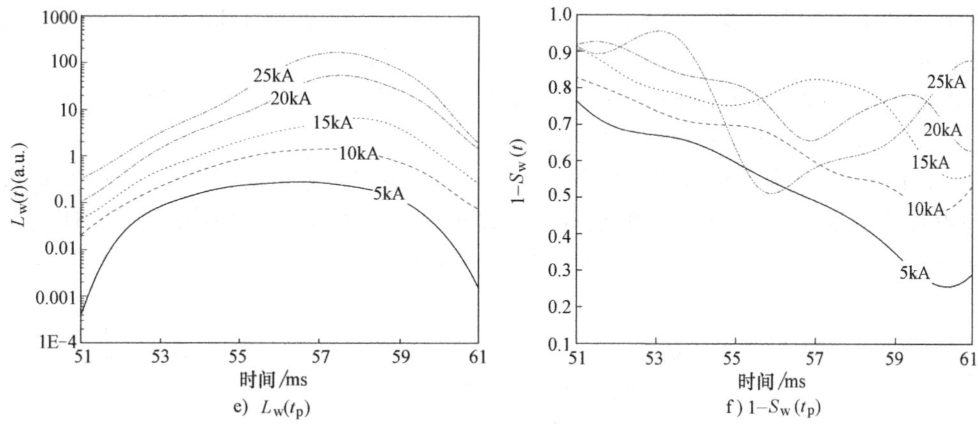

图 8-40　铜触头在 N_2 中的电弧光谱波长域 chromatic 参数随时间的变化波形（续）

通过以上简略分析可以看出，时域 chromatic 参数与弧触头烧蚀的质量损失之间存在十分明确的相关性。将时域处理器（参见图 8-30a）作用于上述波长域 chromatic 参数波形上，可计算得到相应的二阶时域 chromatic 参数（参见表 8-14）。

图 8-41 所示为以 $x_{t,xw}$ 和 $y_{t,xw}$ 表示的铜触头在 N_2 中的烧蚀特性。$x_{t,xw}$ 与 $y_{t,xw}$ 分别代表波长域参数 $x_w(t)$（参见图 8-33a）在电弧早期和中期的相对强度。从图中可以看出，随着触头质量损失的增加，$x_{t,xw}$ 不断增大而 $y_{t,xw}$ 不断减小。

图 8-42 所示为以 $H_{t,hw}$ 和 $L_{t,hw}$ 表示的铜触头在 N_2 中的烧蚀特性，其中 $H_{t,hw}$ 表示“主波长”最大值出现时间的相对早晚，$L_{t,hw}$ 表示“主波长”的等效信号强度。

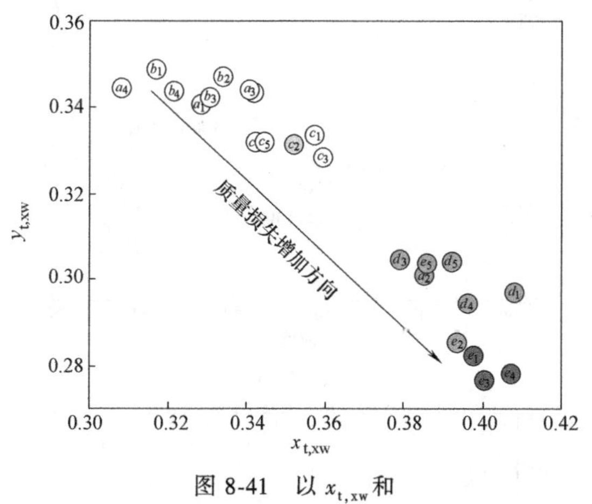

图 8-41　以 $x_{t,xw}$ 和 $y_{t,xw}$ 表示的铜触头在 N_2 中的烧蚀规律

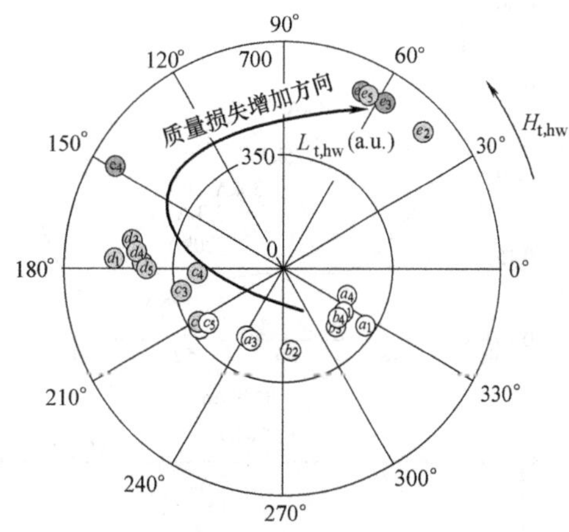

图 8-42　以 $H_{t,hw}$ 和 $L_{t,hw}$ 表示的铜触头在 N_2 中的烧蚀规律

从图 8-42 中看出，随着触头质量损失的增加，chromatic 参数沿箭头标示方向移动。

对于触头质量损失较小的实验，$H_{t,hw}$ 的数值大致分布在 240°～360°之间，代表 $H_w(t)$ 有两个等效峰值分别出现在电弧的早期和晚期。同时，$L_{t,hw}$ 的数值相对较低，表明主波长大部分时间位于 $R_{w,ev}$ 和 $G_{w,ev}$ 所覆盖的范围之内（$H_w(t)$ 的数值较低）。随着触头质量损失的增加，$H_{t,hw}$ 沿顺时针移动，表明 $H_w(t)$ 的峰值时刻出现变早。同时，$L_{t,hw}$ 的数值也在增大，表明主波长位置移动到了处理器 $B_{w,ev}$ 所覆盖的范围之内（$H_w(t)$ 的数值较高）。

3. 铜钨触头在 SF_6 中的烧蚀

在小电流条件下，铜钨触头的质量损失主要取决于电弧弧根的移动性，与波长域 chromaitc 参数的相关性较弱（参见图 8-37）。因此，在本节中仅对高于 15kA 的电弧光谱的时变特性进行分析。

图 8-43 所示为实验组 $CuWSF_6$-S 在不同电流等级下的波长域 chromatic 参数 $x_w(t)$、$y_w(t)$、$z_w(t)$、$H_w(t)$、$L_w(t)$ 和 $1-S_w(t)$ 随时间的变化趋势。

图 8-43a 显示，随着电流等级的提高，参数 $x_w(t)$ 的绝对数值略有下降，但在时间段 48～55ms 内没有发生显著变化。图 8-43b 显示，参数 $y_w(t)$ 的数值主要处在 0.42～0.51 的范围之

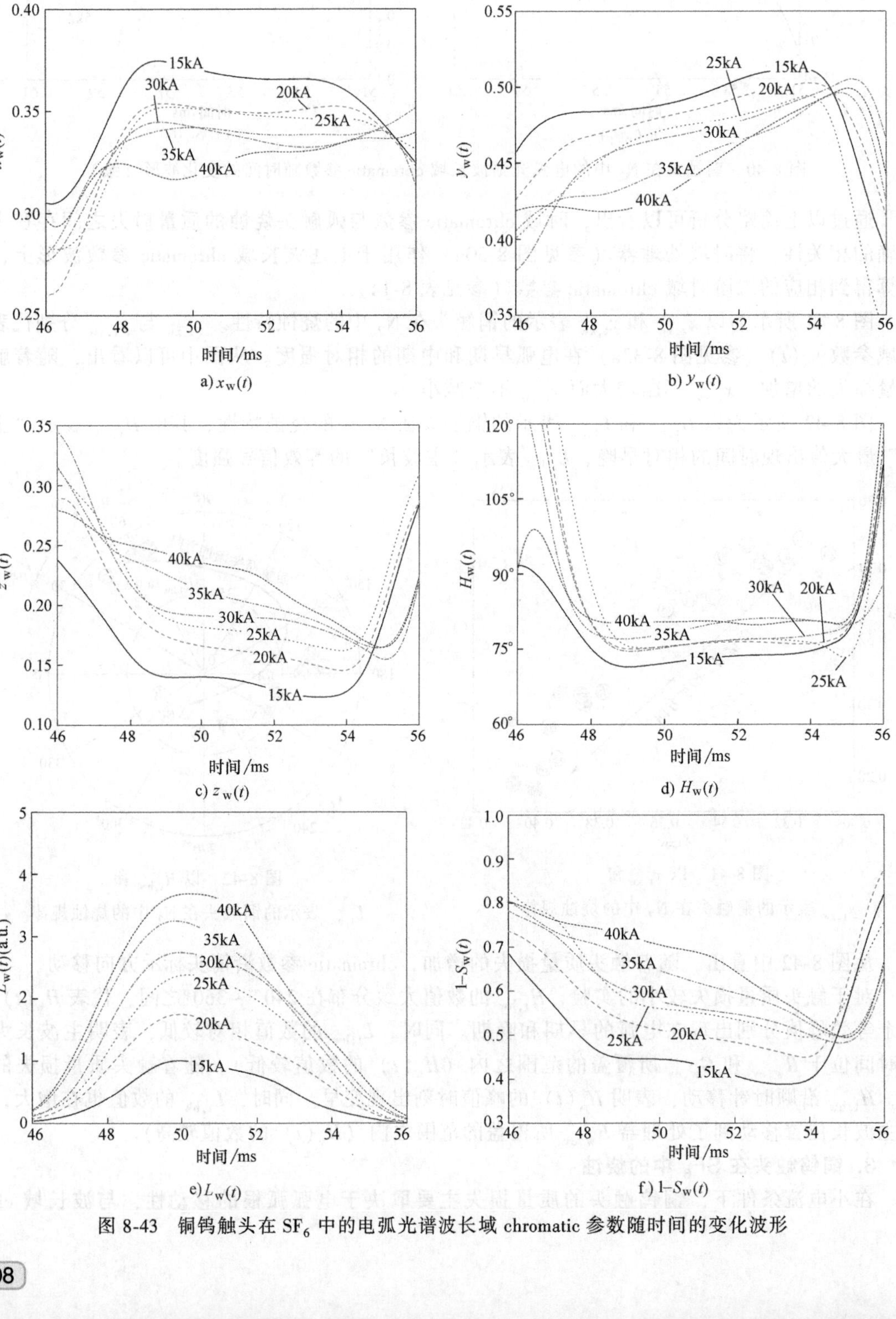

a) $x_w(t)$　b) $y_w(t)$

c) $z_w(t)$　d) $H_w(t)$

e) $L_w(t)$　f) $1-S_w(t)$

图 8-43　铜钨触头在 SF_6 中的电弧光谱波长域 chromatic 参数随时间的变化波形

内，代表电弧光谱中来自于处理器 $G_{w,ev}$ 覆盖波段的能量占整个可见光范围的绝大部分。随着电流等级的提高，$y_w(t)$ 的数值减小。对于同一次实验，$y_w(t)$ 随着时间呈明显增长趋势。图8-43c 显示，随着电流等级的提高，$z_w(t)$ 的数值不断增加。对于各电流等级，$z_w(t)$ 均随着时间的推移呈现下降趋势，这一现象与参数 $y_w(t)$ 的趋势正好相反。

图 8-43d 显示，$H_w(t)$ 在大部分时间内保持在 75°附近，随时间波动较小，主要是由于传感器的观测范围内铜原子谱线所占比例很高，铜原子谱线主要位于波长域处理器 $R_{w,ev}$ 和 $G_{w,ev}$ 之间的重叠区域中。图 8-43e 所示为光谱相对强度 $L_w(t)$ 随时间的变化趋势。随着电流等级的增大，$L_w(t)$ 幅值也同样增大，其曲线形状和电弧电流相似。图 8-43f 所示为光谱等效信号宽度 $1-S_w(t)$ 的时变趋势，整体上随时间逐步下降，但随电流等级的增大而增大。

8.5.5　chromatic 光谱处理结果分析

在本节中，对使用传统燃弧能量法（即 I^2t）和 chromatic 参数（波长域和时域）预测弧触头质量损失方法和精度进行了对比和讨论。由于本实验中，燃弧时间 t 为常数，电流频率不变，为简化计算，使用电弧峰值的二次方 I^2_{peak} 代替 I^2t 作为预测变量，未改变其预测方法本质。

将时域处理器（参见图 8-30b）应用于时变波长域 chromatic 参数上，可计算得到相应的时域 chromatic 参数（参见表 8-14）。通过相关性分析，发现参数 $L_{t,lw}$ 和 $1-S_{t,yw}$（分别代表有效光谱强度和参数 yw 的等效信号宽度）与测量得到的铜钨弧触头质量损失有很强的线性相关性。从图 8-44 中可以看出，随着触头质量损失的增加，参数 $L_{t,lw}$ 的数值增加，而 $1-S_{t,yw}$ 的数值减小。

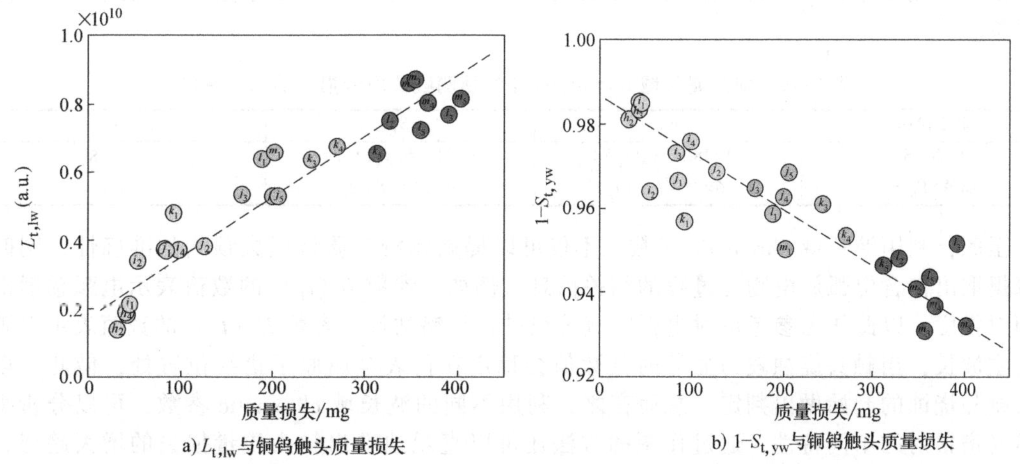

a) $L_{t,lw}$与铜钨触头质量损失　　b) $1-S_{t,yw}$与铜钨触头质量损失

图 8-44　铜钨触头在 SF_6 中烧蚀的质量损失与时域 chromatic 参数的线性关系

1. 电弧光谱的波长域参数分析

对于铜触头在 N_2 中的实验，通过观察发现参数 $x_w(t_p)$ 和 $y_w(t_p)$ 与弧触头质量损失具有明显的线性相关性（参见图 8-33a、b），被选作质量损失的预测变量 P_0 和 P_1。通过使用线性回归的方法，可以计算得到使用 P_0 和 P_1 预测质量损失的回归系数，如表 8-15 所列。将得到的回归系数代入式（8-10）中，即可得到预测的铜触头质量损失数值。本文使用估计量的标准误差（Standard Error of the Estimate，SEE）来对比预测方法的准确性。对于铜触头在 N_2 中烧蚀的实验，使用 chromatic 参数预测结果的 SEE 值为 54.1mg，比使用 I^2_{peak} 进行预测的 SEE 值（48.3mg）稍大。

对于铜钨触头在 SF_6 中的烧蚀实验，通过使用上一节中得到的 chromatic 参数结合线性回归方法可以预测弧触头的质量损失。从图 8-38 和图 8-39 中可观察到参数 $L_w(t_p)$ 和 $1-S_w(t_p)$ 与弧触头的质量损失有较强的线性相关性，因此它们被选作预测变量 P_0 和 P_1，同时将式（8-10）中的常数项 C 略去，计算得到的回归系数见表 8-15。将回归系数代入式（8-10）可以得到铜钨触头的质量损失预测值，其 SEE 值为 51.3mg。而使用峰值电流的二次方 I_{peak}^2 预测触头质量损失时，其 SEE 值为 66.0mg。因此，使用波长域 chromatic 参数作为触头烧蚀预测变量，相比于传统方法使用 I_{peak}^2，铜钨触头质量损失的预测准确度提高了 22.3%。

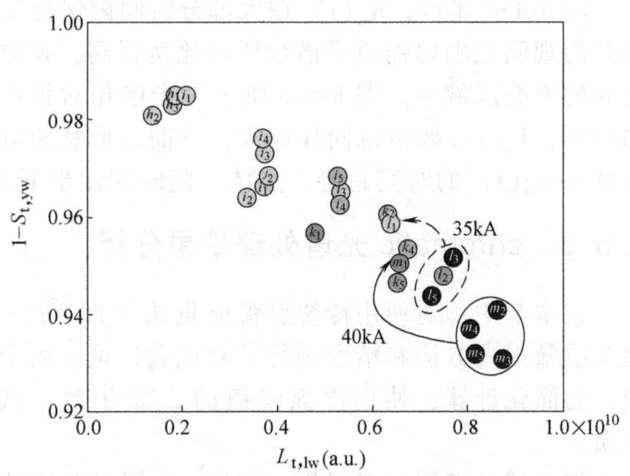

图 8-45　铜钨触头在 SF_6 中烧蚀的二阶时域 chromatic 参数 $L_{t,lw}$ 和 $1-S_{t,yw}$ 变化规律

将时域参数 $L_{t,lw}$ 和 $1-S_{t,yw}$ 做于同一张图中，如图 8-45 所示，可以清楚地看出这两个参数与铜钨触头烧蚀质量损失之间的关系。特别值得注意的是，对于 35kA 以下的实验（即 l_1-l_5），实验 l_1 的数据点位置与相同电流下的其余实验得以明确区分，可以直观区分触头质量损失之间的差异。类似地，在 40kA 下，实验 m_1 的数据点位置与相同电流下的 $m_2\sim m_5$ 区别显著。由此可见，通过使用时域 chromatic 参数，由电弧烧蚀造成的触头质量损失可以被明确区分，进而可以更好地理解烧蚀过程中的物理现象。

表 8-15　使用波长域 chromatic 参数预测触头质量损失的回归系数

实验代码	β_0	β_1	C
CuN_2-S	$-1238.4(x_w(t_p))$	$-1211.6(y_w(t_p))$	974.8
$CuWSF_6$-S	$1.26\times10^{-7}(L_w(t_p))$	$-268.5(1-S_w(t_p))$	n/a

至此，利用波长域 chromatic 参数，不仅可以提高弧触头质量损失预测的准确性，同时还可以提取出包含电弧放电物理过程的相关信息，例如，参数 $L_w(t_p)$ 的数值表示电弧辐射能量的相对强度，以此作为参考可对电弧电流等级进行粗略估计；参数 $H_w(t_p)$ 的数值表示电弧光谱的主波长，当触头烧蚀较为显著时其数值会稳定在代表金属原子谱线位置处，借此可以对触头剧烈烧蚀的起始做出判定。总而言之，利用不同的波长域 chromatic 参数，可以分析得出电弧光谱辐射的不同特性，通过作图的方法还可以直观地看出触头质量损失的增大趋势，进一步通过线性回归分析对触头质量损失进行预测。

2. 电弧光谱的时间域参数分析

时域 chromatic 参数表示波长域 chromatic 参数随时间的变化规律。对于铜触头在 N_2 中的实验，通过分析发现参数 $x_{t,xw}$ 和 $y_{t,xw}$ 跟铜触头质量损失具有很强的线性相关性（参见图 8-31），将时域 chromatic 参数 $y_{t,xw}$ 选作唯一的预测变量 P_0，可以对触头质量损失进行预测。计算得到的回归系数和常数见表 8-16。将回归系数代入式（8-10）可以得到铜触头的质量损失预测值，其 SEE 值为 40.2mg，相比于利用 I_{peak}^2 预测触头质量损失时的精度提高了 16.8%。

对于铜钨触头在 SF_6 中的实验，通过观察选取时域 chromatic 参数 $L_{t,lw}$ 和 $1-S_{t,yw}$ 作为质量损失的预测值变量（即 P_0 和 P_1），并忽略常数项 C，计算得到的回归系数见表 8-16。将回归系数代入式（8-10）中可以计算得到铜钨触头的质量损失，其 SEE 值减小到 40.2mg，相比于

使用峰值电流二次方 I_{peak}^2 作为触头质量损失的预测值，其预测的准确度提高了 39.1%。

表 8-16　使用时域 chromatic 参数预测触头质量损失的回归系数

实验代码	β_0	β_1	C
CuN_2-S	$-5502.4(y_{t,xw})$	n/a	1910.6
$CuWSF_6$-S	$5.25\times10^{-8}(L_{s,lw})$	$-85.47(1-S_{t,yw})$	n/a

3. 质量损失预测精度分析

表 8-17 中比较了采用不同预测参数时（即峰值电流的二次方 I_{peak}^2、波长域 chromatic 参数和时域 chromatic 参数），触头质量损失预测的 SEE 值。

表 8-17　使用不同预测变量时估计值的标准误差（SEE）比较

预测变量	CuN_2-S	$CuWSF_6$-S
I_{peak}^2	48.3mg	66.0mg
波长域 chromatic 参数	54.1mg	51.3mg
时间域 chromatic 参数	40.2mg	40.2mg

对于铜触头在 N_2 中的烧蚀实验，使用 I_{peak}^2 作为触头质量损失的预测变量时，SEE 值为 48.3mg。在使用波长域 chromatic 参数 $x_w(t_p)$ 和 $y_w(t_p)$ 作为预测变量时，SEE 值增加到 54.1mg。针对这种特定的实验情况，使用电弧光谱波长域 chromatic 参数进行预测，准确度较低，主要有三个方面的原因：首先，铜的熔化和汽化温度相对较低，以致于在电弧放电阶段金属液滴的喷溅现象比较严重，由液滴喷溅引起的触头质量损失量（在电弧弧柱中未汽化部分）较为显著，该部分质量损失未能通过电弧光谱的改变有效地反映出来；其次，光纤传感器的安装位置在断路器观察窗的中心位置（靠近动触头端部）。因此，梅花触头附近的电弧辐射与柱状触头区域的电弧辐射叠加到了一起，为质量损失的预测引入了更大误差；第三，对于交流电弧，光谱辐射始终处在变化的过程中，未能达到稳定状态，简单地选取电流峰值时刻的电弧光谱而忽略随时间的变化，损失了大量有效信息。

对于铜钨触头在 SF_6 中的烧蚀实验，使用 I_{peak}^2 作为触头质量损失的预测变量时，SEE 值为 66.0mg。而当使用波长域 chromatic 参数 $L_w(t_p)$ 和 $1-S_w(t_p)$ 作为预测变量时，SEE 值降至 51.3mg。

8.5.6　带喷口时铜钨触头的烧蚀研究

在混合式高压断路器中，一般都装有控制灭弧气流的 PTFE 喷口。在开断过程中，电弧和弧触头通常位于喷口中，内部的气流场比较复杂，且存在电弧与喷口的相互作用，增加了光谱监测的复杂性。为研究该实验条件下的电弧光谱与触头烧蚀之间的关系，首先分析电弧光谱时间域 chromatic 参数的变化规律，然后进一步选取特定时刻的光谱进行波长域的 chromatic 分析。

1. 波长域 chromatic 参数随时间变化规律

图 8-46 所示为实验组 $CuWSF_6$-G 波长域 chromatic 参数 $x_w(t)$、$y_w(t)$、$z_w(t)$、$H_w(t)$、$L_w(t)$ 和 $1-S_w(t)$ 在不同电流下随时间的变化趋势。图中的垂直虚线代表波长域 chromatic 处理的时刻。

由于 PTFE 喷口的存在及其运动，捕获的电弧光谱特性受到显著影响。例如，观察到这 6 个波长域 chromatic 参数在电弧的中段时间（~51ms）均发生了较大的波动，该波动主要是由于在电弧的前半段时间内，光谱辐射被 PTFE 喷口材料大量吸收。随着触头和喷口的移动，对电弧弧根位置的遮挡作用减弱，进而出现波长域 chromatic 参数随时间发生突变。

图 8-46a 显示了不同峰值电流下 $x_w(t)$ 随时间的变化。可以看出，4.5kA 下的变化趋势与另外两个电流等级 19kA 和 33.5kA 下有很大不同。该现象说明在小电流下，弧触头的烧蚀过程与大电流下存在显著区别。这种现象与无喷口的实验条件下得到的实验结论一致（见图 8-37）。图 8-46b 显示了不同峰值电流下 $y_w(t)$ 随时间的变化。由于处理器 $G_{w,ev}$ 覆盖含有大量铜原子谱线的波段，$y_w(t)$ 可以被等效看做铜原子辐射光谱的相对强度。从曲线的幅值可以推断，19kA 和 33.5kA 电流等级下的金属铜蒸气浓度要显著高于 4.5kA。图 8-46c 显示了不同

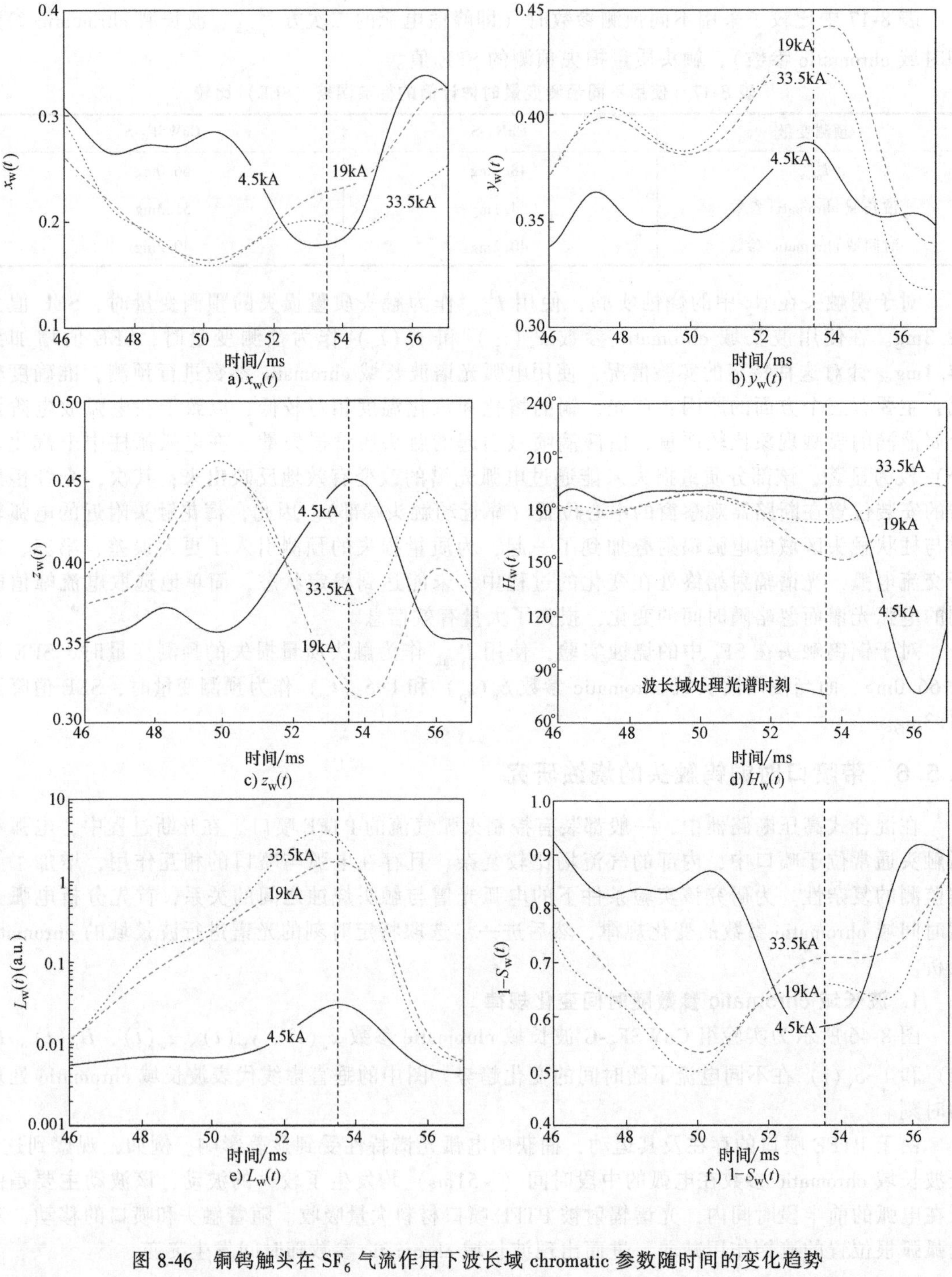

a) $x_w(t)$

b) $y_w(t)$

c) $z_w(t)$

d) $H_w(t)$

e) $L_w(t)$

f) $1-S_w(t)$

图 8-46 铜钨触头在 SF_6 气流作用下波长域 chromatic 参数随时间的变化趋势

峰值电流下 $z_w(t)$ 随时间的变化，代表处理器 $B_{w,ev}$ 覆盖波长范围中的相对光谱辐射强度变化。

图 8-46d、e、f 分别表示参数 $H_w(t)$、$L_w(t)$ 和 $1-S_w(t)$ 随时间的变化趋势。其中，参数 $H_w(t)$ 在燃弧时间的前半段基本保持稳定，在后半段才发生明显变化，表明后半段的光谱形状变化较为明显。由于喷口对电弧光谱的吸收，参数 $L_w(t)$ 的峰值与电流峰值不再同步出现。与无喷口的情况不同，在大电流等级下（19kA 和 33.5kA），$L_w(t)$ 的数值出现饱和变化不再明显，将难以直接用于判断电流等级和预测触头质量损失。

通过将时域 chromatic 处理器作用于各个波长域参数 $x_w(t)$、$y_w(t)$、$z_w(t)$、$H_w(t)$、$L_w(t)$ 和 $1-S_w(t)$，通过 xyz 变换得到时域 chromatic 参数 $x_{t,xw}$ 和 $y_{t,xw}$，如图 8-47 所示（数据点的颜色刻度参见图 8-35）。从图中可以看出，相同电流等级下的数据点分布在相对集中的不同区域，具有较小的分散性。

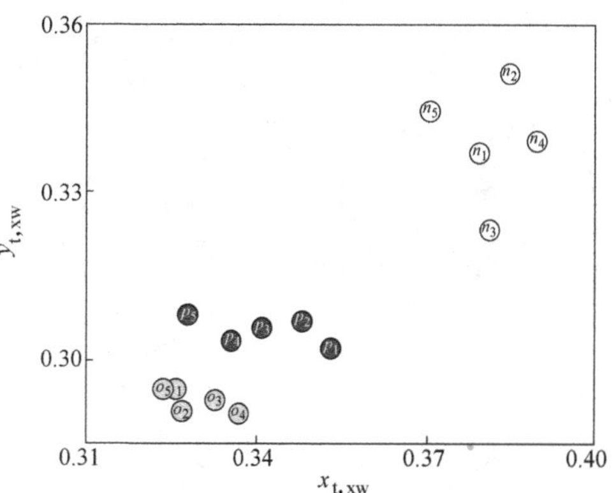

图 8-47 以 chromatic 参数 $x_{t,xw}$ 和 $y_{t,xw}$ 表示的铜钨触头在 SF_6 气吹作用下的烧蚀规律

由于在实验组 CuWSF$_6$-G 中仅测量到了各个电流等级下的触头平均质量损失，无法通过线性回归的方法来计算 chromatic 参数和触头质量损失之间的预测函数关系，这里只给出定性的分析。

2. 特定时刻光谱波长域 chromatic 处理与分析

在选定的时刻（如图 8-46 中虚线所示），使用 chromatic 方法对光谱波长域内的信号特征进行分析研究。

图 8-48 所示为波长域 chromatic 参数 $x_w(t_p)$ 和 $y_w(t_p)$ 的变化趋势。各个数据点的颜色代表对应电流等级下的触头平均质量损失。参数 $x_w(t_p)$ 的数值介于 0.17~0.25 之间，表示处理器 $R_{w,ev}$ 覆盖波长区间辐射光谱较弱。相反，参数 $y_w(t_p)$ 的数值处在 0.33~0.45 之间，表明处理器 $G_{w,ev}$ 覆盖波长区间的光谱辐射较为突出（主要由 Cu 原子谱线组成）。对于质量损失较小的实验（位于虚线椭圆内），$y_w(t_p)$ 的值明显小于质量损失较大实验的值，推断这主要是由于 Cu 原子的光谱辐射较弱。在大电流下，随着质量损失的增加，参数 $x_w(t_p)$ 和 $y_w(t_p)$ 均呈增大趋势。

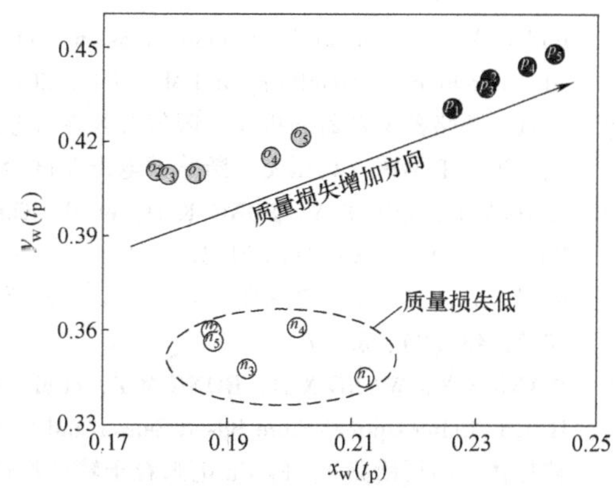

图 8-48 以 $x_w(t_p)$ 和 $y_w(t_p)$ 表示的铜钨触头在 SF_6 气吹作用下的烧蚀规律

图 8-49 所示为波长域 chromatic 参数 $H_w(t_p)$ 和 $L_w(t_p)$ 随触头质量损失的变化趋势，实线箭头标明了质量损失增加的方向。随着触头质量损失的增加，$L_w(t_p)$ 的数值不断增大，代表电弧辐射能量增大。参数 $H_w(t_p)$ 的数值从约 200°减小到 150°，代表主波长的位置从处理器 $B_{w,ev}$ 的中心位置（240°）向处理器 $G_{w,ev}$ 的中心位置（120°）移动。由于处理器 $G_{w,ev}$ 覆盖波长区间包含大量铜原子谱线，$H_w(t_p)$ 的数值减小意味着铜原子光谱辐射的增强。

图 8-50 所示为波长域 chromatic 参数 $H_w(t_p)$ 和 $1-S_w(t_p)$ 随触头质量损失的变化趋势，实线箭头标明了质量损失增加的方向。参数 $1-S_w(t_p)$ 的数值随触头质量损失的增加呈增大趋势，代表光谱的等效宽度在增大，进而表明 PTFE 受到的烧蚀对光谱的影响在增强。

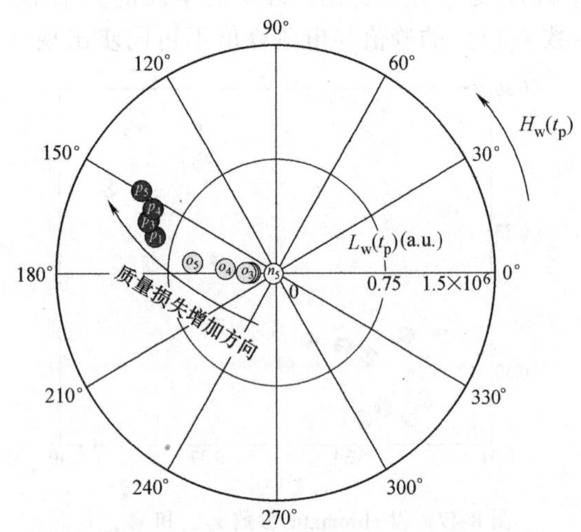

图 8-49　以 $H_w(t_p)$ 和 $L_w(t_p)$ 表示的铜钨触头在 SF_6 气吹作用下的烧蚀规律

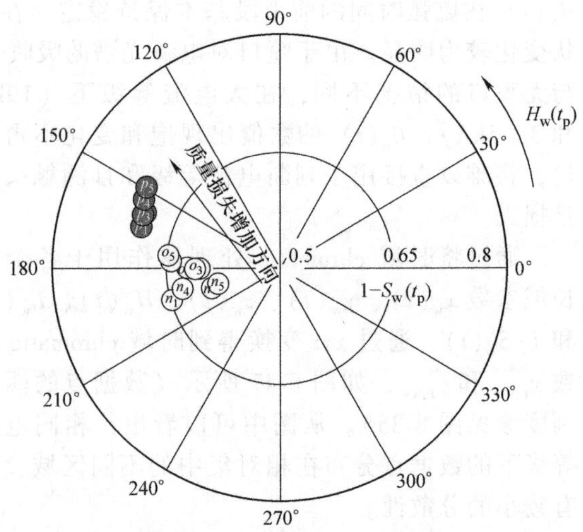

图 8-50　以 $H_w(t_p)$ 和 $1-S_w(t_p)$ 表示的铜钨触头在 SF_6 气吹作用下的烧蚀规律

参 考 文 献

[1]　王智翔. 高压 SF_6 断路器弧触头烧蚀机理与预测方法研究 [D]. 西安：西安交通大学，2018.

[2]　Borkowski P, Sienicki A. Contacts erosion modelling using ansys computer software and experimental research [J]. Archives of Metallurgy and Materials, 2015, 60 (2): 551-560.

[3]　黎斌. 断路器电寿命的折算、限值及其在线监测技术 [J]. 高压电器，2005，41 (6)：428-432.

[4]　顾霓鸿，王学军. 高压交流断路器电寿命试验方法探讨 [J]. 高压电器，2005，41 (1)：62-64.

[5]　LIAU V K, LEE B Y, SONG K D, et al. The influence of contacts erosion on the SF_6 arc [J]. Applied Physics, 2006, 39: 2114-2123.

[6]　欧阳乐成，吴广宁，李天鸷，等. 频繁开断下车载真空断路器寿命试验方法的讨论 [J]. 高压电器，2012，48 (9)：83-87.

[7]　WANG Z X, WANG X H, RONG M Z, et al. Spectroscopic On-Line Monitoring of Cu/W Contacts Erosion in HVCBs Using Optical-Fibre Based Sensor and Chromatic Methodology [J]. Sensors, 2017, 17 (3): 519.

[8]　仲林林. 高压断路器 SF_6-Cu 电弧粒子输运特性与磁流体行为研究 [D]. 西安：西安交通大学，2017.

[9]　程亭婷，高文胜，赵宇明，等. 高压 SF_6 断路器动态回路电阻测量中的扰动现象 [J]. 高电压技术，2018，44 (11)：3604-3610.

[10]　刘北阳，傅中，刘春，等. 高压断路器弧触头动态接触电阻研究 [J]. 高压电器，2018，54 (9)：43-51.

[11]　蓝磊，吴杨，文习山，等. SF_6 断路器动态电阻测量、分析与诊断系统 [J]. 高压电器，2018，54 (1)：82-89.

[12]　程亭婷，高文胜，陈锋，等. 试验电流对高压断路器动态回路电阻的影响 [J]. 高电压技术，2015，41 (9)：3142-3147.

第 9 章 电器设备在线检测中的电磁兼容问题

在现代化的电力系统，特别是发电厂和变电站中，有两种趋势使 EMC 问题更为突出。一方面，随着输电电压提高，当开关操作或发生故障时，在空间会产生很强的电磁场，因此，当开关操作时，母线上会出现频率极高的快速暂态过电压，向空间辐射上升沿极陡的脉冲电磁场，成为频带很宽的强烈的干扰源；另一方面，由集成电路器件和微机构成的继电保护、在线检测装置，是以微电子技术为基础的电子设备，处理的信号电平仅为毫伏级，处理的信息量极大，抗干扰能力甚弱。据报道，由于干扰而造成信号疏漏、测量不准、计算机出错，以至控制失误、开关误动、电子元器件损坏等事件无论在国内还是国外，都屡有发生。因电器设备继电保护、在线检测装置大都安装在变电站内，甚至直接安置在电器设备处，电磁环境极为恶劣，EMC 问题就更为突出。因此客观情况要求开发人员研制电器设备在线检测系统时对 EMC 问题给予更多的关注。为了保证继电保护、在线检测装置在电力系统中应用时的稳定性和可靠性，我国出台了“电子测量仪器电磁兼容性试验规范（GB 6833—1987）”国家标准，要求使用于电力系统的继电保护、在线检测等装置必须满足电磁兼容性试验规范的要求才能在电力系统中应用。因此，电器设备在线检测装置需要满足相关的标准才能够在电力系统应用。

电器设备在线检测系统所在的现场主要存在电器设备动作时产生的脉冲干扰、其余设备运行引起的空间电磁干扰，还会有雷电、电台、通信产生的高频干扰，以及系统内部不同功能模块之间的串扰。电磁干扰对电力设备在线检测的影响主要有以下几个方面：

1）对电源的影响。电源容易受到电磁干扰的影响，而且电源受影响的危害性是最大的，这将使整个系统不能正常工作，甚至损耗系统的一些元器件。

2）对系统输出通道的影响。干扰会使输出各个控制信号出现混乱，不能正常实现控制系统的准确输出，从而导致控制错误。

3）对主控芯片正常运行的影响。干扰将会使保证主控芯片正常运行的时钟信号、复位信号以及中断信号受到严重影响，从而导致系统死机，或者程序“跑飞”。

4）对模拟输入信号的影响。干扰信号有可能叠加在模拟输入信号上，从而使测量结果不准确。

从以上分析可以看出，一个系统能否稳定运行，系统采取的抗干扰措施将起到很大的作用，因此在线检测系统也需要针对不同的干扰采取不同的抗干扰措施。

本章重点介绍电器设备在线检测系统的电磁兼容设计与电磁兼容性能仿真分析方法。

9.1 在线检测系统的电磁兼容设计

一个系统能否稳定运行，系统采取的抗干扰措施将起到很大作用，因此检测系统也针对不同的干扰采取了不同的抗干扰措施。

9.1.1 电源系统的抗干扰设计

电源通道是与外界主要的有线连接途径，是装置实际运行中干扰进入的主要渠道，因此电源系统的解决方案是电磁兼容设计的重点之一。本节以电器设备在线检测系统为实例，介绍相关电源系统的设计方案。

对于本节研究的实例，由于所有模拟量和数字量的输入输出均采用光电隔离，故传感器电源和检测单元的电源需要两块独立的开关电源提供。电源的选择应充分考虑系统 EMC 的要求，输入端加电源滤波器模块。对检测单元而言，功率 15W 即可满足要求；对传感器而言，根据传感器的个数选择有一定功率裕量的电源模块。电源板和主控板之间通过母板连接。检测系统需要的隔离电源类型包括：

±12V、AGND 模拟电源；

+5V、GND 数字电源；

+5V、GNDE 异步串口隔离电源；

+24V、GNDDO 开关量输入输出电源；

±12V、+5V 传感器电源。

从实际需要出发，需提供多达 4 套电源，如此之多的电源将占用大量的空间，不利于减小在线检测装置的体积，而且电源解耦电路相应增多，增加了不少成本。从抗干扰性能、成本、体积等角度综合考虑，确定电源系统提供两套电源，其他电源采用三端稳压管和小功率 DC—DC 模块获取。两套电源分别是：主板电源模块和开关量单元模块，根据功率及需要采用专门定制的电源，电源分布示意如图 9-1 所示。从图中可以看出电源板提供隔离前的+5V 和±12V 电源；开关量板提供+24V 和隔离后的±12V 电源。另外，主板上的 5V 通信电源由隔离前的 5V 电源通过 DC-DC 模块转换而来；隔离后信号板上的 5V 电源由各板上型号为 LM7805 的三端稳压管通过转换而得到。

本电源系统有以下几个优点：首先，整个供电线路比较清晰简单，隔离前电路和传感器使用一套电源供电，隔离后电路使用另外一套电源供电，这样的隔离电源可以有效地隔离前端电源引入地干扰；其次，隔离后只有±12V 电源供给所有的信号处理电路。例如，母线温升信号板，CT、PT 信号板和绝缘信号板分别有一片三端稳压管（LM7805），用于将 12V 的信号转换成 5V 信号，这样既能满足电路的功率要求，又可以简化电源的设计，具体电路如图 9-2 所示。最后，通信电源由隔离前的+5V 电源通过 DC-DC 模块转换得到。

采用电源方案后，信号端的电源与控制端的电源隔离效果好，辅之以相应的电源解耦电路，电源系统的抗干扰能力大大增强。

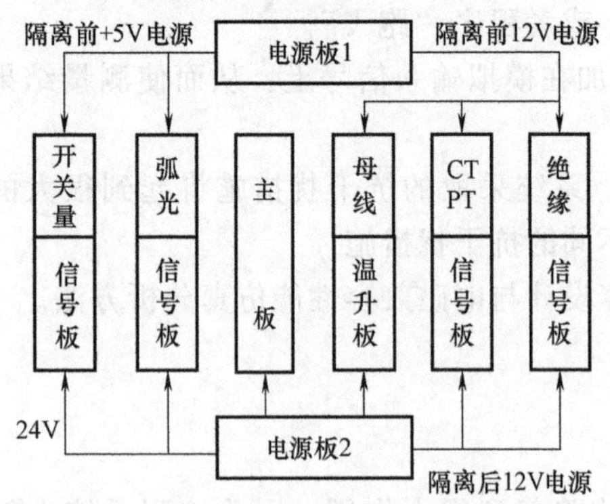

图 9-1 系统电源模块分配示意图

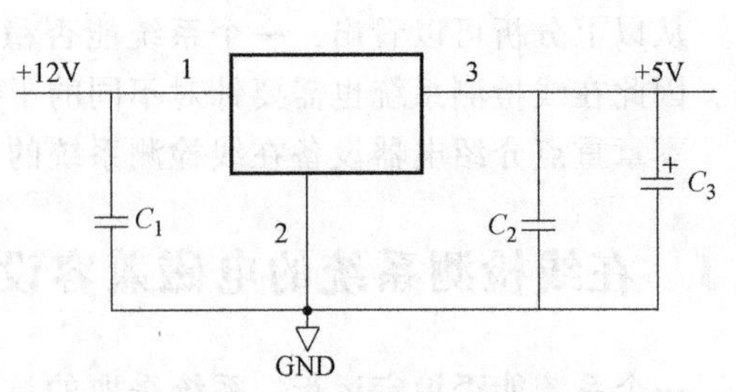

图 9-2 LM7805 典型电路

9.1.2　硬件电路的抗干扰设计

在实际应用中，二次设备的交流回路通常与互感器相连，共模干扰电压通过互感器一、二次绕阻间的耦合电容进入二次设备，造成电磁干扰。若在互感器的一、二次绕阻之间装设一个屏蔽层，且屏蔽层与铁心一起接地，形成隔离变压器，可将共模干扰电压经杂散电容引至屏蔽层入大地，防止或减少了对二次设备的干扰。试验证明，采取隔离措施后可降低干扰20%～45%。所谓滤波措施即是将滤波电容器与非线性的电阻元件并联组成浪涌吸收器，以抑制共模和差模干扰。不同的非线性元件具有不同的特性，设计时可根据具体需要选用。对于静电屏蔽，可采用尽量减小外壳的接地阻抗，外壳接地点尽量靠近被保护的二次设备，适当增加电缆接地点，减小高压母线与电缆之间的静电耦合。对于低频干扰，可将电缆的屏蔽层两端接地，且接地越良好，屏蔽效果越明显。对于高频干扰，应采用多层屏蔽电缆，通过屏蔽层与介质分界面上的折射和反射及在屏蔽层中形成的涡流来减弱干扰能量，从而有效地抑制高频干扰的侵入。此外，在现场计算机等弱电设备也属于敏感设备，开关、变压器、静止无功补偿设备、调相机、母线等干扰源都可通过 CT、PT 干扰计算机等设备。对于这类干扰采取的主要措施是对控制室的信号线和计算机室进行屏蔽。其次是将计算机等弱电设备接地，将部分干扰信号、入雷电流、短路电流和瞬态噪声等泄入大地，达到保护设备的目的。

在线检测系统中，抑制电磁干扰的措施是针对二次回路来设计的，在二次回路中，其自身的干扰主要是通过电磁感应而产生的。本章实例中的数字集成电路装置采用的是单片机和 DSP 的双 MCU 结构来实现的，系统中的印制电路板（PCB）上的器件均有直流电源供电。而直流回路中有许多大电感线圈，在直流回路进行开关操作时，线圈两端将出现过电压，它会在二次回路设备上感应出不利于二次设备正常工作的感应电压和感应电流，对 PCB 上的器件造成干扰，从而干扰双 MCU 系统的正常工作。因此系统中对二次回路产生的不同干扰都采取了相应的防护措施。

（1）电源解耦电路的设计

共模干扰（Common Mode Interference，CMI），也称纵态干扰，是出现于导线（信号线、电源线）与地之间的干扰，它的出现通常是由于地电位升高所引起，电容耦合引起的干扰一般都是共模干扰。如图 9-3 所示的双电源解耦电路，如果有某种原因，GNDB 点地电位突变，这相当于在该点与地之间接入一个电压源，它作用于回路中所有端子与地之间，称为共模电压。如图 9-4 的单电源解耦电路所示，在绝对平衡的电路内，+5VB_OUT2 和 GNDB_OUT2 之后接入的阻抗完全相同并且两根连线完全一样，则其对地的杂散电容也完全一样，这样的情况不会出现虚假的干扰信号，只是对地电位都有变化。如果共模电压太高，可能引起对地放电（反击），造成仪器损坏。随着频率的升高，连线阻抗和杂散电容的作用就越来越突出，只要稍有不同，由共模电压在两根线上引起的电流就不同，这样两线之间会出现干扰信号，就是所谓的共模干扰电压。

差模干扰（Differential Mode Interference，DMI），也称横态干扰，是出现于信号回路内的与正常信号电压相串连的一种干扰。它通常是由磁耦合引起的。当有变化的外磁场与两条信号线间包围的面积相连时，则在信号回路内出现感应电压，它与有用信号相串联，共同作用于输出端。

在线检测系统的电源模块必须选用纹波系数小、稳压性能好的产品。为了抑制电源地线引进的干扰，系统在硬件设计上分别针对双电源和单电源设计了如图 9-3 和图 9-4 所示的电源解耦电路。其中的电容和电感配合起来共同抑制共模干扰和差模干扰，至于电容和电感参数的选取都是经验值，这样设计可以避免电源对系统引入干扰信号，从而在一定程度上保证了系统的测量精度。

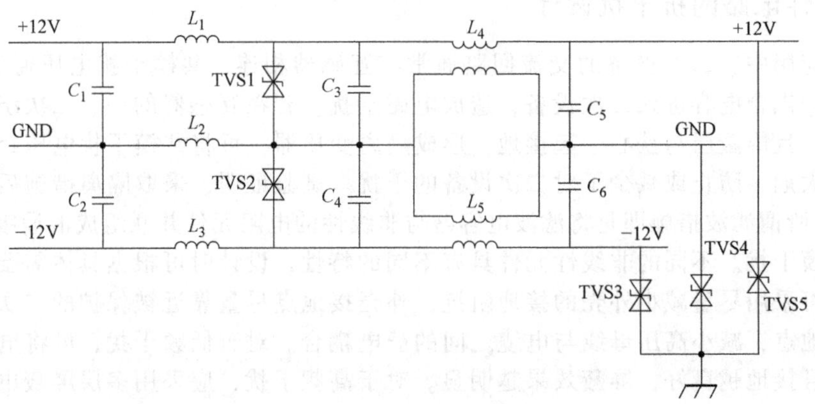

图 9-3　双电源解耦电路

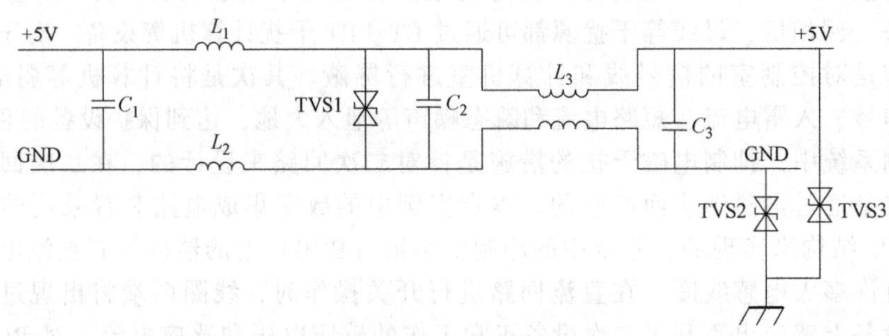

图 9-4　单电源解耦电路

（2）信号解耦电路的设计

在系统的检测量中，绝缘泄漏电流是微安级信号，CT/PT 温升信号也是毫伏级信号，这些微弱的信号如果在信号处理前端就受到了干扰，后果将是非常严重的。在实验条件下，当前端的干扰信号淹没了实际信号时，即使经过硬件电路的后级放大和滤波，在示波器上观察到的波形仍然是一片混叠，还时常伴有高频分量，虽然在软件设计过程中也有一些滤波措施，但这样恶劣的输入信号势必会对系统测量精度产生影响。甚至更严重的情况，当信号输入端有瞬态冲击电压产生时，整个信号条理电路都有可能被击穿。为了避免上述情况发生，系统设计了信号解耦电路以达到抑制干扰、保护电路的目的。如图 9-5 所示，在运算放大器前端，也就是传感器信号输出端串联了 10kΩ 的电阻，在放大器的正负输入端采用对称的电阻接法，这样的设计可以保证当有过电压发生时，这些保护电阻先被击穿从而起到保护后级电路的作用。

（3）印制电路板的抗干扰设计

印制电路板是 DSP 系统中元器件、信号线和电源线的高密度集合体。印制电路板设计的好坏对整个系统的抗干扰能力影响很大，本设计主要考虑了以下几个问题：

1）接地线的处理。接地技术是抑制噪声干扰的重要手段，良好的接地可在很大程度上抑制系统内部噪声耦合，防止外部干扰的引入，提高系统的抗干扰能力。一般系统的“地”可分为两种，一种是实际地，也就是地球的大地，另一种是参考地。参考地不一定为大地，仅为电路中的基准电位，又称电源地，如单电源地负端或双电源的公共端。由于地线上存在分布阻抗（分布电阻、分布电容和分布电感），各部分流回电源参考地的电流就会在地线上产生干扰电压，使各电路地电位相互影响，造成地电位不准。由于分布参数多为电抗，因此频率

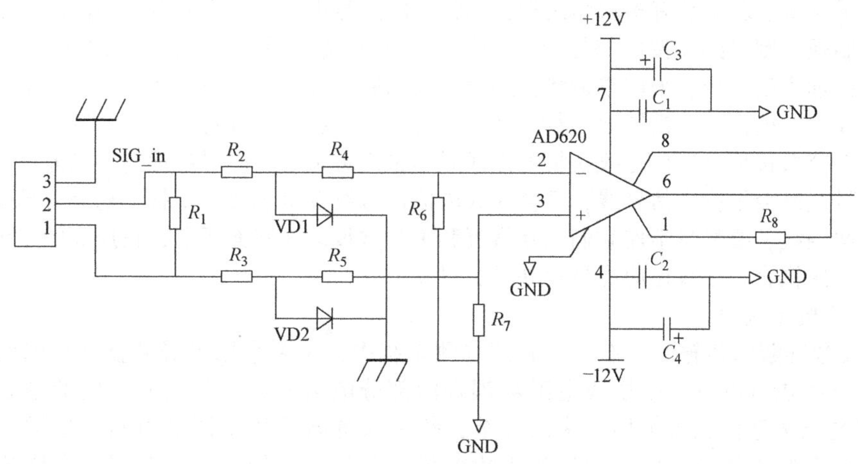

图 9-5　信号解耦典型电路

越高，干扰越大。装置中参考地有两种，分别为数字地和模拟地。在数字回路中，地线上通常会串入尖峰脉冲，而数字回路中高低电平有一定的浮动范围，因而这种尖峰不会对数字信号造成太大影响，但是对于模拟信号回路，尤其是对小电压信号回路影响很大，严重时会淹没正常信号，导致测量信号的错误。基于此原因，在设计模拟和数字混合的系统时将两系统的地分开布线，最后把各部分电路的地线分别引入电源的参考地端，即“一点接地”。由于此时地线上的共阻抗降低到了最低限度，因此很大程度上消除了共阻抗干扰。在印制电路板的制作中，将地线加宽以尽量减小地线阻抗，稳定接地电位，提高抗噪声能力，同时将地线构成闭环以取消地电位差。

2）电源线的处理。根据地线电流的大小，加粗了导线的宽度。为了减小电源的纹波对其他线路的干扰，在一定的间隔上加高频噪声吸收电容。在布线时将电源线和地线的走向与数据传输的方向一致，有利于增强抗干扰能力。

3）去耦电容的配置。在印制电路板的各个关键部位配置去耦电容被视为硬件电路设计的常规做法。去耦电容能吸收和提供集成电路逻辑门动作的瞬间充放电能量，也可滤除旁路器件的高频噪声。由于每块印制板中的各芯片工作时会产生频率不同的信号，为了防止各个集成芯片和各印制板的信号通过电源耦合互相干扰，一般采用去耦法。可在主要芯片的电源端和地线间并联 0.01μF 的高频陶瓷电容和 10μF 的钽电容（高频阻抗小，漏电流小）；在电源模块输出端的各等级电压和相应的地之间跨接了高频和低频滤波电容。此外，在每块印制板的 4 个角及中间的电源线和地线之间还并接 1 只 10~100μF 低频电解电容和 1 只 0.01~0.1μF 高频陶瓷电容去耦。此外，在各个印制板上还可以加装阻容滤波器或分别再加入一级集成稳压电路，以防止板与板之间的相互干扰。

4）隔离带的应用。为了达到隔离的目的，必要时可以在印制电路板上刻槽，例如在信号解耦电路的保护电阻中间刻槽可以增加过电压的爬电距离，从而达到保护电路板不被击穿的目的。又例如在后级信号调理电路的光耦器件处刻槽可以起到完全隔离地线的作用。

5）布线方法。合理布线并尽可能避免各种信号线之间的电磁耦合。在电路布线中注意以下几点：①电路连线要短，对一般信号传输线可用双绞线。采用双绞线，一是可减少感应面积，二是可使感应电势相互抵消，缩小双绞线的节距可以大大提高抑制比。②对重要的控制信号传输线，除了自身采用同轴电缆加以屏蔽外，在敷设时还应专设屏蔽槽或传线铁管进行一次屏蔽。③信号线与电源线必须分开布线，特别是信号线不能与交流供电线平行布线，并应相距一定距离。各种信号传输线要尽量分开独立布线，交流、直流要分开；输入、输出线要分开，并应远离强电设备等干扰源。若系统有多块印制板，则强、弱信号电路要分别布置在不同的板上。若系统仅有一块印制板，则也必须按电路性质分开排列，不要交叉混杂。④PCB 布线时，电源线和地线要尽量粗并远离信号线，采取辐射状，避免形成回路，并尽可能覆盖印制板的空余处，防止在地线上形成较大的电位差。模拟地、数字地、电源地等要各自分开走，自成系统，然后把它们汇集连接到一个公共接地点。信号线在板上走线时尽量靠近地线，同时应远离大电流信号线及电源线。数字信号线既会干扰小信号线，又会受大电流信号线及电源线的干扰，也要合理安排。凡是容易串扰的两条线，要尽量不使它们相互靠近和平行敷设。在双面板上，正反面的走线尽可能垂直，以减少电磁耦合。走线还应尽量短并且少过孔。

（4）其他抗干扰设计

1）屏蔽盒屏蔽和传输线屏蔽。在在线检测系统中，主要采用了屏蔽盒和传输线屏蔽。通过屏蔽体把空间进行电场、磁场或电磁场耦合的部分隔离开来，割断其空间的耦合通道。对于绝缘泄漏电流测量传感器采用了多层屏蔽，每一层屏蔽采用不同的材料，这样大大降低空间的电磁干扰和噪声耦合，取得较好的干扰效果。此外，信号传输线使用了带屏蔽的双绞线以此来消除长线传输可能引入的空间干扰。

2）光电隔离和模拟隔离。在线检测系统中采取的隔离措施有光电隔离、模拟隔离。模拟电路中有时需要数字 I/O 信号，如多路选择开关的片选信号，开关量输入/输出的 I/O 信号，这些信号涉及模拟部分和数字部分，因此在两者之间加光电隔离，可以很好地消除两者之间可能存在的串扰。同样，模拟信号需要进行数字采集，也会存在上述的问题，这里可以加模拟隔离放大器进行模拟信号的隔离。总之，通过隔离措施可以将电路上的干扰源和易受干扰的部分隔开，其实质就是切断干扰通道，从而达到抗干扰的目的。对于输入的模拟信号，应串接磁环、并接高压磁片，然后采用隔离运放 ISO124 进行信号的隔离，防止信号端的干扰串入控制单元；对于数字信号，应利用 TLP521-4 进行隔离。对于输出的开关量，采用光电耦合器件进行光电隔离后输出。

3）对于电子系统来说，“地”可以分为两种：一种是“大地”，另一种是“工作基准地”，实践证明，良好的接地可以在很大程度上抑制系统内部噪声耦合，防止外部干扰侵入，提高系统的抗干扰能力。反之，若接地处理不好，反而会导致噪声耦合。大地对于保证设备安全和人身安全是至关重要的，它能够提高静电屏蔽通路，降低电磁感应噪声。屏蔽接地一般都是接“大地”，而不是工作基准地。

除了上述几种重要的抗干扰措施，还可对所有的信号输入/输出端使用 TVS 管和稳压管，这样不仅具有保护系统的作用，而且还可以有效地抑制断路器动作时产生的脉冲干扰；对模拟小信号采用高精度的电阻进行耦合，并采用共模抑制比非常高的仪用运算放大器对传感器出来的微伏级信号进行前级放大，以此保证信号的提取精度，在后级信号处理过程中也采用了相应的滤波措施，滤除一些杂散的干扰信号，保证了最后的计算精度。在通信口输入端加装了暂态电压抑制器（TVS），以避免从通信通道耦合入系统的强电脉冲干扰；CMOS 器件的输入阻抗很高，若输入端浮空，会降低其抗干扰能力，栅极感应的静电也可造成栅极击穿，因此不用的输入端应该和地线相连。对于动作时可能会产生火花和电磁干扰的按钮和继电器等部件，除了采用光电隔离外，在其节点处跨接了 *RC* 电路对干扰加以吸收，以减小向空间辐射电磁干扰。对于频率发生单元（时钟芯片的晶振和 DSP 的频率单元），设计中尽可能地减小其相关元件的布板面积，并用屏蔽线将其包围以减小向外辐射干扰。在电路板的总体设计中，按照信号类型进行分块布置印制电路板，避免了高频数字信号和易产生电磁辐射的输出控制部件对模拟信号的干扰。

9.1.3 抗干扰薄弱环节的定位及其优化方法

通过上一节的分析及改进，对信号板调理电路采取的抗干扰措施相对比较简单，如前端

输入信号与模拟地之间并接高压瓷片电容进行旁路，输入信号与大地之间并接瞬态干扰抑制器 TVS 用以抑制瞬态尖峰电压。试验表明，采取这些措施后，的确大大改善了系统的电磁兼容性能，但还是存在部分薄弱环节，导致整体性能下降。

前端直接注入干扰法是将 EFT 干扰通过装置前端面板直接施加给内部电路，具体方法如图 9-6 所示，将示波器的探头线放于有干扰注入的容性耦合夹上，通过探头线将耦合在探头上的干扰直接注入机箱前面板的各个信号脚，观察各个信号脚对干扰的敏感程度，寻找干扰源，若干扰加在某信号上，液晶白屏或重启，则针对性的对该信号采取抗干扰措施。

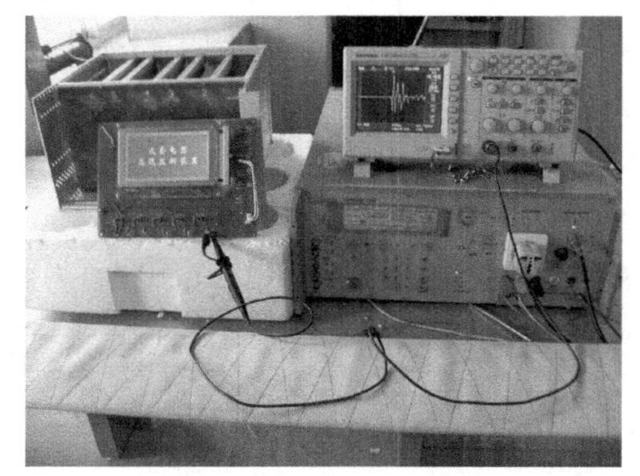

图 9-6　前端直接注入干扰法

通过试验发现，前面板上的液晶输出电源脚、液晶复位脚和单片机复位脚三个引脚最为敏感，当 EFT 干扰分别注入这三个引脚时，系统抵不过干扰，致使液晶复位白屏，于是对这三个信号引脚采取如下的改进措施：

1）液晶输出电源脚为液晶输出电压 −15V，在 V_{out} 和信号地 GND 并联 331 和 103 高压瓷片电容进行电源解耦，增加电源和地的交流耦合，减少交流信号对地的影响，消除公共阻抗耦合。从经验角度来讲，相差两个数量级的两个去耦电容，不仅能提供更宽的频谱范围，而且能提供更宽的布线以减小引线本身的自感，因此可以更有效地去耦。重新注入 EFT 干扰时，测得 V_{out} 引脚信号前后波形如图 9-7 所示。可以看出，黑色波形是没安装解耦电容的效果，最大的瞬态干扰电压高达 30V，而液晶输出电源典型工作电压为−15V，这严重影响了液晶的正常工作，安装去耦瓷片电容后，该引脚上耦合的瞬态干扰电压有了明显的降低，从之前的 30V 减小到 5V 左右，符合液晶的正常工作电压范围。

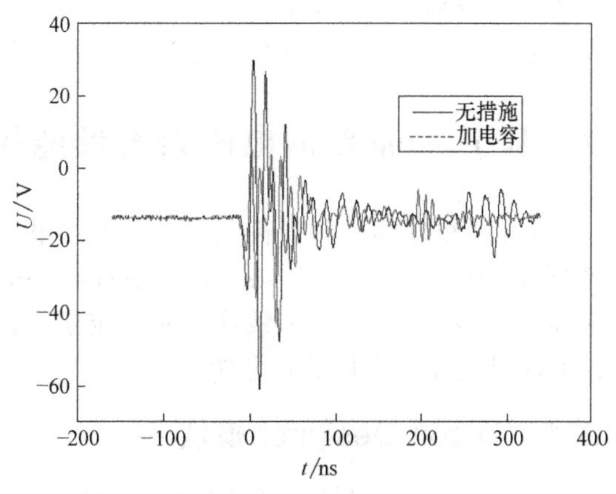

图 9-7　液晶电源脚并联电容前后

2）在液晶复位引脚与 GND 安装 331 和 103 高压瓷片电容，注入 EFT 干扰时，测得液晶复位引脚信号波形如图 9-8 所示。可以看出，黑色波形是没安装解耦电容的效果，最大的瞬态干扰电压高达 70V，而液晶复位脚的典型工作电压为 5V，如此高的瞬态电压必然会影响液晶的正常复位与启动，无法正常工作，严重情况下，可能会烧坏液晶。安装去耦瓷片电容后，该引脚上耦合的瞬态干扰电压也有了些许降低，从之前的 70V 减小到 50V 左右，虽然不是很明显，但是也改善了液晶复位引脚的抗干扰能力。

3）在单片机复位引脚与 GND 并联 331 和 103 高压瓷片电容，注入 EFT 干扰时，测得单片机复位引脚信号波形如图 9-9 所示。可以看出，黑色波形是没安装解耦电容的效果，最大的瞬态干扰电压高达 100V，而单片机正常复位该引脚的工作电压为 5V，如此高的瞬态电压会持续的作用于系统，影响单片机的正常复位与启动，致使其无法正常工作。安装去耦瓷片电容后，该引脚上耦合的瞬态干扰电压也有了大幅度降低，从之前的 100V 减小到 60V 左右。

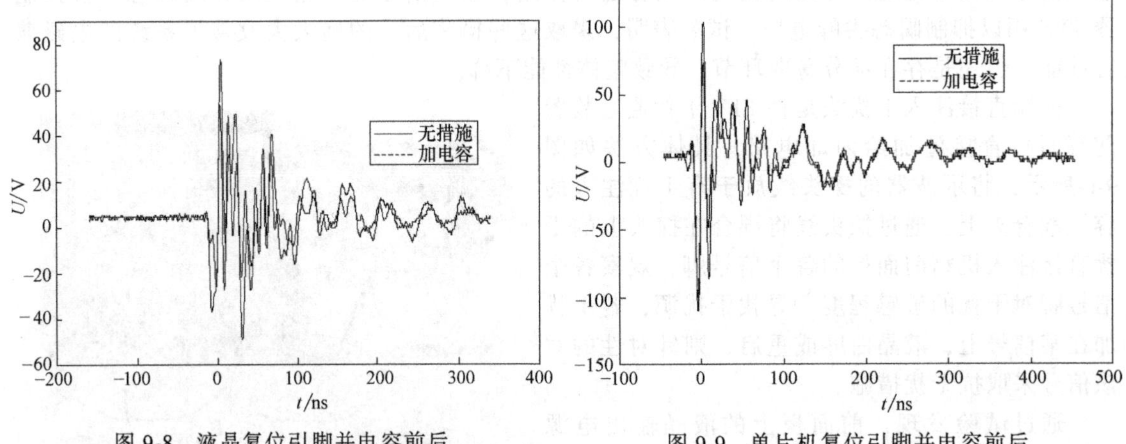

图 9-8　液晶复位引脚并电容前后　　　　图 9-9　单片机复位引脚并电容前后

根据前端直接注入干扰法的分析测试和试验结果，找到了干扰最敏感的源头和抗干扰最薄弱的环节，即液晶电源脚、液晶复位脚和单片机复位脚。于是，对前面板上的液晶电源脚、液晶复位脚和单片机复位脚分别采取以上抗干扰措施后，封装机箱，重新进行 EFT 试验，机械板和 I/O 板都可以顺利通过四级，这也意味着所有信号板均可以通过传导干扰的 EMC 四级标准，最终系统顺利通过 EMC 四级型式试验认证，系统的电磁兼容有了很大的提高和改善。

9.2　基于 Ansoft 的电磁兼容性能仿真分析

Ansoft 是全球领先的以机电系统仿真和电磁技术为核心的专业设计自动化软件。Ansoft 软件包括 HFSS、SIwave、Designer、Nexxim、Simplorer、Mzxwell 3D、Maxwell 2D、TPA、Q3D Extractor 九大模块。对于在线检测系统能够应用的模块主要有 HFSS、Designer 以及 SIwave 模块，下面对这几个模块进行介绍。

9.2.1　Ansoft Designer 模块

Ansoft Designer 提供全新的射频、微波及无线通信领域，电磁场、电路及系统仿真的综合解决方案。Ansoft Designer 采用了最新的视窗技术，是第一个将高频电路系统、版图和电磁场仿真工具无缝地集成到同一个环境的设计工具。不论进行何种设计，如“蓝牙”收发系统、雷达系统、MMIC 和 RFIC，都能够在 Ansoft Designer 简明统一的环境下顺利地完成各种设计任务。这种集成不是简单的界面集成，其关键是 Ansoft Designer 独有的“按需求解”的技术，可根据需要选择求解器，从而实现对设计过程的完全控制。Ansoft Designer 实现了“所见即所得”的自动化版图功能，版图与原理图自动同步，大大提高了版图设计效率。同时，Ansoft 还能方便地与其他设计软件集成到一起，并可以和测试仪器连接，完成各种设计任务，如频率合成器、锁相环、通信系统、雷达系统以及放大器、混频器、滤波器、移相器、功率分配器、合成器和微带天线等。

Ansoft Designer 模块分下列 4 个子模块：

（1）系统设计

Ansoft Designer 提供了无以伦比的从基带到射频设计的解决方案，将高频系统结构设计和硬件设计连接在一起，可以在时域和频域或者混合域研究整个系统的性能，建立任意的系统拓扑结构，产生复杂的数字调制波形。既可以方便地利用灵活的行为级模型快速地建立起初始的系统结构，又可以和非线性电路或电磁场工具进行协同仿真，精确验证系统性能。Ansoft

Designer 支持最新的比特精度以及可由用户配置的 3G 波形，包括 3GPP、W-CDMA、TD-SCDMA 及 IEEE802.11 a 和 b。

（2）高频集成电路设计

Ansoft Designer 将先进的电路仿真和电磁场模型提取无缝地集成到一个自动化的设计环境中，使得 RFIC 和 MMIC 产品的开发更加方便，它全集成化的求解器可在电路和系统仿真时将集成电路电路结构对高频性能的影响计算在内。集成电路的各种寄生效应如介质耦合、芯片、封装和电路板之间的交互作用等会影响芯片面积的进一步减小，这往往要花费很长的时间才能找到并修正，Ansoft Designer 可以快速精确地检测这些寄生效应的影响，从而为 RFIC 和 MMIC 的设计者进一步减小芯片的尺寸，提高电路性能提供了新的设计手段。Ansoft Designer 新的瞬态分析技术可以对多种通信标准实现虚拟原型仿真。对同一个电路，既可以仿真它稳态时的线性和非线性特性，也可以对它的直流开关特性及其在射频脉冲工作时和任意调制波形下的特性进行研究，从而大大提高设计效率，减少设计周期。

（3）电路板和模块设计

Ansoft Designer 的虚拟建模功能可以使利用高密度 PCB 设计下一代的基站系统或无线局域网时更加容易，不必建立测试原型就可以对各种新技术和新材料如低温共烧陶瓷（LTCC）或先进的电路板加工技术等进行探索和研究。Ansoft Designer 中包含了用户化的厂商器件库和功能广泛的电磁场求解器，能够使使用者真正理解电路板和模块中的电路和子系统，包括表面贴装器件（SMD/SMT），板上芯片、倒装芯片、球栅阵列（BGA）以及芯片封装部件等，从而为各种放大器、混频器、滤波器、移相器等的设计带来方便。

（4）部件设计

Ansoft Designer 将系统、电路和电磁场仿真工具无缝地集成到一起，为各种部件如高频高速连接器、波导器件、滤波器、天线等的设计带来极大方便。例如，对天线设计人员来说，他们不仅可以仿真并优化天线的近场和远场方向图，而且可以非常容易地进行匹配电路的设计以改进天线的性能，并可以研究它对系统性能的影响。也就是说，在 Ansoft Designer 中，设计人员不必像以往一样被迫把部件作为一个独立的部分进行设计与仿真，实现各部件的最佳组合，进一步提高系统性能。

9.2.2 Ansoft HFSS 模块

Ansoft HFSS 是三维高频电磁场分析软件。经过 20 多年的发展，HFSS 以其无与伦比的仿真精度和可靠性，快捷的仿真速度，方便易用的操作界面，稳定成熟的自适应网格剖分技术，成为高频结构设计的首选工具和行业标准，已经广泛地应用于航空、航天、电子、半导体、计算机、通信等多个领域，帮助工程师们高效地设计各种高频结构，包括：射频和微波部件、天线和天线阵及天线罩，高速互连结构、电真空器件，研究目标特性和系统/部件的电磁兼容/电磁干扰特性，从而降低设计成本，减少设计周期，增强竞争力。

（1）射频和微波器件设计

HFSS 能够快速精确地计算各种射频/微波器件的电磁特性，得到 S 参数、传播特性、高功率击穿特性，优化部件的性能指标，并进行容差分析，帮助工程师们快速完成设计并把握各类器件的电磁特性，包括：波导器件、滤波器、转换器、耦合器、功率分配器，铁氧体环行器和隔离器、腔体等。

（2）电真空器件设计

在电真空器件如行波管、速调管、回旋管设计中，HFSS 本征模式求解器结合周期性边界条件，能够准确地仿真器件的色散特性，得到归一化相速与频率关系，以及结构中的电磁场分布，包括 H 场和 E 场，为这类器件的设计提供了强有力的设计手段。

(3) 天线、天线罩及天线阵设计仿真

HFSS 可为天线及其系统设计提供全面的仿真功能，精确仿真计算天线的各种性能，包括二维、三维远场/近场辐射方向图、天线增益、轴比、半功率波瓣宽度、内部电磁场分布、天线阻抗、电压驻波比、S 参数等。

(4) 高速互连结构设计

随着频率的不断提高和信息传输速度的不断提高，互连结构的寄生效应对整个系统的性能影响已经成为制约设计成功的关键因素。MMIC、RFIC 或高速数字系统需要精确的互联结构特性分析参数抽取、HFSS 能够自动和精确地提取高速互联结构及版图寄生效应。

(5) 光电器件仿真设计

HFSS 的应用频率能够达到光波波段，可精确仿真光电器件的特性。

9.2.3 Ansoft SIwave 模块

Ansoft SIwave 是高速 PCB 和高密度 IC 封装信号完整性和功率传输全波高密度分析工具。为了避免在完成整个设计时产生的高成本，在早期设计时设计者就必须了解全波效应，仅分析 SI 是不够的，供电已成为日益重要的问题，而高速开关所产生的谐振、电源/地反弹、同步开关噪声、反射及线间耦合与板间耦合等问题更使设计人员头痛不已。了解并消除这些高频信号完整性问题需要全波整板分析工具，SIwave 就是解决这类问题的很好工具。

SIwave 是一个精确的整板级电磁场全波分析工具，它采用三维电磁场全波方法分析整板或整个封装的全波效应。对于复杂的 PCB 或 IC 封装，包括多层、任意形状的电源和信号线，SIwave 可仿真整个电源和地结构的谐振频率；板上放置去耦电容的作用；改变信号层或分开供电板引入的阻抗不连续性；信号线与供电板间的噪声耦合、传输延迟、过冲和下冲、反射和振铃等时域效应；本振模和 S、Z、Y 参数等频域现象。其结果可以先进的二/三维方式图形显示，并可输出 Spice 等效电路模型用于 Spice 仿真。

SIwave 提供了无缝的集成设计流程，可从标准布板工具，如 Cadence Allegro、APD、Zuken Cr-5000 等所产生的版图直接输入到 SIwave 中进行分析。

Ansoft 信号完整性（SI）产品是电子产品研发中必不可少的设计分析工具，已广泛地应用于分析复杂的 PCB、IC 封装、高性能连接器及各种信号完整性问题。利用信号完整性仿真工具，工程师不仅可在设计早期优化产品的性能，而且在昂贵的实物模型制造之前进行检验和校准设计，真正确保设计一次成功。从而节省研发时间和降低研制成本——将资源用到激发创新，最终加速新品上市的步伐。SIwave 的设计流程图如图 9-10 所示。

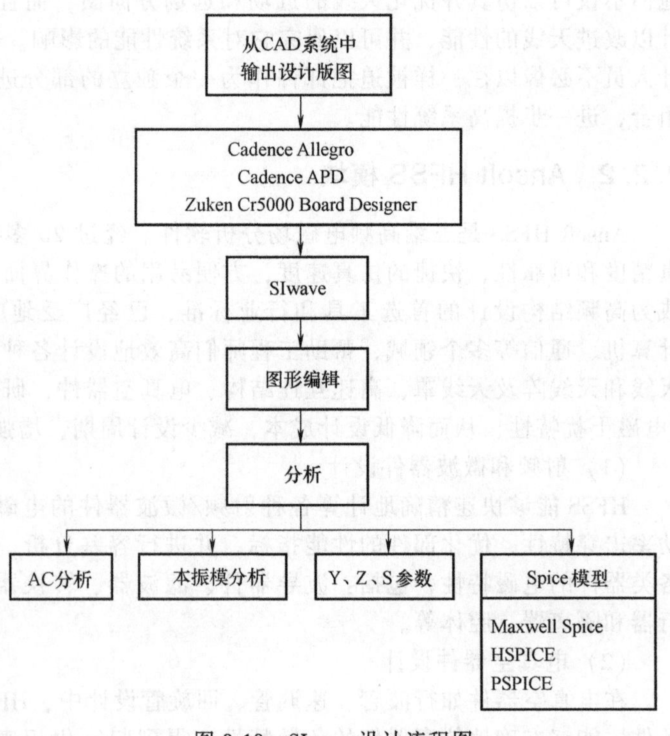

图 9-10 SIwave 设计流程图

9.2.4　电路板级电磁兼容性能仿真分析实例

下面通过一个实例来介绍如何应用 Ansoft 中的 SIwave 模块进行 PCB 本振模等参数的仿真分析。

SIwave 是一款针对 PCB 电路板进行全波电磁场分析的软件。我们知道，在高速电路板的设计当中，首先应该解决的是互连系统的信号完整性（SI）和电源完整性（PI）问题，以便控制电路板上的振铃波、串扰以及信号延迟等现象，满足整个系统的性能要求。从高频电磁场的观点来看这些信号完整性现象，应该求解电路板在其载频范围内的共振模式以及相应的电场结构，以便针对相应的电场结构进行有效抑制（一般是加去耦电容，或者对互连结构进行调整设计）。以下简要介绍求解过程。

（1）导入 PCB 图

通过 Ansoft 软件的 SIwave 模块导入在 Cadence 软件中绘制的 PCB 图，PCB 图导入 SIwave 后的软件界面如图 9-11 所示。

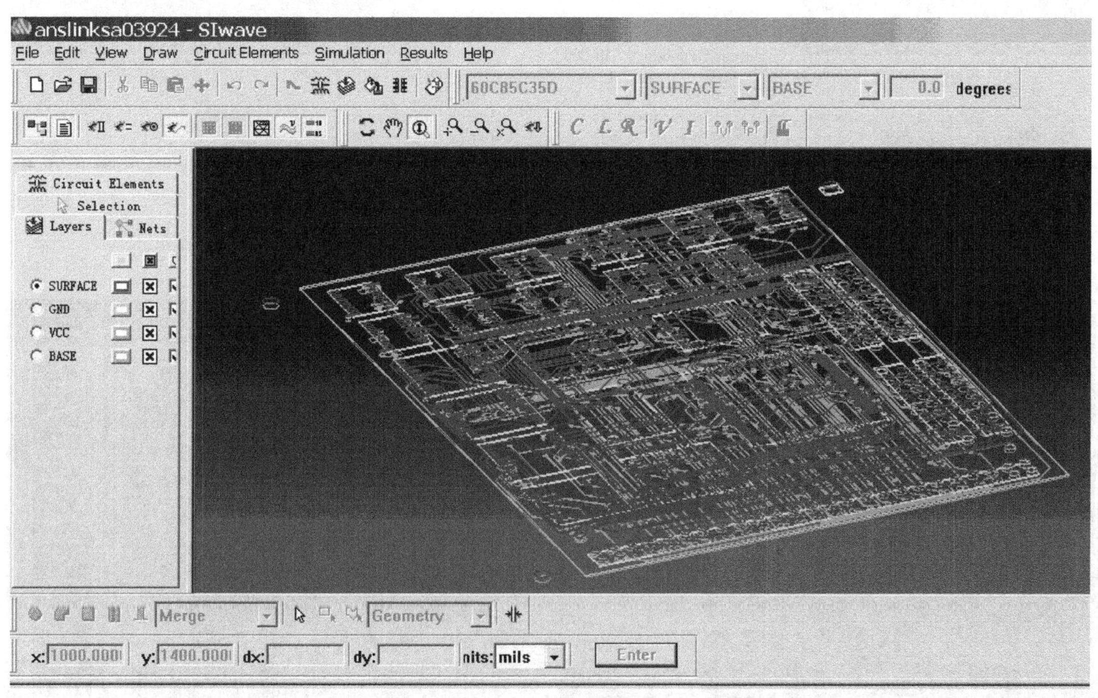

图 9-11　在 SIwave 中导入 PCB 图

（2）求解参数的设置

通过在 SIwave 软件菜单中选择 Simulation/computes resonant modes，出现求解参数设置对话框，如图 9-12 所示。在参数设置对话框中可选择仿真的最大、最小频率，以及求解结果数量等参数。仿真频段的设置一般根据待分析电路板的尺寸、门电路芯片的型号（例如信号沿速度）、晶振频率等加以确定，要求能够涵盖电路板工作的整个频段。

（3）求解结果

仿真求解时，先进行 PCB 图的网格剖分，图 9-13 所示为网格剖分后的局部放大图。之后，可求得原先设定的 10 组电源与地间的共振频率，如图 9-14 所示。图 9-15 所示为求解后 PCB 图电源与地共振点的三维图。通过三维图，可直观地看出被求解的 PCB 图电源与地的共振点。

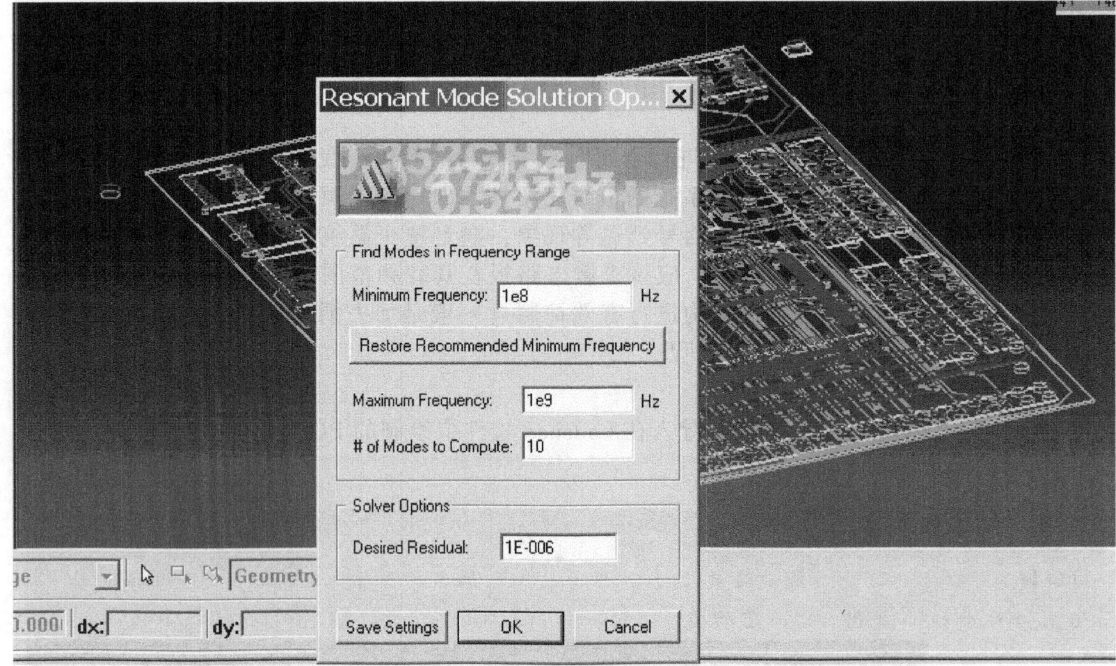

图 9-12　求解参数设置

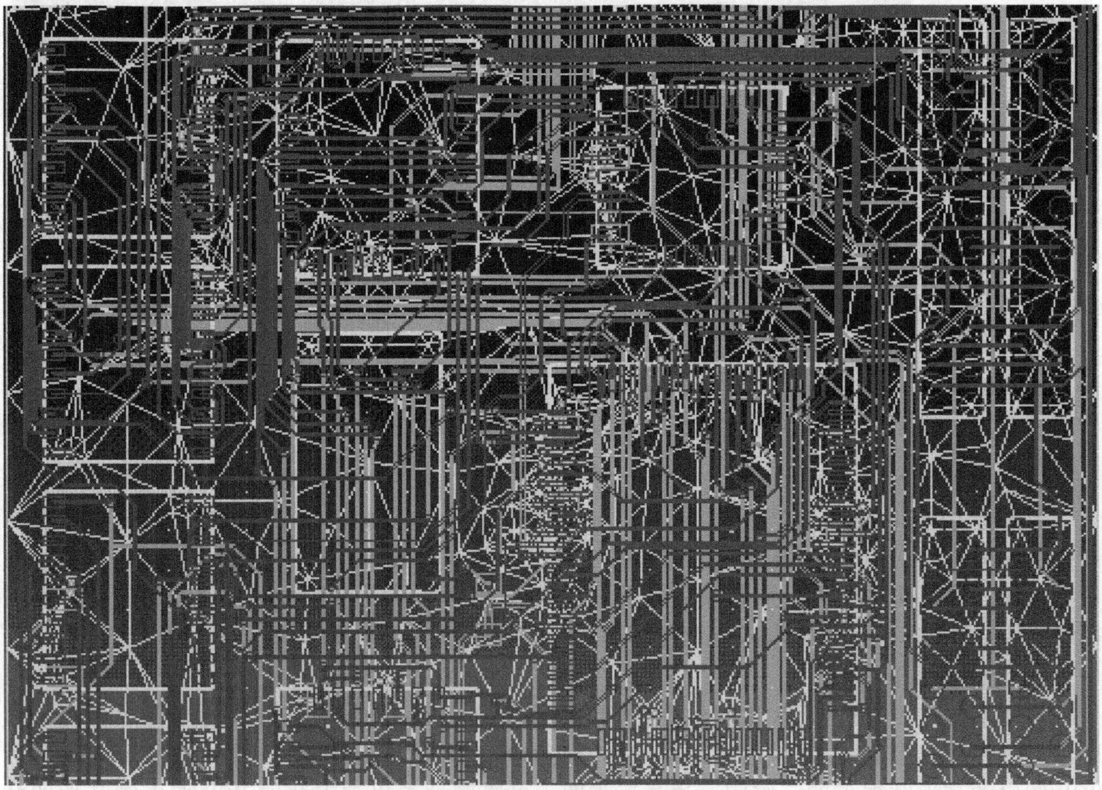

图 9-13　网格剖分的局部结果

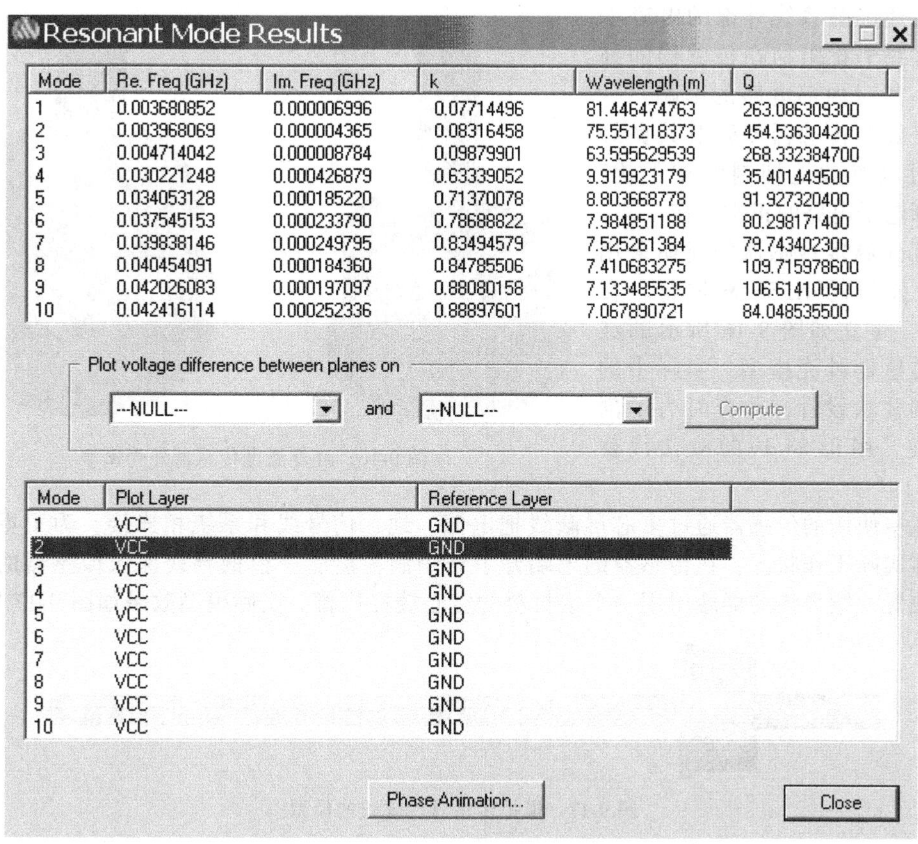

Mode	Re. Freq (GHz)	Im. Freq (GHz)	k	Wavelength (m)	Q
1	0.003680852	0.000006996	0.07714496	81.446474763	263.086309300
2	0.003968069	0.000004365	0.08316458	75.551218373	454.536304200
3	0.004714042	0.000008784	0.09879901	63.595629539	268.332384700
4	0.030221248	0.000426879	0.63339052	9.919923179	35.401449500
5	0.034053128	0.000185220	0.71370078	8.803668778	91.927320400
6	0.037545153	0.000233790	0.78688822	7.984851188	80.298171400
7	0.039838146	0.000249795	0.83494579	7.525261384	79.743402300
8	0.040454091	0.000184360	0.84785506	7.410683275	109.715978600
9	0.042026083	0.000197097	0.88080158	7.133485535	106.614100900
10	0.042416114	0.000252336	0.88897601	7.067890721	84.048535500

Mode	Plot Layer	Reference Layer
1	VCC	GND
2	VCC	GND
3	VCC	GND
4	VCC	GND
5	VCC	GND
6	VCC	GND
7	VCC	GND
8	VCC	GND
9	VCC	GND
10	VCC	GND

图 9-14　求解出的电源与地间 10 组共振频率

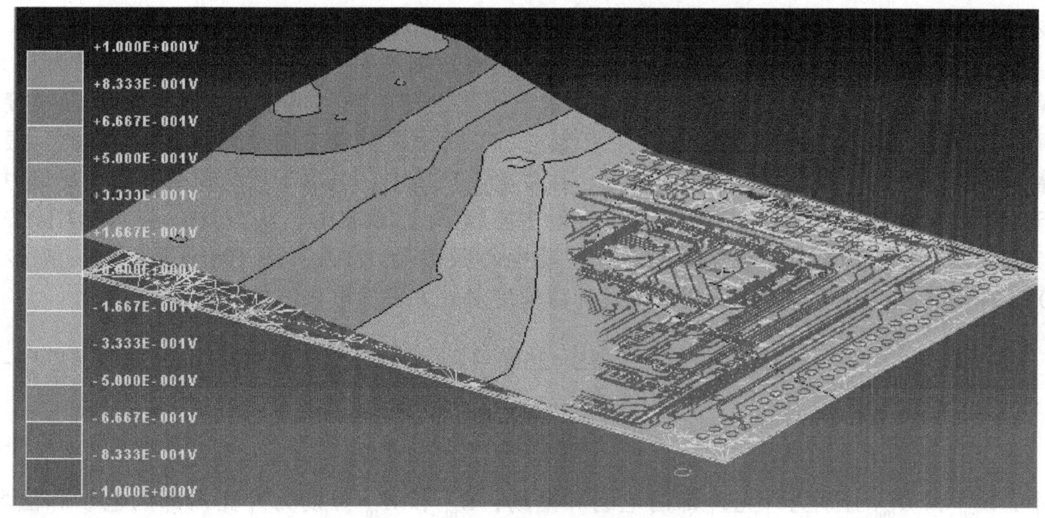

图 9-15　电源与地共振点的三维图

9.2.5　红外温度传感器外壳电磁兼容性能仿真分析实例

1. 红外温度传感器外壳建模

传感器的外壳对传感器的正常工作起着很重要的作用，它不仅是内部电路板的支架，还可以有效地屏蔽系统外部的电磁干扰，把这些干扰阻挡在传感器的外部，减小其对内部电路的影响。一个设计良好的传感器外壳及其良好的接地可以有效地抑制电磁干扰，保证内部电子电路的正常工作。

对红外温度传感器的建模采用ANSOFT公司的HFSS来进行。在HFSS里，建立如图9-16所示的红外温度传感器外壳模型。实际中的外壳是圆柱状设计，仿真时为了剖分的方便，用正24边的棱柱代替圆柱。

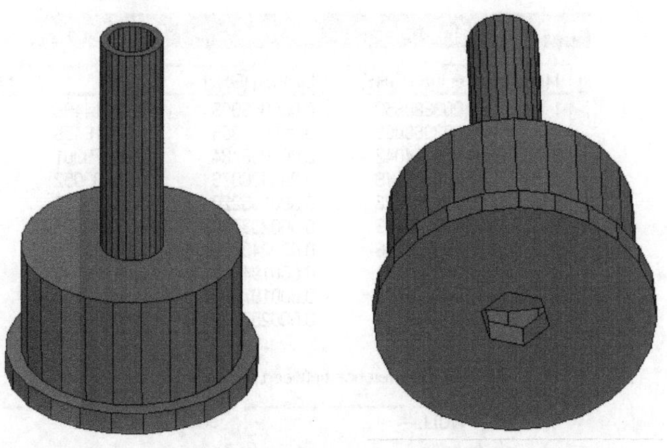

图9-16　红外温度传感器外壳模型

实际中使用的传感器通过多芯屏蔽线把电源、地、信号线和系统相连接，为了更好地模拟传感器实际工作状况，在传感器的末端开了一个洞，然后一根铜导线深入传感器的内部电路板的位置，铜导线的屏蔽层用一个铝材料的空心棱柱代替。实际模型效果如图9-17所示。

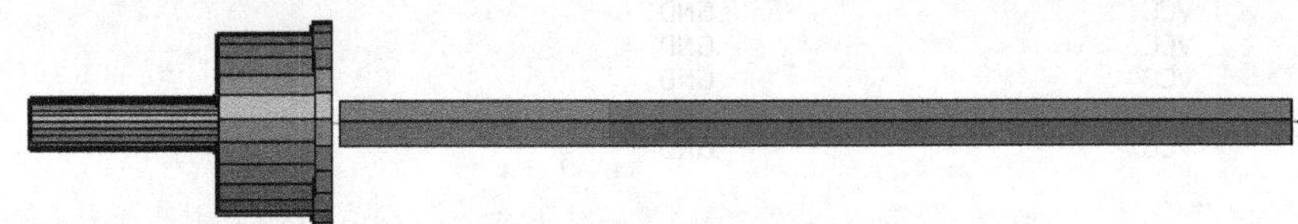

图9-17　模拟传感器传输线的模型

模型建立后，为模型的各部分设置材料特性。并为模型建立一个求解区域，用一个真空的长方体表示，长方体的边界到模型的距离为所关心频率的1/10个波长。将长方体设置成辐射边界，激励源设为平面波，根据本模型的特点，将激励的方向设为轴向。

根据目前国内外已获得的≤500kV的变电站实测数据表明，开关操作的干扰频率为0.1~80MHz，干扰波的持续时间为10μs~10ms，雷电干扰电压的频率可达几MHz，高压母线接地故障时暂态干扰电压的频率为几千~几百千赫兹，二次回路自身工作时产生的等频率的，振荡的暂态电压频率为30k~1MHz。由此可见，在变电站环境中，电磁干扰的频率范围主要集中在几千~几百兆赫兹。因此，对于高频部分，设中心频率为100MHz，从10MHz到200MHz按步长10MHz对频率做扫描。对于低频部分，设中心频率为1MHz，从100Hz到2MHz按步长100Hz对频率进行扫描。按如下两个公式计算模型对外界平面电磁波的屏蔽能力：

$$SE = 20\lg \frac{E_{out}}{E_{in}} \tag{9-1}$$

$$SH = 20\lg \frac{H_{out}}{H_{in}} \tag{9-2}$$

式中，E_{out} 和 H_{out} 分别为外壳外部的电场和磁场；E_{in} 和 H_{in} 分别为外壳内部的电场和磁场；SE 和 SH 分别表示电场和磁场的屏蔽能力。由于红外温度传感器的外壳几乎是封闭的，并且厚度有2mm，因此，对红外温度传感器外壳从结构上改进的效果不明显，本节主要研究不同材料的屏蔽特性，并做对比分析。

2. 金属材料外壳的屏蔽性能分析

对于金属材料，选择实际中使用的不锈钢外壳材料，对低频和高频电场、磁场的屏蔽效果进行仿真，结果如图9-18和图9-19所示。

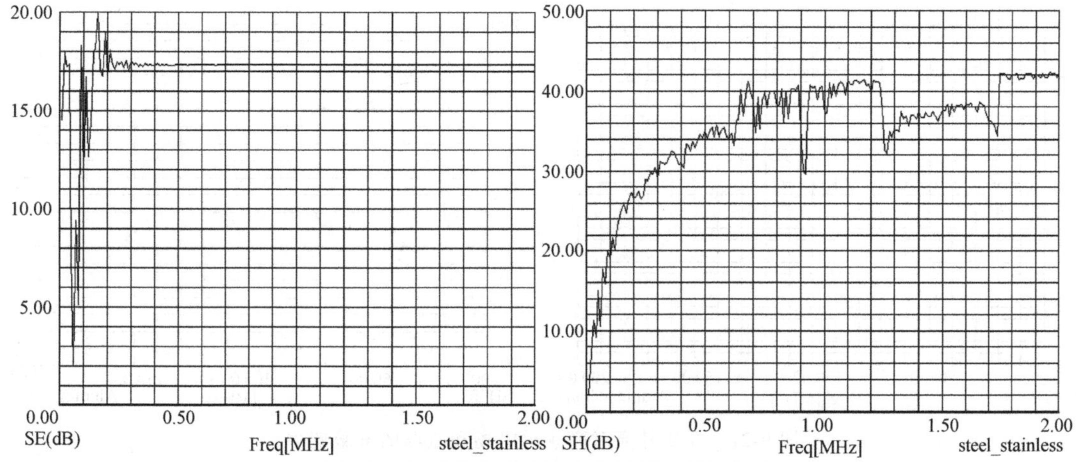

图 9-18　不锈钢外壳低频电场及磁场屏蔽能力

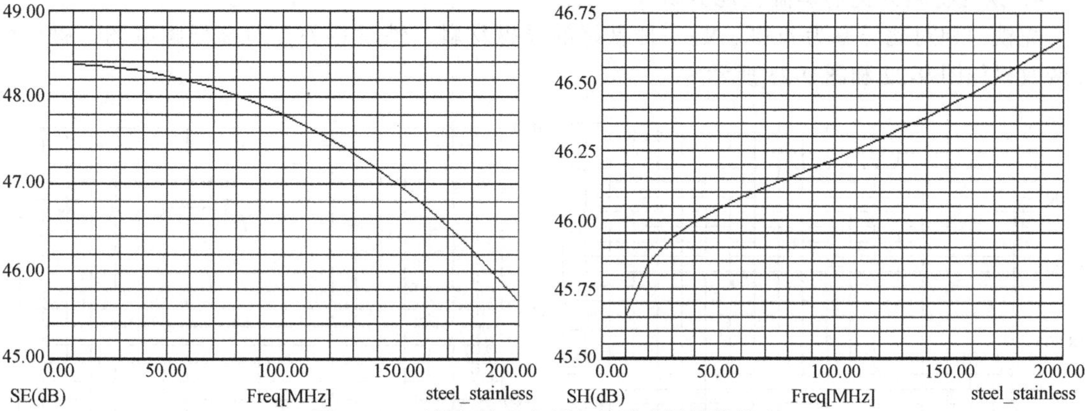

图 9-19　不锈钢外壳高频电场及磁场屏蔽能力

由图可知，不锈钢外壳对高频的屏蔽能力基本能满足实际的需要，但在低频时某些特定的频率下屏蔽效果较差。如对 80kHz 左右信号的电场屏蔽效果不到 5dB。

3. 介质材料外壳的屏蔽性能分析

Alumina_ 96pct 电导率为 0，相对介电常数为 9.4。该材料对低频和高频电磁场的屏蔽效果如图 9-20 和图 9-21 所示，由仿真结果知，介质材料对电磁场的屏蔽能力在任何频率段都比较差，一般来说，在选择外壳或机箱的材料时，应尽量避免使用介质材料。

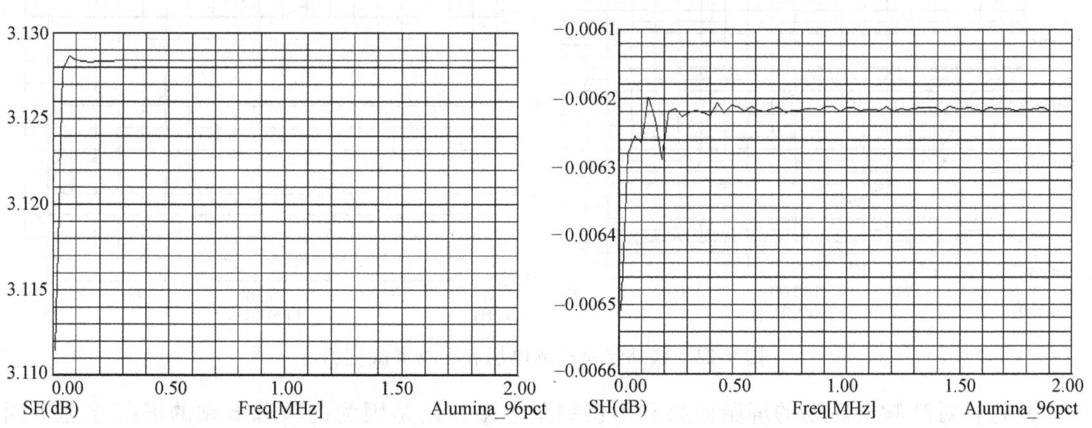

图 9-20　介质外壳对低频时电场和磁场的屏蔽能力

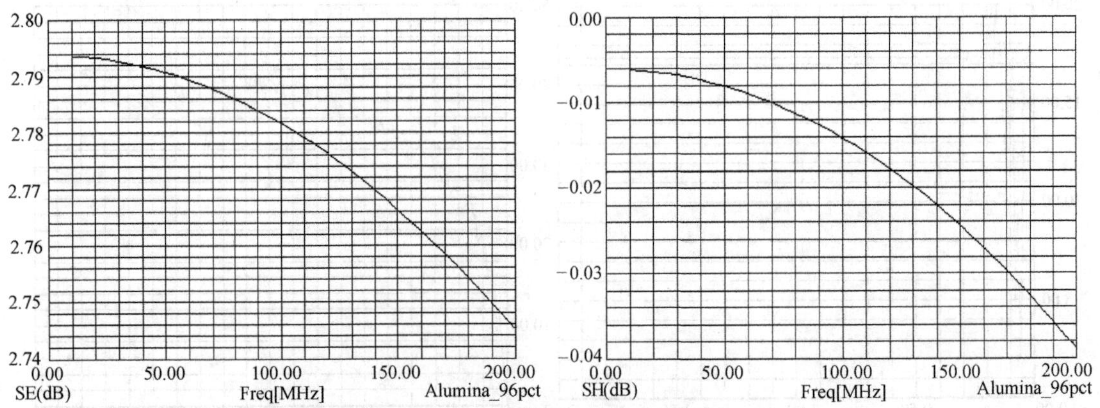

图 9-21　介质外壳对高频时电场和磁场的屏蔽能力

4. 铁磁材料外壳的屏蔽性能分析

纯铁的相对磁导率为 4000，是一种良好的导磁材料。铁材料外壳对高低频电场、磁场的屏蔽效果如图 9-22 和图 9-23 所示。

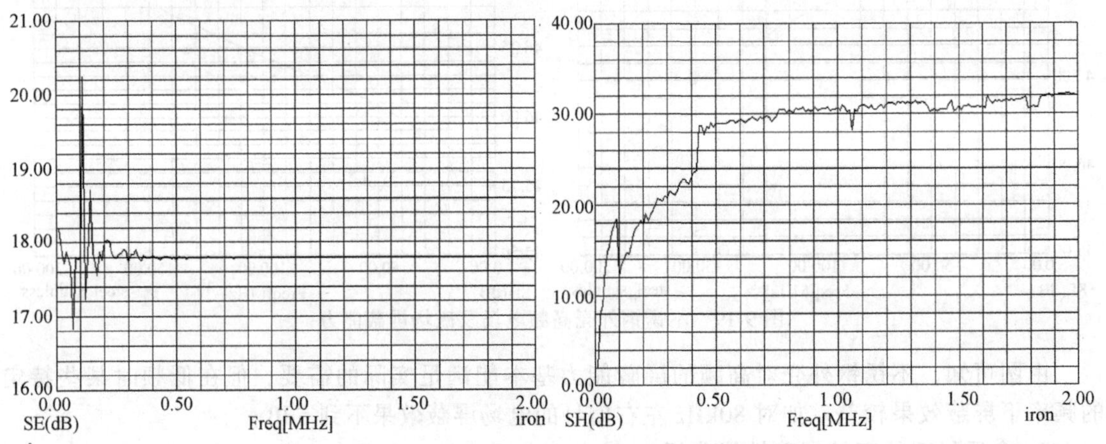

图 9-22　铁外壳对低频电场和磁场屏蔽能力

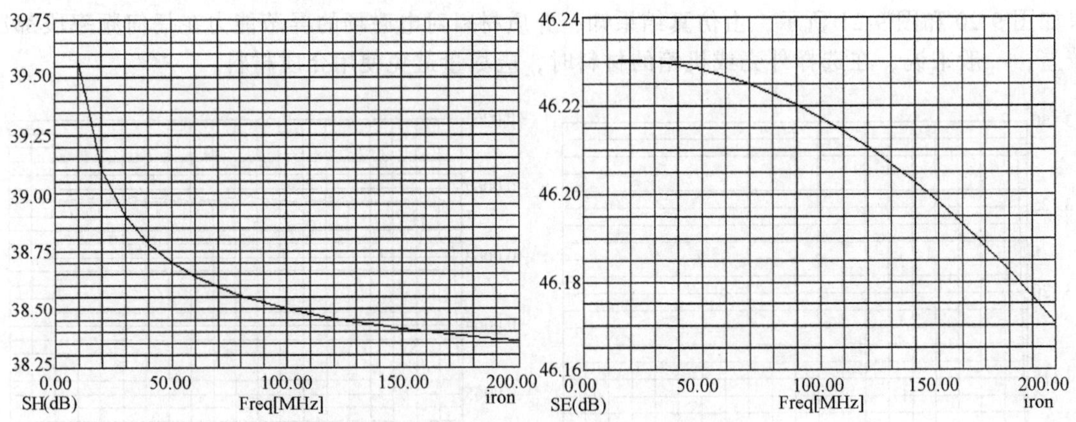

图 9-23　铁外壳对高频电场和磁场屏蔽能力

铁材料对高频电磁场的屏蔽效果和不锈钢差不多，这是因为高频和低频的屏蔽原理不同，对高频电磁波的屏蔽主要是利用电磁波在材料表面反射。纯铁由于磁导率较高，低频时屏蔽

特性好于不锈钢。

5. 不同材料外壳屏蔽性能的比较和结论

材料对外壳屏蔽性能的影响很大，不同材料的特性和屏蔽效果的比较如表 9-1 所示。

表 9-1 不同材料外壳的屏蔽性能比较

材料	相对介电常数	相对磁导率	相对电导率	高频(100MHz)屏蔽效果/dB		低频(50Hz)屏蔽效果/dB	
				电场	磁场	电场	磁场
不锈钢	1	1	1100000	47.8	46.2	5	10
alumina_96pct	9.4	1	0	2.7	0	3.1	0
纯铁	1	4000	10300000	46.2	38.5	17.5	14

由表 9-6 的比较结果可知，良导体对高频电磁场的屏蔽效果都比较好，低频时的效果较差，但是纯铁在低频时屏蔽的效果远好于不锈钢。介质材料 alumina_ 96pct 在任何频率段的表现都比较差，几乎没有屏蔽能力。

交变电磁波的屏蔽难易程度则与它的频率有关。电磁波能够在导体中传播，导体对它的衰减能力与频率成正比，与导体的磁导率、介电常数的二次方根成正比。因此，电磁波频率越低越容易穿透屏蔽层，材料磁导率、电导率越高电磁波越容易衰减。对于高频电磁波(500MHz 以上)，选材就容易些。因为它的穿透能力很弱。这时要考虑防止材料表面形成导电不好的氧化层，常常选用表面做了导电氧化处理的铝板、不锈钢，有时甚至会在材料表面镀金。

实际中，低频电磁波（如 50Hz 工频干扰）的屏蔽是很困难的，原因是低频电磁波对导体的穿透能力很强。选择材料的原则是高磁导率。对它的屏蔽，应采用铁磁性材料，材料的厚度要足够，多层屏蔽强于单层屏蔽（如双层 1mm 好于单层 2mm，双层之间不要太靠近）。屏蔽频率不太低也不太高的电磁波时，选择材料往往更考虑成本和易加工性、易装配性，如选择铜板、镀锡铁板等。确定厚度的原则是保证强度。

恒磁场最难屏蔽，使用多层的铁磁材料（如硅钢片、坡莫合金）、经过实际测试修改才能获得满意的效果。静电场是最容易屏蔽的，理论上无限薄的导体壳就能屏蔽它。

不锈钢外壳内外电磁场的分布如图 9-24 所示。

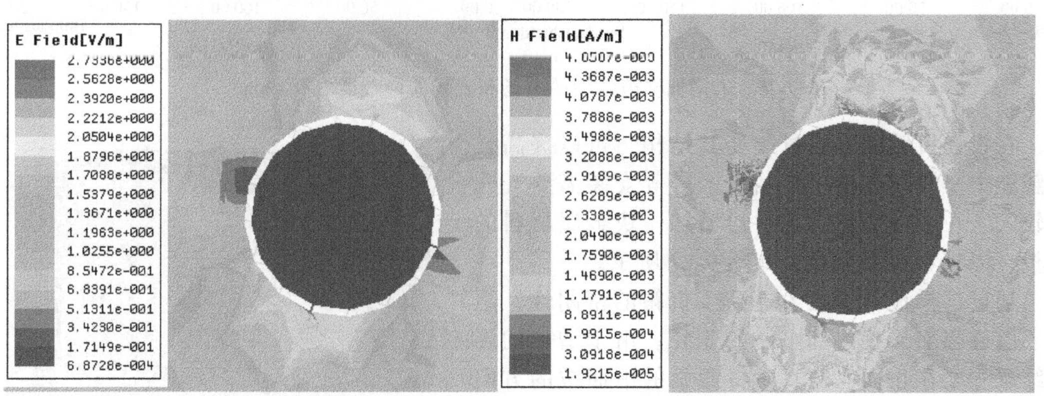

图 9-24 不锈钢外壳内外电磁场（100MHz）的分布图

9.2.6 在线监测系统机箱电磁兼容性能的仿真分析

1. 在线监测系统机箱建模

在 HFSS 中按实物建立如图 9-25 所示模型，其中左边是机箱正面图，右边是机箱背面图。

机箱前面较大的开口为液晶安装位置，机箱背面矩形开口为220V电源线的接口，小圆孔是和传感器信号线连接的接口。机箱左侧的圆孔是报警喇叭的安装位置，机箱左右的条形窗为散热设计。

与红外温度传感器外壳一样，在HFSS中画一个包围模型的正方体作为求解区域，边界设为辐射边界。

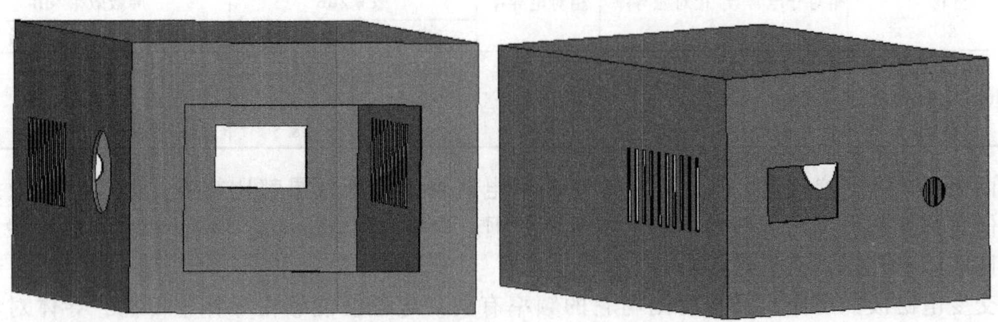

图 9-25　在线监测系统外壳模型

2. 增加屏蔽结构对屏蔽性能的影响分析

机箱前部为液晶显示屏，后部为电源出口，侧面为报警系统，由于安装需要，在机箱上面开的孔比较大，容易造成电磁泄漏，这对电磁屏蔽影响非常严重。一个相对较完整的机壳的屏蔽效果要好得多。机箱未增加屏蔽结构时电场和磁场的屏蔽效果如图9-26所示。

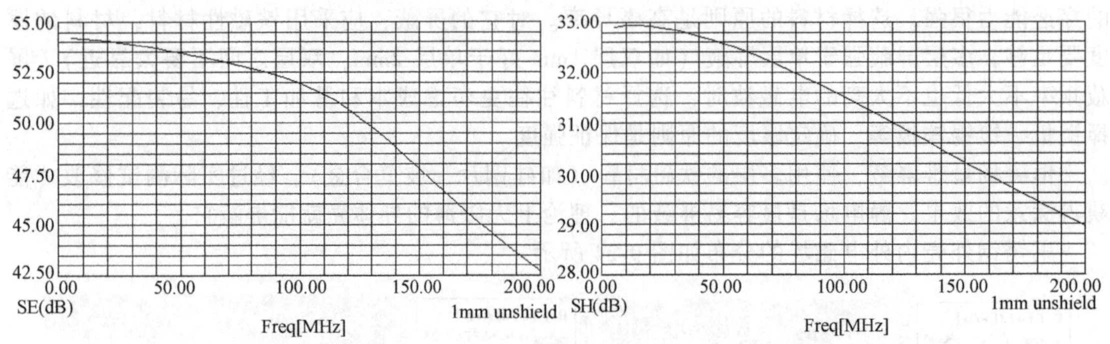

图 9-26　未增加屏蔽结构的电场和磁场的屏蔽能力（1mm）

在设计机箱时，通过改变其结构，可以提高其屏蔽能力。针对本机箱液晶显示屏等安装需要开孔比较大，在液晶显示屏等后边增加一块金属材料的隔板，隔板和机箱相连，如图9-27所示。

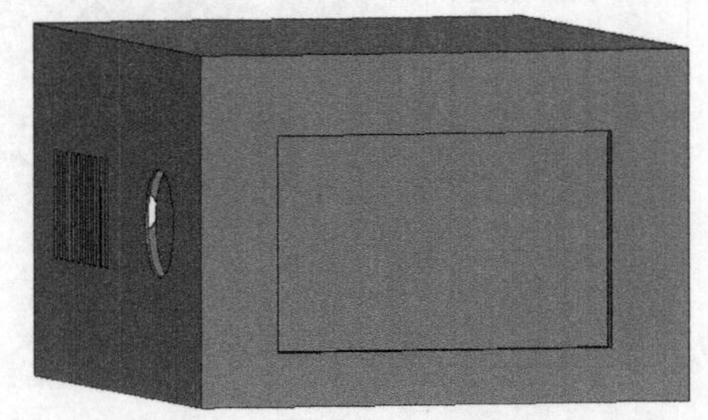

图 9-27　增加屏蔽结构在线监测系统外壳模型

通过这样设计，大大提高了机箱的密闭性，阻隔了电磁辐射干扰内部电路的途径。由于增加的屏蔽结果主要在正面，仿真时将激励的平面波的方向设置成从正面入射。对增加屏蔽结构后的机箱进行仿真，屏蔽效果如图9-28所示。

通过比较，增加屏蔽结构后，机箱的屏蔽能力增强。对磁场而言，屏蔽效果增加了14dB左右。对电场而言，屏蔽效果增加了8dB左右。增加了屏蔽结构后对磁场的屏蔽效果改善较明显。在不同频率点屏蔽效果的比较见表9-2。

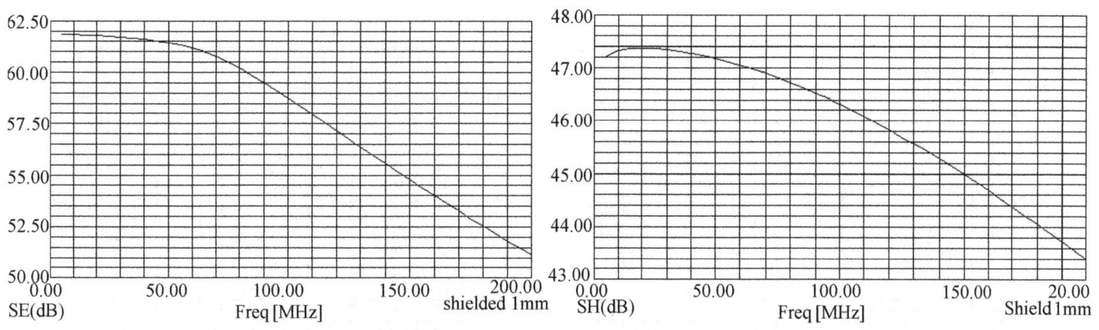

图 9-28　增加屏蔽结构时电场和磁场的屏蔽能力（1mm）

表 9-2　未增加屏蔽结构和增加屏蔽结构后屏蔽效果的对比

频率/Hz	5M		50M		100M		150M		200M	
	电场	磁场	电场	磁场	电场	磁场	电场	磁场	电场	磁场
未增加屏蔽结构/dB	54.2	33	53.5	32.6	52	31.5	47.8	30.2.	42.7	29
增加屏蔽结构/dB	62	47.2	61.5	47.2	58.5	46.4	55	45	51.5	43.4
改进的效果/dB	7.8	14.2	8	14.6	6.5	14.9	7.2	14.8	8.8	14.4

3. 散热孔顺序排列和错位排列对屏蔽性能的影响分析

散热孔是机箱电磁泄漏的主要通道，同时散热孔又是必须的，因此，有必要对散热孔的优化设计进行研究。散热孔错位排列和顺序排列设计如图 9-29 所示。

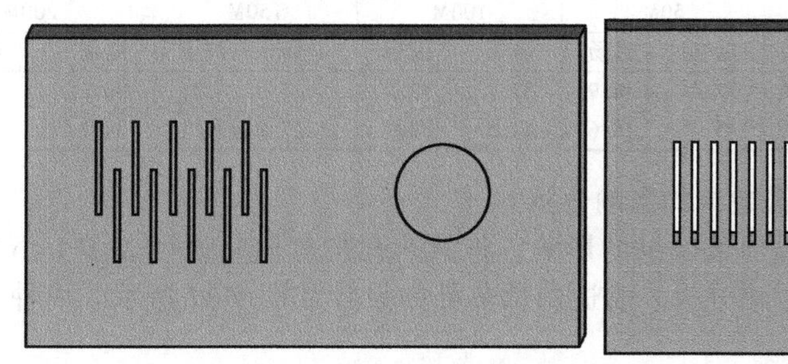

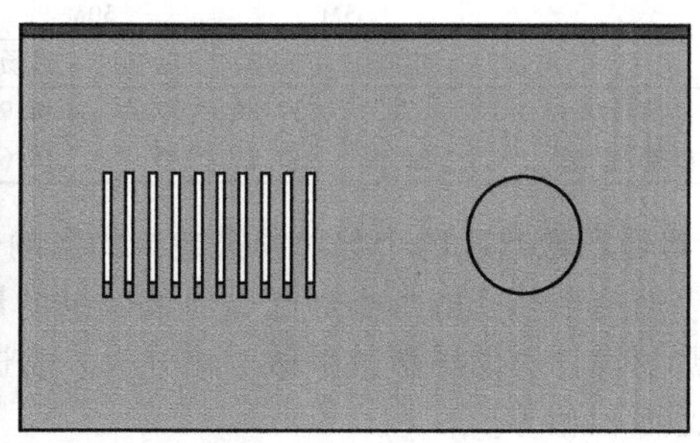

图 9-29　散热孔错位排列和顺序排列模型

研究散热孔排列对屏蔽效果的影响，设激励平面波的入射方向为侧面方向。散热孔顺序排列和错位排序的屏蔽效果分别如图 9-30 和图 9-31 所示。

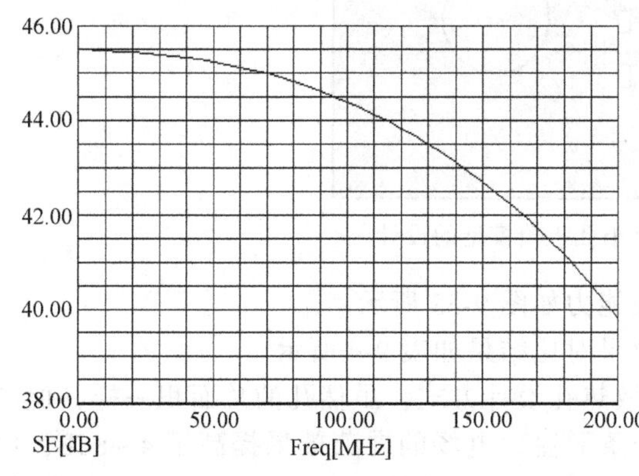

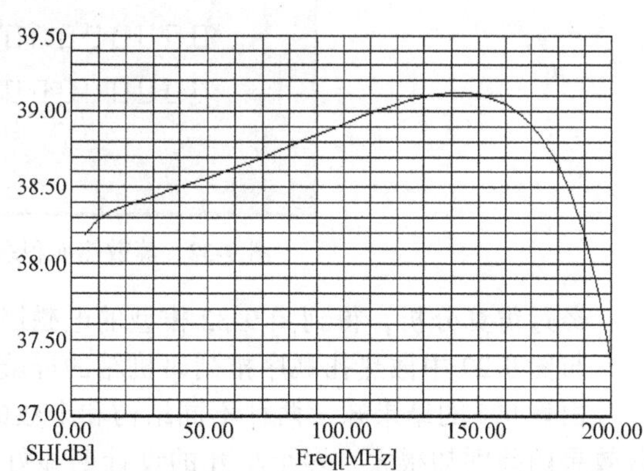

图 9-30　散热孔顺序排列时机箱的屏蔽效果

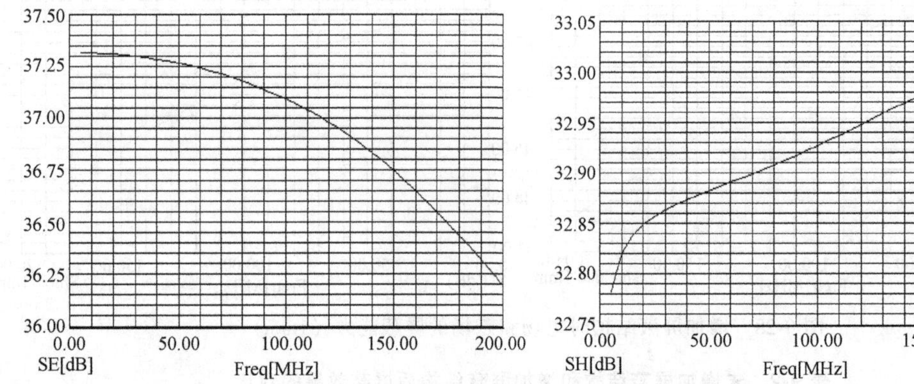

图 9-31 散热孔错位排列时机箱的屏蔽效果

散热孔顺序排列和错位排列时机箱的屏蔽效果的比较结果如表 9-3 所示。比较得知，散热孔顺序排列的屏蔽效果要好于错位排列，特别是在低频段效果更明显一些，因为错位排列会使磁路长度增加，降低屏蔽效果。但是同样面积的错位排列，通风效果会好一些，这就要求设计时综合考虑电磁屏蔽效果和通风效果，做出最合理的设计。

表 9-3 散热孔顺序排列和错位排列屏蔽效果的对比

频率/Hz	5M		50M		100M		150M		200M	
	电场	磁场	电场	磁场	电场	磁场	电场	磁场	电场	磁场
错位排列/dB	37.3	32.8	37.2	32.9	37.1	32.9	36.7	33	36.2	33
顺序排列/dB	45.5	38.2	45.3	38.6	44.5	38.9	42.7	39.1	39.8	37.4

4. 等面积散热孔的个数对屏蔽效果的影响分析

本节研究散热孔的大小对电磁屏蔽效果的影响，将散热孔按等面积设计成多个小孔和原来的条形窗设计时的屏蔽效果做对比分析。改进的散热孔的设计如图 9-32 所示。两种设计散热孔的总面积相等。

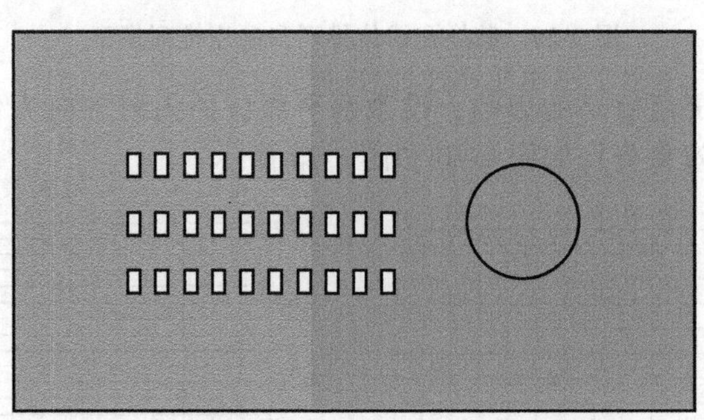

图 9-32 等散热面积多个小孔机箱模型的设计

经过仿真分析，得到图 9-32 模型的电磁屏蔽能力如图 9-33 所示。

与图 9-29 中散热孔顺序排列时机箱的屏蔽效果对比结果如表 9-4 所示。

由表 9-4 的结果知，两种不同结构和个数的散热孔设计方式，虽然孔的总面积一样，但屏蔽效果的差别却很大。多个小孔的设计明显好于条形窗。电场的屏蔽效果提高了 4~8dB，磁场的屏蔽效果提高了 2dB 左右。这表明，长条矩形窗型散热孔的设计更容易造成电磁泄漏。散热孔越小，电磁干扰就越不容易泄漏进来。

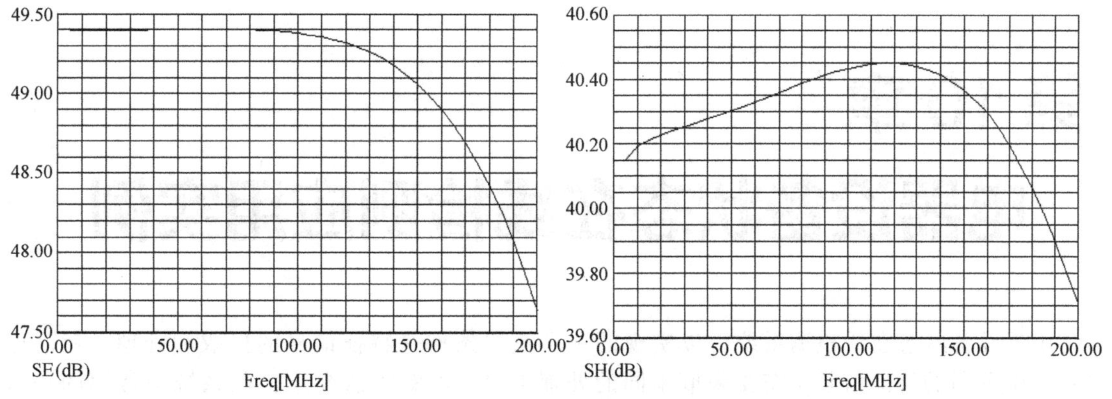

图 9-33　多个散热小孔机箱模型的电磁场屏蔽效果

表 9-4　散热孔等面积条形窗设计和多个小孔设计屏蔽效果比较

频率/Hz	5M		50M		100M		150M		200M	
	电场	磁场	电场	磁场	电场	磁场	电场	磁场	电场	磁场
多个小孔/dB	49.4	40.2	49.4	40.3	49.4	40.4	49.4	40.4	47.7	39.7
条形窗/dB	45.5	38.2	45.3	38.6	44.5	38.9	42.7	39.1	39.8	37.4

机箱的设计对整个系统的电磁兼容性有很大影响。每一个细小的设计都会影响电磁屏蔽的效果，设计时，可以通过多种途径，从不同的方面去改进。同时，机箱设计也要考虑经济性、散热性、美观性、易安装性等，应综合考虑这些因素，设计出一个合理、经济、有效的机箱。

参考文献

[1]　郭银景，吕文红，唐富华，等. 电磁兼容原理及应用 [M]. 北京：清华大学出版社，2004.

[2]　王小华，荣命哲，贾申利，等. 中压开关柜在线监测装置的研制及其抗电磁干扰设计 [J]. 高压电器，2003 (6)，39 (6)：17-20.

[3]　丁丹，杨武，荣命哲，等. 中压开关柜电连接处温度在线监测的红外测温技术 [C]. 第四届智能化开关电器及其应用研讨会文集，2000 (4)：210-214.

[4]　郑义，王小华，荣命哲. 成套开关设备温度在线检测接触式传感器的研制 [J]. 高压电器，2004，40 (1)：20-21.

[5]　李美，王小华，苏海博，等. 中压开关柜状态在线监测装置电磁兼容性能研究 [J]. 高压电器，2011，47 (4)：69-74.

[6]　王小华，荣命哲，徐铁军. 中压开关柜在线监测系统硬件抗电磁干扰技术研究 [J]. 高压电器，2007，43 (10)：321-324.

[7]　刘君华. 现代检测技术与测试系统设计 [M]. 西安：西安交通大学出版社，2001.

[8]　王巨玮，12kV 开关柜在线监测系统及其电磁兼容性能研究 [D]. 西安：西安交通大学，2007.

[9]　刘骁繁，崔翔，吴恒天，等. 500kV 气体绝缘变电站开关操作对智能组件电流互感器端口电磁干扰的实测及分析 [J]. 高电压技术，2015，41 (5)：1709-1718.

第 10 章 电器设备状态在线检测应用实例

电器设备状态在线检测系统得以实现的一个重要条件是特征信号的提取和处理。针对检测系统中不同的特征信号，需要采取不同的处理手段。本章重点介绍检测系统中常用的一些技术，包括典型的特征信号前处理（隔离、滤波、放大、V/F 转换等技术）、人机交互界面、MCU 及最小系统。信号处理技术将看似杂乱无序的信号调理成可供 A/D 采样的有序信号；人机界面向操作者提供系统信息并接收操作者指令；MCU 及最小系统则协调各个器件工作、处理采集到的数据并完成指定任务。

10.1 典型的特征信号前处理

在线检测系统主要检测电器设备的温度状态、绝缘状态和机械状态等。典型的特征信号包括绝缘套管表面的泄漏电流信号、母线连接处的温度信号、角位移信号（反映触头运动状况）、二次线圈电流信号、机械振动信号等。信号前处理是指传感器（互感器）输出的信号在进入单片机（或 DSP）的采集单元前所经过的滤波、放大等各种信号调理手段。系统的部分状态信号及其相关的处理技术如表 10-1 所示。

表 10-1 在线检测系统所检测的部分信号及相关处理技术

状态	状态信号	信号类型	对应相关处理技术
绝缘状态	泄漏电流信号	电流型	放大,滤波,隔离
机械状态	角位移信号	电压型	隔离
	二次线圈电流信号	电流型	隔离
	振动信号	电荷型	放大,滤波,隔离
温度状态	母线连接处温度信号	电压型(红外测温)	放大,V/F 转换,隔离
		数字信号(接触式测温)	直接与单片机通信

现将在线检测系统中常用的隔离、滤波、放大、V/F 转换等信号处理技术介绍如下。

10.1.1 信号隔离技术

在电力系统电器设备的在线检测技术中，被测的对象往往是高电压大电流的电器设备，为了安全可靠和提高系统抗干扰能力，常常需要把强电部分与弱电的计算机系统在电气上隔离开来，以免各控制部分之间互相产生干扰。信号隔离的主要目的是通过隔离元器件把噪声干扰的路径切断，从而达到抑制噪声干扰的效果，提高电器设备的电磁兼容性。信号隔离主要有：模拟信号的隔离和数字信号的隔离。

模拟信号的隔离比较复杂，要考虑模拟信号的精度、线性度、频率响应、噪声响应等，并依此选择隔离电路。模拟信号的隔离主要采用互感器、变压器、线性隔离放大器和线性光电隔离电路等隔离方法。

绝缘套管泄露电流信号在提取后经过了一小电流互感器，实现了高低电位的一次隔离，

从而可以保证整个检测系统的安全性和可靠性。二次线圈电流的采集使用的是 JT5-B 跟踪型霍尔电流传感器，该霍尔传感器失调电流小，线性度好，响应时间短，跟踪速度快，动态范围大，在实现线圈电流提取的同时实现了高低电位的电气隔离，提高了电气绝缘和抗干扰能力。

对于具有较大共模噪声且测量精度要求比较高的场合，应采取专门的隔离措施，可选择高精度线性隔离放大器，如 Burr-Brown 公司的 ISO 124 芯片，此芯片使电路隔离设计大大简化。ISO 124 为电容耦合隔离放大器，60Hz 时噪声抑制比高达 140dB，带宽 50kHz，非线性误差±0.01%，电源电压±4.5～±18V，隔离性能优良，并且使用特别简单，大量地应用于精密测量系统中，但利用线性隔离放大器隔离的成本较高。其封装及引脚如图 10-1 所示。

光电耦合器（光耦）就是把发光元件和受光元件同时封装在一个器件中，其工作时以光作为媒介来传递信息，以便隔离输入级与输出级的直接电连接，从而消除干扰。光电耦合器具有体积小、重量轻、价格便宜、抗干扰能力强、响应速度快等优点，因此广泛应用于计算机控制系统和接口电路。图 10-2 是光电耦合器内部结构及典型的反相应用电路。普通光电耦合器具有非线性电流传输特性，适用于数字量和开关量的传输与隔离，但若直接用于模拟量的传输，则线性度和精度都很差。其典型的输入/输出特性如图 10-3 所示。因此，不能用普通的光电耦合器直接进行模拟信号的光电隔离转换。为克服普通光耦的缺点，人们开发出了高线性模拟光耦。下面介绍 HP 公司生产的一种高线性模拟光电耦合器 HCNR201。该光电耦合器是一种由三个光电元件组成的器件，主要技术指标如下：

1）具有±5%的传输增益误差和±0.05%的线性误差。

2）具有 DC～1MHz 的带宽。

3）绝缘电阻高达 $10^{13}\Omega$，输入与输出回路间的分布电容为 0.4pF。

4）耐压能力为 5000V/min，最大绝缘工作电压为 1414V。

5）具有 0～15V 的输入/输出范围。

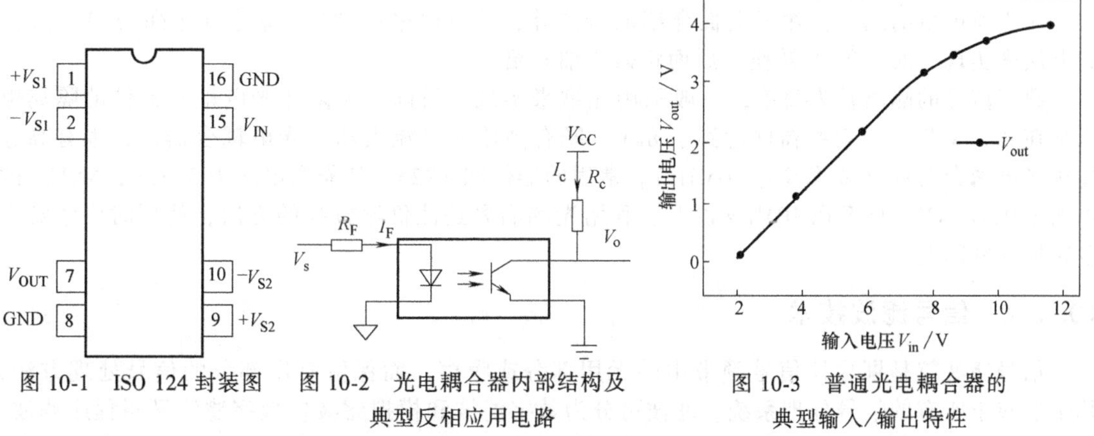

图 10-1 ISO 124 封装图　图 10-2 光电耦合器内部结构及典型反相应用电路　图 10-3 普通光电耦合器的典型输入/输出特性

HCNR201 的内部结构如图 10-4 所示，其中 LED 为铝砷化镓发光二极管，PD1、PD2 是两个相邻匹配的光敏二极管，这种封装结构决定了每个光敏二极管都能从 LED 得到近似的光照，因而消除了 LED 的非线性和偏差特性所带来的误差。当电流流过 LED 时，LED 发出的光被耦合到 PD1 与 PD2，从而在器件输出端产生与光强成正比的输出电流。

在使用时，可将第 3、4 输出端与第 1、2 输入端一起接入控制回路，其中第 3、4 端的光敏二极管起反馈作用，它可将产生的输出电流再反馈到第 1、2 端的 LED 上，对输入信号进行反馈控制。图 10-5 为其典型的连接图，读者可自行分析其工作原理。

此外还有很多其他线性光耦器件，如美国安捷伦公司生产的 HCPL-7510 等。

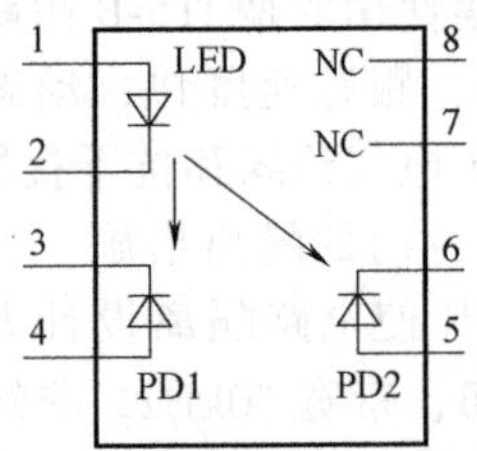

图 10-4　HCNR201 的内部原理图

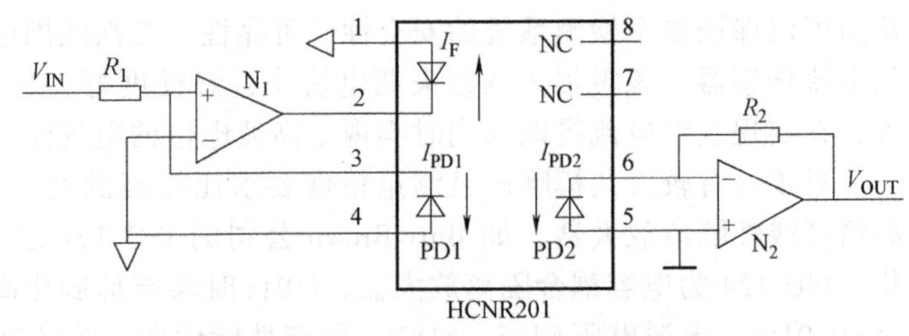

图 10-5　HCNR201 的典型连接图

利用普通集成光电耦合器的一致性和反馈原理，人们设计出了不少具有较高线性度的光电隔离转换电路。图 10-6 给出了采用 TLP521-2 光耦的模拟量光电隔离电路。TLP521-2 为双路光电耦合器，是一种完全对称特性的光电模拟信号隔离器，其内部的两个光电耦合器的物理特性完全一致，重复性好，并且二者的电源实现了完全隔离，有良好的线性度，地线的干扰完全消除。

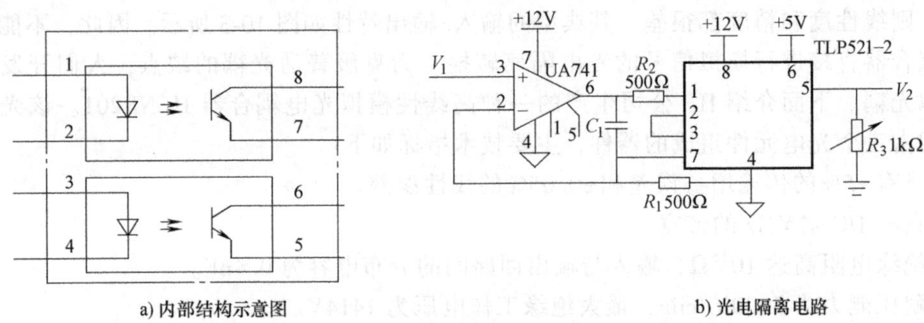

图 10-6　TLP521-2 内部结构示意及光电隔离电路

对于模拟量的隔离，除了上面介绍的方法外，还可以采用“V/F 转换+光耦+F/V 转换”的方法来实现。对于 V/F 转换，后面将做详细介绍。

数字信号的隔离较为简单，一般采用光耦来实现。目前，大多数光电耦合器件的隔离电压都在 2. 5kV 以上，有些器件达到了 8kV，既有高压大电流大功率光电耦合器件，也有高速高频光电耦合器件（频率高达 10MHz）。常用的器件如 4N25，其隔离电压为 5. 3kV；6N137 的隔离电压为 3kV，频率在 10MHz 以上。利用光耦隔离是性价比较高的方法，使用时应注意光电转换速度问题。

10. 1. 2　信号滤波技术

信号滤波就是剔除掉信号频带中的无用部分或噪声，而保留有用部分的信号处理方法，几乎遍布于所有的信号处理系统。滤波可分为数字滤波和模拟滤波。数字滤波又叫程序滤波，指在程序中对一组信号数据序列（往往由采集系统采集而来）施以各种滤波算法，去除噪声，以使数据光滑或提取信号的有用部分或提取隐含在原始数据中的特征信息。模拟滤波又叫硬件滤波，指采用各种有源或无源器件构建具有频率选择性的电路，信号通过此电路时，某些频率部分得到加强或基本保持不变，而另外部分被大幅衰减甚至清除掉，一般地，信号的幅值和相位也会发生改变。

为了进行准确测量和控制，必须消除被测信号中的噪声和干扰。很多噪声为非周期的不规则随机信号，对于随机干扰，可以用数字滤波方法予以削弱或滤除。所谓数字滤波，就是通过一定的计算或判断程序减少干扰信号在有用信号中的比重，因此它实际上是一个程序滤波。数字滤波器克服了模拟滤波器的许多不足，它与模拟滤波器相比有以下优点：

1）数字滤波器是用软件实现的，不需要增加硬件设备，因而可靠性高、稳定性好，不存在阻抗匹配问题。

2）模拟滤波器通常是各通道专用，而数字滤波器则可多通道共享，从而降低了成本。

3）数字滤波器可以对频率很低（如 0.01Hz）的信号进行滤波，而模拟滤波器由于受电容容量的限制，频率不可能太低。

4）数字滤波器可以根据信号的不同，采用不同的滤波方法或滤波参数，具有灵活、方便、功能强的特点。

下面简单介绍几种常用的滤波算法。

（1）算术平均值滤波

算术平均值滤波是要寻找一个 Y，使该值与各采样值 X（K）（$K=1\sim N$）之间误差的二次方和为最小，即

$$Y=\frac{1}{N}\sum_{K=1}^{N}X(K) \tag{10-1}$$

算术平均值法适用于对一般具有随机干扰的信号进行滤波，这种信号的特点是有一个平均值，信号在某一数值范围附近作上下波动，但对脉冲性干扰的平滑作用尚不理想，因此它不适用于脉冲性干扰比较严重的场合。算术平均值法对信号的平滑滤波程度完全取决于 N，因此要根据具体情况选择 N 值。

（2）加权平均值滤波

算术平均值法对每次采样值给出相同的加权系数，即 $1/N$。但有些场合为了改进滤波效果，提高系统对当前所受干扰的灵敏度，需要增加新采样值在平均值中的比重，即将各采样值取不同的比例，然后再相加，此方法称为加权平均值法。一个 N 项加权平均式为

$$Y=\sum_{K=1}^{N}C_K X(K) \tag{10-2}$$

其中

$$\begin{cases}0<C_1<C_2<\cdots<C_N\\ C_1+C_2+\cdots+C_N=1\end{cases} \tag{10-3}$$

常数 C_1、C_2、…、C_N 的选取是多种多样的，其中常用的是加权系数法，即

$$\begin{gathered}C_1=1/\Delta\\ C_2=\mathrm{e}^{-\tau}/\Delta\\ \cdots\cdots\\ C_N=\mathrm{e}^{-(N-1)\tau}/\Delta\end{gathered} \tag{10-4}$$

式中，$\Delta=1+\mathrm{e}^{-\tau}+\mathrm{e}^{-2\tau}+\cdots+\mathrm{e}^{-(N-1)\tau}$；$\tau$ 为控制对象的纯滞后时间。

加权平均值法适用于系统纯滞后时间常数 τ 较大、采样周期较短的过程，能迅速反应系统当前所受干扰的严重程度。

（3）滑动平均值法

滑动平均值法把 N 个采样数据看成一个队列，队列的长度固定为 N，每进行一次新的采样，把采样结果放入队尾，而扔掉原来队首的一个数据，这样在队列中始终有 N 个“最新”的数据。计算滤波值时，只要把队列中的 N 个数据进行平均，就可得到新的滤波值。

滑动平均值法对周期性干扰有良好的抑制作用，平滑度高，灵敏度低；但对偶然出现的脉冲性干扰的抑制作用差，不易消除由于脉冲干扰引起的采样值的偏差。因此它不适用于脉冲干扰比较严重的场合，而适用于高频振荡系统。通过观察不同 N 值下滑动平均的输出响应来选取 N 值，以便既少占用时间，又能达到最好的滤波效果。

(4) 防脉冲干扰平均值滤波

在脉冲干扰比较严重的场合，若采用一般的平均值法，则干扰将“平均”到计算结果中去，故平均值法不易消除由于脉冲干扰而引起的采样值偏差。防脉冲干扰平均值法先对 N 个数据进行比较，去掉其中的最大值和最小值，然后计算余下的 $N-2$ 个数据的算术平均值。

在实际应用中，N 可取任何值，但为了加快测量计算速度，N 一般不能太大，常取为 4，即为四取二再取平均值法。它具有计算方便、速度快、存储量小等特点，故得到了广泛应用。

(5) 低通滤波

将普通硬件 RC 低通滤波器的微分方程用差分方程来表示，便可以用软件算法来模拟硬件滤波的功能。经推导，低通滤波算法如下：

$$Y(K)=\alpha\cdot X(K)+(1-\alpha)\cdot Y(K-1) \tag{10-5}$$

式中，$X(K)$ 为本次采样值；$Y(K-1)$ 为上次的滤波输出值；α 为滤波系数，其值通常远小于1；$Y(K)$ 为本次滤波的输出值。

这种算法模拟了具有较大惯性的低通滤波功能，当目标参数为变化很慢的物理量时，效果很好，但它不能滤除高于 1/2 采样频率的干扰信号。除低通滤波外，同样可用软件来模拟高通滤波和带通滤波。

每种滤波算法都有其各自的特点，在实际应用中，究竟选取哪一种数字滤波算法，应根据具体的测量参数合理选用。不适当地应用数字滤波，不仅达不到滤波效果，反而会使信号品质变得更差，这点必须予以注意。

在信号处理中，模拟滤波器先于数字滤波器作用于信号，模拟滤波器对噪声的滤除和信号的调理起着至关重要的作用，如果其设计不当，单纯依靠数字滤波器很难获得理想的滤除效果。

在线检测中常用的模拟滤波器主要有 RC 有源滤波器、集成滤波器和开关电容滤波器。

RC 有源滤波器由于其结构多样可变，性能优异，成本低廉，成为模拟信号调理的首选。RC 有源滤波器由运算放大器、电阻和电容构成，其核心环节是积分器。图 10-7 是泄漏电流信号调理中用到的带通滤波器。

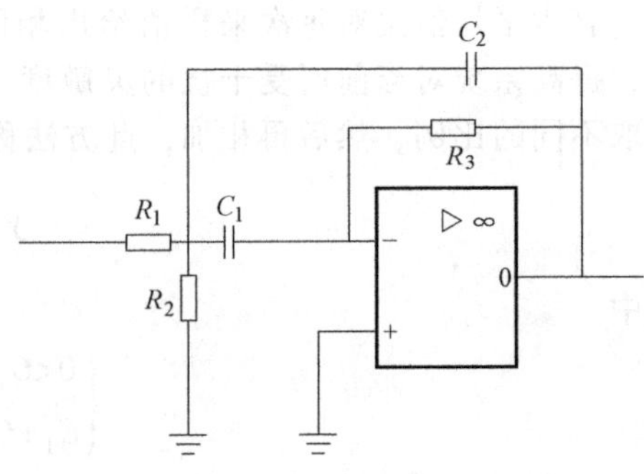

图 10-7　RC 有源带通滤波器

其传递函数 $H(s)$ 为 $H(s)=-\dfrac{sC_1R_2R_3}{s^2R_1R_2R_3C_1C_2+sR_1R_2(C_1+C_2)+R_1+R_2}$；

其相频特性为 $\theta=\arctan\dfrac{C_1R_2R_3(\omega^2R_1R_2R_3C_1C_2-R_1-R_2)}{\omega C_1R_2R_3\times R_1R_2(C_1+C_2)}$。

适当选择电阻和电容的数值，可获得满足需要的具有特定中心频率和通带的带通滤波器。

所用器件的非理想性（主要是有源器件的非理想性）造成 RC 有源滤波器的特性与理想滤波器有一定差异。RC 有源滤波器比较适合于只需要测量信号的幅值特性而不需要测量信号的相位特性的场合；附加一个性能良好的相位调零环节后，经过有源补偿以后也可以用在测量相位比较大、精度要求不高的场合。

集成有源滤波器（有源滤波芯片）是把半导体工艺容易实现集成的运算放大器和电容集成到一个芯片中，通过外接电阻组成实用滤波器，并通过调节外围电阻的大小和外接位置实现滤波器的带宽和滤波器结构形式的改变。现在发展比较快、应用比较多的如 MAX274 和 UAF42 等集成滤波器芯片，其集成在内部的电容精度非常高，可以达到 0.5%~0.1%，大大提

高了无源器件的精度，集成滤波器芯片还对有源放大精度进行了针对性的补偿。集成芯片滤波器在一定的范围内，既可以满足测量信号幅值要求，又可以满足测量信号的相位要求，可以用于测量对波形要求较高的信号，最高可以识别只有百分之几弧度的相位信号。

开关电容滤波器是通过利用开关电容网络构成的滤波器，基本环节还是积分器。不同的是由开关电容取代滤波器积分环节的电阻，滤波功能是靠开关电容开断充电实现的。图 10-8 给出了两种滤波器的工作原理对比原理图。开关电容滤波器的中心频率控制是靠对开关电容网络中两个电容的比值和电容开断充电快慢的时钟频率来控制的。

图 10-8a 的中心频率为 $f_0=1/(2\pi RC)$；对应图 10-8b 中的中心频率为 $f_0=f_{clk}C_1/(2\pi C_2)$，$f_{clk}$ 为外加时钟的频率。两个电容比值的精度可以做得相当高，能达到 0.1%以内。随着技术的发展，已经可以实现该类滤波器的高度集成，也可以方便实现各种形式的滤波器。常用的芯片有 MAX7401、MAX293/294/297 等。

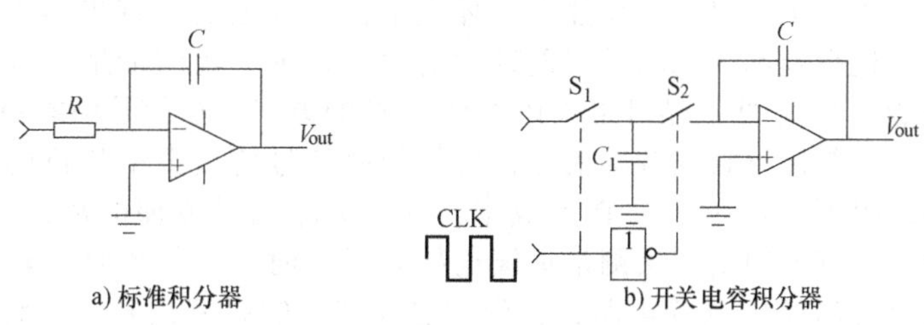

图 10-8　开关电容滤波原理

开关电容滤波器适合于测量信号幅值或相位的场合，尤其适合于精确测量信号相位关系，可以很好地分辨细微的相位差别。但是开关电容滤波器存在局限性，比较难以实现中心频率比较低的滤波器，比如几百赫兹或更低。

滤波器种类繁多，具体应用时应根据现场信号的特点，考虑实现成本，来选择一种或几种合适的滤波器，这样才能获得比较高的性价比。

10.1.3　信号放大技术

在测量控制系统中，用来放大传感器输出的微弱电压、电流或电荷信号的放大电路称为测量放大电路，亦称仪用放大电路。对其基本要求是：①输入阻抗应与传感器输出阻抗相匹配；②一定的放大倍数和稳定的增益；③低噪声；④低的输入失调电压和输入失调电流以及低的漂移；⑤足够的带宽和转换速率（无畸变的放大瞬态信号）；⑥高输入共模范围（如达几百伏）和高共模抑制比；⑦可调的闭环增益；⑧线性好、精度高；⑨成本低。

使用晶体管可以组成最基本的放大电路，但在线检测中广泛采用稳定性更好的集成运算放大器和精密电阻来搭建合适的放大电路。

下面介绍几个比较常用的运算放大器：OP07、OP27 和 AD620。

OP07 是一款低电压漂移运算放大器，以 OP07C 为例，其电源范围为±3~±20V，输入范围为 0~±14V，输入典型阻抗 33MΩ（最小 8MΩ），输入失调电压典型值为 60μV（最大值 150μV），失调电压温度系数典型值为 0.4μV/℃（最大值 1.6μV/℃），消耗电流典型值为 2.6mA（最大值 5mA）。OP07 是性价比较高的运算放大器，OP27 较其性能更优异，是一款低噪声精密运算放大器，但价格也较 OP07 昂贵。

AD620 是一种只用一个外部电阻就能设置放大倍数为 1~1000 的低功耗、高精度仪表放大器。它体积小，为 8 引脚的 SOIC 或 DIP 封装；供电电源范围为±2.3~±18V；最大供电电流仅为 1.3mA。AD620 具有很好的直流和交流特性，它的最大输入失调电压为 50μV，最大输入失调电压漂移为 1μV/℃，最大输入偏置电流为 2.0nA。$G=10$ 时，其共模抑制比大于 93dB。在 1kHz 处输入电压噪声为 $9\text{nV}/\sqrt{\text{Hz}}$，在 0.1~10Hz 范围内输入电压噪声的峰-峰值为 0.28μV，输入电流噪声 $0.1\text{pA}/\sqrt{\text{Hz}}$。$G=1$ 时它的增益带宽为 120kHz，建立时间为 15μs。AD620 能确保高增益精密放大所需的低失调电压及漂移和低噪声等性能指标，有较高的共模抑制比，使用特别简单，但其价格也较昂贵。

在绝缘状态检测中采用 AD620 对微伏级的绝缘信号放大 1000 倍，效果比较理想。

普通运算放大器和仪用运算放大器的种类特别繁多，由运放搭建的放大电路也多种多样。在选择或搭建放大电路时，应根据实际信号的特征确定放大电路的输入/输出阻抗等参数，并选择合适的运放和电路结构形式。在满足要求的情况下，要本着结构简单、成本低的原则。

10.1.4 V/F 转换

在工程应用中，强噪声环境对模拟信号的采集和传送有巨大的影响，特别是模拟信号要传送很长距离时。而在强干扰环境下，A/D 还有数据采集不稳、易受干扰的缺点，这就会使单片机得到不正确的或误差较大的信息。抗干扰的措施有很多，除了加强信号通道和采用高性能 A/D 之外，还可以采用 V/F 转换的方式，在信号前端将电平信号转换为抗干扰能力较强的数字脉冲形式的频率信号，再将频率信号传送至单片机的计数器，这样就可以在保证精度的前提下节省一个 A/D 的成本，并且频率信号方便隔离，用普通的光耦就可实现，成本低。在采用红外辐射方法测量母线连接处温度时，红外探测头输出的电压信号调理后经过 LM331 为核心的 V/F 转换电路，得到与温度有关的频率信号，再将此频率信号传送至控制单元，这样既提高了抗干扰能力又节省了硬件成本。

V/F 转换输入通道的典型结构如图 10-9 所示。

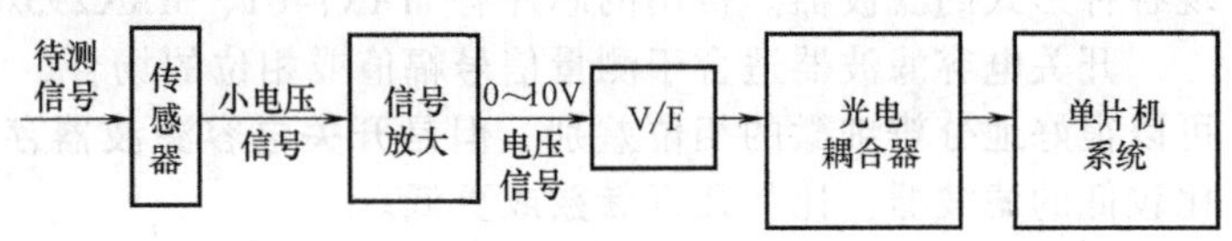

图 10-9 V/F 转换输入通道典型结构

V/F 转换器有两种常用类型：多谐振荡器式和电荷平衡式。多谐振荡器式简单、便宜、功耗低而且具有单位 MS 输出（与某些传输介质连接非常方便）。其缺点是精度低于电荷平衡式 V/F 转换器，而且不能对负输入信号积分。

电荷平衡式 V/F 转换器比较精确，它的缺点是对电源要求较高，（输入端通常都是运放的反相输入端）具有低的输入阻抗，其输出波形为脉冲串而不是单位 MS 方波。

在大多数精密 V/F 转换器中有三种误差：失调误差、增益误差和线性误差，而且它们都随温度变化。对于大多数的精密电路其失调误差和增益误差都可由用户调整，但是线性误差则不能调整。如果外接电容选择适当，V/F 转换器的线性误差在一般情况下都比较小。

使用 V/F 转换器时可以采用软件校准，通常引入一个精密的失调电压，以便确定 V/F 转换器在“零输入”时对应的频率。图 10-10 所示为用单片机测量在 0V 和频率序列输入时的 V/F 转换器输出，计算失调电压和增益比例因子，必要时也可减少增益以便使 V/F 转换器不超过其最大额定频率。

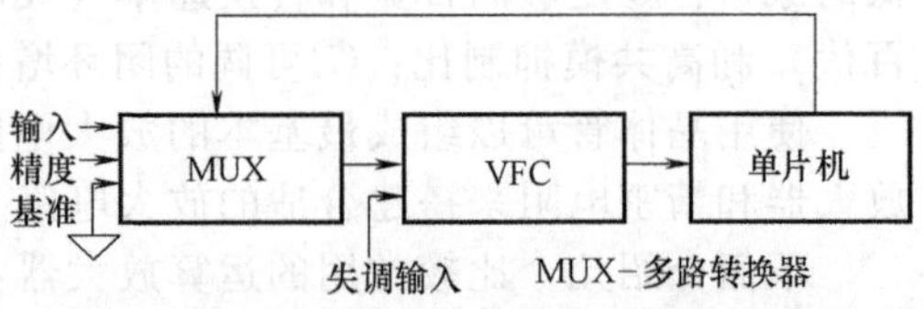

图 10-10 V/F 转换器的增益与失调调整

除了精密模拟电路常用的抗干扰保护措施：接地、去耦、电流路径选择、噪声隔离等以外，使用 V/F 转换器主要的防护措施是选择电容器以及对输入和输出电路进行分离（使用光耦）。精密 V/F 转换器所用的关键电容器（多谐振荡器式 V/F 转换器用的定时电容器和电荷平衡式 V/F 转换器用的单稳定时电容器）都必须随温度变化保持稳定。另外，如果电容器有介质吸收，那么 V/F 转换器会产生线性误差。如果电容器被充电、放电，然后开路，此时电容器可能恢复一些电荷，这种效应称作介质吸收（DA）。使用这种电容器会降低 V/F 转换器的精度。因此 V/F 转换器应该使用聚四氟乙烯或聚丙烯电容器或者使用低 DA 的零温度系数陶瓷电容器。另外，V/F 转换器的输入与输出之间的耦合也会影响其线性误差。

V/F 变换虽然解决了信号在长线传输过程中的抗干扰问题，也改变了 MCU 对被测信号的读取方式：由原来的对 A/D 输出信号的直接读取变为对 V/F 变换器输出脉冲频率信号的读

取。单片机应用设计中，V/F 频率信号的测量大致有两种方法：一种是平均周期检测法；另一种是周期检测法。

（1）平均周期检测法

平均周期检测法的原理如图 10-11 所示。定时器计数值 N_c 预先设定，时钟频率 CLK 为 f_0，周期为 T_0，则 T_0N_c 为定时时间。定时器控制计数器。定时器为 0 时，计数器开始计数；定时时间到，计数器停止计数，计数时间为 T_0N_c。如果计算值为 N_t，则输入信号的待测频率为：$f=N_t/(T_0N_c)$

绝对误差：$\Delta f=\Delta N/(T_0N_c)$

因为 $\Delta N=\pm1$，所以 $\Delta f=1/(T_0N_c)$。

由相对误差表达式可以看出，计数值 N_t 越大，测量精度越高，所以平均周期法适于高频信号的测量。

（2）周期检测法

周期检测法原理如图 10-12 所示。

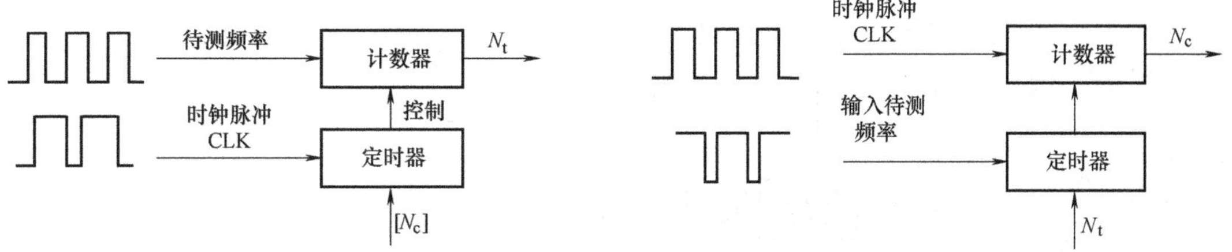

图 10-11　平均周期检测法原理

图 10-12　周期检测法原理

外部待测频率为输入定时器，定时器的计数值 N_t 给定；时钟脉冲 CLK 输入计数器，时钟脉冲频率为 f_0，周期为 T_0。用定时器控制计数器的启停。由于待测脉冲频率 f 未知，定时时间 TN_t 是随待测脉冲频率变化的变量，式中 T 为待测脉冲的周期。如果在定时时间 TN_t 内，计数器的计数值为 N_c，则：$TN_t=T_0N_c$；$f=N_t/(T_0N_c)$；相对误差：$\Delta f/f=1/N_t$。由相对误差表达式可以看出，计数值 N_c 越大，测量精度越高，而 N_c 越大对应的待测脉冲的频率越低，故周期法适于低频信号的检测。

V/F 方式的使用，有效地消除了空间和过程通道的干扰。它至少具有 4 个方面的优点：①占用单片机资源少。对于一种模拟信号仅占用一个输入通道。②抗干扰性能好。V/F 转换过程是对输入信号的不断积分，它需要被测信号提供适当的驱动电流，因干扰信号不能提供电流而被滤掉。另外，V/F 变换后输出的频率信号通过光耦即可实现信号隔离。③便于远距离传输。④信号频率可灵活选择。

因此，VFC 方式在单片机系统设计中，特别是在环境条件恶劣、远距离数据采集场合，应用是相当有效的。当然，V/F 变换并不适用于所有情况，对于变化快、要求有较高检测速度的信号来说，V/F 变换就不适用。因此，在实际设计过程中，单片机测控系统选用什么方式进行信号的传递及采集要根据具体的情况加以选择。

目前，V/F 与 F/ V 变换器有模块式（混合工艺）和单片集成式（双极工艺）两种。通常，单片集成式是可逆的，即兼有 V/F 和 F/V 功能，而模块式是不逆的。

LM331 是一种简单、廉价的 VFC 单片式集成电路，它的特点是：最大线性度为 0.01%；双电源或单电源工作；脉冲输出与所有逻辑形式相容；最佳温度稳定性的最大值为 $\pm50\times10^{-6}/℃$；低功率消耗，5V 以下的典型值为 15mW；较宽的满量程频率范围（1~100kHz）。

LM331 的封装及引脚排列如图 10-13 所示。LM331 的电路原理图如图 10-14 所示，它包括一个开关电流源、输入比较器和单脉冲定时器。

图 10-14a 中输入比较器将正输入电压 U_i（7 脚）与电压 U_x 比较：若 U_i 大，则比较器启

动单脉冲定时器，定时器的输出将同时打开频率输出晶体管和开关电流源，周期为 $t=1.1R_tC_t$，在这个周期中，电流 i 通过开关电流源向电容 C_L 充电，电荷为 $Q=i_xt$，当充电使 U_x 大于 U_i 时，电流 i 被关断，定时器自行复位。此时，1 脚无电流流过，电容 C_L 上的电荷逐渐通过 R_L 放掉。直到 U_x 等于 U_i 以后，比较器将重新启动定时器，开始另一个循环。输入电压 U_i 越大，定时器工作周期越短，输出频率 f_0 越高，且 f_0 正比于 U_i，$f_0=R_sV_{in}/(2.09R_LR_tC_t)$。V/F 转换定时波形如图 10-15 所示。

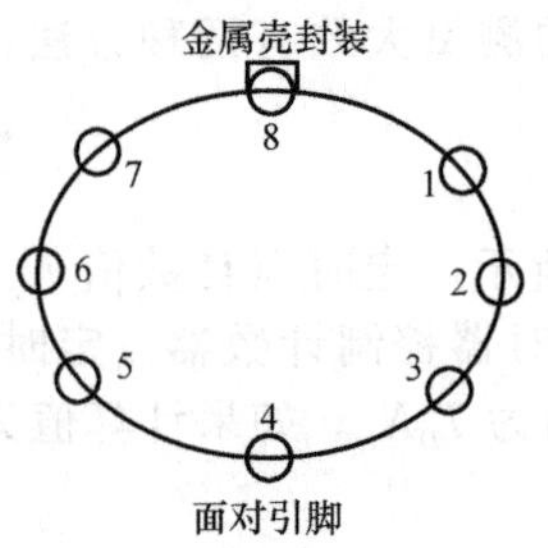

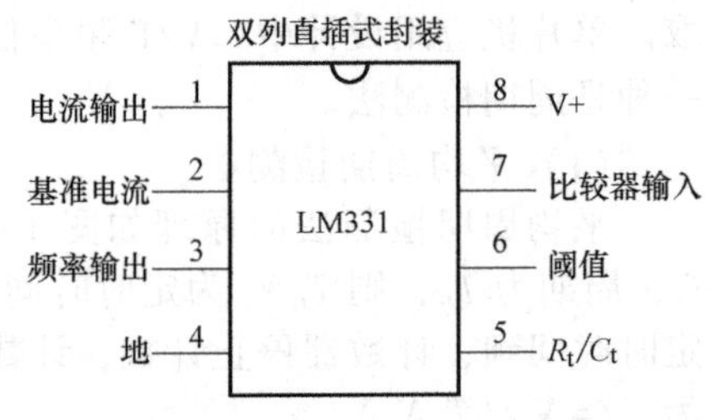

图 10-13　LM331 的封装及引脚排列

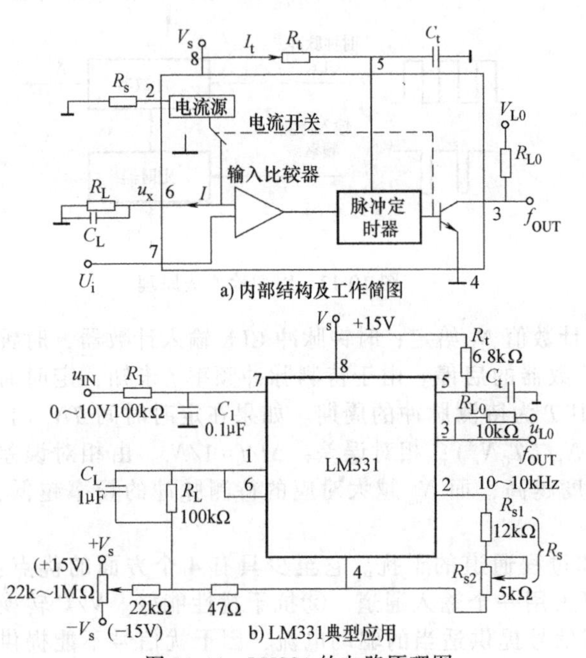

图 10-14　LM331 的电路原理图

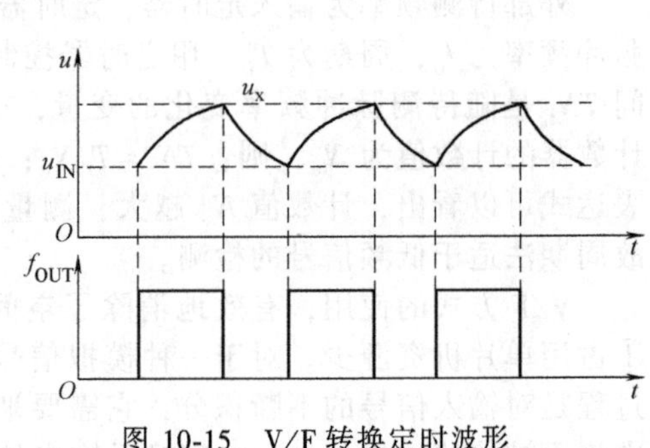

图 10-15　V/F 转换定时波形

10.2　人机交互界面

一个完备系统具有向操作者提供某些信息，接收操作者的指令并做出相应反应的功能。提供信息和接收指令就是通过人机交互界面来实现的。在线检测系统有两个人机界面，即下位机界面和上位机界面。下位机界面显示电器设备状态信息（如母线温度、泄漏电流、分合速度等数据信息）及时间信息，故障时提供报警，提供按键让操作人员查询各种状态信息和设置某些参数；上位机界面除了显示下位机界面所能显示的信息外，还可以查询电器设备的历史状态信息。

10.2.1　下位机界面

通常来讲，下位机界面应当具有展示电器设备状态信息、显示时间信息、故障报警、提

供按键以便让操作人员查询或修改参数的功能。因此，在硬件构成上，下位机界面一般由LED 指示灯、按键和液晶显示模块这三部分构成。

LED 指示灯具有直观简单、价格低廉的特点，在实际运行过程中，由于液晶显示器自身寿命限制、功耗等原因，大部分时间液晶需要处于黑屏待机状态，这就需要 LED 指示灯配合指示当前下位机的运行状态，包括监测设备自身状态、电器设备工作状态、通信状态等，并在电器设备出故障的时候发出指示信号。

下位机按键部分用来接收操作者的指令。按键主要完成如下功能：查看各个状态信息，提供翻页功能，选择设置时间、阈值等参数，提供系统复位信号等。

液晶显示器件由于具有显示信息丰富、功耗低、体积小、质量小、无辐射等优点，得到了广泛应用。液晶模块主要完成显示电器设备具体参数、数据曲线、运行时间等复杂状态的功能，能够实现人机交互模块与主机分体的作用。根据液晶控制方式可将其分为串口控制液晶和并口控制液晶。

串口控制液晶具有传输数据量小、实时性高、总线不易受电磁干扰等优点，单片机通过协议来控制液晶显示内容，对单片机系统本身性能要求不是很高，并且只需编写串口通信程序就可实现菜单、文字、动态曲线、图片操作，开发周期快；一般串口工作的终端都是将图片预先处理好存在控制板上的 Flash 里，使用的时候调用，速度很快，但如果刷新整个屏幕则相对较慢。

并口控制液晶，能对显存直接操作，操作速度要比串口快；成本较低，实现功能简单；但并口的方式耗费了单片机大量资源，抗干扰能力较弱。

本节以武汉中显公司的组态屏液晶 SDWe043C40T 为例，该液晶采用串口控制方式，使用时需提前将背景图片下载到液晶屏中，通过单片机控制发送指令来实现背景更换与数据显示。该液晶实物图如图 10-16 所示。

a) 正面

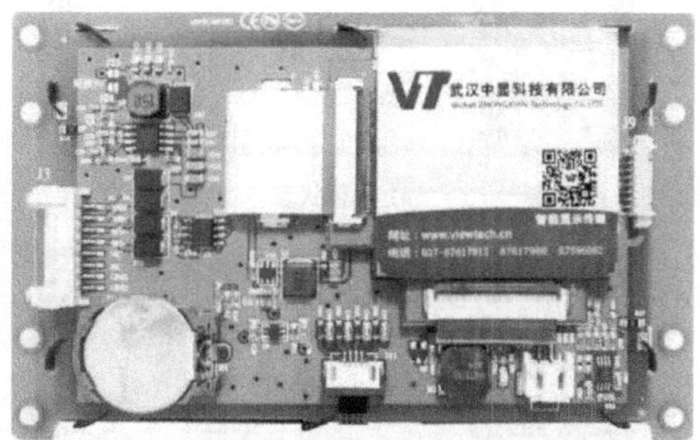

b) 背面

图 10-16　SDWe043C40T 液晶实物图

液晶基本参数如表 10-2 所示。

表 10-2　SDWe043C40T 液晶参数

项目	参数
尺寸	4. 3in
分辨率	480×272
窗口尺寸	97. 1mm×56mm
背光寿命	20000h
工作温度	-20～+70℃
供电电压	6～35V
刷新频率	60Hz
通信接口	RS485

下面从指令结构、键码设计、图片绘制等方面简要叙述该款液晶的开发方法。

(1) 指令结构

该款液晶的串口指令或者数据采用十六进制格式，对于双字节数据采用高字节先传送的方式，例如 0x1234 发送时先发送 0x12，再发送 0x34。指令帧结构如表 10-3 所示。

不同指令码功能不同，包括握手、显示参数配置、文本显示、变量显示、置点、线段和多边形、圆弧和圆域、矩形框、区域操作、图片图标显示、键盘及I/O口等功能。

表 10-3　指令帧结构

定义	指令帧头	指令长度	指令	起始地址	[数据长度]	[数据内容]	[CRC校验码]
长度（字节）	2	1	1	1	1(N)	N	2

（2）键码设计

通过按键完成图片的切换；4个功能按键“↑”“↓”“确认”“返回”；3个指示灯“运行”“通信”“报警”。通过“↑”“↓”两个按键在同级别图片中切换，“确认”“返回”在不同级别图片中切换。将16个IO口设计为“4×4+8”结构，“4×4”可组合为16个按键，需要其中的4个按键，另8个IO口抽出3个作为指示灯。

每次按键操作不仅需要完成图片的切换，还要将此次的键码回传，通知MCU完成本页图片的其他功能显示（例如变量、图标、曲线等）。该液晶为避免用户一条条输入语句的麻烦，集成了键控界面的配置文件，统一将图片切换功能和回传的键码组合在一起烧录给液晶。

（3）图片绘制

串口控制液晶为提高界面显示刷新速度，需要预先绘制背景图片，并将背景图片预先处理好存在控制板上的Flash里，使用的时候调用，在相应位置显示刷新数据即可，这样无需每次刷新整个页面。

背景图片采用工业标准矢量插画软件Adobe illustrator进行绘制，图片分辨率为480×272。图10-17为部分液晶界面图。

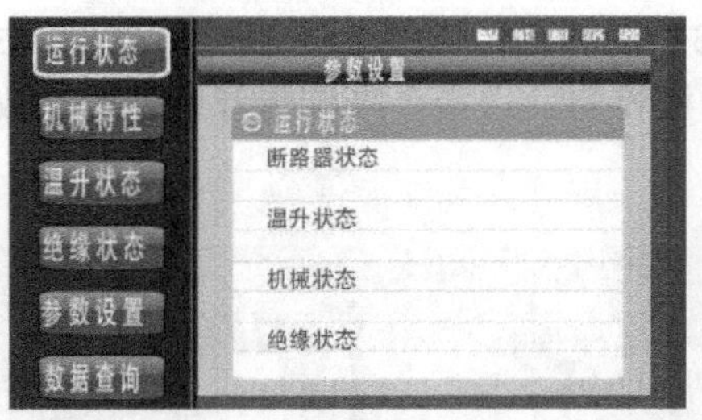

a) 总体状态

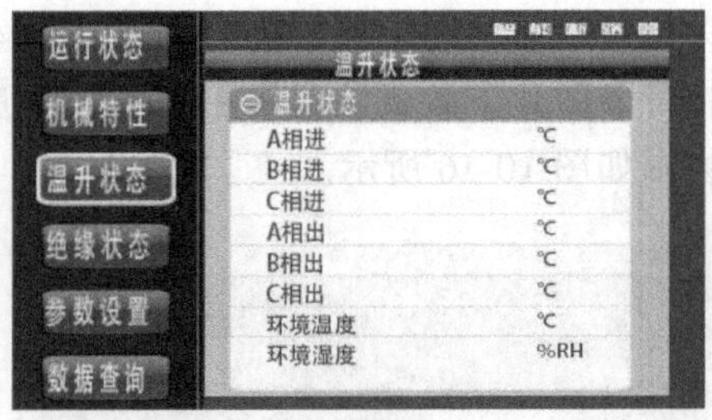

b) 温度界面

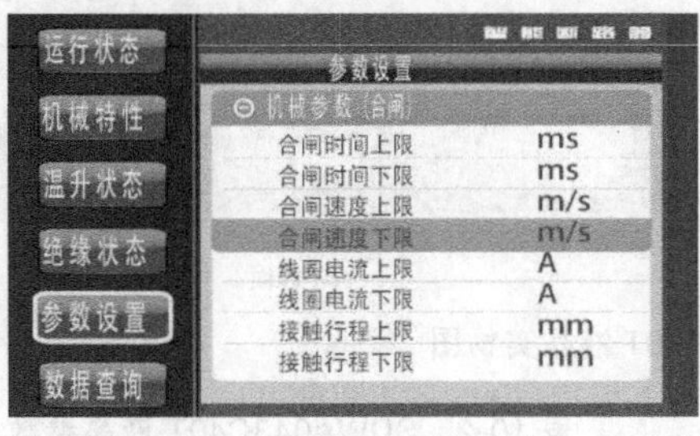

c) 机械参数设置

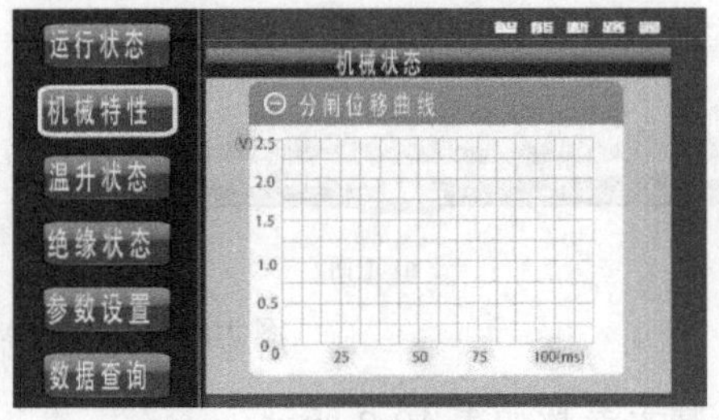

d) 机械曲线

图 10-17　液晶界面图

本节介绍的下位机界面液晶的显示面积为97mm×56mm，按键包括“上移”“下移”“确认”“复归”，LED指示灯包括“运行”“通信”“故障”提示。实物图如图10-18所示。

10.2.2　上位机界面

下位机工作于检测现场，上位机则工作于变电站或调控室里，二者通过总线相连，常用的总线有485通信接口和CAN总线等。上位机有强大的处理和存储功能，它与多个下位机相连，

接收并处理所有下位机上传的各种数据。

上位机应具有如下功能：

1）实时远程监控，提供当前电器设备状态信息，当电器设备出故障时，提供报警信息。

2）数据搜集整理，提供电器设备的历史状态信息以供查询，允许操作者实时召唤下位机上传数据，提供电器设备各个状态的波形信息。

3）支撑基于复杂算法的状态预测与寿命诊断功能，详见第 7 章。

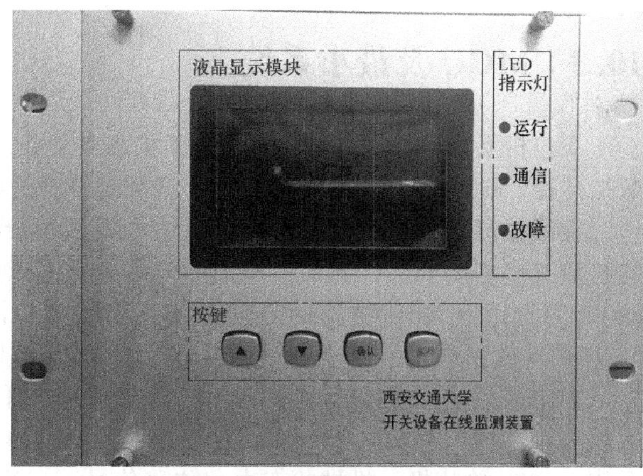

图 10-18　下位机界面实物说明图

上位机程序的硬件基础是计算机，因此主要工作就是程序的编写。上位机程序的开发软件很多，常用的有 Visual Basic、Visual C++和 Delphi 等，依个人习惯和需要来选择。

西安交通大学为某变电站开发的上位机界面如图 10-19 所示。

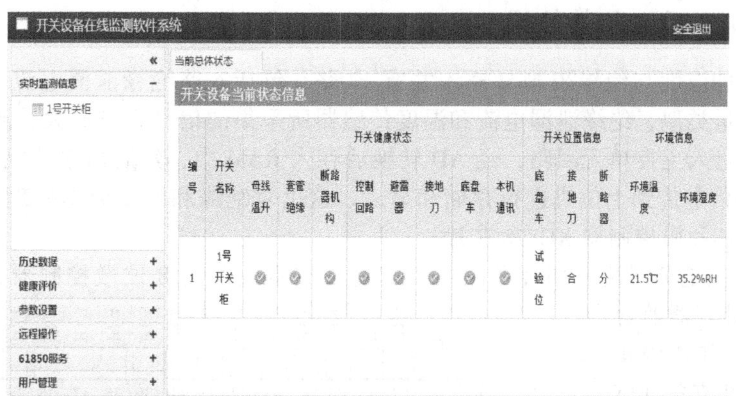

a) 状态显示界面

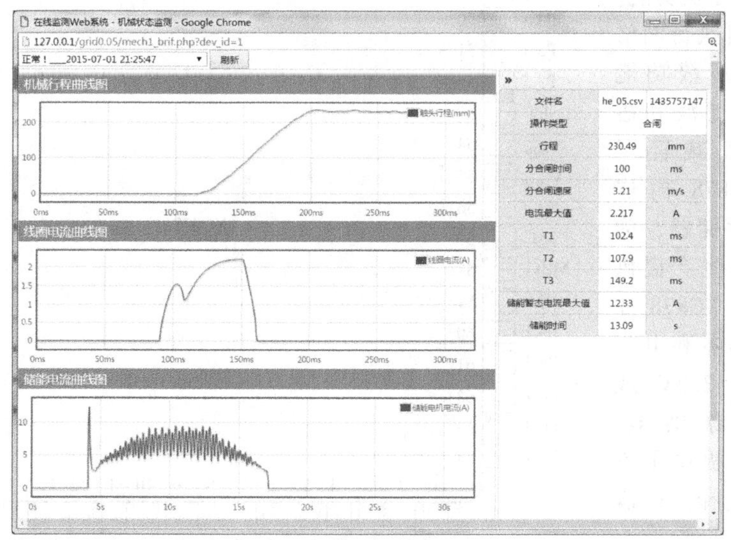

b) 数据波形显示界面

图 10-19　上位机界面

10.3 MCU 及最小系统

下位机系统除了要采集和处理众多状态参量外，还要处理键盘输入、液晶显示、LED 显示、数据传输、输入/输出等任务，因此，必须选择合适的处理器，以满足在线检测系统的要求。

在线检测的内容很多，可以根据信号类型复杂程度选择适当的 MCU 系统，当检测系统无需检测某些需要复杂计算的参量时（若不检测振动信号，也就不需要进行复杂的信号分析算法），可选用单 MCU 结构的处理系统；当需要检测较多参量并要管理大量外围设备时，单 MCU 结构就稍显吃力，这个时候可选用多 MCU 结构。

本节采用实际在线检测系统（西安交通大学研制成果），该系统集成了监测、控制、简单数据处理、通信等功能于一体。对于在线检测的内容，例如温度和绝缘这类缓变的简单信号，采用 XC878 单片机；机械状态由角位移信号、二次线圈电流信号和振动信号共同表征，故采用 STM32F407 芯片搭配多路选通 ADC 进行信号采集；而系统通信功能基于 IEC61850 协议，故采用 PowerPC 下的 MPC8247 微处理器。

下面分别介绍 XC878、STM32F407 以及 MPC8247 三种单 MCU 系统结构和多 MCU 系统结构。

10.3.1 XC878 系统及其外设

系统所检测的温度与绝缘模拟量输入共有 12 路，包括 6 路绝缘泄漏电流、6 路温度信号，与机械采集模拟量类似，绝缘泄漏电流和温度传感器所采集的信号经过放大、滤波、多路选通、电气隔离等处理进入主控单元回路，经 AD 转换后存入 RAM 中，然后由单片机处理并显示，也可通过 RS485 通信上传到上位机进行存储和显示。这里对绝缘和温度数据处理所采用的芯片为英飞凌的 8 位单芯片微控制器 XC878 芯片。

XC878 单片机是英飞凌公司开发的一款具有低成本效益的 8 位微控制器，其设计基于和工业标准 8051 处理器兼容的 XC800 内核，其片内集成 CAN 控制器并支持 LIN 协议，具备高级互联功能。片内 CAN 模块可执行网络协议所需的大多数功能（CAN 帧屏蔽、滤波和缓存功能），从而减轻了 CPU 负荷；XC878 内嵌 Flash（闪存）存储器，为系统开发和批量生产提供很大的灵活性；XC878 片内还集成了振荡器和电压调节器，可由 3.3V 或 5.0V 的单电源供电。XC878 还为用户提供了不同的省电模式选择，以满足低功耗应用的需求。

XC878 引脚图如图 10-20 所示。

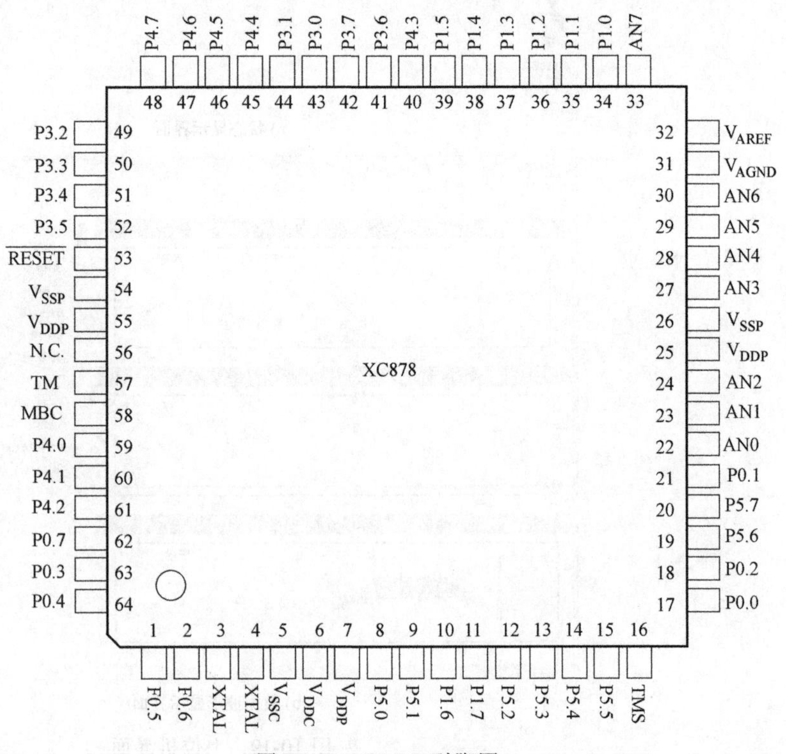

图 10-20　XC878 引脚图

10.3.2　STM32F407 系统及其外设

系统所检测的机械模拟量输入共有 6 路，包括 1 路位移量、1 路振动信号、2 路分合闸线圈电流以及 2 路备用。各传感器所采集的信号先经过放大、滤波等前端处理，再经多路开关选通，最后通过隔离运算放大器实现电气隔离后，进入主控单元回路，连接到 A/D 输入口。经 A/D 转换器转换之后，信号由模拟量变为数字量，采样结果通过 SPI 总线数字输出形式经隔离芯片传送给微处理器，然后由单片机对这些数据进行处理，处理完毕的数据可以在当地实时显示出来，也可以通过 RS485 通信接口上传到上位机进行存储和显示。当单片机计算得到的状态参量超过报警阈值时，下位机系统能实时显示报警信息。

由于检测系统需要处理的参量比较多。其数据处理也必须足够快才能满足实时检测和报警的要求。另外，键盘输入、显示、数据传输和任务管理还会耗费大量的硬件资源和系统时间。为此选用意法半导体（ST）公司的 32 位高性能微控制器 STM32F407 作为现场控制、计算的核心。

STM32F407 是基于 ARM 的 Cortex-M4 为内核的 STM32F4 系列芯片之一，其采用的自适应实时存储器加速器极大提高了程序执行效率，能够完全释放 Cortex-M4 内核的性能；当 CPU 工作于所有允许的频率（≤168MHz）时，在闪存中运行的程序可以达到相当于零等待周期的性能。并且该处理器集成了单周器 DSP 指令和 FPU（Floating Point Unit，浮点单元），提升了计算能力，可以进行一些复杂的计算和控制。

STM32F407 采用 LQFP144 封装，图 10-21 为其封装图，具有 144 个引脚，114 个 IO，且大部分 IO 口都耐 5V 电压（模拟通道除外），支持 SWD 和 JTAG 调试；STM32F407 支持睡眠、停止和待机三种低功耗模式，且可用电池为 RTC 和备份寄存器供电；芯片自带 3 个 12 位内置参考电压的 AD，多达 24 个外部测量通道，内部通道可以用于内部温度测量；具有 2 个 12 位 DA，16 个 DMA 通道，带 FIFO 和突发支持；支持定时器、ADC、DAC、SDIO、I^2S、SPI、I^2C 和 USART 等多种外设；STM32F407 自带多达 17 个定时器，包括 10 个通用定时器（TIM2 和 TIM5 是 32 位）、2 个基本定时器、2 个高级定时器、1 个系统定时器、2 个看门狗定时器；具有多达 17 个通信接口，包括 3 个 I^2C 接口、6 个串口、3 个

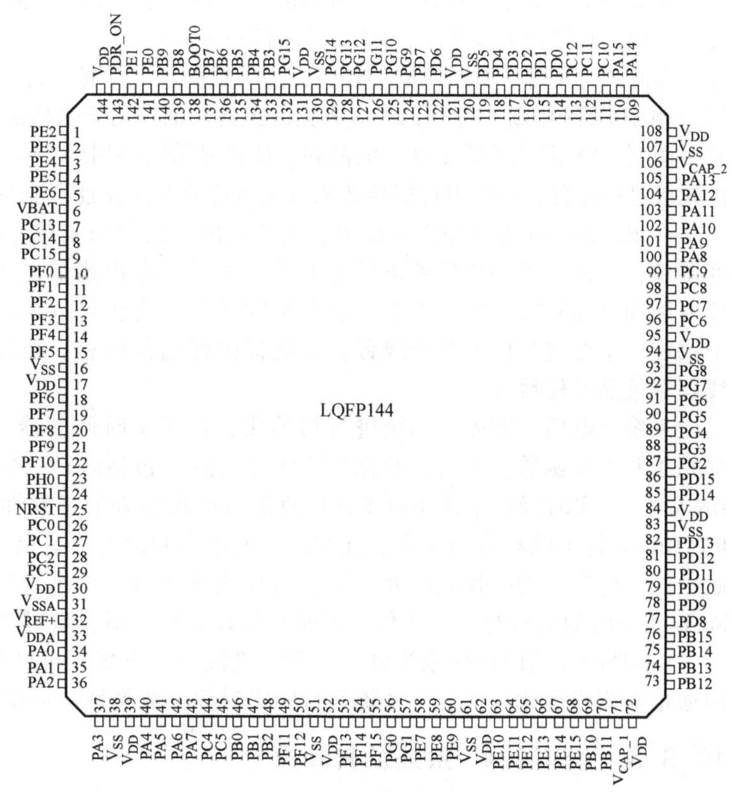

图 10-21　STM32F407 封装图

SPI 接口、2 个 CAN2.0、2 个 USB OTG、1 个 SDIO。

STM32F407 其内部具有高达 1024KB 的 Flash 和 192KB 的 SRAM 存储器容量；本系统在其基础上为保证底层驱动、实时内核及外围组件运行的流畅性，通过牺牲 19 个地址端口、16 个数据端口，采用 ISSI（Integrated Silicon Solution Inc.）公司生产的 16 位宽 512K 容量的 CMOS 静态内存（SRAM）芯片 IS62WV51216，扩展 512K×16 随机存储地址，STM32F407 利用其 FSMC 功能驱动外部存储 IS62WV51216。FSMC 即灵活的静态存储控制器，能够与同步或异步存储器和 16 位 PC 存储器卡连接，STM32 的 FSMC 接口支持包括 SRAM、NAND Flash、NOR Flash 和 PSRAM 等存储器。

STM32F407 具有强大的时钟系统，包括 4~26MHz 的外部高速晶振、内部 16MHz 的高速 *RC* 振荡器、内部 32kHz 低速 *RC* 振荡器（看门狗时钟）、内部锁相环（PLL，倍频）、外部低速 32.768kHz 的晶振（主要做 RTC 时钟源）。

STM32F407 的最小系统主要由以下几部分组成：①供电电路；②复位电路；③时钟电路（2 个外部晶振）；④Boot 启动模式选择；⑤下载电路（串口/JTAG/SWD）；⑥后备电池。

STM32F407 系统搭载的主控软件采用 RT-Thread 实时操作系统，RT-Thread 是一款由中国开源社区主导开发的开源嵌入式实时操作系统。该实时操作系统包含底层移植层、硬实时内核层和组件层。其中硬实时内核是操作系统的核心，它包含了线程的调度、管理、同步和通信，例如信号量、事件、消息队列等的实现；底层移植层与芯片的硬件相关，包含 CPU 的移植和驱动；组件层是构成实时系统外围的组件，包含命令行接口和文件系统等。

系统的实时性指的是在固定的时间内正确地对外部事件做出响应。这个“时间内”（Deadline，有时也翻译成时间约束），系统内部会做一些处理，例如输入数据的分析计算、加工处理等。而在这段时间之外，系统会空闲下来，做一些空余的事情。

例如一个开关柜监控装置，当断路器完成一次分（合）操作时，系统应当完成采样，记录波形。而在断路器无操作时，MCU 可进行一些其他工作，例如与其他功能板通信接收轮询数据等。实时系统按等级对待不同的任务，高等级的任务优先运行，低等级的任务滞后运行。如果采用“顺序执行+中断”这样的模式来完成上述功能，由于采样需要涉及定时中断，接收轮询数据需要用到 CAN 总线接收中断，液晶和上位机显示需要用到 RS-485 接收中断等，虽然可通过中断优先级进行配置，然而很可能会造成系统运行的不流畅且不能在第一时间响应某些任务。

在 RT-Thread 实时操作系统中，任务采用了线程来实现，线程是 RT-Thread 中最基本的调度单位，它描述了一个任务执行的上下文关系，也描述了这个任务所处的优先等级。重要的任务能拥有相对较高的优先级，非重要的任务优先级可以放低。系统的每项功能都设计成一个线程。主要包括以下几个线程：功能板内部通信线程、机械曲线识别线程、机械参数计算线程和液晶通信线程。

系统上电后，首先对系统进行初始化，创建实时调度器，初始化各个线程，定义线程的优先级和入口函数。之后初始化各项硬件功能（包括时钟、IO 口的设置、定时器、AD 采样、DMA 等）。实时操作系统不仅要求计算所得逻辑结果的正确性，还要求在确定的时间内完成。RT-Thread 每个线程有初始态、挂起态、就绪态和运行态。高优先级的线程先运行，直到被挂起。同一优先级的线程同时处于目前最高优先级时，根据设定的时间片在线程间切换，虽然 MCU 每一时刻只进行一个工作，但时间片设置得较短，看起来就如同几个线程同时运行一样。

RT-Thread 实时操作系统将所实现的机械信号采集、机械参数计算、液晶通信、各功能板间通信功能线程化，保证了系统运行的实时性、流畅性、可扩展性。

10.3.3 MPC8247 系统及其外设

本系统设计为三层两网的层次结构，其中间隔层和变电站层之间的网络采用 IEC61850 协

议通信，接收系统内部各功能板发送来的信号。PowerPC 的 MPC8247 芯片与远端客户端能够实现基于 IEC61850 标准的通信，提供符合 IEC61850 标准的通信接口。MPC8247 搭载 VxWorks 实时操作系统，通信上实现了符合 IEC61850 的 MMS 通信协议，完成 IEC61850 通信功能。

MPC8247 是 Freescale 公司 MPC82XX 系列微处理器的一种，具有 0.13μm 工艺的低功耗 CPU，采用 PowerQUICC II 架构的 CPM 和 G2_LE（MPC603E 的其中一种）Core，集成 CPM 和 SIU。其中 Core 的频率为 266 ~ 400MHz，CPM 的频率最高为 200MHz，外部总线频率最高 100MHz。

MPC8247 最小系统是指以 MPC8247 为核心，以及围绕其设计的复位电路、时钟电路、硬件配置电路、存储电路、JTAG 调试电路等共同构成的，可以使主处理器运行起来的电路单元集合，其硬件连接如图 10-22 所示。

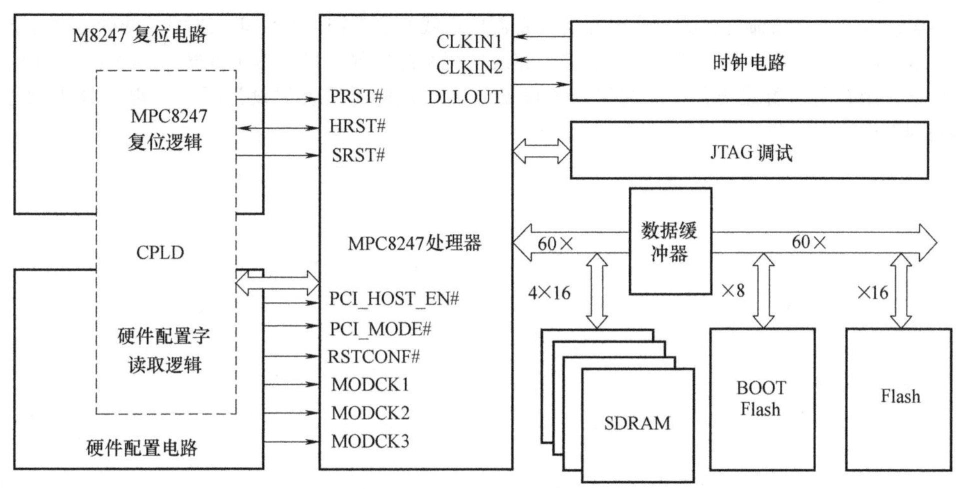

图 10-22　MPC8247 最小系统

系统通信板主控芯片在 MPC8247 基础上，外扩 NOR 型 Flash（512K×8bit）、NAND 型 Flash（128Mbit）、SDRAM 各一片 4M×16×4bit，对外接口包括 2 个以太网接口（10M/100M 兼容接口）。对内接口包括 1 路 CAN 口和 4 个 TTL 电平的 I/O 口和 I/O 口可根据需要作为监控采集板卡的同步信号。

本系统 MPC8247 采用 VxWorks 实时操作系统，VxWorks 提供完善的网络设备驱动，能与许多运行其他协议的网络进行通信，如 TCP/IP 等。通信板软件主要包括：操作系统及驱动模块，内部通信模块（CAN），数据库管理模块，IEC 61850 通信模块，模型和映射解析模块。监控装置（服务器）与 PC 端（客户端）有两种通信方式，一是主动上传，由各功能板通过内部 CAN 总线接口将各功能板数据传递给数据库管理模块，模型解析模块将配置好的 CID 文件进行解析，从数据库管理模块提取数据，通过 MMS 库封装成 MMS 报文发送到 MMS 网络中。另一种是客户端召唤，MMS 网络通过 MMS 库回调函数从数据库管理模块提取数据，该数据同样需要 CID 配置文件的模型解析。对于数据库管理模块需要特别说明的是，由于机械状态数据中断路器动作时位移曲线以及电流曲线相对其他状态数据的数据量要大得多，为了将大量数据存储在主控板的 Flash 上，方便数据存储管理以及上位机召唤数据，需对位移数据和电流数据进行录波，以 .dat 格式作为独立文件进行存储。对数据进行录波时，遵循 COMTRADE 标准。

参考文献

[1] 肖双江，邓玉斌，林树胜. 基于精密录波技术的超大断路器性能测试系统研制 [J]. 电气应用，2018，37（14）：77-80.

[2] 张一茗，袁欢，穆广祺，等. 高压 SF_6 开关设备气体分解物浓度在线监测装置研制 [J]. 高压电器，2016，52（12）：134-139.

[3] 杨壮壮，徐建源，李斌，等. 高压真空断路器机械状态监测系统研制 [J]. 高压电器，2013，49（8）：26-34.

[4] 王小华，苏彪，荣命哲，等. 中压开关柜在线监测装置的研制 [J]. 高压电器，2009，45（3）：52-55.

[5] 王小华，许玉玉，荣命哲，等. 成套开关设备温度在线检测系统 [J]. 电气制造，2006（1）：49-52.

[6] 郭媛媛，荣命哲，徐铁军，等. 基于双 CPU 的断路器在线监测装置主控单元的研制 [J]. 电气技术，2005（12）：20-23.

[7] 王小华，许玉玉，荣命哲，等. 成套开关设备温度在线检测系统 [J]. 电气时代，2005（9）：52-55.

[8] 戴怀志，吕一航，贾申利，等. 断路器综合在线监测系统研制 [J]. 高压电器，2004（2）：104-106.

[9] 王小华，荣命哲，娄建勇，等. 成套开关设备温升在线检测系统的设计 [J]. 电工技术杂志，2002（9）：47-49.

第 11 章 触头电接触性能测试原理及应用

传递电流或输送信号的两导体称为触头或触点，根据一定的电流方向，也可称为阳极和阴极。触头是高、低压电器中的关键元件，担负着接通与分断电流的任务，它直接影响开关、电器运行的可靠性及使用寿命，所以人们将触头称为电器的“心脏”。

现代化的大型复杂电器系统，如大型电力系统、自动控制系统、通信系统等，其中包含的触头数目常在数十万以上，如果其中的一个或几个工作失效，则将导致整个系统紊乱，甚至完全瘫痪，它所造成的严重后果将是无法估计的。无论是超高压输电系统所用的断路器、核聚变工程的保护开关、人造卫星上的继电器、大型电子计算机中的连接器、现代化工业控制系统中的控制电器等设备，都需使用电触头。这些现代化的系统需要保证极高的可靠性，尤其是在军事、航天、航空等领域，对有触头电器的可靠性以及寿命都提出了非常苛刻的要求。因此，世界各先进工业国家如美、德、日、法、英等国都十分重视电触头材料的研究。如何对触头的寿命及可靠性等参数做出准确的、科学的评价一直是人们研究的热点问题。

为了评定某种新型触头材料的性能，或检验某种产品制造工艺是否符合要求，需要对触头进行一系列性能的试验、研究及对比分析。因而这一工作的意义重大。本章旨在介绍触头电接触现象、反映触头电接触性能的各项参数及其测量方法。

11.1 触头在电弧作用下的失效机理及国内外对触头电接触现象的研究现状

电接触的产生、维持和消除过程是一纷繁的物理、化学过程，尤其是可分离电接触，由于在两导体间，依据不同的电气条件，常常发生不同形式的气体放电，因而问题变得更加复杂多变。在两导体的接触界面或导体与等离子体界面发生的过程是电、磁、热、力及材料冶金效应相互作用的综合结果。

触头断开电路时，如果供给触头的电压和电流超过某一最小值时将引燃电弧。电弧引燃的过程如下：触头从正常闭合位置开始向断开的方向运动，因接触力逐渐减小，实际接触面和导电面的面积减小，接触电阻相应增大。在接触面最后分离前的一瞬间，使其温度迅速上升到金属的沸点而引起爆炸式气化。在间隙充满高温金属蒸气的条件下，触头间形成电弧。

触头接通电路时，借助高速摄影机，通过对燃弧情况的观察得出，在闭合过程中，有 3 种现象存在：

1）随着触头间隙缩短，由于间隙的预击穿而产生放电继而固态接触。

2）触头闭合初期，先产生预击穿放电，并使材料蒸发，靠金属蒸气形成稳定的液态接触并熄弧。

3）既无金属气化又无预击穿的单纯机械闭合。这些现象是在触头闭合过程无弹跳的情况下观察到的，若存在触头弹跳，则现象会更复杂。

由上述可知，无论是触头分断电路还是接通电路，均在触头之间产生电弧。毫无疑问，触头间的电弧使触头工作条件劣化，严重降低触头工作可靠性和工作寿命。因此，有必要研究触头在电弧作用下的失效机理，以期采取有效措施提高触头的工作可靠性和工作寿命。

11.1.1 触头在电弧作用下的失效机理

电器触头失效的表现形式主要有以下几点：

1）触头接触电阻过大、引起接触不良，使得触头闭合压降过高。接触不良可以分为3种情况：①接触压力低引起膜层电阻增大；②触头表面生成绝缘性氧化膜，引起电阻增大；③异物在触头表面引起接触不良。

2）触头发生熔焊或其他形式的粘接，无法正常分开。静熔焊是由接触电阻的发热使导电斑点及其附件的金属熔化而焊接，多半发生在接触力足够大的闭合状态触头中。动熔焊是由于触头抖动或者触头分断电弧时，电弧高温使触头表面金属熔化和气化导致触头焊接，多半发生在触头闭合过程中或者接触力较小的闭合状态触头中。

3）触头磨损。没有电流或通有电流的触头在多次开断和闭合后，它的表面都会出现凹凸不平、变形、龟裂、材料转移和材料损失等。触头磨损产生的原因有机械、电和化学的原因。在分合电流的情况下，主要与电弧特性有关，一般而言，触头磨损随着电弧能量和燃弧时间的增大而增大。

综上所述，触头失效的原因不仅与触头的材料和生产工艺有关，还与触头的工作条件（包括机械参数与电参数）有关。这些工作条件包括触头的接触压力，分断速度、触头的工作环境和气氛、机械结构等。电气工作参数有电源电压、电流、电路的功率因数或者时间常数、操作频率和操作次数等。

在低压及中小电流条件下，燃弧是导致触头故障的主要因素，研究电弧对触头材料的作用机理，对于更好地改进触头的电性能，开发新型触头材料有重要的意义。触头在闭合/分断过程中，电弧对触头材料的作用主要表现在4个方面：电弧烧蚀、电弧对接触电阻的影响、触头的熔焊以及电弧引起的触头材料的相变。

1）电弧烧蚀。电弧放电过程中，电弧根部产生的热物理过程由于能量集中释放在触头表面和近表面层中，会引起触头材料的熔化和蒸发，这就是触头电烧蚀的原因。在分断电流小和燃弧时间短的情况下，电侵蚀主要源于局部微小熔池中物质的蒸发。随着电流的增大和放电时间的延长，在电弧基部将形成熔化金属的熔池，并发生强烈的蒸发和熔化金属滴的溅射。此外，弧根的缩紧会引起电流密度的增大，弧根温度升高，从而导致触头材料蒸发加剧。

2）接触电阻及温升。随着温度的升高材料的电阻率增大，但同时随着温度的升高和机械强度的下降会引起微观面形变，于是电阻会下降。此外，由于表面的薄膜层通常具有半导体的特性，因而随着温度升高膜电阻会下降，但是温度能急剧加速薄膜层在大气中的生长过程，从而使接触电阻增大。接触电阻一般随闭合操作次数的增加呈初期上升、中期较稳定、后期急剧上升的规律。

3）触头的熔焊。在短时通电时，接触面的温度急剧升高，另一方面由于束流区附近的电流线弯曲，会产生触头自发分断的电动作用力，引起短电弧，两种情况都会导致触头熔化，其结果是触头熔焊。当通过触头的电流接近于熔焊电流临界值时，整个触头在某种程度上发生熔焊。触头材质和触头表面状态直接影响到触头的抗熔焊性能，不均一的接通和表面薄膜层的存在将导致熔焊加剧。

4）触头材料的快速相变。在电弧热作用下，触头表面温度迅速上升超过材料熔点，材料由固体变为液体、气体。当电弧熄灭时，材料物相又由气体、液体变为固体。因此，存在燃弧时的熔化、气化过程和熄弧时的凝固、冷凝过程。为提高电器触头的可靠性，研究触头在电弧作用下的各种现象具有重要的意义。

11.1.2 触头电接触现象的研究方法

1. 电器设备整机直接测试

这种方法是将带有电器触头的实际电器设备（如继电器、接触器等）安装在相关测试台上直接进行测试。这是一种简单的试验方法，但是存在许多不足：即使同一种电器设备，因装配问题也会导致其一些参数如触头开距、接触压力、合分速度、工作环境等有所不同，所以无法实现在相同的工作条件下进行触头性能的对比试验研究。此外，电器的触头不能随意装卸，很难测量其材料重量的变化和观察触头表面侵蚀的状况及其变化过程，也无法研究不同的触头材料的最佳工作条件与参数等。

2. 利用触头直接测试

国内 20 世纪 70 年代曾研制成功专门的触头试验机，它用电磁铁驱动可装卸的触头，但是可调的参数范围太小，实用性不好。

随着计算机技术的发展，计算机在电接触现象的研究中得到了广泛的应用。1968 年美国 R. L. Dickerhoff 和 P. W. Renault 首先设计出一种微机控制的触头寿命检测装置。1970 年日本 Kunio Mano 等设计出触头寿命的计算机全自动检测装置。该装置能自动测量接触电阻、电压、电弧能量等电参数，并能进行数据处理。但这几种装置都存在共同的缺点：它们对触头的工作参数调节非常有限。

1980 年，法国的 A. Carballeira 和 J. Galand 设计出一种全新的触头动作微机模拟试验装置。它采用了频响很高的电磁激振器去取代继电器，这样不仅可以完成触头工作参数的调节，还可以完成力参数的测量。

国内已研制成功的继电器试验微机检测系统，有西安交通大学于 1989 年研制出基于 APPLEII 微机的直流单通道燃弧时间测量装置；南昌电子研究所研制的继电器寿命微机检测装置；西安交通大学于 1994 年研制出多通道电弧能量及燃弧时间测量装置；1995 年西安交通大学研制出继电器触头动作微机模拟试验及检测系统。

2002 年西安交通大学在继电器触头动作微机模拟试验及检测系统的基础上，研制出基于工业控制计算机和高速数据采集卡的触头电接触性能测试系统。该系统的主要技术指标如下：

1）可测量电弧电压、电弧电流、电弧能量、燃弧时间、熔焊力和接触电阻。

2）触头开距可手动调节，范围为 0.02~5mm，最小分辨率为 0.02mm。

3）触头接触压力可以通过程序自动进行调节，范围为 0.01~5N，调节误差为 0.01N。

4）触头熔焊力测量范围为 0.01~5N。

5）系统采用多线程技术，当触头发生粘结，无法分断时，测试系统可自动停止运行。

6）接触电阻测量范围为 0~200mΩ。接触电阻测量频率可以通过程序设定。

7）触头动作速率可通过程序进行设定，最大为 60 次/min，最小为 10 次/min。

8）触头动作次数可通过程序设定，最大为一组 50 万次。

9）测量完毕后可以对电弧能量、燃弧时间、熔焊力和接触电阻进行画图和求平均值操作。配合精密天平，称量触头的试前质量和试后质量，可以计算触头的电侵蚀量和电侵蚀率。

3. 测量系统的特点

1）装置硬件结构简单，可测量参数多，易于操作。

2）被试触头装卸方便，便于试前试后对其称重。

3）触头动作模拟装置动作稳定，可控性好，试验参数调节方便。用户在模拟操作台的高度尺上手动调节好触头开距后，通过程序界面输入该值和设定接触压力，装置即自动进行调整。触头动作次数及动作频率可在一定范围内由软件设置。

4）自动化程度高。当用户设置好试验条件并启动后，无需人工干预，测量完毕后自动停止。

5）软件人机界面良好，功能丰富，注意了操作的安全性，对于用户错误的操作或者参数设置给予提示。

6）不仅可以测量电弧能量、燃弧时间等电参数，还可以绘制电弧电压、电弧电流波形，给操作者简单明了的直观印象。同时，装置还可测量触头接触压力、熔焊力、接触电阻等非电量参数。

7）数据处理方便。装置在测量过程中将数据结果实时的保存到计算机硬盘中，试验完成后可自动生成试验设置参数及结果报表，也可方便地读取、浏览、修改、打印，还可以对数据结果进行画图等分析。

触头直接测试方法的重要意义在于可以利用它在选定的条件下，对不同的触头进行试验研究以便找出不同材料的最佳工作条件。触头生产厂家可以利用该装置对新开发触头进行试验研究，获得准确的试验数据，了解触头性能，为进一步改进触头材料和生产工艺提供帮助。还可以利用它对触头的燃弧现象以及引起的材料转移，触头材料侵蚀等现象的机理进行探索和研究，使电接触学科的研究更加深入科学。

11.2 触头电接触参数的测量

要对触头的电接触性能进行比较全面的考察，需要全面测试对触头电接触性能影响较大的参数。触头电接触参数主要包括：触头间接触电阻、接触压力、熔焊力、电弧电流、电弧电压、燃弧时间。

11.2.1 接触电阻的测量

触头闭合时不可避免地存在接触电阻，接触电阻的大小是衡量触头好坏的重要标志之一。若触头接触电阻过高，会使触头产生过高的温升，从而可能使触头发生永久变形，甚至发生熔焊现象；而且由于触头上电压降过高，会使后续低电平的逻辑控制电路逻辑混乱。这既影响工作的可靠性，又降低了触头的使用寿命。因而触头的接触电阻是触头接触可靠性的一个非常重要的问题，同时也是触头电寿命试验的主要判据。

触头的接触电阻由两部分组成：收缩电阻和膜电阻。收缩电阻的本质就是金属电阻，其大小主要取决于触头材料的电阻率、接触的面积和接触压力，它是影响触头电寿命的最重要因素之一。

膜电阻是由表面污染产生的，随着使用时间的增加，在接触头上会产生金属氧化物、硫化物或卤化物膜。

接触电阻的测量方法有多种。日本学者 Isao Minowa 等提出用超导量子器件测量接触电阻，H. Aichi 提出利用电解槽法测量接触电阻，波兰学者 JerzyKacz-marek 等提出用三次谐波法测量接触电阻。这些测量方法一般是在试验室条件下进行电接触研究中所采用的方法。也可采用脉冲电流法测量接触电阻，在电阻两端通以矩形波电流，电流幅值可在 1~10A 之间进行调节，脉冲的宽度不超过 300μs。由于是短时脉冲电流，触头温度上升不多，触头接触面不会发生软化或者熔化，这种方法由于电流值较大，在触头两端产生的接触压降较高，减少了信噪比的影响，使得测量精度提高。

工程中，一般要求采用四端法来测量触头的接触电阻。其要求在用四端法测接触电阻时，电流两端子应接在电压两端子外面，各端子应连接良好，连接导线短而粗。并要求在测试时，应防止触头受到超过规定的电流冲击，即要求通过触头的电流小于 100mA。

1. 四端法测量接触电阻电路

应用四端法测量接触电阻的原理图如图 11-1 所示。图中，R 为待测接触电阻，C_1、C_2 为

电流端，接恒流源，P_1、P_2 为电压测试端，通过测得 P_1 和 P_2 之间电压 U 和流过 a、b 的电流 I，容易得到包括触头输出端在内的回路电阻为

$$R_{ab}=U/I \tag{11-1}$$

四端接线法可有效地消除连线电阻的影响。在这种结构中，虽然电流也会流过电压测试引线，但通常电流很小，在测试引线上的电压降亦非常小，不会影响电压读数。此时，测出的电压基本上与接触头两端电压相同，也即认为 $R=R_{ab}$，因此使用欧姆定律就可以计算出接触电阻值。

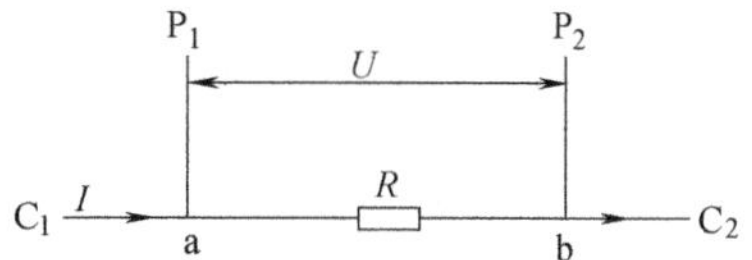

图 11-1　四端法测量接触电阻原理图

一般认为触头两端流过的电流提高，接触电阻也升高，触头上的电流-电压呈现非线性关系。当通电电流增加时，触头间的电压降也随之增大，由接触电阻而产生的焦耳热使触头温度升高，而接触电阻与温度间关系可表示为

$$R_\theta=R_0\left(1+\frac{2}{3}\alpha\theta\right) \tag{11-2}$$

式中，R_θ 是温度为 θ 时的接触电阻；R_0 是温度为 0 时的接触电阻；α 为电阻率的温度系数；θ 为接触斑点温度。

为了防止上述不利的影响，接触电阻的测试应在“弱电流电路”情况下进行，以限制测试电压或电流值不至使触头在物理上和电气上产生任何改变。

本装置主要关心同一种触头在多次开断电路时，其接触电阻值的相对变化，以及不同材料、不同型式的触头其接触电阻值的横向比较，同时考虑装置的面向对象主要是小容量触头，因此选用 100mA 恒流源来进行触头接触电阻的测量。图 11-2 是恒流源电路图。图中 U_1 为+5V 基准电压源 78L05，R_4 为 51Ω 精密线绕电阻。电流源的输出电流 I_{out} 的计算公式为

$$I_{out}=5.0/R_4+I_{ib} \tag{11-3}$$

对于 78L05 而言，I_{ib} 的典型值为 1.5mA，则 I_{out} 的值为 99.54mA。该电路简单易行，只要保证 R_4 电阻阻值的稳定，则基本可以保证输出电流的稳定。

对于接触电阻 200mΩ 以下的触头而言，恒流源电路输出功率最大值为 $W=I*I*R=0.2\times0.1\times0.1\text{W}=0.002\text{W}$，78L05 芯片完全可以满足功率输出要求。

对于四端法测量接触电阻，因流过电阻的电流 I 和电阻 R 都非常小，因此电阻两端的电压 U 也非常小，需要加以放大。图 11-3 是接触电阻放大电路图，图中放大器采用高精度仪用放大器 AD620，只需一个外接电阻即可实现放大功能，放大倍数为 $G=49.5\times10^3/R+1$。图中 C_4、C_1、C_5、C_2 是电源滤波电容，用于滤除电源上的干扰。R_1 为 200Ω 的精密电阻，该电阻温漂小，精度高，可以保证放大倍数的稳定，放大倍数为 $G=49400/200+1=248$ 倍。装置要求最大测量接触电阻范围为 200mΩ，当满量程时，AD620 的输出电压为 $V_{out}=I*R*G=0.1\times0.2\times248\text{V}=4.96\text{V}$。VZ 为 5V 的稳压管，当 AD620 的引脚 6 输出电压超过 5V 时，稳压管反向击穿，稳压管两端的电压即保持在 5V，从而避免了输出电压超过数据采集卡的测量范围。

2. 脉冲电流法测量接触电阻

在正常情况下，继电器触头的接触电阻 R_j 约在 10mΩ，触头流过 100mA 电流时，触头两端的电压降 U_j 为 1mV，由于此电压降数值较小，因此测量接触压降 U_j 的仪表应具有较高的灵敏度，但是这种情况下信噪比很小，要想获得较高的测量精度颇为困难。为了提高测量精度，同时为了根据接触电阻来研究触头接触可靠性，可以设法提高通过触头的电流数值。

如果较大电流通过触头，电阻随温度增加而增大就不能忽略，触头温度 θ 是电流 I 通过触头时间 t 的函数

$$\theta=\theta_0+\frac{0.79I^2}{4\pi^{3/2}{r_0}^2\lambda}\exp\left(\frac{-1.6r_0}{2\alpha\sqrt{t}}\right) \tag{11-4}$$

式中，θ_0 为触头接触处的初始温度；r_0 为触头接触头处的半径；α 为触头材料的温度传导系数。

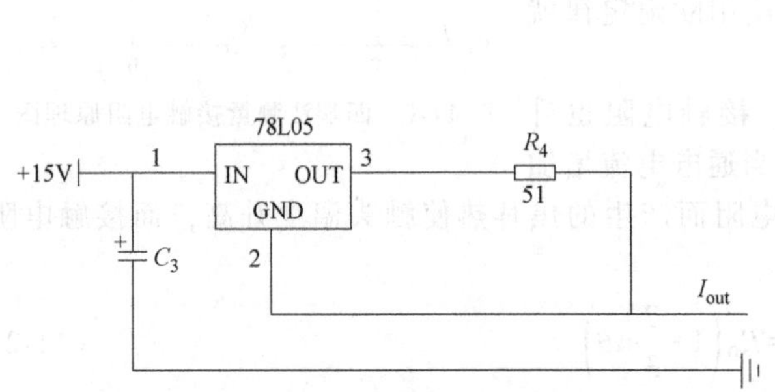

图 11-2　100mA 恒流源电路图

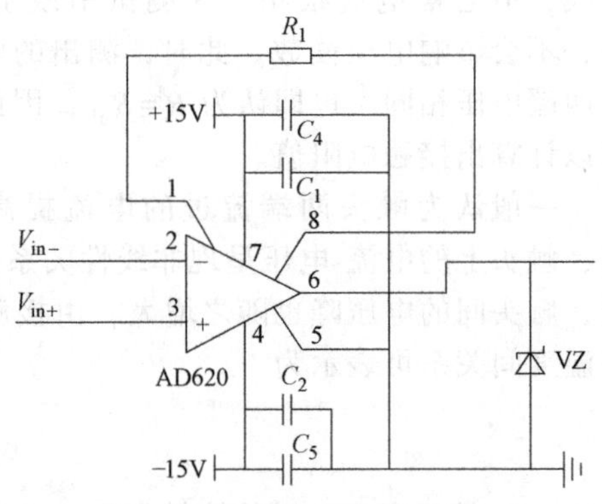

图 11-3　接触电阻放大电路图

在通电时间很短（如小于 300μs）情况下，由式（11-4）和式（11-2），接触电阻产生的焦耳热使触头温度升高不多，接触电阻值变化不大；另一方面，由于温度上升不多，虽然接触压降可能超过触头材料的软化压降或熔化压降，但触头接触面也不会发生软化或熔化。同时，由于电流值较大，在触头上的接触压降较高，使得测量精度提高，减少了干扰。

当触发信号来到时，脉冲电流源产生一个脉冲信号，控制模拟开关导通一个脉宽的时间，以输入一个脉宽的模拟电压信号，再将这一个脉宽的模拟电压信号转化为脉冲电流，作为脉冲电流发生器的输出，其原理图如图 11-4 所示。

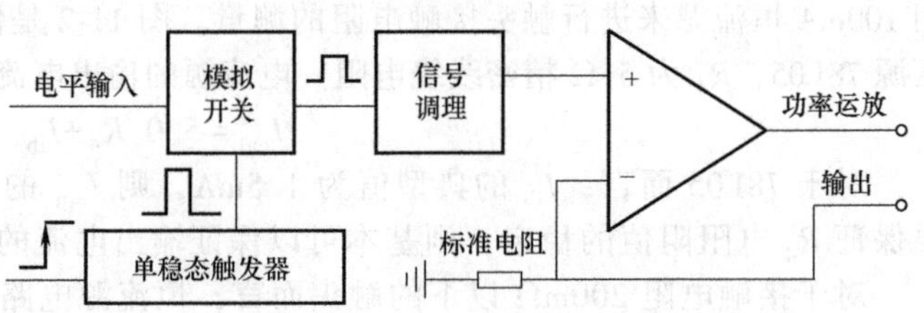

图 11-4　脉冲电流发生器原理图

从图 11-4 中可以看出，脉冲电流发生器大致可分为脉冲触发与脉宽控制部分、信号调理部分和脉冲电流输出部分。其中，脉冲触发和脉宽控制电路如图 11-5 所示。

从图 11-5 中可以看出，脉冲电流发生器由一路模拟电压输入（A_input）控制脉冲电流大小，可以输出正负脉冲；一路数字电平输入（D_input）控制脉冲的产生，采用的是上升沿触发模式。

74LS221 是单稳态触发器，它具有防止重触发功能，即：在脉冲发生过程中，如果又有新的触发信号，则不予响应，防止抖动等误操作。脉冲宽度是由电位器 R_1 和电容 C_1 决定的，计算公式如下：

$$T=R_1C_1\ln 2 \tag{11-5}$$

式（11-5）中，T 表示

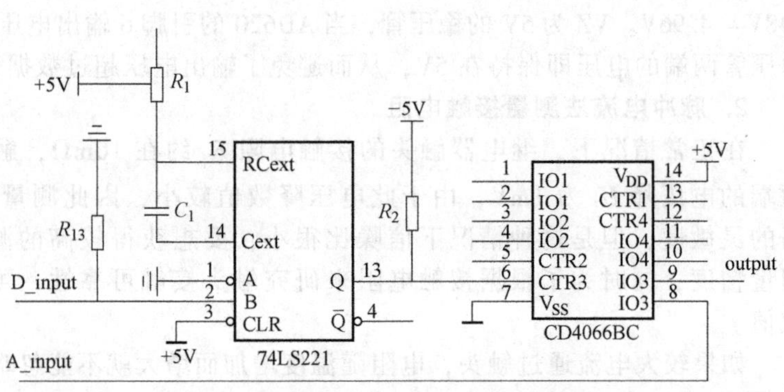

图 11-5　脉冲触发和脉宽控制电路

脉冲宽度。实验中，调节 $R_1=40\text{k}\Omega$，则由式（11-5）可知，脉冲宽度在 280μs 左右，满足实验要求。

信号调理电路如图 11-6 所示。

图 11-6 中，电位器 R_6 用于调节零漂，电位器 R_7 用于调节反相放大比例。信号调理电路主要起 3 个作用：

1）调整零漂，使调理电路在没有脉冲信号输入时，输出为零，保证功率运放在没有脉冲信号输入时空载。

2）功率运放在输入电压为 5V 时，输出电流 10A。调理电路在这里同时起到调节放大比例的作用。

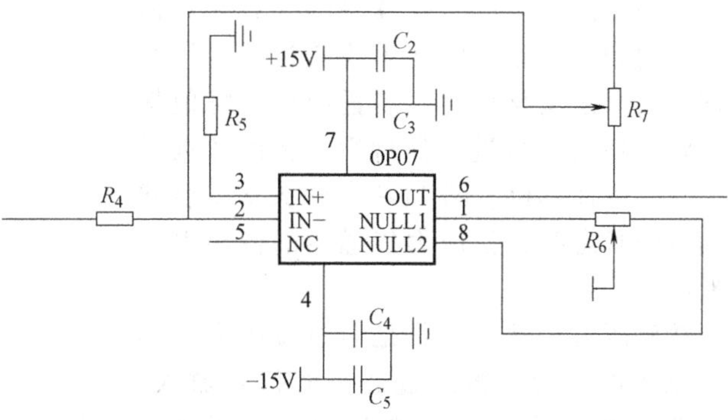

图 11-6　信号调理电路图

3）增强脉冲信号驱动能力。由 CD4066BC 输出的脉冲电压信号不一定能够驱动功率运放。脉冲电流的输出最终是由功率运算放大器 OPA541 来实现的，这部分电路如图 11-7 所示。

OPA541 功率运算放大器最大输出电流可达 10A，长时间工作电流不超过 5A，满足本设计的要求。如图 11-7 所示，触头未闭合时，未构成回路，电路空载；在触头闭合后，该电路形成电流负反馈，可以稳定输出电流，输出电流大小满足如下公式：

$$I_o = U_i / R_{10} = 2U_i \qquad (11\text{-}6)$$

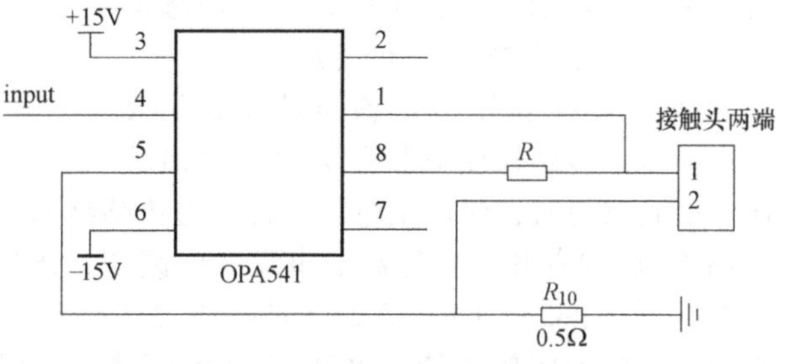

图 11-7　OPA541 恒流源电路

式（11-6）中，I_o 表示输出脉冲电流大小，U_i 表示输入电压大小，R_{10} 是 0.5Ω 的标准电阻，由两个额定功率为 10W 的 1Ω 电阻并联得到。

图 11-7 中，OPA541M 的引脚 1 和引脚 8 之间用一个电阻 R 连接，R 起到限制最大输出电流的作用。根据式（11-6）所述，要使电流达到 10A，则 R 必须小于 0.08Ω，实际采用两个 0.1Ω 的功率电阻并联构成 R，输出脉冲电流可以达到 10A，图 11-8 给出了输出 8A 脉冲电流时标准电阻 R_{10} 两端电压波形图和接触电阻两端典型电压波形图。从图中可以看出，脉冲波形能达到设计指标要求。

接触电阻一般在 10mΩ 左右，因此即使通过 10A 电流，接触电阻两端电压也只有 0.1V 左右，若直接用数据采集卡或者示波器采集，信噪比较小，因此先对信号进行放大处理后再送入信号采集单元进行采样。

11.2.2　接触压力与熔焊力的测量

有触头电器中，触头熔焊会使电器所控制的用电设备发生严重事故。随着电器设备的小型化、大容量，由触头系统体积减小所引起的熔焊概率增大问题日益突出，对触头的抗熔焊性能进行深入研究具有重要的意义。触头材料的抗熔焊性能取决于触头的熔焊力，熔焊力越小，材料的抗熔焊性能越好。

触头在动作的过程中由于电弧对触头表面的热作用而使触头表面熔化，有时会出现熔焊现象，出现熔焊时动、静触头粘结在一起，需要用较大的力才能将触头分开。此时动触头在电磁激振器的拉力作用下与安装在拉压力顶杆上的静触头分离，拉压力传感器会感受到一个峰值拉力作用，输出一个正的峰值电压信号，但是由于该信号持续时间比较短，而且出现时刻也不定，因此无法通过程序控制数据采集卡采集该信号。装置中使用峰值保持器将该峰值信号进行保持后，再由数据采集卡采集进计算机。图 11-9 是触头从闭合状态到分断状态时，拉压力传感器的输出电压波形图。

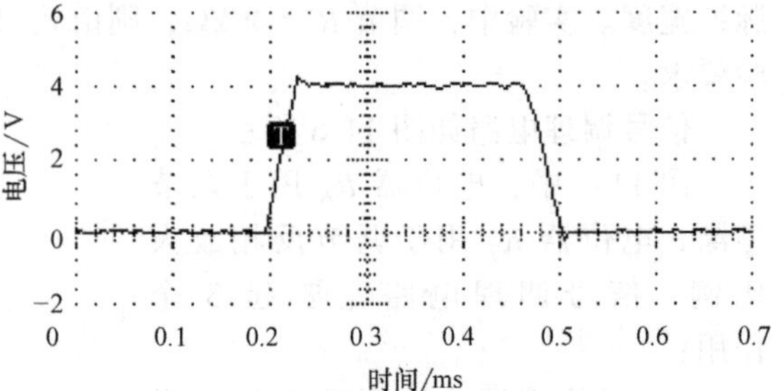

a) 标准电阻两端电压波形

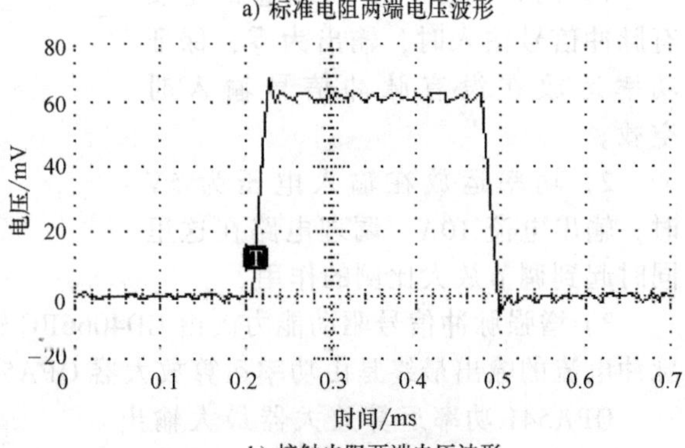

b) 接触电阻两端电压波形

图 11-8 脉冲电流为 8A 时标准电阻和接触电阻两端典型电压波形

接触压力与熔焊力都是通过拉压力传感器转化为电信号，再经过必要的信号放大、滤波调理电路后输入 A/D 通道，进而进行处理。

拉压力传感器种类很多，量程从几克到几千千克。根据触头使用场合的不同，选用的拉压力传感器的量程也不同。以常用继电器为例，对其触头拉压力和熔焊力的测量，选用 500g 量程的拉压力传感器足以满足要求。当拉压力传感器受到挤压力时，输出负电压；受到拉力时，输出正电压。拉压力传感器的输出电压与拉压力呈线性关系。

图 11-10 是拉压力传感器输出放大电路图，图中放大器采用高精度仪用放大器 AD620。LY1 和 LY2 是拉压力传感器信号输入端，R_1 是精密电阻，用以确定放大器 AD620 的放大倍数，可以保证放大倍数的稳定。电路的放大倍数计算公式为

$$G=\frac{49.4\text{k}\Omega}{R_1}+1 \tag{11-7}$$

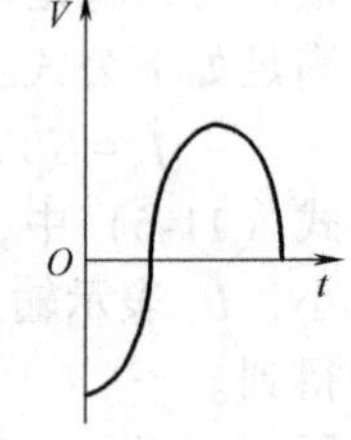

图 11-9 触头从闭合到分断时拉压力传感器输出电压波形图

针对不同类型继电器触头力的测量要求，可以通过调节 R_1 来确定不同的放大器放大倍数，尽量利用信号采集单元的输入信号电压范围，以获得尽可能高的测量精度。

将 AD620 的输出端接向数据采集卡 A/D 通道，可直接测量接触压力，但是熔焊力持续时间短且变化快，不能直接获取。实际应用中，往往关心的是熔焊力的峰值，因此采用峰值保持器 PKD01 先保持熔焊力峰值信号，再输入数据采集卡进行采集。

在熔焊力测量过程中，峰值保持器应具有如下要求：①峰值保持器的频率响应要快，否则无法捕捉到变化较快的峰值电压信号；②峰值保持器的漂移要小，即保持的峰值电压信号随时间下降速度不能太快，因为从峰值保持器捕捉到熔焊力信号到数据采集卡在程序控制下对其进行采集，需要一定的时间。

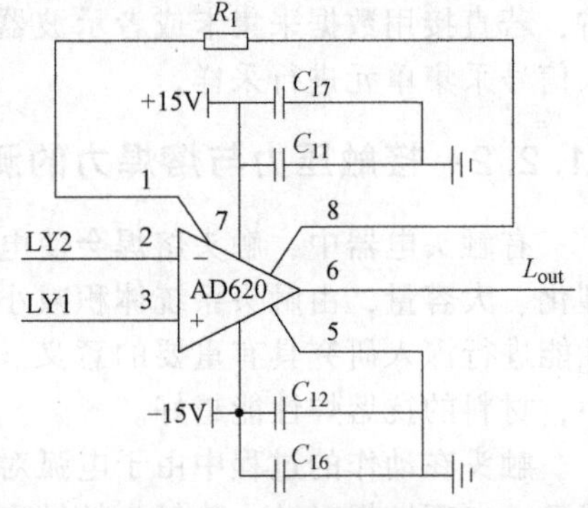

图 11-10 拉压力传感器输出放大电路图

图 11-11 是正峰值保持器电路图，图中 U_{12} 是带复位和保持功能的单片集成峰值保持器芯片 PKD01，C_{15} 是 2200pF 的 CBB 电容，用于保持峰值电压信号。试验证明该电容有非常好的电压保持能力，在室温时电容电

压随时间的变化很小，同时具有较快的保持速度，可以满足熔焊力的峰值保持要求。C_{19}、C_{13}、C_{18}、C_{14} 为电源滤波电容，用以滤除电源干扰。

PKD01 的引脚 1 和引脚 14 相连作为控制端 Ctrl。当 Ctrl 为低电平时，PKD01 处于正峰值侦测状态，此时 PKD01 的输出电压 U_{out} 跟随输入电压 U_{in} 的最大值变化，即当 U_{in} 大于 U_{out} 时，U_{out} 即跟随 U_{in} 变化，否则 U_{out} 就保持不变，这样 U_{out} 就一直保持着 U_{in} 的最大值。此最大值被保持在电容 C_{15} 两端，直到下一次最大值产生或者 Ctrl 高电平对 PKD01 复位。当 Ctrl 处于高电平时，保持在 C_{15} 电容两端的电压被清零，从而使得 PKD01 复位。

将图 11-10 中传感器输出进行放大后的信号 L_{out} 接到图 11-11 中的 U_{in} 作为峰值保持器的输入，这样当触头分开后，U_{out} 即记录了触头分开过程中拉压力传感器输出的正最大值，也即当前的熔焊力。

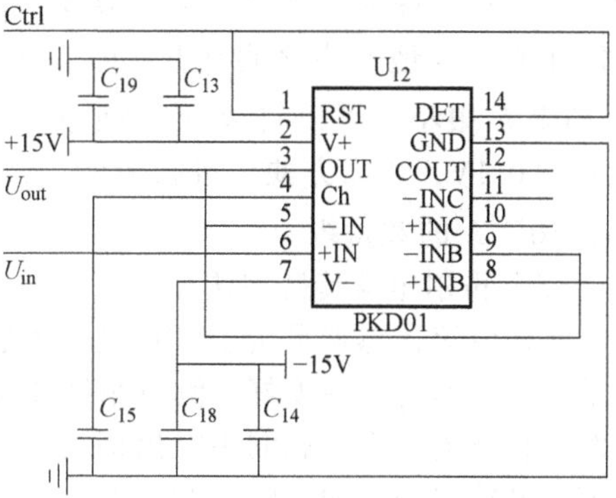

图 11-11 正峰值保持器电路图

11.2.3 电弧参数的测量

电弧参数包括电弧电压、电弧电流以及燃弧时间和电弧能量。获得了电弧电压和电流，即可根据触头材料的最小生弧电压和最小生弧电流判断出燃弧时间，在燃弧时间内对电压、电流的乘积进行积分即可获得电弧能量。

1. 电弧电流的测量

测量电流信号的方法很多，应根据被测电流的量值及对测量结果的精度要求选择合适的方法，常用的有互感器法、安培秤测电流法、伏特计测电流法、电流补偿法、电流-电压变换法、霍尔电流传感器法等。下面简单介绍几种电流测量方法的原理，着重介绍利用霍尔电流传感器来测量电弧电流的方法。

(1) 互感器法

互感器法一般应用在被测电流比较大，需要转换成小电流进行测量时。目前电力系统中测电流的各种电流互感器、霍尔电流互感器都是将大电流变成小电流后进行测量。根据不同互感器测量的量程，测量的电流范围变化也很大，量程从几千安培到几个安培。

(2) 安培秤测电流法

“安培”这个基本单位的定义和绝对测量，正是以安培定律式为依据的。对于同平面的平行电流元，安培定律可用下面的标量式表示：

$$\mathrm{d}f_{12}=\mu_0\frac{I_1I_2\mathrm{d}l_1\mathrm{d}l_2}{4\pi}r_{12}^2 \tag{11-8}$$

令 $I_1=I_2=I$（譬如将两电路串联起来），则有

$$I_2=\frac{4\pi r_{12}^2\mathrm{d}f_{12}}{\mu_0}\mathrm{d}l_1\mathrm{d}l_2=\frac{107r_{12}^2\mathrm{d}f_{12}}{\mathrm{d}l_1\mathrm{d}l_2} \tag{11-9}$$

式中，$\mathrm{d}l_1$，$\mathrm{d}l_2$ 分别为两电流元的长度；r_{12} 为两电流元之间距离；$\mathrm{d}f_{12}$ 为电流元 1 作用于电流元 2 上的力。

在实际中，根据上述定义式测量导线之间作用力时，不可能去测两个电流元之间作用力，而是要测出闭合电路之间的作用力。载流回路之间的相互作用力的表达式可由安培定律导出。回路的形状采用一对平行的固定线圈 A、B 和一个动线圈 C，它们之间的作用力用一种天平来测量。这种用来测量载流导线受磁场作用力的天平叫做安培秤。

(3) 伏特计测电流法

令待测电流通过一个已知电阻 R_1，用伏特计测出其上的电压降 U，则 $I=U/R$，其中 R 为 R_1 与伏特计内阻 R_2 的并联值。

伏特计法适于用高输入阻抗的仪器测出电压 U，例如电子伏特计、示波器等，因为当所测电流在 10^{-10}A 以下时，即使用高电阻，所产生的电压降 U 也很小，带来较大误差。

(4) 电流-电压变换法测量微电流

电流-电压转换采用高性能的直流放大器，如图 11-12 所示。由于放大器的开环放大倍数和输入电阻很大，使带负反馈电阻 R_f 的直流放大器的 A 点是虚地，待测电流 I_x 将全部流经反馈电阻 R_f，电压降 I_xR_f 可以在 C 点与地 D 点之间测出，即 $U_c=-I_xR_f$。因此，通过 U_c 可求出 I。如果 I_x 很小，可以将 R_f 取得很大。例如 $I_x\approx10^{-10}$A，$R_f\approx10^9\Omega$，则 $U_c\approx0.1$V，可以方便地进行测量。用电流-电压变换法测量微电流可达 10^{-12}A 的数量级。

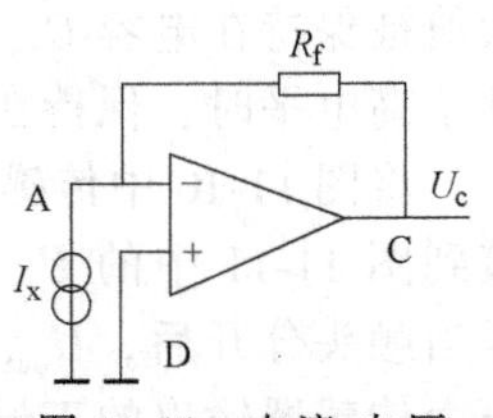

图 11-12 电流-电压转换电路

(5) 霍尔电流传感器法

霍尔电流传感器采用 JT50P 电流传感器，该电流传感器基于霍尔效应及磁通平衡原理来测量电流，具有线性度好、测量精度高等优点。该传感器采用±15V 电源供电，要测量的电流导线从传感器上端的孔洞中穿出即可，接线方便。传感器输出电流可通过外接电阻转换为电压值，其输出跟随输入响应时间小于 1μs，可以测量有效值 50A 以下的交流、直流及脉动电流，具有高过载能力，用于电弧电流的测量完全可以满足要求。

图 11-13 是 JT50P 霍尔电流传感器电路图，传感器的输出/输入电流比为 0.001，即当输入电流为 1A 时输出电流为 1mA。当选用 $R_1=100\Omega$ 时，U_{out} 端的输出电压与输入电流比为 0.1V/A，即当传感器输入电流为 1A 时，电阻 R_1 两端的输出电压值为 0.1V。

电流传感器的输出信号经电压跟随器电路后送入数据采集卡，待采集后通过计算获得电弧参数。电压跟随器电路图如图 11-14 所示。

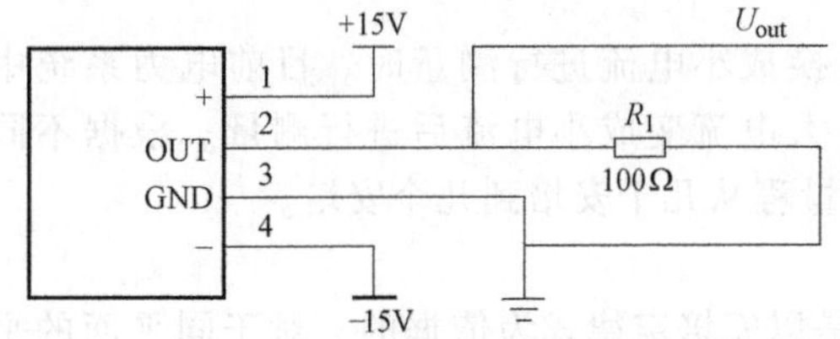

图 11-13 JT50P 霍尔电流传感器电路图

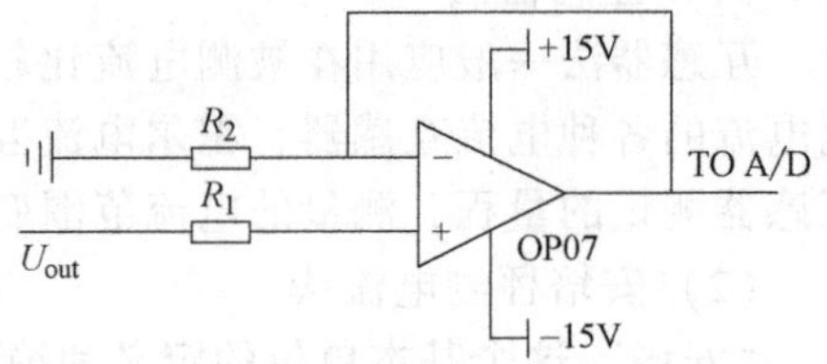

图 11-14 电压跟随器电路图

2. 电弧电压的测量

因为本装置要测量的电压范围为直流 0~48V，交流 0~240V，而数据采集卡允许输入电压最高为 5V，因此必须对电压信号进行分压后才能进行测量。电弧电压的分压电路如图 11-15 所示，图中 U_{in} 是电弧两端电压，U_{out} 是送入到数据采集卡的电压。其中 $U_{out}=U_{in}R_2/(R_1+R_2)$，只需选择合适的电阻即可实现分压功能。

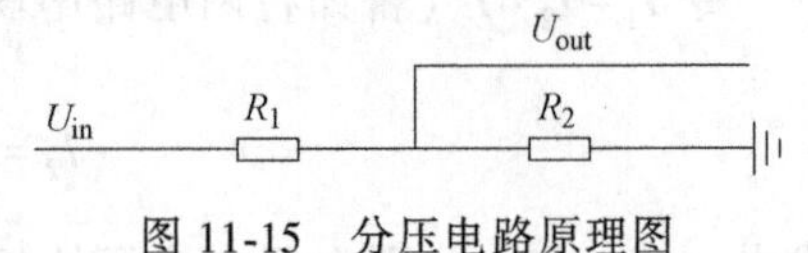

图 11-15 分压电路原理图

装置中，选用了两个大阻值的功率电阻 $R_1=22\text{M}\Omega$，$R_2=200\text{k}\Omega$，其分压倍数为 $R_2/(R_1+R_2)=1/111$。分压电路的引入将会吸收电流 $I=U_{in}/(R_1+R_2)$，两个大阻值电阻可保证分压电路的引入不会对电弧电压产生较大影响。

对于直流电弧而言，由于电路中总是不可避免地存在一定的电感，当电弧电流从某一起始值下降到零时，电感中将会产生很大的自感电动势。这个自感电动势连同电源电势一起加在弧隙两端以及与之相连的线路和电气设备上，其电压可能比电源电压大好多倍，通常称之

为过电压。

图 11-16 是在电路电压 24V、电流 5A、时间常数 5ms 时测得的典型电弧电压波形图。由图中可见，由于电路电感的作用，在电弧即将熄灭时，电弧电压出现约为电路电压 5 倍的峰值电压。由于此过电压与电路中的电感和开断电弧的速度有很大关系，无法准确确定其最大值，为了保护数据采集卡免受此过电压的危害，必须对分压后的电压值进行限值保护。

进行限值保护的电路如图 11-17 所示。图中 VD_1、VD_2 为二极管，+15V 经 R_1、R_2 分压后，VD_1 的阴极为+5V，同理-15V 经 R_3 和 R_4 分压后，VD_2 的阳极为-5V；设 VD_1、VD_2 的导通压降为 0.7V，则当衰减后的电压值 U_{in} 在-5.7～+5.7V 之间时，VD_1 和 VD_2 均不导通，此时 U_{out} 等于 U_{in}；当衰减后电压值小于-5.7V 时，VD_2 导通，则 VD_2 的阴极端电压值被钳位在-5.7V；当衰减后电压值大于 5.7V 时，VD_1 导通，从而 VD_1 的阴极端电压值被钳位在 5.7V；这样无论 U_{in} 如何，U_{out} 永远保持在-5.7～+5.7V 之间，从而保护了数据采集卡，不会对数据采集卡产生破坏。

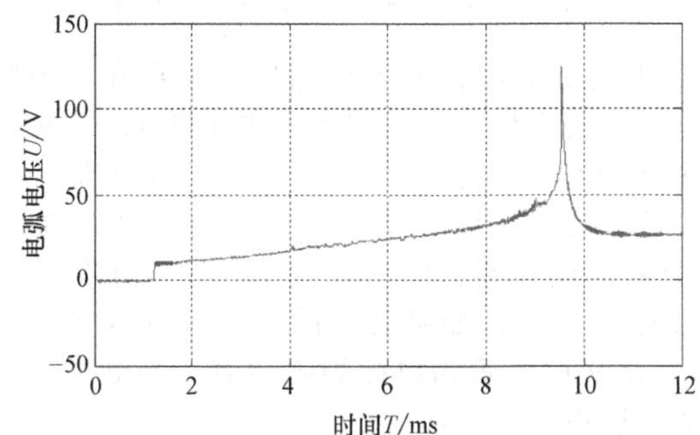

图 11-16 电路电压 24V、电流 5A、时间常数 5ms 时的典型电弧电压

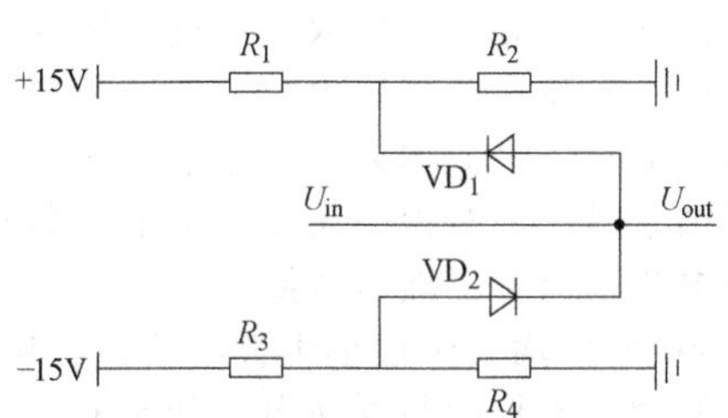

图 11-17 电弧电压限值保护电路图

3. 燃弧时间和电弧能量的计算

在大气中开断直流电路时，如果被开断的电流和电路开断后加在弧隙两端的电压超过触头材料的最小生弧电流和最小生弧电压的数值，弧隙中就将产生电弧。而当开断交流电路时，在不同的电源电压下，产生电弧的最小生弧电流也不同。最小生弧电压和最小生弧电流与触头材料有关。

下面分直流和交流两种情况介绍程序对于电弧起弧和熄弧的判断方法。当试验电压为直流时（本章所做试验条件为直流 48V 以下），观察电弧波形可以发现，起弧时电弧电压上升很快，电弧电压的第一个平台值约为材料的最小生弧电压值。图 11-18 是直流 36V、5A 时，分断电弧的电压和电流波形图。因此在判断电弧起弧时，程序对试验获得的触头两端电压值进行处理，寻找第一个大于最小生弧电压的位置，认为此时电弧起弧。在判断电弧结束时，认为电弧电流降到零时电弧熄灭。而在试验电压为交流的情况下，程序根据不同的电源电压，采用最小生弧电流来判断电弧的开始，根据电流过零点判断电弧的熄灭。

下面以直流情况为例介绍判断电弧起始点和结束点的方法，交流的情况与此类似。

判断电弧开始的程序流程图如图 11-19 所示。从测得的触头两端电压数据的第一个采样点开始，向后寻找第一个大于最小生弧电压的位置，并从此位置起向后判断接下来的 100 个数据，如果其中的大多数（这里定义为 80 个）均大于最小生弧电压值，则记下此位置，定义此位置为电弧起始位置。

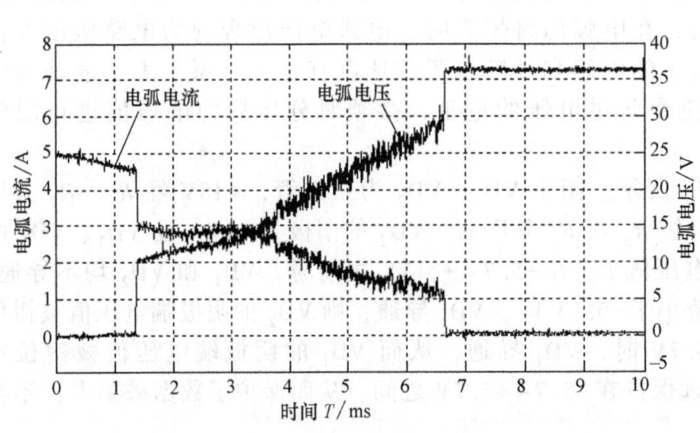

图 11-18　直流 36V、5A 典型分断电弧电压和电弧电流波形图

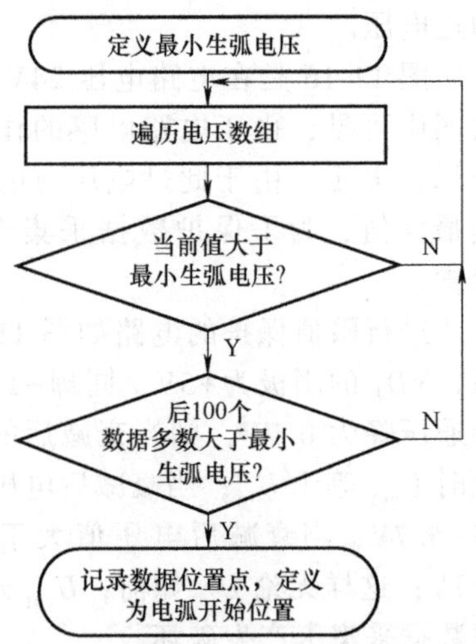

图 11-19　判断燃弧开始程序流程图

试验发现，即使触头两端没有电流流过，由于干扰等原因，电流传感器的输出在零值附近浮动。因此，如果取电流过零作为电弧熄灭的判据，会产生较大的误差。观察图 11-18 可以发现，电弧在即将熄灭时，电流下降很快。在判断电弧结束时，认为当电弧电流小于最小生弧电流时，电弧熄灭。由于电流下降速度很快，这种方法不会产生较大误差。因此在判断电弧结束时，从测得的流过触头电流数据的最后一个采样点开始，向前寻找第一个大于最小生弧电流的位置，然后从此位置向前判断接下来的 100 个数据，如果其中的大多数（这里定义为 80 个）均大于最小生弧电流值，则记下此位置，定义此位置为电弧熄弧位置。判断燃弧结束的程序流程图与判断电弧开始的程序流程图类似，这里没有给出。

程序即把电弧起始位置和电弧结束位置间的数据作为电弧电压和电弧电流数据，并以此来计算电弧能量、燃弧时间和电弧长度等参数。

电弧的起始位置和结束位置判断出以后，根据采样频率，可以计算出燃弧时间。设燃弧时间为 T_a，采样频率为 r，电弧结束位置为 S_{end}，电弧开始位置为 S_{sta}，则燃弧时间的计算公式为

$$T_a=(S_{end}-S_{sta})/r \tag{11-10}$$

电弧能量是指触头动作过程中，触头间的电弧燃弧所释放的能量，其计算公式为

$$W=\int_0^{T_a} u(t)i(t)\,dt \tag{11-11}$$

式中，W 为电弧能量；$u(t)$ 为电压瞬时值；$i(t)$ 为电流瞬时值；T_a 为燃弧时间。

其离散形式为

$$W=T\sum_{n=1}^{N} u(n)i(n) \tag{11-12}$$

式中，T 为采样周期；N 为采样的数据点数；$u(n)$ 为电压离散采样值；$i(n)$ 为电流离散采样值。

在实际测量时，通过 A/D 器件采样得到的电弧电压和电弧电流均是离散数据，所以采用离散形式的算法。

11.3　触头电接触测试系统设计

11.3.1　系统结构及硬件构架

触头电接触测试系统是用于测量继电器触头电接触性能的测试系统。该测试系统是一个

基于工业控制计算机的自动化测试装置，其通过模拟触头动作并测量电弧电压、电弧电流、电弧能量、燃弧时间、熔焊力和接触电阻等参数。图 11-20 是系统的结构框图。从图中可以看出，该测试系统主要由如下几部分构成：

（1）工业控制计算机和软件

工业控制计算机是整个测试系统的核心部件，它连接着硬件和软件，通过其他几个部分来完成触头动作的模拟，进行触头参数的测试并由软件进行数据处理、数据存储等操作。软件采用 LabWindows/CVI 虚拟仪器开发工具开发，运行于 Windows 操作系统，具有典型的 Windows 操作界面。软件功能丰富、易于操作、可扩展性好。

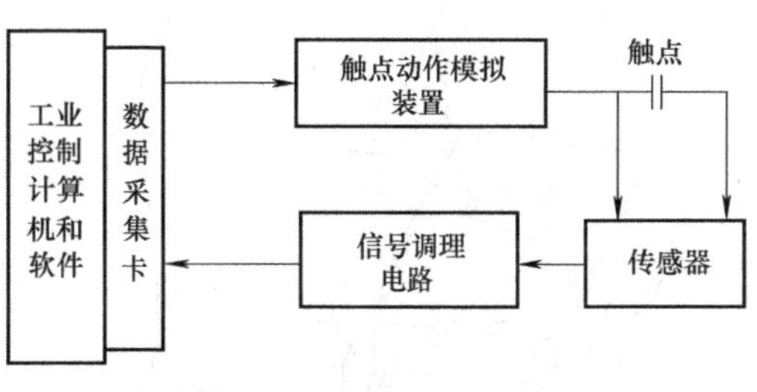

图 11-20　系统的结构框图

（2）数据采集卡

数据采集卡是整个测试系统的一个关键部件，它将计算机无法直接处理的模拟信号转化为可处理的数字信号。装置选用 ADLink 公司的 PCI9118HG 多功能数据采集卡。使用 PCI9118HG 控制触头动作模拟装置的动作以及继电器的开断和闭合，并采集触头接触压力、接触电阻、熔焊力等参数。

（3）触头动作模拟装置

触头动作模拟装置模拟触头的开断、闭合操作，并可以通过手动或者软件进行触头参数的设置。这部分主要由模拟操作台、电磁激振器和功率放大器组成。当用户手动调整好触头开距后，通过软件输入触头开距和触头接触压力时，装置即自动调节，控制 PCI9118HG 数据采集卡的模拟量输出端口给出一个和触头开距、触头接触压力对应的模拟电压值，经功率放大后驱动电磁激振器带动触头完成分合动作，从而完成触头动作的模拟。

1）模拟操作台，由基座、高度尺等构成。基座用于安装激振器和高度尺。如图 11-21 所示，激振器通过底部的丝孔安装在一滑动块上，在滑动块和底座之间安装滚珠，这样滑动块就可以很方便地在底座上滑动，这对触头的安装非常有帮助。当调整好激振器的位置后，可以通过底座一侧的螺丝固定滑块。高度尺由图中孔下方穿出并由螺丝固定，图中没有画出。

高度尺的可滑动部分通过特制的夹具与拉压力传感器连接。这样拉压力传感器和静触头就可以随着高度尺上下滑动，从而可调节触头开距。这里选用的高度尺量程为 30mm，最小分辨力为 0.02mm，可以满足触头开距调节要求。

图 11-22 是触头安装示意图。动、静触头分别通过铆接的方式安装在桥形触头夹具上，触头夹具用铜制成，导电性能良好。电源接线和接触电阻引线没有画出，它们均通过螺丝与触头夹具和绝缘件固定。绝缘件用聚四氟乙烯材料制成，可以保证触头两端的电弧电压不会传递到拉压力传感器和电磁激振器上。绝缘件另一端制成丝孔形状，可以方便地与拉压力传感器和电磁激振器进行连接。

2）电磁激振器，是一种可以将电能转换为机械能的电-动变换器。它接收由功放芯片输出的信号，带动安装在激振器顶杆上的动触头做上下运动，与安装在拉压力传感器端的静触头接触，从而模拟触头的开断、闭合操作。激振器的原理如图 11-23 所示。图中顶杆通过上下两个弹簧板固定在壳体上。线圈在顶杆的底端，固定在壳体上，当输入线圈的电流大小及方向改变时，由线圈磁场和永久磁体产生的固定磁场的共同作用，产生电磁力，从而使作用在驱动杆上力的大小和方向也随之改变。驱动杆的上端与动触头固定在一起，当驱动杆做上下运动时，即带动动触头产生相应的运动。因此通过控制输入线圈的电流大小和方向即可改变接触压力等参数。

电磁激振器作用在顶杆上的力与线圈电流的关系式为

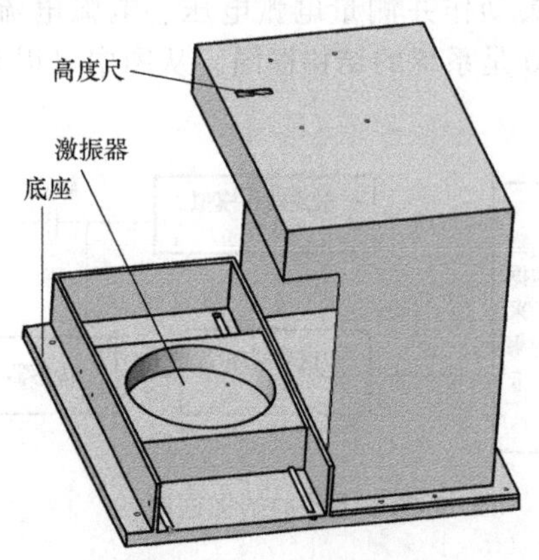

图 11-21　基座示意图

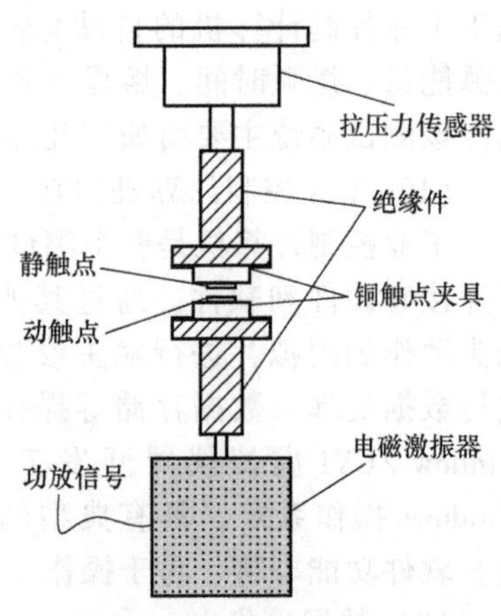

图 11-22　触头的安装示意图

$$F = BLI \tag{11-13}$$

式中，F 为作用在顶杆的力；B 为激振器工作气隙中平均磁感应强度；L 为激振器线圈切割磁力线的有效长度；I 为通过线圈的电流瞬时值。

$$\alpha = F/I = BL \tag{11-14}$$

式（11-14）中，α 称为激振器的力常数，对于成品激振器而言，B 和 L 可以认为是定值，所以 α 也为定值，因此可以认为作用在激振器顶杆上的力 F 与通过线圈的电流 I 呈线性关系。

由于激振器具有很好的可控性，通过软件控制其输入电流大小和通断时间，即可改变触头接触压力大小和触头动作速率等试验参数。

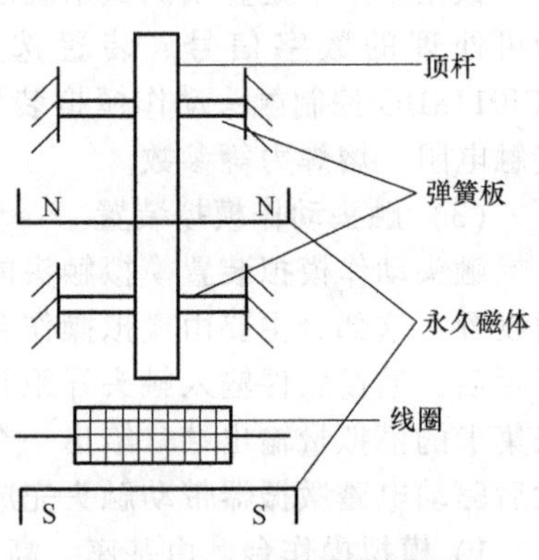

图 11-23　电磁激振器原理图

在本装置中，选用 JZQ-2 型永磁激振器，该激振器的最大激振力为 20N，静态力常数 10N/A，最大振幅为 5mm，可通过的最大峰值电流为 2A。装置设计要求触头最大接触压力为 5N，最大触头开距为 5mm。因此 JZQ-2 激振器完全可以满足要求。

3）功率放大器。由于数据采集卡输出的模拟电压驱动能力很小，可带负载能力很低，而驱动激振器运动必须有一定的功率，所以在数据采集卡的模拟输出后端需加入功率放大器。根据激振器特性，同时留有余量，在设计功率放大器时，按照输出电流为 2A 设计。

激振器内阻约为 4.5Ω，若按照通过 2A 电流计算，则供给功率放大器的电源至少应有 18W 的输出能力。装置通过一个功率约 50W，可提供两路输出的变压器进行整流滤波后提供一个+15V 和一个-8V 的电源，以供给功率放大器作为电源。

图 11-24 中 TRS1 和 TRS2 接到变压器输出端，BRIDGE1 是整流桥，U4 是铁壳封装+15V 基准电压源 7815，MJ2955 为铁壳封装 PNP 型晶体管。变压器输出 15V 交流电压经整流滤波后，电容 C_9 两端近似为 21V 直流电压。设 MJ2955 的基极-发射极饱和压降 U_{be} 为 0.7V，当流过 R_9 的电流小于 0.7A 时，即 MJ2955 基极和发射极电压差小于 0.7V，MJ2955 截止不工作，此时+15V 电源完全由 7815 供电，输出电流 $I_o = I_r$。随着输出电流的增大，当流过 R_9 的电流大于 0.7A 时，MJ2955 导通，进入放大状态，此时输出电流大小可用式（11-15）算得。

$$I_o = I_r + \beta(I_r - U_{be}/R) \tag{11-15}$$

式中，I_o 为电源输出电流；I_r 为 7815 的输入电流；β 为 MJ2955 的电流放大倍数；U_{be} 为 MJ2955 基极-发射极饱和压降。

若取 $I_r=1A$，$\beta=60$，$U_b=0.7V$，$R=1\Omega$，则电源输出电流可达 2.8A，完全可以满足装置对供电电源的要求。

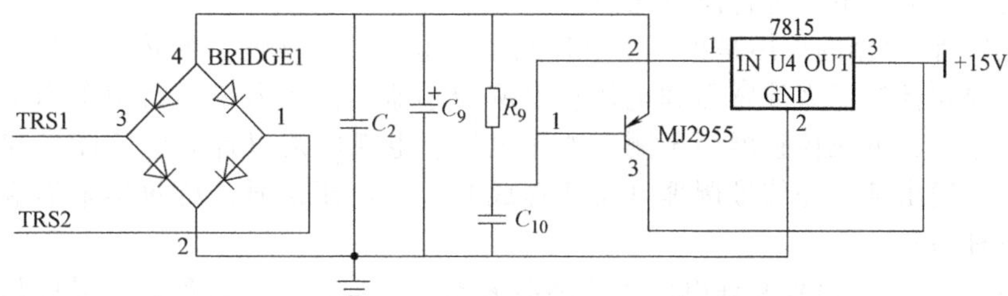

图 11-24　+15V 电源电路图

图 11-25 是−8V 电源电路图，图中 TRS3 和 TRS4 接到变压器输出端，BRIDGE2 是整流桥，U5 是铁壳封装的负基准电压源 7908。由于对负电源的要求不高，因此电源电流完全由 7908 供电。

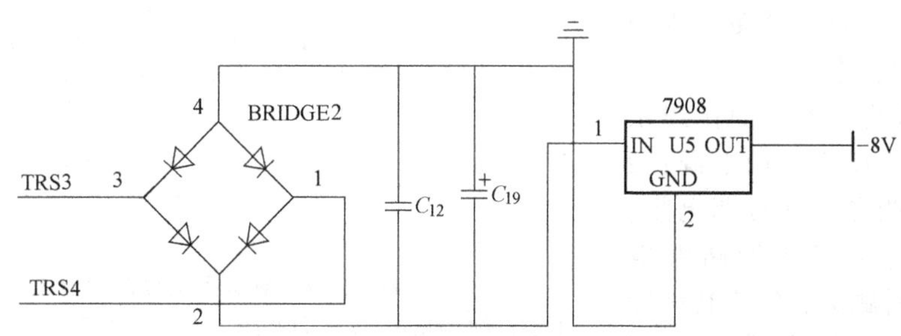

图 11-25　−8V 电源电路图

图 11-26 是功率放大器电路图。图中放大器 LM124 和 R_{124} 接成了电压跟随器，以提高数据采集卡的 DA 输出阻抗。R_{10} 和 R_{11} 组成了分压电路，它们和 R_{13}、R_{12}、R_{14} 一起用来对输入进行调零和衰减。图中 U1 为 OPA541AP。OPA541 是单片大功率运算放大器，主要用于电机控制、音像放大、可编程电源等。它可以提供最大峰值电流达 10A，连续输出电流达 5A 的输出能力和可编程的电流限制功能。装置中选用其来提供驱动激振器所需的电流。

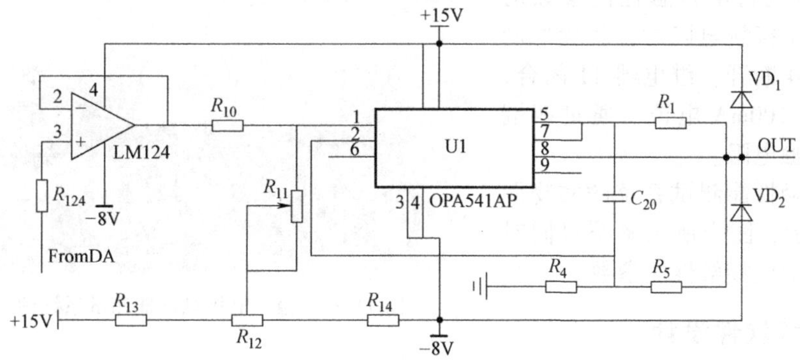

图 11-26　功率放大器电路图

OPA541 可通过一个外接电阻 R 对输出电流进行限值，对于 OPA541AP 封装而言，其限流公式近似为

$$I_{\lim}=0.813/(R+0.02) \tag{11-16}$$

在本模拟装置中，激振器的最大输入电流为2A，因此选用了如图11-26中的R_1对输出电流进行限值。R_1是0.39Ω、3W的功率电阻，最大输出电流为$I_{lim}=1.983A$。VD_1和VD_2为两个二极管，用于对输出电压进行限值保护。

4）传感器。传感器的作用是把不易直接测量的电参数或其他参数转换为易于测量的电参数。这部分主要包括拉压力传感器和电压、电流传感器。拉压力传感器用于测量触头接触压力和熔焊力。电压、电流传感器用于测量电弧电压、电弧电流以计算电弧能量和燃弧时间等参数。传感器的输出信号经信号调理电路调理成0~5V电压信号，待数据采集卡采集后由软件处理得到各种参数。

5）信号调理电路。信号调理电路将传感器输出信号进行放大处理后，以便数据采集卡采集。这部分主要包括拉压力传感器信号放大、电压电流信号调理、用于获得熔焊力的峰值保持电路、接触电阻测量电路等。

6）触头。试验用触头安装于触头动作模拟装置上，以铆接的方式与特制的夹具相连，可以方便地拆卸、更换，便于试后称重，进行电侵蚀量和电侵蚀率的计算。

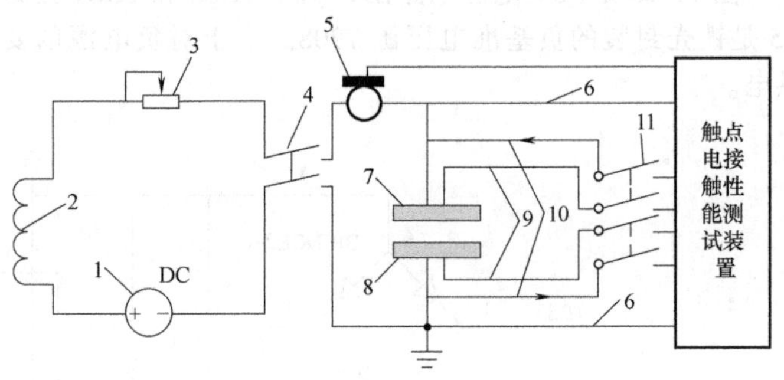

图11-27　测试系统接线示意图
1—直流可调电源　2—可调电感　3—可调电阻　4—主回路继电器　5—电流传感器　6—测量电压引线　7—静触头　8—动触头　9、10—四端法测电阻引线　11—继电器

图11-27是测量系统的接线示意图。图中1为直流可调电源；2和3分别为可调电感和可调电阻，组成电路负载；4是主回路继电器，有一对动断触头；5是电流传感器；6为测量电压引线；9、10是四端法测电阻引线，其中10为恒流源引线，其上的箭头表示电流流向，9为测量触头两端压降引线；11是继电器，有两对动合触头，用于分离和接通接触电阻测量电路。

在测量时，首先调整好电源电压和电路负载。主回路继电器4接通，继电器11断开，可进行电接触性能参数的测量。当要测量接触电阻时，装置控制主回路继电器4断开，继电器11闭合，触头两端流过100mA电流，通过四端法测量触头接触电阻。

触头电接触性能测试系统的实物图如图11-28所示，图中所示系统可同时测试两对触头的电接触性能参数。

图11-28　触头电接触性能测试系统的实物图

11.3.2　系统软件设计

一个较完善的计算机测试系统，软件占有十分重要的地位。人机界面良好、操作简便的软件可以使用户轻松地完成测试过程，降低劳动强度，提高效率；另外，一套好的软件可以在不增加硬件的基础上增加测试装置的柔性，使之更加灵活，使得装置功能大大增强，并且有利于开发者进一步扩充软件功能，在原有基础上进行再开发。

本系统采用虚拟仪器技术，使用LabWindows/CVI开发工具完成系统软件的开发。

1. LabWindows/CVI 简介

虚拟仪器编程语言 LabWindows/CVI 是美国 NI 公司开发的 32 位面向计算机测控领域的软件开发平台，可以在多种操作系统下运行。它以 ANSIC 为核心，将功能强大、使用灵活的 C 语言平台与数据采集、分析和表达等测控专业工具有机地结合起来。它的集成化开发平台、交互式编程方法、丰富的功能面板和库函数大大增强了 C 语言的功能，为熟悉 C 语言的开发人员开发检测、数据采集、过程监控等系统提供了一个理想的软件开发环境。

LabWindows/CVI 将源代码编辑、32 位 ANSIC 编译、链接、调试以及标准 ANSI C 库集成在一个交互式开发环境中。用户可以快速方便地编写、调试和修改虚拟仪器应用程序，形成可执行文件。使用 LabWindows/CVI 设计的虚拟仪器应用程序可脱离 LabWindow/CVI 开发环境独立运行。其主要特点如下：

1）由于 LabWindows/CVI 的编程技术主要采用事件驱动与回调函数方式，编程方法简单易学。

2）运用 LabWindows/CVI 进行软件设计是以工程文件为主体框架，包含了 C 语言源代码文件、头文件和用户界面文件 3 个部分，全部软件调试好后，可将工程文件编译生成可执行文件。

3）提供大量与外部代码或软件进行连接的机制，如 DLL、DDE、ActiveX 等。另外，各种功能强大的软件包大大增强 LabWindows/ CVI 的性能，这些软件包包括接口函数库、信号处理函数库、Windows SDK 等。

4）强大的 Internet 功能，支持常用网络协议，方便网络仪器、远程测控仪器的开发。

本系统选用 LabWindows/CVI 为开发工具，配合 PCI9118HG 数据采集卡的动态链接库，完成了测量装置配套软件的开发工作，并且该软件具有很好的扩展性，方便了后续开发工作。

2. 数据采集卡编程

PCI9118HG 数据采集卡带有完善的运行于主流操作系统下的软件包 PCIS-DASK。PCIS-DASK 是支持 PCI 总线数据采集卡的软件包，它包含了一系列的高性能数据采集驱动以方便用户进行应用软件的开发。利用其强大的应用程序接口，PCIS-DASK 使得用户与数据采集卡的交流变得简单易行，使编程者可以在一个比较高的层次上发挥数据采集卡的性能，不必熟悉其底层硬件而着重于应用软件的开发。

图 11-29 是使用 PCIS-DASK 操作数据采集卡的一般流程。首先需要对采集卡进行注册，然后对采集卡进行配置，如输入信号的极性、范围、AD 的触发方式等，配置好后即可调用 PCIS-DASK 提供的各种函数进行模拟量采集、模拟量输出、数字量输入/输出等操作、使用完毕后释放数据采集卡。

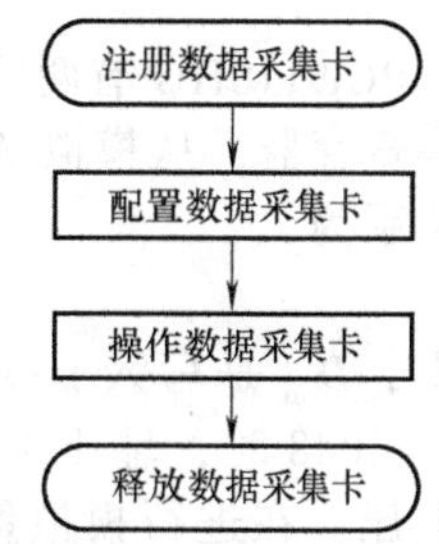

图 11-29　使用 PCIS-DASK 操作数据采集卡的一般流程

异步连续 AD 采集模式允许数据采集卡同时采集一个或者多个通道，并且可以让程序在启动 AD 进行数据采集后直接返回，而不需要等待数据采集结束，这给程序设计提供了很大的方便。图 11-30 是异步连续 AD 采集程序的流程图。

当采集电弧电压和电弧电流时，一方面需要通过模拟量输出控制激振器带动触头动作，另一方面需要在激振器带动触头分开的过程中采集电弧电压和电弧电流。在采集的过程中，首先在触头分开之前即启动数据采集卡，使用异步连续采集模式对电弧电压通道和电弧电流通道两个通道进行连续数据采集，因为异步连续采集模式无需等待采集结束即可释放 MCU；然后，程序通过模拟量输出控制激振器带动动触头与静触头分离；最后等待数据采集卡采集到设定的数据点数后停止采集，并将采集的数据传输到计算机内存中。因此，只要设置合适的采集点数，程序就可以采集到从触头闭合到开始分离产生电弧，到最后触头分断电路，电弧燃弧结束时的所有触头两端电压、电流数据。最后程序根据用户输入的最小生弧电压和最小生弧电流对采集的数据进行筛选，以获得电弧电压和电弧电流。

同步连续 AD 采集模式允许同时采集一个或多个通道，但是在采集过程中一直占用 MCU，直到采集结束才释放 MCU。程序使用该模式采集接触电阻、熔焊力、接触压力。因为在对这些参数进行采集时，只需要对某一通道进行连续采样，在此期间不需要进行另外的数据采集卡操作。图 11-31 是同步连续 AD 采集程序流程图。

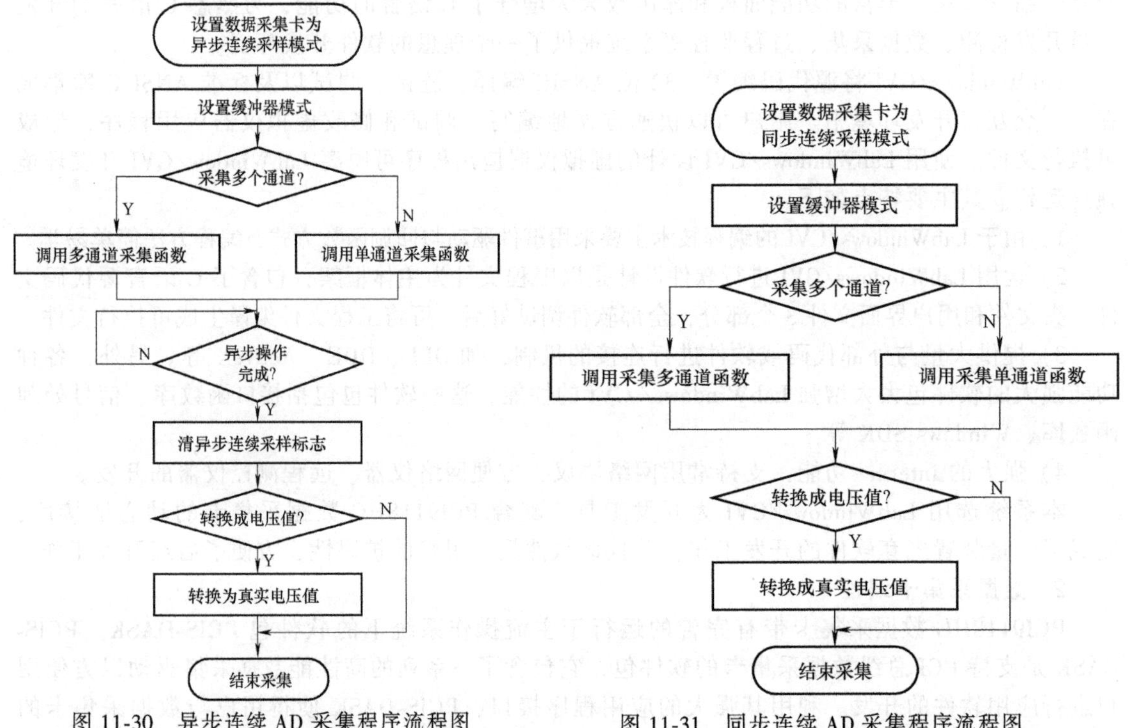

图 11-30　异步连续 AD 采集程序流程图　　　图 11-31　同步连续 AD 采集程序流程图

PCI9118HG 有两路 12 位的 D/A 输出，输出范围为-10~+10V。只需要把数字值写入 D/A 转换寄存器，从模拟量输出口即可得到一个对应的电压值。输出电压值与写入的数字值之间的关系为

$$V_{out}=20D_{an}/4096-10 \tag{11-17}$$

式中，D_{an} 是写入 D/A 转换寄存器的数字值；V_{out} 是输出模拟电压值。可以看出，当写入 $D_{an}=2048$ 时，输出 $V_{out}=0$；写入值大于 2048 时，输出正电压；写入值小于 2048 时，输出负电压。在进行模拟量输出时，只需向相应的模拟量输出通道写入一个数值或者一个模拟量电压值即可，具体程序流程没有给出。

另外，PCI9118HG 还有 4 路 TTL 电平兼容的数字输出/输入口。在进行数字量输出时，可以选择同时对 PCI9118 的 4 个数字输出端口进行数字量输出，也可选择对某一个端口进行数字量输出。输出值只能为 0 或 1。具体程序流程没有给出。

3. 系统程序界面设计

本系统配套软件使用 LabWindows/CVI 进行开发，主界面具有典型的 Windows 风格，如图 11-32 所示，主要包括如下几个部分：

1）菜单。如图 11-32 所示，有文件、参数设置、数据处理和帮助 4 个菜单项。文件菜单使用户可以方便快捷的对数据结果文件进行浏览、编辑、打印等操作。参数设置菜单包括试验条件设置和试验参数设置两个子菜单，主要用于设置试验条件和参数。当一组试验结束时，用户可以选择数据处理菜单对获得的各种电弧参数，如燃弧时间、电弧能量、接触电阻、熔焊力、电侵蚀等进行处理。为了使用户了解装置配套软件的使用方法，软件提供了简单的 Windows 风格的帮助菜单。

参数设置包括实验条件设置和实验参数设置两个菜单。实验条件设置的界面如图 11-33 所示。

实验参数设置界面如图 11-34 所示。

2）工具栏。为使一些常用操作变得更加快捷和简单，设计了工具栏。图中自左向右，工具栏的功能分别为“新建数据文件”“打开数据文件”“读取数据文件”“试验条件设置”“试验参数设置”“开始运行”“停止运行”和“帮助”。工具栏的这些功能与菜单中的部分功能是一样的。

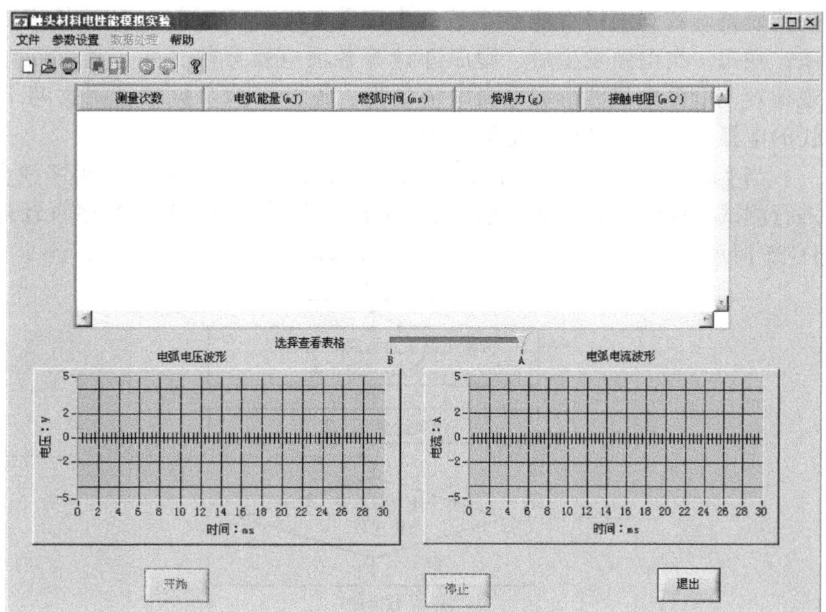

图 11-32　系统运行软件界面

3）按钮。共有 3 个按钮，功能分别为：开始按钮的功能是开始进行测试；退出按钮的功能是关闭程序；停止按钮的功能是暂时停止程序运行，可以再次单击从而恢复程序的运行。

4）数据表格和波形图。为了方便用户直观地观察试验所获得各项电弧参数，设计了一个

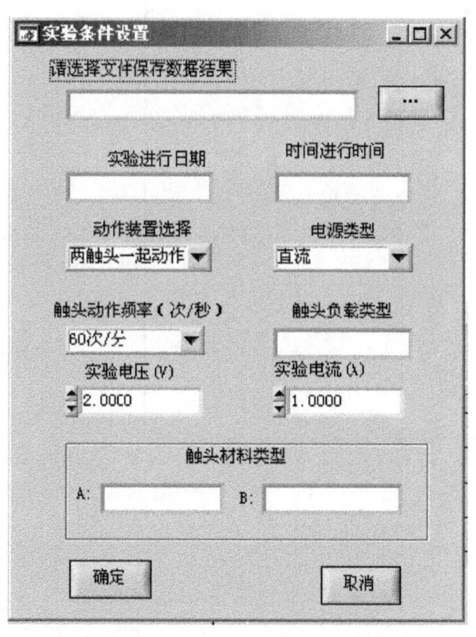

图 11-33　实验条件设置界面

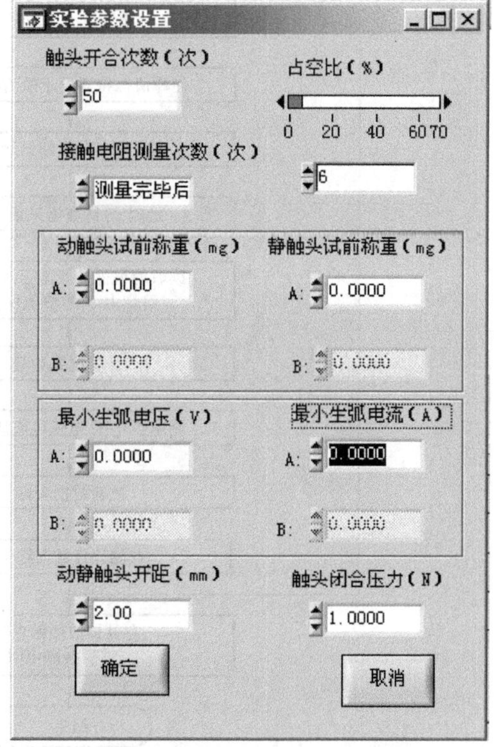

图 11-34　实验参数设置界面

数据表格。数据表格有测量次数、电弧能量、燃弧时间、电弧长度、熔焊力和接触电阻共 6 项，在每一次电弧发生后，程序即计算各项电弧参数，并自动更新数据表格。同时，为了直观地观测电弧电压波形和电弧电流波形，设计了两个波形图。这两个波形图可以显示当前电弧的电弧电压波形和电弧电流波形。

当实验条件和实验参数设置好以后，单击“开始”按钮，程序就自动按照用户输入的参数进行测试。整个测试过程中无需人工干预，当测试完成时，程序自动停止。主程序的流程如图 11-35 所示。

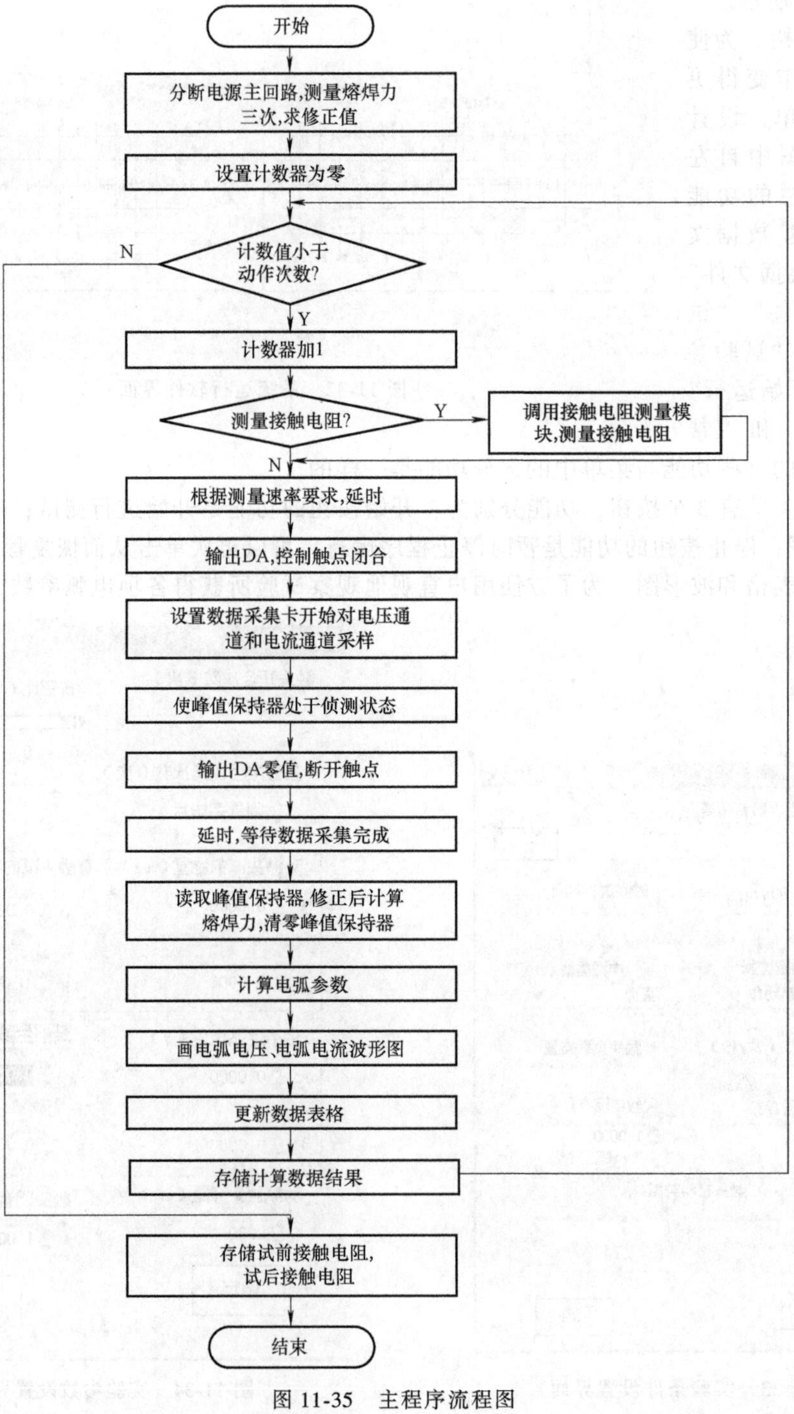

开始
分断电源主回路,测量熔焊力三次,求修正值
设置计数器为零
计数值小于动作次数?
N
Y
计数器加1
测量接触电阻?
Y
调用接触电阻测量模块,测量接触电阻
N
根据测量速率要求,延时
输出DA,控制触点闭合
设置数据采集卡开始对电压通道和电流通道采样
使峰值保持器处于侦测状态
输出DA零值,断开触点
延时,等待数据采集完成
读取峰值保持器,修正后计算熔焊力,清零峰值保持器
计算电弧参数
画电弧电压、电弧电流波形图
更新数据表格
存储计算数据结果
存储试前接触电阻,试后接触电阻
结束

图 11-35　主程序流程图

参考文献

[1] 荣命哲. 电接触理论 [M]. 北京：机械工业出版社，2004.

[2] 任万滨，姜楠，满思达，等. 交流接触器触头材料电性能模拟试验研究 [J]. 电工材料，2018 (1)：3-6.

[3] 王小华，彭翔，胡正勇，等. 双工位电触头电性能测试装置的开发 [J]. 低压电器，2010 (10)：21-24.

[4] 刘定新，李艳培，荣命哲，等. 触点电接触性能测试装置的研制 [J]. 贵金属，2005 (4)：44-48.

[5] 荣命哲，李艳培，刘定新，等. 新型触点电接触性能测试系统的研制 [J]. 电工材料，2005 (1)：17-21.

[6] 荣命哲，李艳培，刘定新. 新型触点电接触性能测试系统的研制 [J]. 电工材料，2005 (1)：17-21.

[7] 任万滨，韦健民. 触头材料电接触性能的先进测评技术 [J]. 电器与能效管理技术，2016 (15)：79-84.

[8] 刘文涛，荣命哲，刘定新，等. 触头电接触性能测试装置及试验研究 [J]. 低压电器，2013 (19)：17-21.

[9] 柏小平，李国伟，翁桅，等. 电触头表面状态对接触电阻的影响和改善方法 [J]. 电工材料，2013 (1)：10-15.

[10] 孙财新，王珏，严萍. 两种铜基触头材料的电弧侵蚀性能研究 [J]. 高压电器，2012，48 (1)：82-89.

[11] 纽春萍，强若辰，王小华，等. 高压断路器接触电阻的耦合面积法分析 [J]. 高压电器，2015，51 (2)：18-23.

[12] 吴翊，荣命哲，钟建英，等. 中高压直流开断技术 [J]. 高电压技术，2018，44 (2)：337-346.

[13] 蔡婷婷. 银基触头电接触性能测试及实验研究 [D]. 西安：西安交通大学，2012.

[14] 邱娟. 新型触头电性能测试装置开发及空气中自由电弧长度测量方法研究 [D]. 西安：西安交通大学，2009.

[15] 王序辰. 基于以太网的开关电弧运动形态测试系统的研制 [D]. 西安：西安交通大学，2013.